Python
教學手冊

感謝您購買旗標書,
記得到旗標網站
www.flag.com.tw
更多的加值內容等著您…

● FB 官方粉絲專頁:旗標知識講堂

● 旗標「線上購買」專區:您不用出門就可選購旗標書!

● 如您對本書內容有不明瞭或建議改進之處,請連上旗標網站,點選首頁的 聯絡我們 專區。

若需線上即時詢問問題,可點選旗標官方粉絲專頁留言詢問,小編客服隨時待命,盡速回覆。

若是寄信聯絡旗標客服 email, 我們收到您的訊息後,將由專業客服人員為您解答。

我們所提供的售後服務範圍僅限於書籍本身或內容表達不清楚的地方,至於軟硬體的問題,請直接連絡廠商。

學生團體　訂購專線:(02)2396-3257 轉 362
　　　　　傳真專線:(02)2321-2545

經銷商　服務專線:(02)2396-3257 轉 331
　　　　將派專人拜訪
　　　　傳真專線:(02)2321-2545

國家圖書館出版品預行編目資料

Python 教學手冊 / 洪維恩 著. -- 臺北市:旗標科技股份有限公司, 2022 . 05　面; 公分

ISBN 978-986-312-688-1(平裝)

1. Python (電腦程式語言)

312.32P97　　110015500

作　者/洪維恩

發 行 所/旗標科技股份有限公司

台北市杭州南路一段15-1號19樓

電　話/(02)2396-3257(代表號)

傳　真/(02)2321-2545

劃撥帳號/1332727-9

帳　戶/旗標科技股份有限公司

監　督/黃昕暐

執行企劃/黃昕暐

執行編輯/黃昕暐

封面設計/林美麗

校　對/黃昕暐

新台幣售價:650 元

西元 2024 年 1 月 初版 5 刷

行政院新聞局核准登記-局版台業字第 4512 號

ISBN 978-986-312-688-1

-序-

對許多人來說，Python 也許是目前最值得學習的程式語言。Python 簡單易學，其語法直白、學習資源豐富，且有各式各樣的套件支持，應用性廣泛。這些條件使得 Python 深植許多應用領域，如科學計算、網路爬蟲、資料分析、機器學習與人工智慧等。然而在踏入這些應用領域之前，熟悉 Python 的語法，培養程式設計的思維是必須的，本書也是基於這個理念而設計。

本書可分為三大部分，第一部分 1 到 4 章探討了 Python 基本語法與資料型別，這個部分鋪墊了 Python 程式語言的基礎。第二部分是 5 到 8 章，包含了程式流程的控制、函數、物件導向技術，以及檔案與例外處理等；這個部分旨在訓練邏輯思維，它們是程式設計的核心，熟悉它們可以更好的掌控程式流程的走向。第三部分 9 到 14 章則介紹了 Python 常用的套件，內容包含了 Numpy、Matplotlib、Pandas、Sympy 與 Scikit-image 等，這些常用的套件可將 Python 延伸到更寬廣的領域。

較特別的是，本書第 13 章介紹了以數學符號運算見長的 Sympy，可以用來進行數學的符號運算。Sympy 可讓學生驗證課堂上學習的微積分、工程數學、線性代數或統計等課程，也可以透過它來求解或化簡方程式，並以美麗的數學式子來呈現運算結果。例如下面利用 Sympy 將分式 $1/(a^3-1)$ 化成部分分式的範例：

```
sp.apart(1/(a**3-8))
```

$$-\frac{a+4}{12\left(a^2+2a+4\right)}+\frac{1}{12\left(a-2\right)}$$

是不是很神奇？Sympy 可以讓程式設計與數學課程完美接軌，以程式的角度來體現數學之美，用它來輔助繁瑣的運算對於數學的學習而言更是相得益彰。

本書的內容可在 Google 的 Colab 或 Jupyter lab 裡運行。Google 已經為我們搭建好 Colab 雲端服務做為 Python 的學習平台。只要能連上網路，不須建置安裝 Python 的環境也可以運行 Python，甚至使用手機或平板開啟瀏覽器也可學習。Jupyter lab 則需要在自己的電腦裡搭建 Python 的環境並安裝 Jupyter lab，過程稍微繁瑣（本書的附錄 B 介紹了 Jupyter lab 的安裝與使用），不過運行的體驗更為流暢。如果您對 Windows 的操作並不是很熟悉，Colab 可能是個較好的選擇。如果您熟悉 Windows 的各種操作（如建立資料夾，修改附加檔名等），則 Colab 或 Jupyter lab 都適合您。

本書的完成首先感謝這兩年來參與 Python 實體上課的 9 個班，近 400 位的學生。這些學生多數來自資訊、商管和語文相關科系。他們課堂上的提問、習題實作時遭遇到的問題自然也反應了初稿的不足，學生的反饋是讓本書趨近完善的重要因素。我也謝謝臺中科技大學資工系碩士班的鉦烽、在甫、欣盈和秉宏，商業經營系的紫珊、品築、欣怡、妤禎和馨嫻，以及資管系的端容與應英系的可婕同學，他（她）們逐字閱讀了本書最後的完稿，實作每一個範例，並給予許多建議，使得本書的品質得以更好的呈現。

我也感謝旗標的資深編輯黃昕暐先生，他實際地閱讀本書的內容，以極其專業的角度來看待本書的每一個細節。在我們見解不同時，他總是引經據典的貼一個鏈接，告訴我 Python 官網的解說和書裡表達方式的差異。他對於內容審慎校閱的態度，也自然成就了這本書的品質。

最後，我要謝謝紫珊、品築和欣怡親手繪製可愛的插畫，為本書增添不少樂趣。她們沒有專業的繪圖工具，只在平板和手機上塗塗抹抹，一隻隻可愛的小派森就躍然紙上。她們都是商管領域用這本書的初稿學習 Python 的學生。學習 Python 的過程對她們來說好像也和畫畫一樣，充滿成就和愜意。

Python 是一個相當有趣的程式語言，學習 Python 就從現在開始吧！

洪維恩
wienhong@gmail.com
國立臺中科技大學 資訊工程系

-目錄-

Python

第一章 認識 Python

第二章 資料型別、變數與運算子

第三章 數值與字串的處理

第四章 容器資料型別

第五章 流程控制：選擇性敘述與迴圈

第六章 函數

第七章 物件導向程式設計

第八章 檔案、異常處理與模組

第九章 使用 Numpy 套件

第十章 Numpy 的數學運算

第十一章 使用 Matplotlib 繪圖套件

第十二章 使用 Pandas 處理數據資料

第十三章 使用 Sympy 進行符號運算

第十四章使用 Skimage 進行圖像處理

附錄 A: Colab 的工作區與雲端硬碟的存取

附錄 B: 安裝與使用 Jupyter lab

附錄 C: ASCII 碼表

英文索引

認識 Python

Python 是一個簡潔的語言，它好學易懂，擴展性強，初學者也可以輕易上手，因此現今 Python 已經取代眾多的程式語言，成為學習程式設計的首選，並已廣泛的應用在機器學習與人工智慧等領域。本章將簡單地介紹 Python 的發展史，建置學習 Python 所需的開發環境，並引導您如何撰寫與執行 Python 程式。

1. Python 簡介
2. 使用 Google Colaboratory
3. Python 語法的組成
4. 程式撰寫時的注意事項
5. 當程式執行錯誤時
6. 程式的註解與函數用法的查詢

1.1 Python 簡介

Python 是由荷蘭工程師 Guido van Rossum 於 90 年代所創，他是 BBC 電視台《蒙提・派森飛行馬戲團（Monty Python's flying circus）》超現實喜劇的愛好者，所以選擇 Python 作為這個程式語言的名字。Python 是大蟒蛇之意，因此 Python 也就以兩隻卡通的大蟒蛇為其標誌。

Python 的標誌為兩隻卡通蟒蛇

現今 Python 已經成了最流行，最受歡迎的程式語言。舉凡資料科學、大數據、人工智慧（AI）、深度學習、物聯網等熱門應用均可看到 Python 的足跡。事實上，Python 正以極快的速度推進每一個領域，同時也影響了各級學校程式語言授課的調整。因為 Python 好學易懂，應用性廣，使得 Python 成為學習程式語言的首選。Python 之所以廣受歡迎，因為它具有下列的特點：

1. 容易上手。Python 當初設計的初衷是友善、易於學習，它的語法類似於直白表達的英文，這使得 Python 比起其它程式語言更容易學習。另外，Python 採直譯的方式來執行程式，不需經過編譯即可執行，因此大幅降低使用者的門檻。

2. 免費使用且函數庫豐富。Python 可以免費使用，且具有豐富的函數庫，因此 Python 可以完成許多的工作。這種免費且開源的策略使得 Python 的使用者更願意分享他們開發的套件，造就 Python 擁有非常豐富的第三方函數庫。

3. 開發效率高。Python 的語法簡潔，且有許多函數庫的支持，使得 Python 寫起來較 C、C++ 或是 Java 都來的方便，在短時間內便可完成一個特定的專案，因此許多公司都是以 Python 來開發相關的產品。

4. 應用層面廣。諸如科學計算、大數據分析、網頁爬蟲、遊戲開發、資料視覺化的呈現，或是系統管理等都可利用 Python 來實現。

由於 Python 具有許多優點，因此它絕對是學習程式語言的第一選擇。此外，如果您對 AI 感興趣，那麼 Python 更是最佳選擇，因為 AI 的背後是龐大的數據和演算法，而用來運行這些數據和演算法最熱門的語言就是 Python。例如廣受歡迎的深度學習框架，像是 Google 的 TensorFlow 或是 Facebook 的 PyTorch，也都離不開 Python，所以現在花點時間來學習 Python 絕對值得。

在學習 Python 時，我們推薦使用基於網頁的 Google Colaboratory（簡稱 Colab）或 Jupyter lab。相較於傳統的開發環境如 Spyder、PyCharm 或 VS Code，Colab 或 Jupyter lab 能把程式拆成一行一行來撰寫，使得初學者更能專注某個程式片段。再者，每個程式片段都能加上類似網頁的文字註解，也可以把圖形和程式碼顯示在同一個檔案裡，看起來就像是一個網頁版的筆記本，非常美觀。下圖取自 Jupyter lab 的官網，您可以發現它的介面賞心悅目，可同時呈現程式的輸入與輸出，因此非常適合 Python 的學習（關於 Jupyter lab 的安裝與使用可參看附錄 B）。

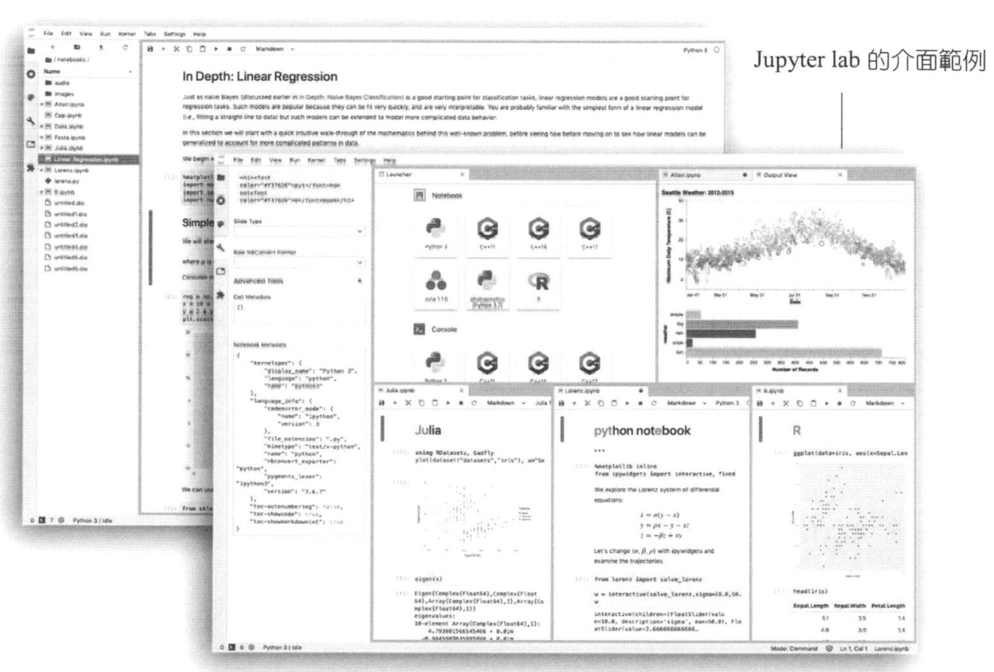

Jupyter lab 的介面範例

取自 https://jupyter.org/

現在有許多關於資料科學、機器學習或是人工智慧的學習資源，都是以 Colab 或 Jupyter lab 來呈現，本書也是基於這兩個開發環境撰寫而成。Colab 和 Jupyter lab 的操作方式大同小異。Colab 只要有 Google 的帳號就能在雲端裡執行 Python，無需安裝任何程式，因此對初學者來說門檻相對較低。Jupyter lab 則必須安裝在自己的電腦裡，需要安裝並建立虛擬環境，門檻稍高。

Colab 的好處是所有學習 Python 的環境都在雲端幫我們準備好了，同時資料也都保存在雲端，隨處可以打開網頁學習。但因為 Colab 是在雲端執行，介面的反應比 Jupyter lab 慢些（不過可以接受）。相對的，Jupyter lab 是在自己的電腦裡執行，反應速度快，不過缺點是要自行搭建 Jupyter lab 的環境，換了一台電腦就要再搭建一次，過程較為麻煩。

本書的範例均可以在 Colab 或 Jupyter lab 裡執行，您可以任選一種做為自己學習 Python 的環境。一般來說，這兩者執行的結果大多都一樣，少數不同的地方本書會另做說明。如果您過去沒有程式語言的基礎，對於設定路徑或是修改檔案名稱等基本操作不太熟悉，建議選擇 Colab。如果已經有了程式語言的基礎，且熟悉 Windows 的操作，那麼無論是 Colab 或 Jupyter lab 都適合您。本章僅就 Colab 的使用進行介紹，Jupyter lab 環境的搭建與使用可以參考附錄 B。

1.2 使用 Google Colaboratory

如果電腦可以連上網路，那麼利用 Colab 來學習 Python 是一個非常適合的選擇。Colab 是 Google 專為 Python 的教育與研究而設計的雲端開發環境，只要連上網路，無須安裝 Python 就可以撰寫與執行 Python 程式，也不必擔心版本的問題。另外，它的介面非常簡潔，因此適合初學者用來學習 Python。

1.2.1 啟動 Colab 與基本操作

因為 Colab 把檔案都存放在雲端硬碟裡，所以您必須擁有 Google 帳號才可以使用 Colab。請利用 Chrome 瀏覽器開啟底下的連結（其它瀏覽器也可以，不過建議使用 Chrome）:

```
https://drive.google.com/
```

如果瀏覽器尚未登入您的 Google 帳號，此時會跳出一個視窗，要求輸入 Google 的帳號和密碼（如果還沒有 Google 帳號，可以先註冊一個）。輸入帳號之後，即可進到雲端硬碟的主頁。

我們建議您在雲端硬碟的根目錄裡建立專門用來練習 Python 的資料夾。請於雲端硬碟主頁左側「我的雲端硬碟」上方按下滑鼠右鍵，於出現的選單中選取「新資料夾」，然後於出現的對話方塊中填上資料夾名稱即可。假設鍵入的名稱為 “Python 練習”，建立好後，我們就可以看到「我的雲端硬碟」下方有一個「Python 練習」的資料夾了：

建立「Python 練習」資料夾之後，我們要在這個資料夾內新增一個 Colab 的檔案（這類型的檔案稱為筆記本，Notebook），用來執行 Python 程式。點選「Python 練習」資料夾即可打開這個資料夾的頁面。請在「Python 練習」的頁面內按下滑鼠右鍵，於出現的選單中選擇「更多」-「Google Colaboratory」，即可開啟 Colab 的工作視窗：

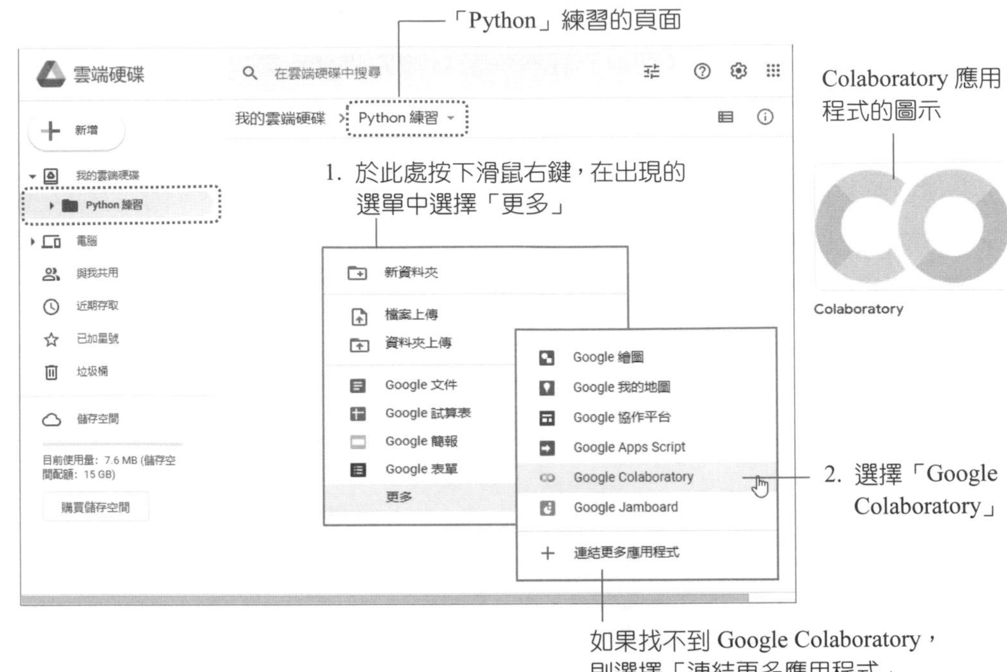

如果找不到「Google Colaboratory」這個選項，代表您還沒連結它。此時請在上圖出現的選單中選擇「連結更多應用程式」，於出現的視窗中找到 Colaboratory 這個應用程式的圖示（如上圖），然後採用系統預設的方式來連結它。連結好後，您在選單裡應該就可以看到 Google Colaboratory 的選項了。

打開 Colab 之後，Colab 會幫我們準備好一個全新的環境，同時可以看到在輸入區內有一個閃爍的游標等待我們輸入。在輸入區內鍵入：

```
print('Hello Python')
```

再按一下前方的執行按鈕 ，或是按下 Shift+Enter 鍵，儲存格內即會出現輸出區，並會在輸出區顯示運算的結果。進到 Colab 後，第一次執行時需要一點時間配置執行環境，之後的運算速度就會快上許多。執行完後，Colab 的畫面應如下圖所示：

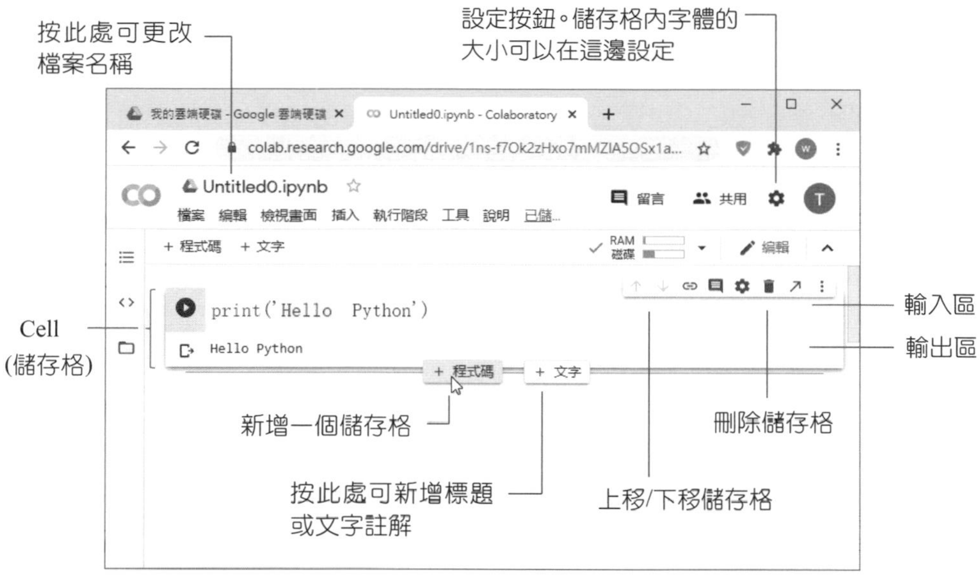

Colab 的一個儲存格包含了輸入區和輸出區。如要增加一個儲存格來輸入程式碼，按下功能表下方的 [+ 程式碼] 按鈕，或是將滑鼠移到儲存格下方邊緣處，按下出現的 [+ 程式碼] 按鈕即可增加一個儲存格。如果要刪除儲存格，只要按下該儲存格右上方的垃圾桶按鈕 即可。

Colab 也提供了自動完成（Auto completion）的功能，使用起來非常方便。例如，在輸入區裡鍵入 p，則 Colab 會自動列出 p 開頭的候選字，方便我們加快輸入的速度：

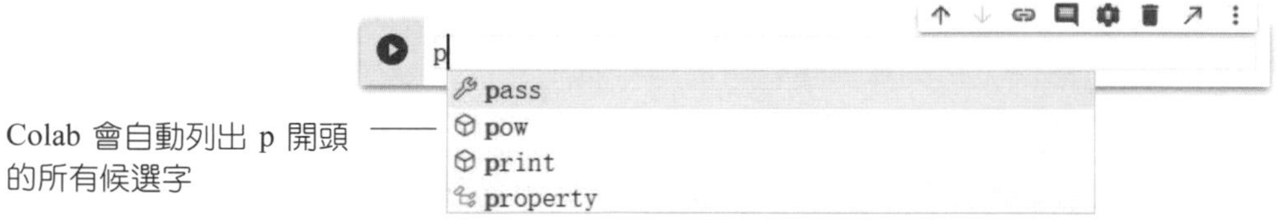

另外，Colab 也可以利用 Markdown 的語法在儲存格中添加標題或註解（關於 Markdown，可以參考 https://www.mdeditor.tw/）。例如，假設想在 Colab 裡加入標題或註解，我們可以將滑鼠移到想要插入處上方儲存格的下緣，按下出現的 [+ 文字] 按鈕，此時會出現一個新的儲存格，其中左邊是輸入區，用來輸入文字與格式，右邊則是預覽畫面。

如果要呈現字體較大的標題，可在文字前面加上一個井號 「#」，代表這是一級標題，而兩個和三個井號則分別代表二級和三級標題。編輯好了之後，按下 Esc 鍵即可跳離編輯環境，同時在 Colab 視窗裡也可以看到插入標題或註解之後的結果。下圖是輸入了一個一級與二級標題，以及一個一般文字後，在 Colab 裡呈現的結果：

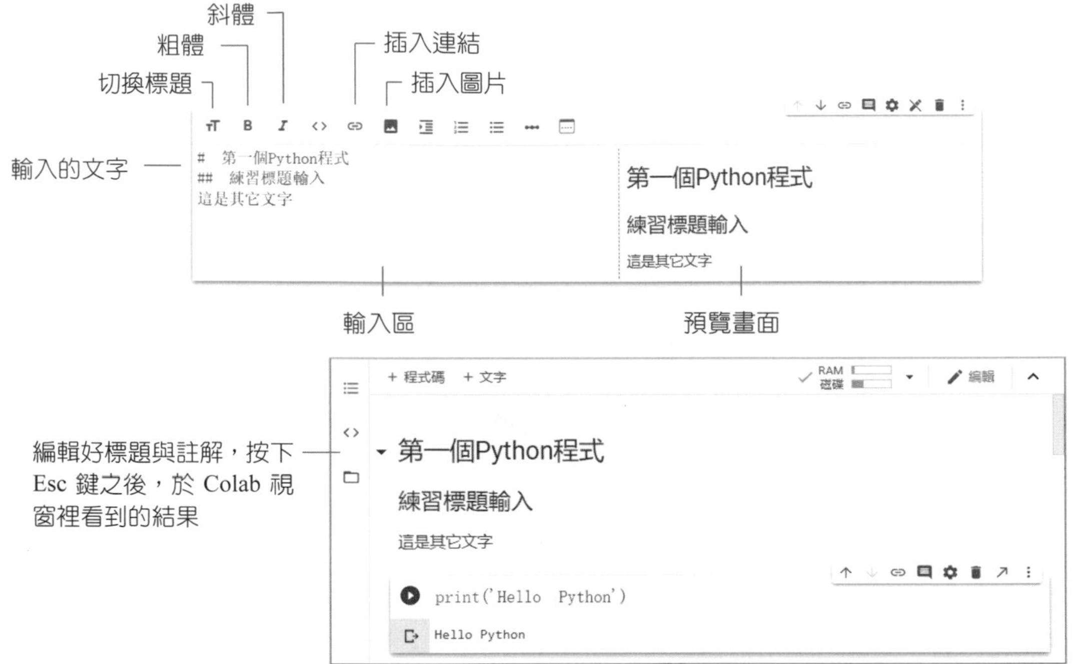

如果要編輯儲存格裡的標題或文字，只要連點兩下該儲存格即可。除了插入標題和文字之外，您也可以利用儲存格上方的按鈕來修改標題的等級、將文字設為粗體或斜體，或是插入連結或圖片等其它操作，有興趣的讀者可以自行試試。

在 Colab 裡另一個常見的操作是選取、拷貝和搬移一個或數個儲存格。要選取數個連續的儲存格，可以在第一個要選取之儲存格的周圍空白處按下滑鼠左鍵，拖拉滑鼠到最後一個儲存格，此時數個連續的儲存格已被選取。在被選取的儲存格上方按下滑鼠右鍵，於出現的選單中我們可以進行刪除、複製、剪下，或者是合併成一個儲存格等操作。下圖是選取了兩個儲存格的示意圖：

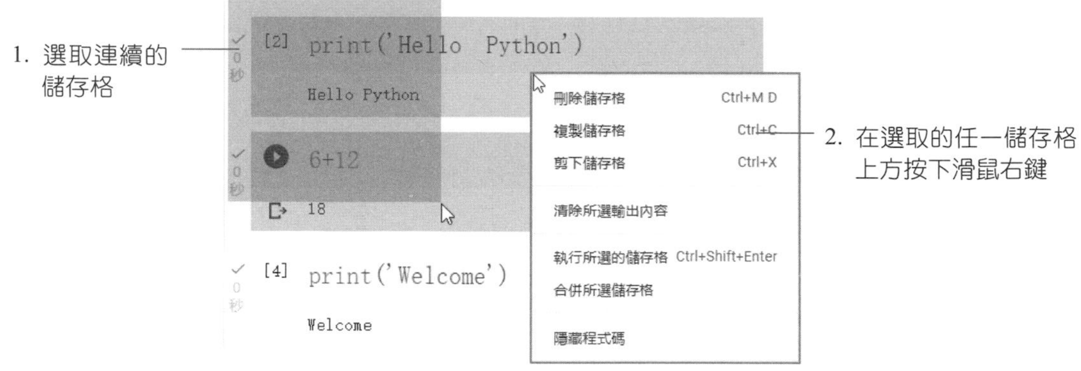

如果想把選取的儲存格複製到其它地方，可先按 Ctrl+C 複製它們，然後於要貼上的地方選取上一個儲存格，再按 Ctrl+V，複製的內容就會被貼到剛剛選取之儲存格的下方。

Colab 新開啟的檔案預設檔名為 Untitled0.ipynb，其中附加檔名 ipynb 為 interactive python notebook 的縮寫，即互動式 Python 筆記本的意思。您可以按一下 Colab 視窗左上方的圖示 Untitled1.ipynb 來修改檔名。因為 Colab 是在雲端的環境裡運行，只要編輯區裡有任何的變動，系統在幾秒鐘內便會自動存檔，同時在 Colab 工具列上方會有 已儲存所有變更 字樣出現。如果編輯後還沒儲存，則不會出現這些文字。

顯示「已儲存所有變更」代表檔案已儲存於雲端

要離開 Colab，請先確定系統是否已經儲存了開啟的筆記本，再關閉網頁即可。如果不確定系統是否已經儲存，可以在工具列中選擇「檔案」-「儲存」來保存它們。由於我們是在「Python 練習」的資料夾新增筆記本，因此 Colab 也會把它儲存在這個資料夾裡。

另外，如果在 Colab 裡想新增一個筆記本，可以在功能表中選擇「新增筆記本」，此時 Colab 會新建一個筆記本。注意這種方式新增的筆記本會儲存在「我的雲端硬碟」裡的「Colab Notebooks」資料夾裡。下次要用到這個檔案時，記得到這個資料夾裡去尋找。

最後提醒您，如果您超過一段時間沒有和 Colab 互動，則 Colab 會跳出一個視窗，告訴我們它已和伺服器斷線：

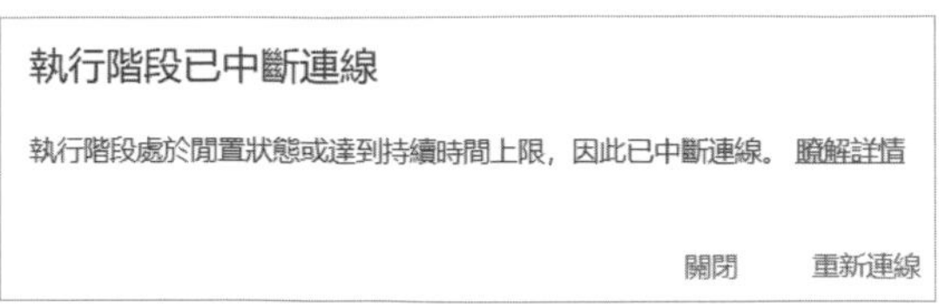

您可以按下「重新連線」繼續工作，不過剛剛計算的結果可能已經不存在，因此我們必須重新執行全部或部分儲存格。此時您可以點選「執行階段」功能表，然後再選擇「全部執行」或是其它的選項（如「執行上方的儲存格」等）來重新執行儲存格。

1.2.2 設定更舒適的操作環境

Colab 提供一些簡單的設定，可以讓操作環境更加舒適。一般來說，暗色的佈景主題在寫程式時眼睛比較不會疲勞。如果想把佈景主題改為暗色，可選擇「工具」功能表中的「設定」，於出現的「設定」對話方塊中選擇「網站」，然後將主題從 light 改成 dark 即可。另外如果想改變程式碼字體的大小，可以於「設定」對話方塊中選擇左邊的「編輯器」，再於右邊的「字型大小」欄位中選擇適當的大小即可。

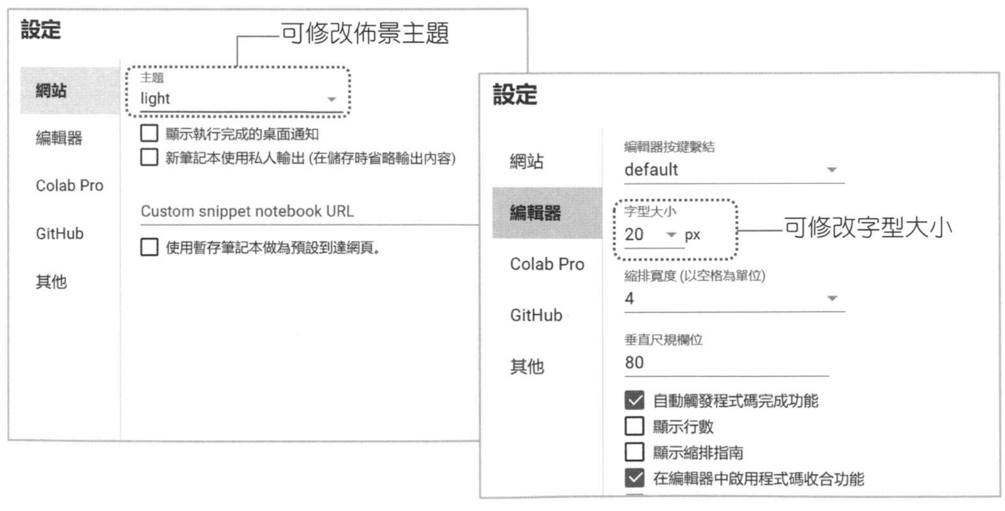

最後， Colab 雖然提供了中文的介面方便我們學習，不過中文介面裡採用的程式碼字型不太美觀，且空格和英文字母佔的寬度不一樣，這導致程式碼不容易對齊，即使對齊了也不好看。我們非常建議您在英文的介面裡操作 Colab。本書後續的章節裡有介紹到 Colab 的地方，也都採用 Colab 的英文介面。於 Colab 的「說明」功能表中選擇「查看英文版本」即可將 Colab 切換到英文介面。不過 Colab 並不會記住這個切換，每次重啟 Colab 時，非常建議先將介面切換到英文。下圖比較了中英文介面程式碼字體的差異：

```
# summation from one to five
total=0
n=1
while n<=5:
    total=total+n
    n=n+1
print(total)
```

Colab 的中文介面，程式碼的字體不利於程式設計，且空格寬度為英文字母寬度的兩倍，不利對齊（圖中的小圓點代表一個空格）

```
# summation from one to five
total=0
n=1
while n<=5:
    total=total+n
    n=n+1
print(total)
```

Colab 的英文介面，程式碼字體清晰好看，且空格和英文字母或數字的寬度一樣，方便程式碼對齊

1.3 Python 語法的組成

程式（Program）是由一行或多行敘述（Statement）所組成，而每一個敘述則包含了運算元、運算子、識別字、保留字、與一些特殊的字元等。

⌘ 運算子與運算元

用來進行運算的符號稱為運算子（Operator）。例如我們熟悉的「+」、「-」、「*」與「/」皆是 Python 的運算子，可用來進行四則運算。Python 是以兩個連續的乘號「**」代表次方運算，而百分比符號「%」則可用來求出兩個數相除的餘數。被拿來運算的變數或常數稱為運算元（Operand）。例如

```
12 + 25
```

這個敘述中，12 和 25 都是運算元，而加號「+」是運算子。

⌘ 識別字

我們稱變數、函數或是類別的名稱為識別字（Identifier）。習慣上，我們會將變數或函數取一個有意義的名稱，例如用 total 來代表加總，用 count 或 cnt 來代表計數。當賦予變數或函數一個有意義的名稱時，不僅容易記憶，也不會誤用它們。

識別字只能是由大小寫的英文字母、數字或底線所組成，且第一個字元不能是數字。例如，studentName、student_name、case2 和 num2str 等皆是合法的識別字，而 5cats（數字開頭）和 two dogs（中間有一個空格）則不能當成識別字。

下面的範例說明了 Python 的運算子、運算元與識別字。您可以在 Colab 或 Jupyter lab 的輸入區裡來鍵入它們。注意每個敘述前面的「>」是用來表明後面接的敘述必須鍵入在一個新的輸入區，因此請不要把「>」符號也一起輸入。另外，本書的程式碼以粗體字代表輸入，細體字代表 Colab 或 Jupyter lab 的輸出，在閱讀時應該非常好辨識。

```
> 7 + 5
  12
```

計算 7 + 5。在這個敘述中，數字 7 和 5 是運算元，加號「+」是運算子。

```
> a = 200
```

設定變數 a 的值等於 200，其中 a 是一個合法的識別字。

```
> print(a)
  200
```

印出 a 的值，我們得到 200。print() 在 Python 裡是用來列印的函數，print 是函數名稱，它也是一個識別字。

```
> 2cats = 0
  File "<pyshell>", line 1
      2cats=0
        ^
  SyntaxError: invalid syntax
```

識別字不能是數字開頭，因此 Python 回應一個錯誤訊息，告訴我們它是一個不合語法的錯誤。

```
> two_cats = 0
```

two_cats 則是一個合法的變數（識別字）。我們可以注意到把兩個單字 two 和 $cats$ 用底線分開非常容易閱讀。

```
> twoCats = 0
```

$twoCats$ 也是一個合法的變數。

在上面的範例中，我們注意到 $twoCats$ 也可以用來當成變數的名稱。$twoCats$ 是由小寫的 two 和開頭大寫的 $Cats$ 所組成，這種組合方式非常容易識別出兩個拼在一起的英文單字。這種命名方式稱為駝峰式（Camel case）命名，因為第二個單字開頭的大寫看起來較大且顯眼，就像是駝峰一樣，這種方式可以增加識別字的可讀性。另外，建議您在定義識別字時，盡量避免採用大寫開頭的名稱（例如 $Cats$=5），因為習慣上，大寫開頭的識別字是用來表明它是一個類別（Class，將於第七章節介紹）。

⌘ 保留字（Reserved word）

保留字也稱為關鍵字（Keyword），它們是由 Python 所保留，具有特定的用途，因此不能做為變數或函數的名稱。例如在撰寫迴圈時常用的 for 或 while 即是 Python 的保留字。下表列出了 Python 常用的保留字與相關的說明。這些保留字在後面的章節裡會一一介紹，目前您只需要知道這些保留字不能當成變數或函數的名稱即可。

・Python 常用的保留字 （括號裡的數字代表首次出現的章節）

and (2.3)	as (8.1)	break (5.1)	class (7.1)	continue (5.4)	def (6.1)
del (3.4)	elif (5.1)	else (5.1)	except (8.2)	False (2.1)	finally (8.2)
for (5.2)	from (8.3)	global (6.4)	if (5.1)	import (3.1)	in (3.3)
is (6.2)	lambda (6.6)	None (2.2)	not (2.3)	or (2.2)	pass (5.4)
return (6.1)	True (2.1)	try (8.2)	while (5.3)	with (8.1)	yield (6.7)

⌘ 特殊字元

特殊字元可用來完成某些特定的工作，或是標示某一種資料型別（Data type）。例如井號「#」是用來標示其後所接的文字是註解，Python 不對它進行任何處理。分號「;」可用來分開兩個較短的敘述，使得它們可以寫在同一行，而單引號「'」或雙引號「"」則是用來表明引號內的文字是一個字串：

```
> print('I love Python')
  I love Python
```

這是一個完整的敘述。左右圓括號是特殊字元，用來表明 print 是一個函數。單引號也是特殊字元，用來表明在兩個單引號內的 I love Python 是一個字串。

```
> age=18; gender='F'  # 年齡和性別
```
同時設定變數 *age* 的值為 18， *gender* 的值為 'F'，並在後面表上註解。這行程式碼裡的分號、單引號和井字符號都是特殊字元。

在上面的範例中，因為設定 *age* 和 *gender* 兩個變數的敘述都很短，因此可以把它們寫在同一行。gender 的英文意思是性別，性別可分男性（Male）和女性（Female）。我們把 gender 設成 'F' 代表性別是女性。注意 'F' 也是一個字串，它裡面只有一個字元 F。由井字號開頭的「#年齡和性別」是註解，它只是方便我們閱讀程式碼，在執行時 Python 並不理會它。

1.4 程式撰寫時的注意事項

如前所述，Python 會區分大小寫，因此 cat 和 Cat 是兩個不同的變數。除了區分大小寫之外，還有下面幾點注意事項，可讓程式碼更具可讀性，進而減少錯誤的發生。

⌘ 避免使用英文字母 l、I 或 O 當成識別字

小寫字母 l 或大寫字母 I 和數字 1 看起來很像，大寫字母 O 和數字 0 也是。因此為了避免混淆，建議避免用單一一個字母 l、I 或 O 來當成識別字。

⌘ 每行程式碼不宜過長

建議每行的程式碼不要超過 79 個字元，因為過長的程式碼在編輯上不方便，列印時也常會因為程式碼過長而自動換行，不但不美觀，同時換行之處也常會不符合 Python 的語法，造成閱讀上的困擾。如果一個敘述超過 79 個字元，建議把它們分成兩行，也就是用兩個敘述來撰寫。或者，您也可以利用 Python 的分行符號「\」（即反斜線）將敘述分行：

```
> print('Limit all lines to a \
  maximum of 79 characters')
  Limit all lines to a maximum of
  79 characters
```
要列印的字串太長時，可以利用分行符號將字串分開。

```
> print(123 + \
  65 + \
  100)
  288
```
計算 123 + 65 + 100，然後將結果顯示出來。注意分行符號後面不能有任何字元，也不能有註解，否則會有錯誤訊息。

值得一提的是，在圓括號 ()、方括號 [ ] 和大括號 {} 內的敘述本身就自帶分行的效果，無需再加上分行符號。在後續的章節中，我們很快就會看到這些括號的用法：

```
> 1 + 2 + 3 + \
  4 + 5 + 6 + \
  7 + 8 + 9
  45
```

計算 1 加到 9，得到 45。注意在左式中，我們並沒有把運算結果設給一個變數存放，因此會直接印出計算結果。

```
> ( 1 + 2 + 3 +
    4 + 5 + 6 +
    7 + 8 + 9 )
  45
```

一樣是計算 1 加到 9，但是用圓括號把它們括起來，此時就不必加上分行符號來處理換行的問題。

```
> color = ['red',
           'green',
           'blue']
```

設定 *color* 是由 3 個字串組成的串列（list，於第四章介紹）。因為這 3 個字串是由方括號括起來，因此也不必加上分行符號。

如果敘述比較短，但卻佔用多行時，我們可以利用分號「;」分開每一個敘述，並將它們撰寫在同一行：

```
> a = 1
  b = 2
  c = 3
```

分別設定 *a*、*b* 與 *c* 的值為 1、2 和 3。這樣撰寫的程式碼會稍長，但是好閱讀。

```
> a = 1; b = 2; c = 3
```

利用分號將上面的設定寫在同一行。

⌘ 適時加上空格

在適當的地方加上空格可以使得程式碼較易閱讀。Python 建議在運算元和運算子之間加上一個空格，如此可以增加程式的可讀性。另外，如果有逗號將變數隔開，我們也會在逗號之後加上一個空格，讓程式碼更清晰：

```
> firstName = 'Jonny'
```

在等號兩邊加上空格可以增加程式的可讀性。

```
> print((3+5)*4)
  32
```

3、4 和 5 都是運算元，而 + 和 * 是運算子。這個敘述並沒有在運算元和運算子之間加上空格，顯得較為擁擠。

```
> print((3 + 5) * 4)
  32
```

這個敘述和前例的執行結果完全相同，但是在運算元和運算子之間加上空格，顯得較好閱讀。

```
> x, y = 12, 5
```

這是 Python 特有的語法，它的作用是將整數 12 與 5 分別設定給變數 x 與 y 存放。注意在逗號之後加了一個空格。

```
> print(x, y)
  12 5
```

同時印出變數 x 與 y 的值。注意在逗號之後也加了一個空格。

在上面的範例中，不加空格依然可以正確的執行，只是程式碼看起來會比較擠一些。本書限於版面的關係，可能不會對某些敘述加上空格，不過讀者應該理解加上空格的好處。

⌘ 注意程式碼的縮排

縮排（Indentation）可以使程式碼的結構更加分明。常用的程式語言如 C 或 Java 都是利用大括號 {} 來標明程式區塊，因此沒有適當的縮排也可以正常的執行程式。然而在 Python 裡就不同了。在 Python 裡，相同的程式區塊必須有相同的縮排，如果縮排的方式不對，可能會造成語法錯誤，或是執行的結果不對。

例如，if 敘述可用來判定某些條件是否成立，如果成立，則執行 if 區塊，否則不執行。在 Python 中，區塊必須以縮排來限定，一般建議以 4 個空格將程式區塊縮排。我們以下面三個 if 敘述的範例來說明縮排的注意事項。這三個範例您只需要關注程式的縮排即可，關於 if 敘述的用法，第五章會有詳細的說明。另外，由於這些範例較長，我們在程式碼前面加上行號以方便解說。請將下面 1~7 行的程式碼鍵入在同一個 Cell 裡：

```
01 # if敘述區塊
02 num = 3
03 if num > 0:
04     print('if敘述開始')
05     print(num,'是正數')
06
07 print('這行一定會被執行')
```

if 敘述要執行的區塊

縮排 4 個空格

```
Output: if 敘述開始
        3 是正數
        這行一定會被執行
```

在上面的範例中，第 1 行是程式的註解，Python 並不會理會它。第 2 行設定了 num 的值為 3。第 3 行判斷 num 是否為正數，而第 4 行與第 5 行則是 if 敘述所要執行的區塊，因此它們往內縮排 4 個空格。由於 num 大於 0 成立，所以會印出 'if 敘述開始' 與 '3 是正數' 這兩個字串。if 敘述結束之後，會接著印出 '這行一定會被執行'。注意第 6 行是空行，它只是用來區隔 if 敘述區塊和第 7 行的敘述以方便閱讀，即使不空行，程式依然可以正確執行。 ❖

在上面的範例中，如果把第 2 行改成 $num = -3$，同時把第 5 行靠左排列，則會得到 '−3 是正數' 這個錯誤的答案，這是因為第 5 行已經不屬於 if 區塊了，因此它永遠會被執行：

```
01  # 錯誤的if敘述區塊
02  num = -3                      # 將 3 改為 -3
03  if num > 0:
04      print('if敘述開始')       # 只有這行在 if 區塊內
05  print(num,'是正數')           # 這行縮排錯誤
06
07  print('這行一定會被執行')
Output: -3 是正數
        這行一定會被執行
```
❖

如果 if 區塊內的程式碼縮排後沒有對齊，則 Python 無法判定哪一行是屬於 if 區塊內的程式，因此會出現一個錯誤訊息，告訴我們縮排錯誤：

```
# if區塊內的程式碼未對齊
num = -3
if num > 0:
    print('if敘述開始')     ┐
  print(num,'是正數')       ┘ 程式碼縮排後未對齊

print('這行一定會被執行')
Output: ( 這邊省略部分的錯誤訊息 )
        IndentationError: unindent does not match any outer indentation level
```

在上面的錯誤訊息中， IndentationError 代表縮排錯誤(Indentation error)，而後面的 unindent does not match any outer indentation level 則告訴我們縮排的程式碼無法與區塊外部的縮排匹配，因而產生錯誤。 ❖

從上面的幾個範例可知，程式碼的縮排對於 Python 來說極其重要，因為它可能造成程式碼無法執行，或是執行錯誤。因此在撰寫 Python 程式時，應養成隨時注意縮排的好習慣。

1.5 當程式執行錯誤時

在撰寫 Python 時，程式碼在執行時難免會出現一些錯誤。一般而言，錯誤可以分為兩種，一種是語意錯誤（Semantic error），另一種是語法錯誤（Syntax error）。語意錯誤是因為意思上的誤解，程式碼的語法雖然正確，但無法提供正確的運算結果。例如，少輸入一個 0，或是把加號寫成減號而導致判斷錯誤等。在上節縮排的範例中，倒數第二個範例便是屬於語意錯誤，因為這個範例可以執行，但是結果並不正確。

語法錯誤則是因不合 Python 的語法而引起。例如把 print() 函數打成大寫開頭的 Print()、字串沒有用成對的括號括起來，或是用保留字當成變數名稱等。一般而言，語法錯誤較語意錯誤容易處理，因為在執行時 Python 便會告訴您哪裡語法錯了，而語意錯誤則只能靠自己去找尋：

```
> Print('Hello Python')
```
NameError: name 'Print' is not defined

Python 會區分識別字的大小寫。在這個範例中，print 誤打成 Print，導致 Python 無法辨識 Print() 函數，因此這是一個語法錯誤。

```
> for = 12
```
SyntaxError: invalid syntax

這也是一個語法錯誤，因為 for 是 Python 的保留字，所以不能作為變數使用。

```
> print('The cat)
```
SyntaxError: EOL while scanning string literal

左邊的 'The cat' 字串少了一個單引號，因此它屬於語法錯誤。

學會除錯（Debug）是學好程式的首要條件。如果在執行時發生了錯誤，建議試著去閱讀 Python 回應的錯誤訊息，因為它已經很明確的告訴您哪裡錯了，然後修改它再執行，直到程式正確為止。

1.6 程式的註解與函數用法的查詢

程式的註解（Comments）有助於日後理解程式碼，也方便他人閱讀我們撰寫的程式，因此應養成標上註解的好習慣。註解只是方便理解程式碼，程式並不會去執行它們。Python 以井字號「#」作為註解的開頭，井字號後面同一行文字均是註解：

```
# Python的註解
# This is a python comment
num = 4
print('num =', num)    # 印出 num 的值 (Python 的註解)
Output: num = 4
```

Python 的註解

❖

如果註解有多行的話，可以在每一行的開頭標上井字號，或者是以三個連續的單引號或雙引號將註解括起來，如下面的範例：

```
01  # 註解的範例
02  '''
03  A multiple line comment
04  Date: Sep. 02, 2020
05  Author: Junnie
06  '''
07  print('A simple Python program')
Output: A simple Python program
```

Python 的單行註解

Python 的多行註解

在這個範例中，第 1 行是單行註解，2 到 6 行是多行註解。您可以發現在 Colab 或 Jupyter lab 中，第 2 到 6 行註解的顏色和第 7 行 print() 裡字串的顏色相同，因為它們同是字串。

❖

事實上在 Python 中，以連續 3 個單引號或雙引號括起來的文字代表多行字串，不過它們也可以作為多行的註解，因為單獨出現的多行字串不會對程式碼的執行帶來任何影響，如下面的範例：

```
01 # 多行註解與字串的關係
02 '''Here are two lines
03 and produce no output at all'''
04 print('''This is
05 a multiple
06 line string.''')
```

Python 的多行字串，它不會有任何輸出，因此作用相當於註解（02–03 行）

印出多行字串（04–06 行）

```
Output:This is
       a multiple
       line string.
```

在本例中，第 2 到 3 行是多行字串，它們並沒有套用 print() 函數來輸出，所以 Python 不會顯示它們（除非它們是儲存格裡的最後一個敘述），因此其作用和註解相同。第 5 到 7 行 print() 函數內的字串是以 3 個單引號括起來，因此 Python 將它們視為多行的字串（您可以把 3 個連續的單引號改成只有一個單引號，看看執行的結果會有什麼不同）。 ❖

最後，如果忘了某個函數的用法，只要鍵入 help(函數名稱) 即可查詢。例如想查詢 print() 函數的用法，在 Colab 或 Jupyter lab 裡執行

```
help(print)
```

這個敘述，輸出區即會顯示出 print() 函數的用法：

```
Help on built-in function print in module builtins:
print(...)
    print(value, ..., sep=' ', end='\n', file=sys.stdout, flush=False)
    Prints the values to a stream, or to sys.stdout by default.
    # 後面省略.
```

雖然查詢後出現的是英文的訊息，不過我們還是可以看出 print() 函數裡面一些參數的用法，以及它們擺放的位置，這些訊息對於我們使用函數是非常有幫助的。

第一章 習題

1.1 Python 簡介

1. 試連上維基百科（https://zh.wikipedia.org/），在維基百科裡查詢 Python 的發展史。

2. 試連上 YouTube 的網站 https://www.youtube.com，並在 YouTube 裡查詢 Most Popular Programming Languages，您可以發現有一些的關於程式語言近 50 年使用率變化的影片。請挑選一個來觀看，並注意 Python 是從哪一年崛起，以及它們近幾年受歡迎程度的變化。下面的畫面是取自其中一個影片：

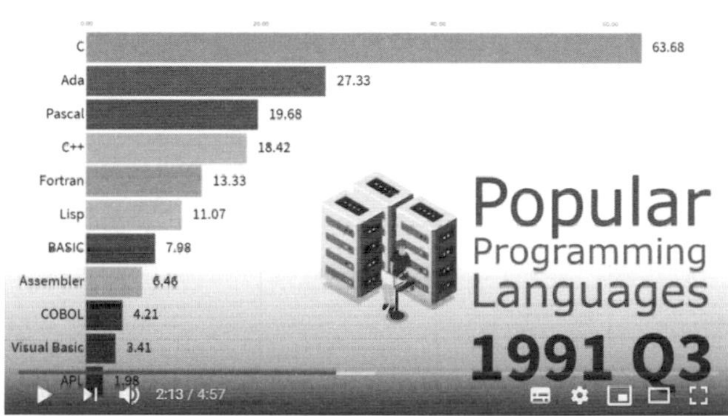

https://www.youtube.com/watch?v=Og847HVwRSI

1.2 使用 Google Colaboratory

3. 試在 Colab 裡完成下面的操作：

   (a) 計算 1+3+5 的值。

   (b) 印出 'Hello world' 字串。

   (c) 建立一個三級的標題，標題名稱為 My first Colab Program。

4. 試在 Colab 中完成下面的計算：

   (a) 計算 28×16 的值。

   (b) 計算 $3 + 2^3 \times (4 + 3)$。

1.3 Python 語法的組成

5. 如果在 Colab 或 Jupyter lab 中鍵入 Python 的保留字，Jupyter lab 或 Colab 會用不同的顏色來標示它們。試著鍵入幾個保留字，並說明它們的顏色與其它的識別字有什麼不同。

6. 下面所列的變數中，有哪些是合法，有哪些是不合法？若是不合法，請說明不合法之處。

   (a) holiday　(b) True　(c) cat@　(d) 2_dogs　(e) Avocado

   (f) my_id　(g) studentID　(h) flag2　(i) mi_3　(j) None

1.4 程式撰寫時的注意事項

7. 試計算 1 加到 15 的總和。這個計算稍長，一共有 15 項，請利用分行符號將它們分隔成 3 行來撰寫。

8. 下面的敘述在 Colab 或 Jupyter lab 執行時會出現錯誤。請更正它，使得程式碼可以正確的印出 ‘3<5’ 字串。

```
if 3<5:
print('3<5')
```

1.5 當程式執行錯誤時

9. 下面的敘述在執行時會出現錯誤。請理解錯誤訊息，並指明錯誤之處。

   (a) `if=4`

   (b) `num + 6`

   (c) `2 @ 3`

1.6 程式的註解與函數用法的查詢

10. 下面是一個計算圓面積的程式，其中 pi 為圓周率，r 為半徑，$area$ 為圓面積。試理解這個程式的每一行，並為它們加上註解。

```
pi=3.14
r=2
area=pi*r*r
print(area)
```

資料型別、變數與運算子

每一筆資料都有適合儲存它的資料型別。例如一個班級的學生人數一定是整數，因此要儲存班級的學生人數時，整數型別的變數顯然是一個比較好的選擇。如果是儲存平均身高，因為它可能會帶有小數，所以可以選擇浮點數型別的變數來存放它。本章將介紹 Python 提供的基本資料型別，以及相關的運算，其中包含了運算子的優先順序、型別的轉換，以及格式化輸出等。

1. 簡單的資料型別
2. 變數與常數
3. 常用的運算子
4. 運算子的優先順序
5. 型別轉換
6. 不同進位數的轉換
7. 輸出與輸入函數

2.1 簡單的資料型別

Python 提供了不同的資料型別（Date type），以方便儲存與處理各種資料。簡單的資料型別有數值（Numeral）與字串（String）型別，較複雜的則有串列、集合與字典等。每一種資料型別都有它自己的儲存方式與相對應的處理方法。本節先來看看簡單的資料型別。

2.1.1 數值型別

可以用來計算出數字的都是屬於數值型別。Python 提供了四種數值型別，分別為整數、浮點數、複數與布林型別。如果要查詢某個數值是屬於哪一種型別，可以利用 type() 函數。

· type() 函數的用法

函數	說明
type(*val*)	查詢物件 *val* 的型別

⌘ 整數（Integers）

不帶有小數點的數都是整數，例如 0、12、100 與 −3 等都是整數。整數不能加上千分位符號，例如 10,000 這種寫法是不合 Python 的語法的。另外，有別於其它的程式語言，Python 的整數型別可以有無窮多個位數的精度。

```
> 6 + 20
  26
```

計算 6+20，得到 26。

```
> 1024 ** 9
  1237940039285380274899124224
```

計算 1024 的 9 次方，我們得到一個很大的數。1024 和 9 都是整數，因此 Python 會算出 1024^9 的精確數值。

```
> type(6)
  int
```

查詢數字 6 的型別，可知它是 int 型別。

Python 也允許以 2 進位、8 進位或 16 進位的形式來表達整數。如果要以 2 進位形式表達整數，只要在 2 進位數字前面加上前綴 0b（第一個字元是數字 0，第二個字元 b 取自 2 進位的英文 binary）。如果要以 8 進位形式表達整數，則在 8 進位數字前面加上前綴 0o 即可

（第二個字元是小寫的 o，取自 8 進位的英文 octal）。16 進位的整數則是加上 0x 這個前綴，其中 x 取自 16 進位的英文 hexadecimal。


```
> 0b1100
  12
```

這是 2 進位的 1100，Python 會把它轉成 10 進位的整數。

```
> 0b1001000100010101001010001000
  152130184
```

這是一個較長的二進位數字，Python 一樣可以把它轉成 10 進位的整數。

```
> 0o16
  14
```

這是 8 進位的數字 16，它的值等於十進位的 14。注意 8 進位的數字必須介於 0 到 7 之間.

```
> 0x8a
  138
```

這是 16 進位的數字 8a，相當於 10 進位的 138。

```
> 0b10000 - 0xb
  5
```

不同進位的數字也可以進行運算。左式是將二進位的整數 10000 減去 16 進位的整數 b。

```
> type(0b1001)
  int
```

二進位數字的型別也是 int。

⌘ 浮點數（Floating points）

帶有小數點的數即為浮點數，如 3.14、19.0、2.3e5 等，其中 2.3e5 是以科學記號來表示一個浮點數，即 2.3×10^5 之意。Python 可以表達最小的浮點數是 2.2250738585072014e-308，最大的浮點數是 1.7976931348623157e+308。

```
> type(3.14)
  float
```

3.14 的型別是 float。

```
> type(5.)
  float
```

整數 5 後面加一個小數點，其型別也是 float。

```
> 3.2 + 4
  7.2
```

浮點數加上整數，結果是一個浮點數。

```
> 2.34e5
  234000.0
```

這是科學記號 2.34×10^5 的表示法。

```
> 6.78e-3
  0.00678
```

這是 6.78×10^{-3}。

```
> 2.56e-400
  0.0
```

因為 2.56×10^{-400} 已經小於浮點數可以表達的最小數字，因此我們得到 0 這個結果。

```
> 3.14e310
  inf
```

相同的，3.14×10^{310} 已經超出浮點數可以表達的最大範圍，所以 Python 將它顯示為 inf（代表 infinity，無限大的意思）。

⌘ 複數（Complex numbers）

數字可以分為實數（Real number）與虛數（Imaginary number），而實數與虛數的組合稱為複數。Python 以數字緊鄰 j 或 J 來代表該數是一個虛數。如果 z 是一個複數，則 z.real 可以取出 z 的實部（real part），而 z.imag 可以取出 z 的虛部（imaginary part）。

```
> 6j
  6j
```

這是虛數 $6j$。

```
> 2 + 1j
  (2+1j)
```

這是複數 $2 + j$。注意 j 前面的數字 1 不能省略，否則 Python 會將 j 看成是一個變數。

```
> z = 5 + 3j
```

這是複數 $5 + 3j$。

```
> z - 12j
  (5-9j)
```

將 $5 + 3j$ 減去 $12j$，得到 $5 - 9j$。

```
> z.real
  5.0
```

取出複數 z 的實數部分。

```
> z.imag
  3.0
```

取出複數 z 的虛數部分。

```
> type(z)
  complex
```

查詢變數 z 的型別，我們得到 complex，可知 z 是一個複數。

⌘ 布林（Boolean）

Python 判別一個比較運算式時，如果成立，則回應 True，否則回應 False。True 與 False 都是屬於布林型別（bool）。布林型別可以看成是整數的子型別，因為它們也可以當成整數來運算，其中 True 代表 1，False 代表 0。注意 True 與 False 的第一個字母都必須大寫。

```
> 1.5 > 4
  False
```

1.5 > 4 不成立，因此左式回應 False。

```
> 5 > 3
  True
```

5 > 3 成立，因此回應 True。

```
> type(True)
  bool
```

True 是 Python 的關鍵字，也是內建常數，它的型別是 bool。

```
> 128>0b100011
  True
```

二進位 100011 的值是 35，因此左式回應 True。

```
> True + 1
  2
```

Python 把 True 看成是 1，因此回應 2。

```
> False + True
  1
```

False 在數值計算時，Python 會把它看成是 0，因此左式回應 1。

2.1.2 字串型別

在第一章時我們已經對字串（String）有基本的認識了。Python 的字串是以單引號「'」或雙引號「"」括起來。如果要表達多行的字串，則是以連續三個單引號或雙引號括起來。有趣的是，Python 並沒有提供字元（Character）型別。如果要表達一個字元，可以將它表達成長度為 1 的字串。

```
> 'a string'
  'a string'
```

字串可以用單引號括起來。注意左式的顯示帶有單引號。

```
> print('a string')
  a string
```

印出字串 'a string'。注意 print() 函數在印出字串時，單引號不會被列印出來。

```
> "another string"
  'another string'
```

字串也可以用雙引號括起來。

```
> s = 'Hello Python'
```

將 'Hello Python' 字串設定給變數 *s* 存放。

```
> type(s)
  str
```

字串的型別為 str。

```
> type('y')
  str
```

Python 沒有 '字元' 這種型別，單一一個字元也看成是一個字串。

```
> '''
  This is a
  multiple line string
  '''
  '\nThis is a\nmultiple line string\n'
```

多行的字串可以用三個連續的單引號(或雙引號)括起來。我們經常用利用這種語法對程式碼進行註解（Comments）。

```
> """A single line string"""
  'A single line string'
```

多行(或單行)的字串也可以利用三個連續的雙引號掛起來。

2.2 變數與常數

第一章已經介紹過變數的命名規則了。我們可以把變數名稱想像成是綁在盒子上的標籤。如果盒子裡放的是整數，這個變數代表的就是一個整數。如果把標籤改綁到存放浮點數的盒子，則這個變數就自動變成了浮點數變數。

```
> a = 12
```

設定變數 *a* 的值為整數 12。

```
> type(a)
  int
```

查詢變數 *a* 的型別，可知 *a* 是整數。

```
> a = 3.14
```

將變數 *a* 重新設值為 3.14。

```
> type(a)
  float
```

現在 *a* 的型別變成浮點數了。

我們可以發現 Python 在使用變數之前無須進行宣告，這是因為 Python 的變數是屬於動態型別（Dynamically typed），也就是變數的型別會隨著它綁定的內容而有所變化。另外，我們可以在一行敘述內同時設定數個變數的值，也可以把數個變數同時設定相同的值，用起來非常方便：

```
> a = b = c = 12
```
將變數 a，b 和 c 同時設定為 12。

```
> print(a, b, c)
  12 12 12
```
印出 a，b 和 c 的值，可以發現它們的值都是 12。

```
> a, b, c = 10, 3.14, 'Python'
```
分別將 a 設成 10，b 設成 3.14，c 設成字串 'Python'。

```
> print(a, b, c)
  10 3.14 Python
```
同時印出 a，b 和 c 的值。

```
> age = 20; name = 'Python'
```
設定 age=20，$name$= 'Python'。

```
> print(age, name)
  20 Python
```
印出 age 和 $name$ 的值。

有別於變數，如果我們希望在程式執行的時候，某些變數的值不要被更改，則可以把這些變數設定為常數（Constant）。Python 並沒有提供定義常數的語法，不過習慣上，我們會以全部大寫的變數當成是一個常數（例如 MAX_SIZE、PI 或 POPULATION 等），用以提醒我們它是一個常數：

```
> PI = 3.14159
```
定義 PI 為一個常數，其值為 3.14159。

```
> MAX_SIZE = 256
```
定義 MAX_SIZE 的值為 256。

在上面的範例中，PI 與 MAX_SIZE 都是我們自行定義的常數。事實上，Python 有 3 個內建常數，分別為 True、False 與 None。稍早我們已經介紹過 True 的值是 1，False 的值是 0。None 是空值的意思，表示沒有任何值，它常用在函數的傳回值上，稍後就會看到 None 的用法。

```
> True + 2
  3
```
True 加上 2，得到 3。

```
> True = 10
SyntaxError: can't assign to keyword
```

我們不能將內建常數重新設值，否則會有錯誤訊息產生。注意左邊我們只截取了部分的錯誤訊息。另外因為 Python 版本的不同，提示的錯誤訊息也可能會稍有差異。

2.3 常用的運算子

運算子是用來對運算元做運算的，如果只需要一個運算元，我們稱此運算子為一元運算子（Unary operator）。例如 −5 這個運算式的運算元為負號，5 為運算元。因為負號只需一個運算元，所以它是一元運算子。然而，如果「-」是當成減號的話（如 3 − 2），那麼它就是一個二元運算子，因為它需要兩個運算元。

2.3.1 算術運算子

算術運算子（Arithmetic operator）是最常見的運算子，它們可用來進行數學的運算。下表列出 Python 提供的算術運算子：

· 算術運算子

運算子	說明	範例
+	加法運算子（或是一元的正號運算子）	x + y （或 +x）
-	減法運算子（或是一元的負號運算子）	x - y （或 -x）
*	乘法運算子	x * y
/	浮點數除法運算子（計算結果為浮點數）	x / y
//	整數除法運算子　（計算結果為整數）	x // y
%	餘數運算子	x % y （x/y 的餘數）
**	次方運算子	x ** y （x 的 y 次方）

算術運算子中，比較特別的是「/」與「//」運算子。浮點數除法運算子「/」計算的結果是浮點數，而整數除法運算子「//」的計算結果是整數的商。

```
> 5 + 4
9
```

計算 5+4，得到 9。

```
> +50
  50
```
這是正整數 50，注意 Python 不會顯示正號。

```
> -100
  -100
```
這是負數 100。

```
> 20 * 4
  80
```
20 × 4，得到 80。

```
> 60 / 4
  15.0
```
60/4，得到 15.0。注意雖然 60 和 4 都是整數，不過相除之後，Python 會回應一個浮點數。

```
> 20 // 3
  6
```
這是整數的除法，相當於只有取出 20/3 的商。

```
> 20 % 3
  2
```
% 是餘數運算子，左式可以計算 20/3 的餘數。

```
> 12 % 3.5
  1.5
```
餘數運算子也可以用在除數或被除數是浮點數的時候。這是 12/3.5 的餘數。

```
> 2 ** 10
  1024
```
計算 2 的 10 次方。

```
> 2 ** 0.5
  1.4142135623730951
```
計算 2 的 0.5 次方，相當於把 2 開根號。

2.3.2 比較運算子

比較運算子（Comparison operator）是用來比較兩數之間大小的關係，它們的寫法和數學上的寫法相近，因此非常容易理解與記憶。

· 比較運算子

運算子	說明	範例
>	大於運算子	`x > y` （判別 x 是否大於 y）
>=	大於等於運算子	`x >= y` （判別 x 是否大於等於 y）

運算子	說明	範例
`<`	小於運算子	`x < y` （判別 x 是否小於 y）
`<=`	小於等於運算子	`x <= y` （判別 x 是否小於等於 y）
`==`	等號運算子	`x == y` （判別 x 是否等於 y）
`!=`	不等於運算子	`x != y` （判別 x 是否不等於 y）

注意等於運算子「==」是兩個連續的等號。不等於在數學上的寫法為「≠」，相當於一條直線畫在一個等號上，因此 Python 以一個驚歎號「!」（代表直線）加上一個等號來表示「≠」符號。除了數字之外，字串也可以比較大小，其方式是比較兩個字串相對應位置字元編碼的大小。如果第一個字元的編碼相同，則比較第二個字元，以此類推。如果要查詢字元的編碼，可以用 ord() 函數。ord 取自英文的 ordinal，為序數之意。

```
> 120 > 32.5
  True
```

判別 120 是否大於 32.5，結果回應 True。

```
> 7 >= 12
  False
```

判別 7 是否大於等於 12，結果回應 False。

```
> 'Cats' < 'cat'
  True
```

大寫 C 的字元編碼為 67，小寫 c 為 99，因此左式回應 True。

```
> print(ord('C'), ord('c'))
  67 99
```

利用 ord() 函數可以取得字元的編碼。

```
> 12 == 12.0
  True
```

等號運算子判別的是運算子兩邊的數字是否相等，而不是型別是否相等，因此左式回應 True。

```
> 'Python' != 'Java'
  True
```

兩個字串不同，因此回應 True。

2.3.3 邏輯運算子

邏輯運算子（Logical operator）只有 3 個，分別為 and、or 和 not。正如其名，and 必須要兩個運算元都是 True，其結果才會是 True。or 則是只要一個運算元是 True，其結果便是 True。not 則是一元運算子，如果其運算元是 True，則取 not 之後變成 False。相反的，如果運算元是 False，則取 not 之後變成 True。

· 邏輯運算子

運算子	說明	範例
`and`	兩個運算元都是 True，則回應 True	`x and y`
`or`	只要一個運算元是 True，便回應 True	`x or y`
`not`	如果運算元是 True，則回應 False，否則回應 True	`not x`

```
> 5<3 and 6<10
  False
```

5 小於 3 不成立，因此回應 False。

```
> 4<7 and 8<7 and 3>0
  False
```

8 小於 7 不成立，因此左式也回應 False。

```
> 4<5 or 9>12
  True
```

雖然 9>12 不成立，但是 4<5 成立，而 or 運算子只要有一個成立，結果就是 True，因此左式回應 True。

```
> 'a'=='a' or 7==2 and 8<5
  True
```

稍後我們將提到 and 的運算優先順序高於 or，因此左式會先運算 7==2 and 8<5，得到 False，然後再運算 'a'=='a' or False，因此得到 True。

```
> not 2**3 < 10
  False
```

2 的 3 次方等於 8，8 小於 10，因此 2**3 < 10 為 True，取 not 之後，得到 False。

有趣的是，Python 把 0、空字串與 None 均視為 False，其它的值都看成是 True。因此非 0 的數或是有任何字元的字串對 Python 來說便是 True。要查看哪些變數被 Python 視為 True 或 False，可以利用 bool() 函數。

· bool() 函數的用法

函數	說明
`bool(x)`	將變數 *x* 轉成布林（bool）型別。如果沒有給任何的參數，則回應 False

```
> bool('cat')
  True
```

'cat' 不是空字串，所以回應 True。

```
> not 'cat'
  False
```

True 取 not，得到 False。

```
> bool()
  False
```

bool() 函數裡沒有任何參數，因此看成是 False。

```
> bool(3.14)
  True
```

3.14 不是 0、空字串或 None，因此回應 True。

```
> bool('')
  False
```

bool() 裡的參數是一個空字串，因此回應 False。

```
> bool(0.000)
  False
```

浮點數的 0 也看成是 False。

```
> bool(0.000000001)
  True
```

只要有值的話，即使是一個很小的數，Python 也把它看成是 True。

在 Python 中，and 的實際運算規則是從左到右依序掃描每一個運算元，並傳回第一個不是 True 的運算元；如果都是 True，則傳回最後一個運算元。相反的，or 是傳回第一個是 True 的運算元；如果都是 False，則傳回最後一個運算元。這個規則的設計出自於對運算速度的考量。

試想如果 100 個 and 運算子串接了 101 個運算元，在判別時只要有一個運算元是 False，後面的運算元都不用判斷，它的結果就是 False，因此 and 只要回應第一個不是 True 的運算元即可。相同的，or 只要有一個運算元是 True，運算結果便是 True，後面的運算元也都不用再判斷，因此 or 會傳回第一個是 True 的運算元。

```
> 5!=7 and 6<0 and 8==8
  False
```

6 < 0 不成立，因此 8==8 不會再進行判別，and 運算子就直接傳回 False。

```
> 'cat' and 'pig'
  'pig'
```

'cat' 與 'pig' 都不是空字串，因此它們都被視為是 True，所以 and 會傳回最後一個運算元 'pig'。

```
> 'cat' and 'pig' and 'dog'
  'dog'
```

相同的，'cat'，'pig' 和 'dog' 都不是空字串，因此 and 傳回 'dog'。

```
> 'cat' or 'pig'
  'cat'
```

or 會傳回第一個是 True 的運算元，因此我們得到 'cat'。

```
> '' or 'pig'
  'pig'
```

空字串是 False，'pig' 是 True，因此 or 回應 'pig'。事實上，False or True 的結果也是 True。

2.3.4 位元運算子

位元運算子（Bitwise operators）可以用來對整數裡的每一個位元進行特定的運算。英文裡的 Bitwise 是逐位元的意思，也就是針對每個位元逐一運算。位元運算子列表如下，我們並以 x=9，y=14 為範例來做說明。

· 位元運算子

運算子	說明	範例（假設 x=9(0b1001), y=14(0b1110)）	
&	位元 AND	x & y = 8	(1001 & 1110 = 1000 = 8)
|	位元 OR	x | y = 15	(1001 | 1110 = 1111 = 15)
~	位元 NOT	~x = -10	(-(9+1)=-10)
^	位元 XOR	x ^ y = 7	(1001 ^ 1110 = 0111 = 7)
>>	位元右移	x >> 2 = 2	(1001 >> 2 = 0010 = 2)
<<	位元左移	x << 2 = 36	(1001 << 2 = 100100 = 36)

注意位元 NOT「~」是一元運算子，它可將每一個位元反轉（即 0 和 1 互換），然後以 2 的補數（Two's complement）來表達計算後的數值。例如上表中 x 的值是 9，其 2 進位是 01001，取位元 NOT 之後變成 10110。因為 −10 之 2 的補數也是 10110，因此 $\sim x$ 會回應 −10（在 Python 裡，$\sim x$ 的結果為 $-(x+1)$）。

```
> x = 9; y = 14
```

設定 $x=9$，$y=14$。

```
> bin(x)
  '0b1001'
```

利用 bin() 將 x 轉成 2 進位，得到 '0b1001'。我們將會於 2.4 節介紹 bin() 這個函數。

```
> bin(y)
  '0b1110'
```

將 y 轉成 2 進位，得到 '0b1110'。

```
> x and y
  14
```

將 x 和 y 進行 and 運算。and 會傳回第一個不是 True 的運算元。因為 x 和 y 都不是 0，因此傳回 y 的值 14。

```
> x & y
  8
```

這是 x 和 y 的位元 AND 運算，因此得到 8。

```
> x | y
  15
```

這是 x 和 y 的位元 OR 運算，得到 15。

```
> x ^ y
  7
```

將 x 和 y 進行位元 XOR 運算，得到 7。

```
> ~x
  -10
```

將 x 取位元 NOT，得到 -10。

```
> x << 2
  36
```

將 x 的位元往左移 2 位，得到 36。

```
> x >> 2
  2
```

將 x 的位元往右移 2 位，得到 2。

2.4 變數的設值與運算的優先順序

利用等號「=」可以將變數設值，而「=」和上一節介紹的運算子之間會構成不同的優先運算順序。本節我們將討論變數的設值方式，以及運算時的優先順序。

2.4.1 變數的設值

在 Python 中，「=」可將等號右邊的值設給等號左邊的變數，例如 $a = 9$ 是將整數 9 設定給變數 a 存放。出了常見的「=」之外，Python 也提供了進階的設定敘述，方便我們更新變數的值。這些設定敘述的語法列表如下：

· 設定敘述的語法

設定敘述	用法	說明
=	x = 5	將 5 設定給變數 x 存放
+=	x += 5	將 x 的值加 5 之後，再設定給 x 存放，相當於 $x = x + 5$
-=	x -= 5	相當於 $x = x - 5$
*=	x *= 5	相當於 $x = x * 5$
/=	x /= 5	相當於 $x = x / 5$
%=	x %= 5	相當於 $x = x \% 5$
//=	x //= 5	相當於 $x = x // 5$
**=	x **= 5	相當於 $x = x ** 5$

上表所列的設定敘述在實際撰寫程式碼的時候常會用到，因此應理解這些設定敘述的意涵。如果不習慣採用類似 x+=5 的寫法，也可以使用傳統的 x=x+5 這種寫法（只是變數 x 會多寫一次）。

```
> x = 12
```
設定 x=12。

```
> x += 1
```
將 x 加上 1，再設回給變數 x 存放。

```
> x
 13
```
查詢 x 的值，得到 13。

```
> x *= 2
```
將 x 乘上 2，再設定給 x 存放，因此 x 應為 26。

```
> x
 26
```
查詢 x 的值，我們果然得到 26。

2.4.2 運算的優先順序

在數學裡，我們知道先乘除，後加減，因此乘除的運算優先順序比加減高。在 Python 裡，每一個運算子也有其運算的優先順序，我們將這些順序列表如下，其中越先列出來的運算子優先順序越高。

・運算子與設定敘述的優先順序 （編號越小者優先次序越高）

優先順序	運算子/設定敘述	說明
1	**	次方運算子
2	+, -, ~	正號、負號、位元 NOT
3	*, /, %, //	乘、除、餘數、整數除法
4	+, -	加法、減法
5	>>, <<	右移、左移運算子
6	&	位元 AND 運算子
7	^	位元 XOR 運算子
8	|	位元 OR 運算子
9	>, <, >=, <=, !=, ==	比較運算子
10	not	邏輯運算子 not
11	and	邏輯運算子 and
12	or	邏輯運算子 or
13	=, +=, -=, *=, /= 等	設定敘述

事實上，運算子的優先順序也不需要記憶。如果對優先順序有疑慮的時候，只需把想要先算的部分加上圓括號 ( ) 即可。

```
> 6 + 2**3 * 4
  38
```

次方運算子 ** 的優先順序高於 * 和 +，而 * 又高於 +，因此左式會先計算 2**3，得到 8，8 再乘 4 得到 32，然後加 6，得到 38。

```
> 'piggy' and not 'good'
  False
```

not 的優先順序高於 and，因此左式先計算 not 'good'，得到 False，再計算 'piggy' and False，因此得到 False。

```
> x = 2 + 1
```

加號 + 的優先順序高於等號 =，因此左式會先計算 2 + 1，得到 3，再把 3 設定給 x 存放，因此最終 x 的值等於 3。

```
> x += x**2 + 4; x
  16
```

這個運算式相當於先計算 $x + x^2 + 4$，即 $3 + 9 + 4$，然後再把運算結果 16 設定給 x 存放。最後查詢 x 的值，我們果然得到 16。

2.5 型別轉換

許多時候，數字必須在不同型別之間進行轉換，例如把整數轉成浮點數，或是把數字組成的字串（如 '2.34'）轉成數值等，這些問題都屬於型別轉換。Python 的型別轉換可以分為隱式（Implicit）與顯式（Explicit）兩種。

2.5.1 隱式轉換

在隱式轉換中，Python 自動將一種型別轉換為另一種型別，通常是將範圍較小的型別轉換成範圍較大的型別，以避免轉換時造成的誤差。例如，浮點數包含了小數，而整數不包含小數部分。因此浮點數與整數相加時，隱式轉換會自動將整數轉換成浮點數，再與另一個浮點數相加（試想，若是將浮點數轉成整數，再與另一個整數相加，這樣小數就不見了）：

```
> 5 + 4.2
  9.2
```

Python 會自動將整數 5 轉換成 5.0，再與 4.2 相加，得到 9.2。

```
> 19 + True
  20
```

True 會轉換成 1，再與 19 相加。

2.5.2 顯式轉換

顯式轉換是利用函數明確地告知 Python 要如何轉換，常用的轉換函數有 int()、float() 與 str() 等。另外，如果一個運算式是以字串的方式來呈現的話，我們可以利用 eval() 函數對這個字串求值。eval 是 evaluation 的縮寫，即求值之意。

· 轉換與求值函數

函數	說明
int(x)	將 x 轉成整數，若 x 未填則回應 0
float(x)	將 x 轉成浮點數，若 x 未填則回應 0.0
str(x)	將 x 轉成字串，未填 x 則回應空字串
complex(x)	將 x 轉成複數，未填 x 則回應 0
eval(*expr*)	對運算式 *expr* 求值

第二章 資料型別、變數與運算子

```
> int(4.78)
  4
```

將 4.78 轉換成整數。注意小數的部分會全部捨棄。

```
> '2020' + 4
  TypeError: can only concatenate str (not "int") to str
```

這個式子無法運算，因為字串和整數無法進行相加運算。

```
> int('2020') + 4
  2024
```

將字串 '2020' 轉換成整數，即可和 4 相加。

```
> float(100)
  100.0
```

將整數 100 轉成浮點數。

```
> float('6.28')
  6.28
```

將字串 '6.28' 轉成浮點數。

```
> eval('6.28')
  6.28
```

如果對字串 '6.28' 求值，我們也可以得到浮點數 6.28。

```
> float('6.28+12.4')
  ValueError: could not convert string to float: '6.28+12.4'
```

如果字串內是一個運算式，float() 函數沒有辦法對它求值。

```
> eval('6.28+12.4')
  18.68
```

利用 eval() 函數則可以對它求值。

```
> complex(7,8)
  (7+8j)
```

這是複數 $7+8j$。

```
> complex('6+4j')
  (6+4j)
```

complex() 也可以對複數字串求值。

```
> poly='x**3+2*x**2+5*x+4'
```

這是一個 x 的多項式，它被包在一個字串內。

```
> x=1; eval(poly)
  12
```

設定 $x=1$，然後對多項式字串求值。這個做法相當於把 $x=1$ 代到多項式內，然後對多項式求值。

```
> x=2; eval(poly)
  30
```

這是 $x=2$ 時，多項式的值。

2.6 不同進位數字的轉換

在某些應用中，我們需要在不同進位的數字之間進行轉換，例如將 2 進位轉 10 進位，或者是 16 進位轉 8 進位等。Python 提供的轉換函數如下：

· 不同進位的轉換函數

函數	說明
int(x,b)	將 b 進位的數字 x 轉成整數，其中 x 必須是一個字串
bin(x), oct(x), hex(x)	分別將 10 進位的整數 x 轉成 2 進位、8 進位和 16 進位，轉換的結果以字串來表示

```
> int('0b11000011',2)
195
```

將 2 進位的數字 '0b11000011' 轉換成 10 進位。

```
> int('11000011',2)
195
```

因為第二個參數 2 已經指明要轉換的數字是 2 進位，因此前綴 0b 也可以不寫。

```
> bin(3**64)
'0b1010110101011011010100101011
1110001111011110010011001000100
1111000110001111001011111101011
110100000001'
```

將 3^{64} 轉換成 2 進位。

```
> int('0xef10',16)
61200
```

將 16 進位的數字 '0xef10' 轉換成 10 進位，得到 61200。

```
> hex(61200)
'0xef10'
```

將 61200 轉成 16 進位，得到 0xef10。

```
> oct(256)
'0o400'
```

將整數 256 轉成 8 進位。

2.7 輸出與輸入函數

Python 是利用 print() 函數將資料輸出到螢幕上。如果想要從鍵盤輸入資料，則是使用 input() 函數。本節我們將介紹 print() 與 input() 這兩個函數。

2.7.1 Python 的輸出函數- print()

前面的範例已多次使用過 print() 函數。預設的 print() 列印完資料後會自動換行，每筆資料也會直接以空白來隔開。事實上，這些預設可以透過參數來改變。print() 的語法如下：

· print() 函數

函數	說明
print(*v*1,*v*2,…, sep=' ', end='\n')	列印 *v*1, *v*2, … 的值

在 print() 函數中，如果有多筆資料要輸出，則以逗號分開（如 *v*1, *v*2, …）。參數 sep 可以設定印出來的資料要用什麼符號來區隔（sep 是 separator 的縮寫，就是區隔符號的意思），預設是一個空白。參數 end 是用來設定字串結尾的處理方式，預設是換行（\n 代表換行字元，n 取自 new line，即新的一行）。

```
> print('Hello Python')
  Hello Python
```

印出 'Hello Python' 字串。

```
> print(10, 20, 30)
  10 20 30
```

印出 3 個數字。注意要印出的數字必須以逗號隔開。

```
> print(10, 20, 30, sep='+')
  10+20+30
```

指定以加號 + 隔開列印的數字。

```
> print(10,20,30,sep='*',end='@')
  10*20*30@
```

以乘號 * 隔開要列印的數字，並在最後印上 @ 符號。

```
> print(12); print(14)
  12
  14
```

分別印出數字 12 與 14。注意 Python 會分兩行來印它，因為 print() 函數預設列印完後會列印出一個換行符號 \n，這個符號是由 end 參數所控制。

```
> print(12,end='#'); print(14)
  12#14
```

如果指定 end='#'，則列印完 12 後會列印 # 符號，而不會換行，因此數字 14 會接在 # 後面列印出來。

```
> print('Hi',end=''); print('Python')
  HiPython
```

設定 end 為一個空字串，則第一個 print() 函數列印結束後不列印任何字元，也不換行，因此後面的 'Python' 會緊接著列印。

現在我們已經知道「\n」的作用是換行。反斜線「\」稱為轉義字元，因為它會把後面接的字元意思轉變掉了。轉義字元「\」加上一個字元則成為一個特殊的控制碼，用來告訴 print() 函數要怎麼做。例如「\'」可印出單引號，「\"」可印出雙引號，「\\」可印出反斜線，而「\a」可讓電腦發出一個響聲（a 為 Alarm 的縮寫，即警告聲之意）。

```
> print('Hello 'Python'')
  SyntaxError: invalid syntax
```

嘗試在 Python 的兩旁列印兩個單引號，不過得到一個語法錯誤的訊息。這是因為 Python 把 'Hello' 看成是一個字串，後面兩個連續的單引號 '' 看成是空字串，因此發生錯誤。

```
> print('Hello \'Python\'')
  Hello 'Python'
```

在單引號之前加上轉義字元「\」，我們就可以順利的印出單引號。

```
> print('A back slash \\ symbol\a ')
  A back slash \ symbol
```

在字串裡，反斜線代表轉義字元，要印出一個反斜線就必須寫上兩個連續的反斜線。另外，左式的最後的 \a 會讓電腦響一聲。

```
> print('\"A string\"')
  "A string"
```

要印出雙引號也必須使用轉義字元。

```
> print('"A string"')
  "A string"
```

在雙引號的外面如果有成對的單引號將它包圍起來的話，Python 就可以清楚的分辨在單引號裡面的雙引號是要列印的，因此就不用加上轉義字元。

```
> print("It's a sunny day")
  It's a sunny day
```

相同的，被雙引號包圍起來的單引號也可以順利的列印出來。

2.7.2 輸出字串的格式化

有些時候我們希望可以用一些格式來列印出資料，例如欄位的寬度，對齊的方式，或是小數點取幾位等。Python 提供了 %-格式碼、*f*-字串，和 format() 函數這三種方法讓我們格式化要列印的字串。本節先介紹前面兩種方法，最後一種方法留到下一章再做介紹。

⌘ 使用 %-格式

%-格式是以「格式字串 % 資料」的語法來控制資料的列印格式，它是 Python 早期版本的寫法，語法與 C 語言的 printf() 函數相似。我們以一個簡單的範例來做說明。假設 a=32，b=32.145，我們希望以 4 個欄位的寬度來列印整數 a，以 6 個欄位的寬度，小數 2 位的格式印出浮點數 b，則 print() 函數可以依如下的語法來撰寫：

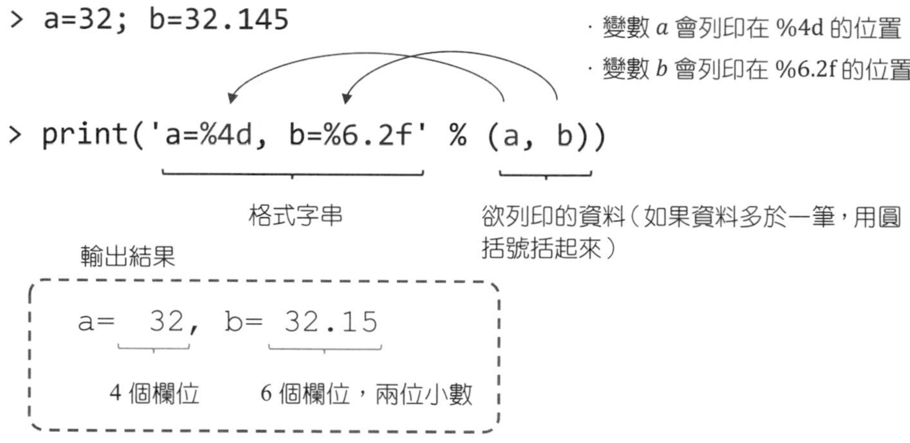

%-格式有 `%d`、`%f` 和 `%s` 三種常用的格式碼，分別用來列印整數、浮點數和字串。它們的用法如下：

- `%d`：用來列印整數（d 代表 decimal，十進位整數之意）。例如 `%6d` 代表最少用 6 個欄位的寬度來列印整數。`%06d` 則代表空白的欄位補 0。
- `%f`：用來列印浮點數（f 代表 float），例如 `%6.2f` 代表最少用 6 個欄位的寬度來列印浮點數到小數點以下兩位。
- `%s`：用來列印字串（s 代表 string），例如 `%6s` 代表最少用 6 個欄位列印字串。

`> i,f,s = 12,6.282,'Python'`	分別將變數 i，f 和 s 設值，它們分別是一個整數、浮點數和字串。
`> print('i=%d' % i)` `i=12`	印出整數 i 的值。
`> print('i=%3d' % i)` `i= 12`	以 3 個欄位印出 i 的值。
`> print('i=%d, s=%s' % (i,s))` `i=12, s=Python`	分別印出變數 i 和 s 的值。注意 i 和 s 必須用一個圓括號括起來。
`> print('i=%05d, s=%7s' % (i,s))` `i=00012, s= Python`	以 5 個欄位印出 i，多的欄位補 0，並以 7 個欄位印出字串 s 。
`> print('f=%5.2f, i=%+4d' % (f,i))` `f= 6.28, i= +12`	以 5 個欄位，小數點以下 2 位印出 f；以 4 個欄位，數字前面加上正負號來列印整數 i 。

⌘ 使用 *f*-字串

在 Python 3.6 版之後新增了 *f*-字串（*f*-String）來格式化字串的輸出，我們建議您採用這種較新式的寫法來取代早期的 %-格式。這種寫法是在欲輸出的字串前面加上 *f*（代表 format，格式之意，用大寫的 F 也可以），然後以 {變數名稱:格式碼} 的語法來輸出。下圖是個簡單的範例：

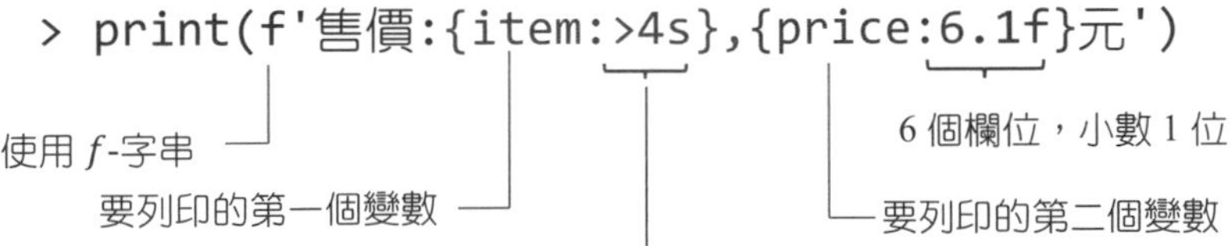

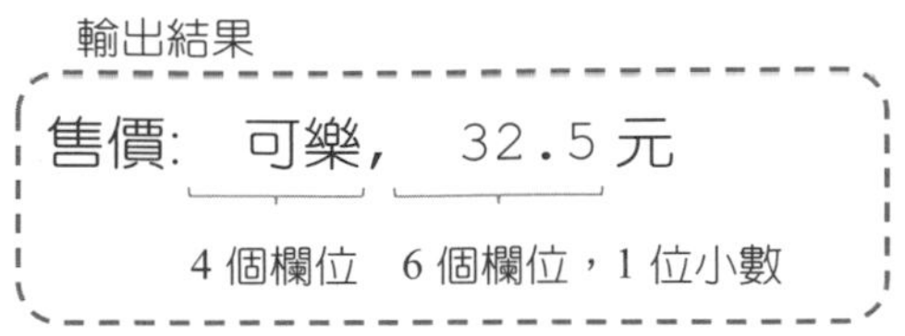

於上圖中，第一個要印出的變數是 item，我們採靠右列印，4 個欄位的寬度來列印這個字串。要列印的第二個變數是浮點數 price，我們指定以 6 個欄位，小數 1 位的格式來列印。從上圖可以發現，*f*-字串是以格式碼來控制輸出的格式，其語法如下：

如果 type 的設定為 2、8 或 16 進位時，加上 # 則會在這些進位的數字前面加上 0b、0o 或 0x

用 width 個欄位來顯示，一個中文和英文字元都算一個欄位

+代表一律加上正負號，未填則只加負號，不加正號

加上逗號「,」則在數字中加上千分位符號

```
:[align][+][#][0][width][,][.precision][type]
```

align 是對齊的意思。對齊的方式有 <、^和 >，分別代表靠左、置中與靠右。預設數值靠左，字串靠右

指定小數點以下的位數

要顯示的型別，可以是 s（字串）、d（10 進位整數），b（二進位）、o（8 進位）、x（16 進位）、f（浮點數）或 e（科學記號）

設定 0 則在數字左邊空的欄位上填 0

在上圖中，*f*-字串格式碼裡的每一項都用方括號 [] 括起來，代表每一項都可以省略。注意 *f*-字串裡的格式碼是有固定順序的，也就是每一項的順序不能對調。下圖顯示了上面的範例與 *f*-字串裡的格式碼之對應關係：

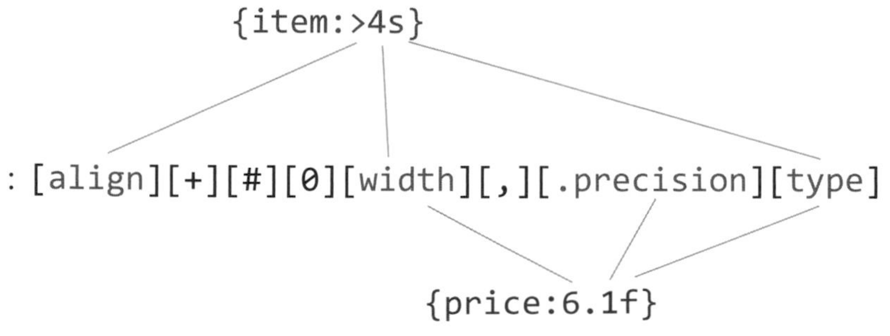


```
> i,f,s = 12000,3.14,'Python'
```

分別設定 *i*，*f* 和 *s* 為一個整數、浮點數和一個字串。

```
> print(f'i={i}, f={f}, s={s}')
  i=12000, f=3.14, s=Python
```

以 f-字串印出變數 i，f 和 s。

```
> print(f'int={i:+,}, float={f:6.2f}')
  int=+12,000, float=  3.14
```

第一個列印的是整數 i，並且列印正負號和千分位符號。第二個列印的是浮點數 f，並指定 6 個欄位，小數點以下 2 位來列印。

```
> print(f'int={i:b}, str={s:>8}')
  int=10111011100000, str=  Python
```

以二進位列印整數 i，以 8 個欄位並靠右列印字串 s。

```
> print(f'int={i:#x}, str={s:>08}')
  int=0x2ee0, str=00Python
```

以帶有前綴 0x 的 16 進位列印整數 i，以 8 個欄位，靠右列印字串 s，多餘的欄位補 0。

```
> print(f'float={f*2:5.2f}')
  float= 6.28
```

在大括號內，要輸出的資料也可以是一個運算式。左式以 5 個欄位，小數點以下 2 位印出 $f \times 2$ 的值。

您可以注意到，在 f-字串中，大括號 {} 已被作為預留位置（Placeholder）的符號，用以輸出資料到這個位置。因此如果想在 f-字串裡加入一個大括號，我們必須鍵入兩個連續的大括號。如果想表達一個單引號或雙引號，可以分別利用轉義字元「\'」和「\"」。

```
> print(f'Addition:{{4+5:^3d}}')
  Addition:{4+5:^3d}
```

f-字串把兩個連續的大括號解釋成一個大括號，因此少了原本作為預留位置的大括號，所以 4 + 5 與後面的格式碼被當成是輸出字串的一部分。

```
> print(f'Addition:{{{4+5:^3d}}}')
  Addition:{ 9 }
```

在 4 + 5 的外面再補上一個大括號，此時 4 + 5 就被當成一個運算式，輸出在這個大括號的位置。

```
> s1='Hello'; s2='World'
```

這是 $s1$ 和 $s2$ 兩個字串。

```
> print(f'字串相加：\'{s1}\'+\'{s2}\'')
  字串相加：'Hello'+'World'
```

利用轉義字元「\'」來輸出單引號。

2.7.3 Python 的輸入函數- input()

到目前為止，本書範例裡變數的值都是直接寫在程式碼裡的。如果想要讓使用者從鍵盤輸入變數的值，使得程式更有彈性，可以利用 input() 函數。

· input() 函數

函數	說明
var = input(*prompt*)	印出提示字串 *prompt*，等待使用者輸入，並把輸入的結果以字串型別設定給變數 *var* 存放

注意 input() 讀進來的資料是以字串的型別設定給變數存放。如果需要的話，我們可以利用 int()、float() 將它轉成數值，或是利用 eval() 對它求值。

```
> num=input('Input a number: ')
  Input a number:  12
```

執行左式時會出現 Input a number: 字串，等待使用者輸入一個數字。假設我們輸入 12，再按下 Enter 鍵，此時變數 *num* 會接收字串 '12'。

```
> num
  '12'
```

查詢 *num* 的值，可發現它是一個字串。如果需要的是一個整數，可以利用 int() 進行轉換。

```
> expr=input('Input an expression: ')
  input an expression:  64+16
```

提示使用者輸入一個數學式。在此我們輸入 64 + 16。注意 *expr* 接收到的會是一個字串。

```
> expr
  '64+16'
```

這是 *expr* 的值。

```
> eval(expr)
  80
```

對 *expr* 求值，我們可以得到 80。

第二章 習題

2.1 簡單的資料型別

1. 試說明下列的變數各是屬於哪一種型別。

   (a) `'2+3'`　(b) `True`　(c) `6500`　(d) `2.30`　(e) `False`
   (f) `5.`　(g) `6e3`　(h) `7.5e-3`　(i) `0x12`　(j) `0o712`
   (k) `6+1j`　(l) `1314`　(m) `'python'`

2. 試輸入下面不同進位的數字，並將它們轉換成十進位：

   (a) 16 進位的數字 a0ff、121ab、acd123。

   (b) 8 進位的數字 7231、754、567。

   (c) 2 進位的數字 11001010、1001001、110101000100010110。

2.2 變數與常數

3. 設 Python 有一行程式碼為：

   ```
   num=12; num=12+7.2
   ```

   試問執行完這行程式碼之後，num 的型別為何？

4. 下列的變數中，有哪些比較適合用來當成常數的名稱？

   (a) `MAX_NUM`　(b) `True`　(c) `day`　(d) `ID`　(e) `Sky`

2.3 常用的運算子

5. 試計算 2^{120} 的值。

6. 試求 128/39 的餘數。

7. 如果執行 `'kitty'<'kitten'`，我們會得到 False。試說明為什麼會得到這個結果？

8. 試思考下列各式的運算結果，並利用 Python 驗證您思考的結果是否正確。

   (a) `8<3 and 7==9 and 7>4`。

   (b) `2>8 or 7<=8 and 7>2` 。

   (c) `False and 'kitty' or True`。

9. 設 $x = 12$，$y = 8$，試推導下面各式，並以 Python 驗證得到的結果：

(a) `x&y` (b) `x|y` (c) `~x` (d) `x^y` (e) `x>>2`
(f) `x<<2` (g) `~y` (h) `y>>2` (i) `y<<2`

2.4 變數的設值與運算的優先順序

10. 下列各小題運算完之後，變數 x 的值為何？

(a) `x=5; x+=2`。

(b) `x=7; x*=3`。

(c) `x=3; x**=4`。

11. 試以紙筆推導下面各式的計算結果，並以 Python 驗證您的結果是否正確：

(a) `6+3**2*4`。

(b) `15/3+4*4/2`。

(c) `6>2+5`。

12. 如果在 Python 裡執行下面兩行敘述，您會得到不同的錯誤訊息：

```
True + not 'piggy'
not 'piggy' + True
```

試說明這兩個敘述錯誤的原因，並且嘗試加上括號讓它們可以正確的執行。

2.5 型別轉換

13. 下面的敘述都會牽涉到型別的轉換，試說明它們是屬於隱式還是顯式轉換。

(a) `2+True`

(b) `6+int(17.4)`

(c) `21+6.5`

(d) `str(2) + 'piggy'`

14. 試將下面表達成字串的運算式求值：

(a) `'66+18'`

(b) `'6**2+3*(7-1)'`

(c) `"int('2020')"`

2.6 不同進位數字的轉換

15. 試將 10 進位的整數 1024 分別轉成 2 進位、8 進位和 16 進位。

16. 試將 8 進位的數字 0o65416 分別轉成 2 進位、10 進位和 16 進位。

17. 試將 2 進位的數字 0b1001001 分別轉成 8 進位、10 進位和 16 進位。

2.7 輸出與輸入函數

18. 試利用 print() 函數印出下面的字串：

    (a) `'Holliday'`

    (b) `"You may say I'm a dreamer"`

    (c) `A back slash \ sign.`

    (d) `'''\n represents a new line character'''`

19. 設 $a = 12670,\ b = 12.344$，試利用 f-字串將變數 a 與 b 列印出如下的格式，其中符號 ◌ 代表一個空格：

    (a) `a=◌◌12670,◌b=◌12.34` （12670 前面 2 個空格）

    (b) `a=◌+12670,◌b=012.34`

    (c) `a=+12,670,◌b=0012.3`

    (d) `a=012,670,◌b=◌◌◌+12` （+12 前面 3 個空格）

    (e) `a={12670},◌b='◌◌12'` （12 前面 2 個空格）

20. 試從鍵盤讀入一個整數，計算這個整數的平方之後，將它列印出來。

21. 試從鍵盤讀入一個整數，把它轉成 2 進位後，將轉換結果列印出來。

❖ 第二章 習題

數值與字串的處理

在前一章我們已經認識了 Python 的數值和字串這兩種資料型別，本章我們將介紹與它們相關的處理函數。數值的處理函數包含了常用的數學函數與亂數等，而字串的處理函數則包含了字母大小寫的轉換、檢測、搜尋與格式化等。這些都是程式設計裡很基礎且常用的函數。

1. 數值運算
2. random 模組裡的函數
3. 字串的處理函數
4. 字串類別提供的函數

3.1 數值運算

許多計算都需要用到數學函數，例如絕對值、開根號或求對數等等。Python 內建了幾個簡單的數學函數，而把大多的數學函數放在 math 模組裡，需要用到這些函數時，我們必須先載入 math 模組才能使用它們。

3.1.1 內建數學函數

當您啟動 Python 時，有幾個簡單的數學函數就已經載入，我們稱它們為內建（built-in）的數學函數。這些函數列表如下：

· Python 內建的數學函數

函數	說明
abs(a)	計算 a 的絕對值
round(a,p)	將 a 四捨五入到小數 p 位。如果 p 未填則四捨五入到整數
pow(a,b)	計算 a^b
min($a1,a2,\ldots$)	找出 $a1,a2,\ldots$ 的最小值
max($a1,a2,\ldots$)	找出 $a1,a2,\ldots$ 的最大值

```
> abs(-4.8)
  4.8
```
計算 −4.8 的絕對值，得到 4.8。

```
> round(3.14159)
  3
```
四捨五入到整數，得到 3。

```
> round(3.14159,3)
  3.142
```
四捨五入到小數點以下第 3 位。

```
> pow(2,100)
  1267650600228229401496703205376
```
計算 2^{100}，得到一個很大的數。

```
> pow(2,0.5)
  1.4142135623730951
```
計算 $2^{0.5}$，這個運算相當於把 2 開根號。

```
> max(9, 12, 87.2)
  87.2
```
max() 可以找出所有參數裡面最大的數。

```
> min(8, -32, 62.9, 20)
  -32
```

min() 則是找出所有參數裡面最小的數。

3.1.2 math 模組裡的基本數學函數

Python 把功能相近的函數放置在一個檔案，需要的時候再將它們載入，如此可避免系統載入過多的函數而減低效率，這樣的檔案稱為模組（Module）。Python 把數學運算相關的函數都放在 math 模組裡，要使用它們時，可以利用 import 指令載入：

```
import math
```

在使用 math 模組裡定義的常數或函數時，必須以「math.常數名稱」或「math.函數名稱()」的語法來使用它們。下表列出了 math 模組裡常用的數學函數：

· math 模組定義的常數與函數

常數/函數	說明
pi	數學常數 π
e	歐拉常數 e
inf	無窮大（取自無窮大的英文 infinity）
nan	不是一個數（取自英文的 not a number），如 $0 \times \infty$
fabs(a)	傳回 a 的絕對值（為一浮點數）
factorial(a)	計算 a 的階乘，即 $a!$
ceil(a)	天花板函數，也就是傳回大於等於 a 的最小整數
floor(a)	地板函數，也就是傳回小於等於 a 的最大整數
fmod(a,b)	計算 a 除以 b 的餘數，計算的結果為浮點數
gcd(a,b)	計算 a 和 b 的最大公因數（greatest common divisor）
isfinite(a)	判別 a 是否為有界的數 （即不是正負無窮大的數）
isinf(a)	判別 a 是否為正無窮大或負無窮大
isnan(a)	判別 a 是否為 nan（not a number）

```
> import math
```

載入 math 模組。

```
> math.pi
3.141592653589793
```

這是 math 模組裡定義的常數 pi。

```
> math.inf-100
inf
```

無窮大減去一個整數，結果還是無窮大。

```
> math.inf*0
nan
```

數學上沒有定義無窮大乘上 0 的結果，因此回應 nan，代表它不是一個數。

```
> math.fabs(-90)
90.0
```

−90 的絕對值。注意 fabs() 的 f 代表 float 的意思，所以計算的結果會是一個浮點數。

```
> math.factorial(5)
120
```

計算 $5! = 1 \times 2 \times 3 \times 4 \times 5$，得到 120。

```
> math.factorial(50)
304140932017133780436126081660
647688443776415689605120000000
00000
```

階乘是一個成長很快的函數，左式是計算 50! 的結果。注意 Python 會給我們一個精確的數字。

```
> math.ceil(9.1)
10
```

ceil(9.1) 可以找出比 9.1 大的最小整數。

```
> math.floor(28.7)
28
```

找出比 28.7 小的最大整數，我們得到 28。

```
> math.fmod(23,4)
3.0
```

計算 23/4 的餘數。注意 fmod() 的 f 代表 float，因此它傳回的是一個浮點數。

```
> math.gcd(36,64)
4
```

找出 36 和 64 的最大公因數。

```
> math.isfinite(90)
True
```

90 是一個有界的數，因此回應 True。

```
> math.isinf(math.inf/100)
True
```

無窮大除以一個不是 0 的數，結果還是無窮大，因此回應 True。

```
> math.isnan(math.inf/math.inf)
  True
```

數學上，無窮大除以無窮大的結果沒有定義，因此 isnan() 回應 True。

3.1.3 math 模組裡的指數、對數與三角函數

math 模組裡也提供了指數、對數與三角函數等，注意三角函數是以弳度為單位，這些函數列表如下：

· math 模組裡的指數、對數與三角函數

函數	說明
exp(a)	計算 e^a，其中 $e = 2.718281828...$
log(a, $base$)	log(a) 是計算以 e 為底的對數，log(a, $base$) 則是以 $base$ 為底
log2(a)	計算以 2 為底的對數
log10(a)	計算以 10 為底的對數
pow(a,b)	計算 a^b（傳回的結果是浮點數，即使 a 和 b 都是整數）
sqrt(a)	計算 $\sqrt{a}$
asin(a)	反正弦函數 $\sin^{-1}(a)$，傳回值為徑度。其它相似的函數還有反餘弦 acos(a) 和反正切 atan(a) 函數
atan2(y,x)	atan(x) 回應的弳度範圍為 $\pi/2$ 到 $-\pi/2$，而 atan2(y,x) 則同時指定了 y 和 x 的坐標，因此可回應 π 到 $-\pi$ 之間的弳度
sin(a)	正弦函數，a 的單位為弳度。cos(a) 為餘弦，tan(a) 為正切函數
degrees(r)	將弳度 r 轉換為角度（degree）
radians(a)	將角度 a 轉換為弳度（radian）

除了上面所列的函數之外，math 模組裡還提供了雙曲線函數 sinh()、cosh()、tanh() 和反雙曲線函數 asinh()、cosh()、tanh() 等。

```
> math.exp(1)
  2.718281828459045
```

這是歐拉常數（Euler constant）。

`> math.log(math.exp(20.3))` `20.3`	自然指數函數 e^x 和自然對數函數 $\ln(x)$ 是反函數，因此 $\ln(e^{20.3}) = 20.3$。
`> math.log(1000,10)` `2.9999999999999996`	以 10 為底，1000 的對數為 3。不過因為計算精度的關係，左式得到一個很靠近 3 的數字。
`> math.log10(1000)` `3.0`	如果直接呼叫 log10() 函數來計算 $\log_{10}1000$，我們就可以得到 3 這個數字。
`> math.pow(3,50)` `7.178979876918526e+23`	利用 math 模組裡的 pow() 計算 3^{50}，我們得到一個浮點數。
`> pow(3,50)` `717897987691852588770249`	Python 內建的 pow() 函數在計算 3^{50} 時，則可以得到一個精確的整數。
`> 3**50` `717897987691852588770249`	利用 ** 運算子也可以計算出相同的數字。
`> math.sqrt(3)` `1.7320508075688772`	將 3 開根號。
`> math.sin(math.pi/6)` `0.49999999999999994`	計算 $\sin(\pi/6)$，其值應為 0.5，不過由於計算精度的關係，我們得到一個很靠近 0.5 的數。
`> math.degrees(math.asin(0.5))` `30.000000000000004`	計算 $\sin^{-1}(0.5)$，並將結果轉換成角度，我們得到 30 度。
`> math.degrees(math.atan(1))` `45.0`	$\tan^{-1}(1)$ 的結果是 45°。注意 $\tan^{-1}(x)$ 的值域為 $-\pi/2$ 到 $\pi/2$，因此無法表達第二和第三象限的角度。
`> math.degrees(math.atan2(-1,-1))` `-135.0`	這個範例改用 atan2() 函數，此時就可以正確的計算出在 x 和 y 皆為 -1 時，角度為 $-135°$（在第三象限）。
`> math.radians(180)` `3.141592653589793`	將 180° 轉換成弳度。
`> math.sinh(1)` `1.1752011936438014`	計算 1 的雙曲線正弦。

3.2 random 模組裡的函數

Python 提供的 random 模組可以讓我們進行亂數的處理。在使用這些亂數函數之前，必須先用 import 指令把 random 模組匯進來。

· random 模組裡的函數

常數/函數	說明
`seed(s)`	設定亂數的種子為 s
`random()`	產生 0 到 1 之間的亂數
`randint(a,b)`	產生介於 a 到 b（包含 b）之間的整數亂數
`uniform(a,b)`	產生介於 a 到 b 之間的浮點數亂數
`choice(obj)`	從 *obj* 中隨機挑選一個元素。*obj* 可以是字串或其它有序的資料型別
`randrange(a,b,s)`	從 a 到 b（不含），間距為 s 隨機產生一個整數。預設 a 為 0，s 為 1
`sample(obj,k)`	從 *obj* 中隨機取得 k 個元素
`shuffle(lst)`	將串列 *lst* 裡的元素打亂，並把結果設回給 *lst* 存放

```
> import random
```

載入 random 模組。

```
> random.random()
  0.8035287810431224
```

產生一個 0 到 1 之間的亂數。因為是亂數，您得到的數字可能會與左邊的數字不同。

```
> random.randint(0,10)
  6
```

產生一個 0 到 10 之間的整數亂數。

```
> random.uniform(-1,1)
  0.01832706909782100З
```

產生一個 −1 到 1 之間，平均分佈的浮點數亂數。平均分佈代表每一個浮點數出現的機率都一樣。

```
> random.choice('Python')
  't'
```

從字串 'Python' 中隨機挑選一個字元。

```
> random.choice([1,7,3,2,9])
  3
```

從串列 [1, 7, 3, 2, 9] 中隨機挑選一個元素。串列（list）是一個容器的資料型別，我們將在第四章中介紹它。

```
> random.randrange(1,6)
  1
```

從 1 到 5（不包含 6），間距為 1 的整數中隨機挑選一個。

```
> random.randrange(-3,3,2)
  -3
```

從 −3 到 2（不包含 3），間距為 2 的整數中隨機挑選一個，因此可供挑選的有 −3, −1, 1 和 3 這幾個數字。本例挑到的數字是 −3。

```
> random.sample('Hello Python',3)
  ['P', 'l', 'e']
```

從字串 'Hello Python' 中隨機挑選出 3 個字元。

```
> lst=[9,2,3,1,0]
```

定義串列 *lst*，內含 9, 2, 3, 1 和 0 這幾個元素。在第四章中我們會介紹到串列的性質和其詳細的用法。

```
> random.shuffle(lst)
```

將串列裡的元素隨機排序（有點像撲克牌隨機洗牌一樣）。

```
> lst
  [9, 0, 3, 1, 2]
```

查詢 *lst* 的值，我們可以發現元素的位置已經被隨機調換。

由於亂數是隨機生成，因此在執行程式時每次都會產生不同的亂數。若是想要每次產生的亂數都是同一個序列的話，可用 seed() 函數。seed() 可以接受一個整數種子（Seed）當成參數，只要在亂數序列產生之前給予相同的種子，則“種”出來的亂數就長的一樣。

```
> random.seed(999)
```

設定亂數種子為 999，接下來的亂數都是由這個種子生成的。相同的種子會生成相同的亂數序列。

```
> print(random.random())
  print(random.random())
  print(random.random())
  0.7813468849570298
  0.0800656147037001
  0.8724924964292878
```

列印出隨機產生的浮點數亂數 3 次。我們發現每次產生的亂數都不一樣。

```
> random.seed(999)
```

重新設定亂數種子為 999。

```
> print(random.random())
  print(random.random())
  print(random.random())
  0.7813468849570298
  0.0800656147037001
  0.8724924964292878
```

一樣列印出隨機產生的浮點數亂數 3 次，我們可以發現產生的亂數和先前的亂數完全一樣，這是因為它們有相同的亂數種子的關係。

3.3 字串的處理函數

字串（String）是一種常用的資料型別。前一章我們已經介紹過字串的基本概念，以及如何利用 print() 函數來輸出它們。本節將介紹與字串相關的處理函數。

3.3.1 認識 Python 字元的編碼

無論是數字、英文字母或是中文字元，在 Python 裡都有一個獨一無二的數字去對應它們，這個數字就是它們的字元碼。要查看每一個字元的字元碼，可以利用 Python 的 ord() 函數。ord 是 ordinal 的縮寫，也就是有順序、依次的意思：

```
> print(ord('a'),ord('3'),ord('好'))
  97 51 22909
```

印出字元 'a'、'3' 和 '好' 這三個字的字元碼。

從上面的範例中，您看到的數字即為該字元的字元碼。Python 的字元是採 Unicode（萬國碼）來編碼，因此從輸出可知字母 *a* 的字元碼為 97，數字 3 的字元碼為 51，而「好」的字元碼為 22909。注意 ord() 回應的字元碼是十進位的整數。

值得一提的是，早期普遍採用的 ASCII 編碼是利用 7 個位元（也就是 0 - 127）來表示英文字母、數字和符號。後來各國開始發展自己文字的編碼，許多語系（如中文）採用 16 個位元來編碼，以確保所有的字元都有相對應的字元碼。然而早期每種語系的編碼各自獨立，相同的字元碼可能會對應到不同語言的文字，也就產生了亂碼的問題。Unicode 把所有語言都統一到一套編碼裡，且前面的 128 個字元的編碼和 ASCII 編碼一致，這樣就不會再有亂碼問題了。

在 https://unicode-table.com 網站裡提供了完整的 Unicode 列表可供查詢。這個網站是以 16 進位來表示一個字元。例如在下圖中，字元 'Z' 的編碼是它最左邊的數字 0050_{16} 加上頂端

的數字 A_{16}，結果就是 $005A_{16}$。相同的，字元 '#' 的編碼是它最左邊的數字 0020_{16} 加上頂端的數字 3_{16}，因此編碼為 0023_{16}（下標 16 代表該數字為 16 進位）。

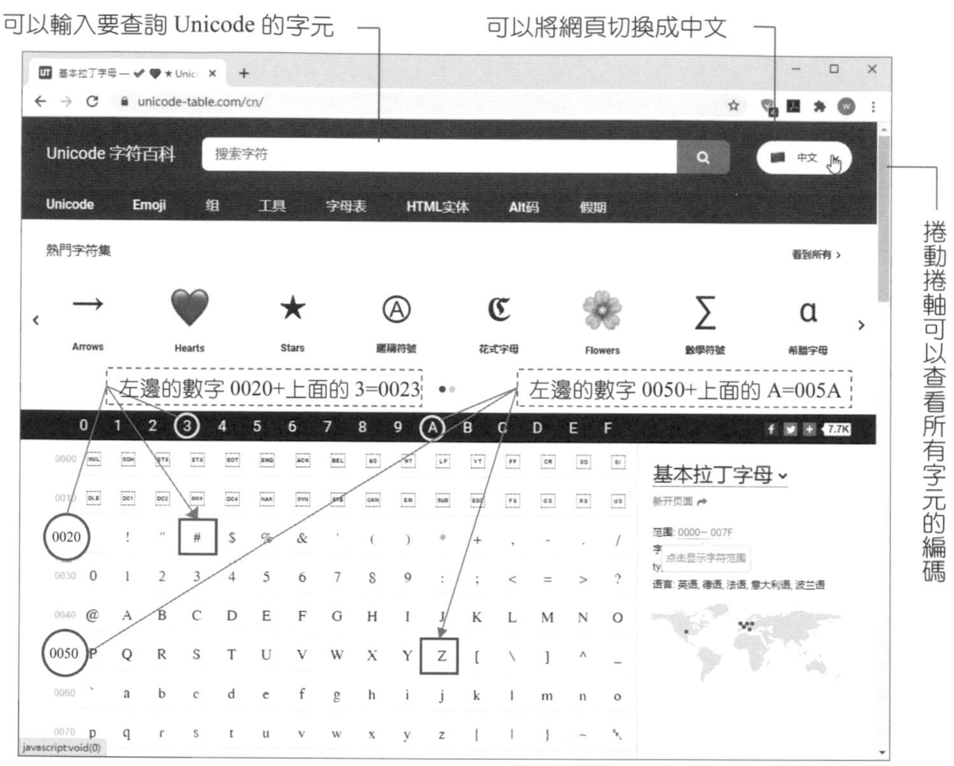
可以輸入要查詢 Unicode 的字元
可以將網頁切換成中文
捲動捲軸可以查看所有字元的編碼
左邊的數字 0020+上面的 3=0023
左邊的數字 0050+上面的 A=005A

在 Python 裡，我們很容易驗證這個結果：

```
> print(ord('Z'), ord('#'))
  90 35
```

Z 和 # 的字元碼分別為 90 和 35。

```
> print(hex(90), hex(35))
  0x5a 0x23
```

將 90 和 35 轉換成 16 進位，得到 0x5a 和 0x23。

另外，只要在網頁上方的查詢欄內鍵入字元，即可查詢這個字元的 Unicode。下圖是查詢「好」字之後的結果，我們可以看到它的 16 進位的 Unicode 為 597D，而 10 進位的值則為 22909。在首頁中，我們也可以把頁面往下拉，在最左邊找到 5970 這個數字之後，很容易地就可以找到「好」字了。

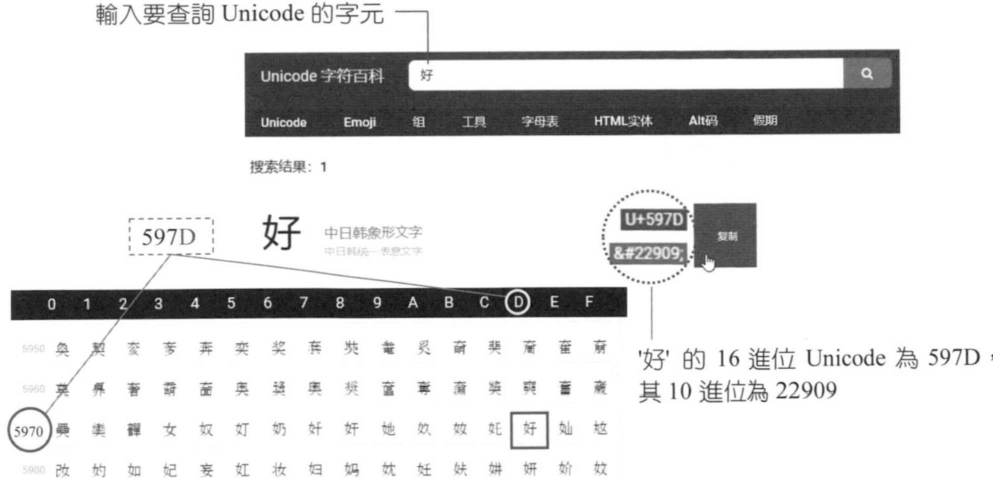

在前面的範例中，利用 ord() 函數取得的字元碼即為該字元的 Unicode。如果想從 Unicode 轉成字元，可用 chr() 函數（chr 取自字元的英文 character）。另外，第二章介紹過的轉義字元「\」也可以用來列印 ASCII 字元或 Unicode 字元，如下表所示：

· 利用轉義字元列印 ASCII 字元或 Unicode 字元

控制碼	說明
\ooo	列印以 8 進位表示的 ASCII 字元，其中 ooo 代表 3 個 0~7 之間的數字
\xhh	列印以 16 進位表示的 ASCII 字元，其中 hh 代表 2 個 16 進位的數字
\uhhhh	列印一個 Unicode 字元，其中 hhhh 代表 4 個 16 進位的數字

```
> chr(0x23)
  '#'
```
這是字元碼為 0x23（16 進位）的字元。

```
> chr(22909)
  '好'
```
這是字元碼為 22909（10 進位）的字元。

```
> print('A slash character: \x2f')
  A slash character: /
```
在 print() 函數裡利用轉義字元「\」印出字元碼為 2f（16 進位）的字元。

```
> print('A slash character: \057')
  A slash character: /
```
16 進位的 2f 等於 8 進位的 57，因此 \x2f 和 \057 可以列印出相同的字元。

> print('An unicode character: \u597d') 利用轉義字元印出一個 unicode 字元。

```
An unicode character: 好
```


3.3.2 內建的字串處理函數

上一節介紹的 ord() 和 chr() 均是 Python 內建的字串處理函數。我們把常用的字串處理函數整理成下表：

· 內建的字串處理函數

函數	說明
ord(c)	傳回字元 c 的編碼
chr(i)	傳回編碼為整數 i 的字元
len(s)	傳回字串 s 的長度
str(n)	將數值 n 轉換成字串
max(s), min(s)	傳回字串 s 中，最大/最小的字元碼

```
> str1='歡迎Welcome'
```

設定字串 $str1$ 為 '歡迎 Welcome'。

```
> min(str1)
  'W'
```

W 的字元碼為 87，是 $str1$ 中所有字元碼中最小的，所以左式傳回 W 這個字元。

```
> max(str1)
  '迎'
```

'迎' 的字元碼為 36814，是所有字元碼中最大的，所以傳回 '迎' 這個字。

```
> for c in str1:
      print(ord(c))
  27489
  36814
  87
  101
  108
  99
  111
  109
  101
```

利用 for 迴圈依序印出字串 $str1$ 裡每一個字元的字元碼。我們可以驗證一下 '迎' 的字元碼最大，而 'W' 的字元碼最小（關於 for 迴圈的用法，我們在第 5 章中會有詳細的介紹）。

> chr(99)
'c'

取出字元碼為 99 的字元。

> ord('W')
87

這是 W 的字元碼。

> len(str1)
9

這是字串 *str*1 的長度，它是由 9 個字元所組成（中英文都算一個字元）。

> str(3.14)
'3.14'

str() 可以將數字轉換成字串。左式是將浮點數 3.14 轉成字串。

3.3.3 處理字串的運算子

Python 內建了一些好用的運算子，可以用來對字串進行連接、重複與比較等運算。常用的運算子列表如下：

· 處理字串的運算子

運算子	說明
$s1$ + $s2$	將字串 $s1$ 和 $s2$ 進行連接
$s1$ * n	將字串 $s1$ 重複 n 次
>, <, >=, <=, ==, !=	依序以字串內，字元的編碼來比較兩個字串
$s1$ in $s2$, $s1$ not in $s2$	檢查字串 $s1$ 是否在/不在字串 $s2$ 內
$s1[n]$	提取字串 $s1$ 索引為 n 的字元（從 0 開始數）
$s1[start:end]$	提取 $s1$ 索引為 $start$ 到 $end-1$ 的字元（不包含索引 end）

> '520'*3
'520520520'

將字串 '520' 重複 3 次。

> 'Have '+'a '+'nice '+'day'
'Have a nice day'

利用加號 + 可以將字串連接起來。

> 'W'<'e'
True

W 的字元碼小於 e 的字元碼，所以回應 True。

```
> '歡'>='迎'
  False
```

'歡' 的字元碼比 '迎' 小，因此回應 False。

```
> 'holiday'=='birthday'
  False
```

兩個字串不相同，因此回應 False。

```
> 'mat' in 'formation'
  True
```

'mat' 有在字串 'formation' 裡面，因此回應 True。

```
> 'tion' not in 'formation'
  False
```

'tion' 有在字串 'formation' 裡面，因此回應 False。

```
> 'from' not in 'formation'
  True
```

'from' 不在 'formation' 裡面，因此回應 True。

字串就像容器一樣，可用來容納字元(Characters)。每個字元都有其位置，稱為索引(Index)。在 Python 中，索引是從 0 算起的，因此字串 "Wonderful tonight' 中，索引為 0 的字元是 W，索引為 1 的字元是 o，以此類推：

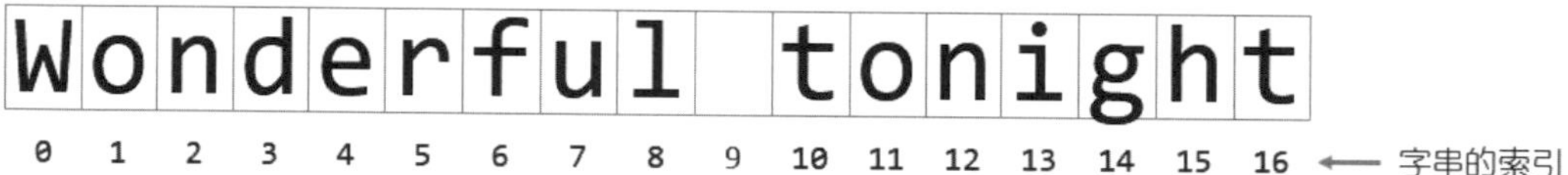

我們可以利用 $s1[n]$ 來提取字串 $s1$ 索引為 n 的字元，或是利用 $s1[start{:}end]$ 來提取索引為 $start$ 到 $end-1$ 的字元（注意不包含索引為 end 的字元）。若省略 $start$，則從頭開始提取到索引為 $end-1$ 的字元；若省略 end，則從索引 $start$ 開始提取到最後。

```
> s1='Wonderful tonight'
```

設定 $s1$ 為字串 'Wonderful tonight'。

```
> s1[0:6]
  'Wonder'
```

提取字串 $s1$ 中，索引為 0 到 5 的字元（不包含索引 6）。

```
> s1[:6]
  'Wonder'
```

這個語法一樣是提取索引為 0 到 5 的字元。

```
> s1[3:6]
  'der'
```
提取索引為 3 到 5 的字元。

```
> s1[10:]
  'tonight'
```
從索引為 10 的字元開始提取到最後一個字元。

```
> s1[-1]
  't'
```
提取倒數第 1 個字元，也就是最後一個字元。

注意在 Python 中，索引加了負號是倒數的意思，而且是從 1 開始數的。試想如果倒數是從 0 開始數，那索引就要寫成 −0，−0 和 0 的結果是一樣的，因此就會和索引為 0 的元素混淆了。所以請記得倒數的索引都是從 1 開始數的。

```
> s1[10:-5]
  'to'
```
從索引為 10 的字元開始提取到倒數第 6 個字元（不包含倒數第 5 個字元）。

```
> s1[-5:]
  'night'
```
從倒數第 5 個字元提取到最後一個字元。

```
> s2='Python 程式設計'
```
這是 *s2* 字串，它包含有 4 個中文字。

```
> s2[-4:]
  '程式設計'
```
從倒數第 4 個字元開始提取到最後一個字元，如此剛好提取出 4 個中文字。

```
> s2[:6]
  'Python'
```
提取索引為 0 到 5 的字元，提取出來的剛好就是 Python 這 6 個英文字母。

3.4 字串類別提供的函數

Python 裡的每一筆資料都是由某個類別（Class）所生成的物件（Object）。例如數字 5 是整數類別 int 所生成的物件，而字串 ‘nice’ 則是由字串類別 str 所生成的物件。要查看某筆資料是由哪一個類別所生成，可以利用第二章介紹過的 type() 函數：

```
> type(5)
  int
```
數字 5 是 int 型別，事實上，它就是 Python 裡 int 類別生成的一個物件。

```
> type('nice')
  str
```
字串 'nice' 是 str 類別的一個物件。

類別可以看成是一個藍圖，它賦予由它生成的物件一些屬性（Attribute）或方法（Method，就是函數的意思，習慣上本書把方法稱為函數）以完成特定的工作（第七章對於類別會有更詳盡的介紹）。例如想把字串開頭的第一個字母大寫，Python 的 str 類別已經定義好 capitalize() 函數，只要利用字串去呼叫 capitalize()，或是利用 str 類別呼叫 capitalize() 並傳入字串，即可將字串的第一個字母大寫：

```
> 'nice'.capitalize()
  'Nice'
```
利用字串 'nice' 呼叫 capitalize() 函數，如此可以將字串開頭的第一個字母大寫。

```
> str.capitalize('nice')
  'Nice'
```
利用 str 類別呼叫 capitalize() 並傳入 'nice' 字串，我們也可以將字串開頭的字母大寫。

在 Colab 中，如果要查看某個物件有哪些函數可以使用，可以先鍵入該物件的名稱，再加一個點，Colab 自然會帶出該物件可用的函數（如果是使用 Jupyter lab，則加一個點後，還需按下 tab 鍵）：

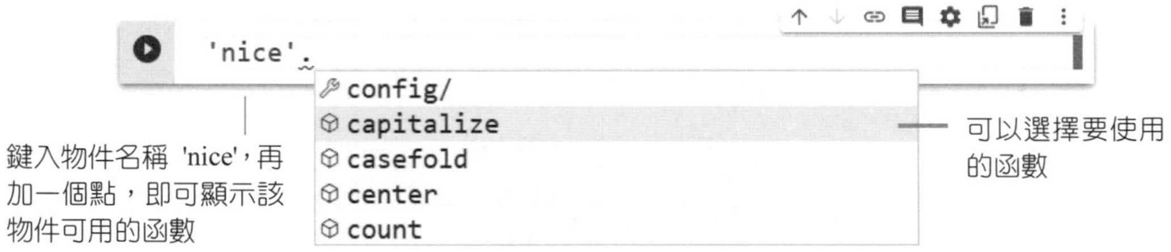
'nice'.
config/
capitalize
casefold
center
count
鍵入物件名稱 'nice'，再加一個點，即可顯示該物件可用的函數
可以選擇要使用的函數

選擇選單裡的項目（屬性或是函數）即可將它送到輸入區裡。接下來的幾個小節我們將介紹 str 類別提供的一些字串處理函數。

3.4.1 字串大小寫的轉換函數

大寫和小寫的英文分別為 upper case 和 lower case，Python 對於函數的命名都是取自它們的原意，因此這些函數的名稱相當容易記憶。要特別注意的是，這些函數都不會修改呼叫它的字串，而是生成一個新字串。

· 字串大小寫的轉換函數

函數	說明
s.upper(); *s*.lower()	將字串 *s* 全部轉換成大寫/小寫
s.swapcase()	將字串 *s* 的大小寫互換
s.capitalize()	將字串 *s* 的第一個字母大寫
s.title()	將字串 *s* 裡，每一個單字的第一個字母大寫

```
> s1='machine LEARNing'
```

這是 *s*1 字串，它是 str 類別的物件。

```
> s1.upper()
  'MACHINE LEARNING'
```

用 *s*1 物件呼叫 upper() 函數，upper() 會將所有的字元轉換成大寫。

```
> s1
  'machine LEARNing'
```

查詢 *s*1 的內容，注意 *s*1 的內容不會被改變。

```
> str.upper(s1)
  'MACHINE LEARNING'
```

利用 str 類別來呼叫 upper() 函數，並把 *s*1 傳入，我們也可以將 *s*1 轉換成大寫。

```
> s1
  'machine LEARNing'
```

相同的，*s*1 的值也不會被改變。

```
> s1.lower()
  'machine learning'
```

將 *s*1 轉換成小寫。

```
> s1.swapcase()
  'MACHINE learnING'
```

將 *s*1 裡的字元大小寫互換。

```
> s1.title()
  'Machine Learning'
```

將 *s*1 裡，每一個單字的字首大寫。

```
> s1.capitalize()
  'Machine learning'
```

capitalize() 則是將字串的第一個字母大寫，其餘則是小寫。

注意 str 是 python 字串類別的名稱，如果不小心把它設值，則無法利用它來呼叫函數，因此在使用上應避免將它設值（其它 Python 內建函數亦同）。如果不小心將 str 設值，可利用 del 指令將 str 的值移除，此時 str 即可回到原本 Python 賦予它的定義。

```
> str='holiday'
```

將字串 'holiday' 設定給變數 *str* 存放（不建議將 *str* 當成一般變數使用）。

```
> str.upper('aaa')
TypeError: upper() takes no arguments (1 given)
```

現在 *str* 已經是一般的變數名稱，不再是一個類別，因此自然也就沒有 upper() 這個函數。

```
> del str
```

利用 del 指令（delete）將 *str* 的定義刪除，此時 *str* 就會回到它在 Python 的原始定義。

```
> str.upper('aaa')
'AAA'
```

現在我們已經可以利用 str 來呼叫 uppper()（或其它）函數了。

3.4.2 字串檢測函數

字串類別 str 提供了一系列的函數，用來檢測字串是否具有某些性質。這些函數多半是 is 開頭，也就是詢問是否具有 is 後面描述的性質。

・字串檢測函數

函數	說明
s.isupper(); *s*.islower()	檢測字串 *s* 是否全部為大寫/小寫
s.startswith(*s*1); *s*.endswith(*s*1)	檢測字串 *s* 是否以字元 *s*1 開頭/結尾
s.istitle()	檢測字串 *s* 裡每個單字的第一個字母是否為大寫
s.isalpha()	檢測字串 *s* 是否全為英文字母
s.isdigit()	檢測字串 *s* 是否全為數字
s.isalnum()	檢測字串 *s* 是否全為英文字母或數字
s.isidentifier()	檢測字串 *s* 是否為合法的識別字或關鍵字
s.isspace()	檢測字串 s 是否全為空格

```
> 'Python'.isupper()
False
```

字串 'Python' 並沒有全部的字元都大寫，因此回應 False。

`> str.islower('python')` `True`	字串 'python' 全為小寫，因此回應 True。
`> 'Data Science'.istitle()` `True`	測試字串裡，每一個單字的第一個字母是否為大寫，結果回應 True。
`> 'hello 123'.isalpha()` `False`	因為空格（空白字元）和數字 123 都不是英文字母，所以回應 False。
`> '123.456'.isdigit()` `False`	字串 '123.456' 裡有一個小數點，它不屬於數字，因此回應 False。
`> '520'.isdigit()` `True`	字串 '520' 裡面的字元全為數字，因此回應 True。
`> '123.456'.isalnum()` `False`	isalnum() 為 is alpha 和 number 的組合字，用來判別字串是否為英文字母或數字。因為小數點不是英文字母，也不是數字，因此回應 False。
`> '123abc'.isalnum()` `True`	字串 '123abc' 裡的字元均為英文字母或數字，因此回應 True。
`> 'str'.isidentifier()` `True`	str 是合法的識別字（可以當成變數名稱），因此回應 True。
`> '7up'.isidentifier()` `False`	識別字不能是數字開頭，因此回應 False。
`> 'my cats'.isidentifier()` `False`	空格不能做為識別字，因此回應 False。
`> 'd  '.isspace()` `False`	因為字串裡並不全是空白字元，因此回應 False。
`> 'flag'.startswith('f')` `True`	字串 'flag' 是 f 開頭，因此回應 True。
`> 'flag corporation'.endswith('n')` `True`	字串 'flag corporation' 以 n 結尾，因此也回應 True。

3.4.3 字串搜尋函數

在一些應用中，我們需要知道某個字串在另一個字串中出現的次數或位置，就如同在一份文件中搜尋某個字詞一樣。我們可以利用字串類別提供的一些函數來找尋字串（或字元）。注意這些函數回應的位置都是從 0 開始數的。

· 字串搜尋函數

函數	說明
$s1$.count(s)	計算字串 s 在 $s1$ 中出現的次數
$s1$.find(s)	找出字串 s 在 $s1$ 中，首次出現的位置
$s1$.rfind(s)	找出字串 s 在 $s1$ 中，最後出現的位置

在上面的函數中，rfind() 的 r 為 right 的意思，也就是從右邊來看最先出現的位置（相當於在字串最後出現的位置）。

```
> s1='learing by doing'
```
這是字串 $s1$。

```
> s1.count('n')
  2
```
字串 $s1$ 裡有兩個 n，因此回應 2。

```
> s1.count('ing')
  2
```
字串 $s1$ 裡也有兩個 'ing'，因此回應 2。

```
> s1.find('ing')
  4
```
找尋字串 $s1$ 中，'ing' 第一次出現的位置。我們可以觀察到字母 i 是出現在索引為 4 的位置（從 0 開始數）。

```
> s1.rfind('ing')
  13
```
'ing' 最後一次出現是在索引為 13 的位置。

```
> s1.find('w')
  -1
```
字元 w 沒有在字串 $s1$ 中，因此回應 −1。

3.4.4 字串編修函數

str 類別提供了一些函數，允許我們對字串進行編修，如置換、刪除、填滿，或是靠左、置中與靠右排列等。

· 字串編修函數

函數	說明
s.replace(*old*,*new*)	將字串 *s* 中，*old* 的部分置換為 *new*
s.lstrip(*chars*)	從 *s* 的左側（left）刪除 *chars* 所指定的字元，直到不是指定的字元為止。如果未指定 *chars* ，則刪除空白字元
s.rstrip(*chars*)	同 *s*.lstrip(*chars*)，但從 *s* 的右側（right）刪除
s.strip(*chars*)	同 *s*.lstrip(*chars*)，但從 *s* 的兩側刪除
s.center(*w*)	將 *s* 以 *w* 個欄位置中排列
s.ljust(*w*), *s*.rjust(*w*)	將 *s* 以 *w* 個欄位靠左/靠右排列
s.zfill(*w*)	以 *w* 個欄位靠右顯示 *s* ，多餘的欄位補 0（z 為 zeros 之意）
s.join([*s*1,*s*2,…,*sn*])	將字串 *s*1, *s*2, …, *sn* 用字串 *s* 連接起來

注意利用字串 *s* 呼叫上表所列的字串編修函數之後，*s* 的內容並不會被改變，而是傳回一個新字串。

```
> s1='data science'
```

這是字串 *s*1。

```
> s1.replace('science','scientist')
  'data scientist'
```

將 *s*1 裡的 'science' 換成 'scientist'。注意 replace() 函數只是傳回置換的結果，字串 *s*1 的內容並不會被改變。

```
> s1.title().replace(' ','')
  'DataScience'
```

將 *s*1 中，每個單字的首字先改成大寫，然後將空格去掉（置換成空的字元）。

```
> '  python  '.lstrip()
  'python  '
```

將字串左邊的空格去掉。

```
> '  python  '.strip()
  'python'
```

將字串左右兩邊的空格去掉。

```
> 'data science'.strip()
  'data science'
```

strip() 不能刪除兩個單字之間的空白，因此回應原來的字串。

```
> 'www.buffalo.edu'.lstrip('@wi.')
  'buffalo.edu'
```

從字串的左邊去除包含有@、w、i 和小數點的字元。因為 b 是第一個不在 '@wi.' 裡的字元，因此 b 之後的字元不會被去掉。

```
> 'www.buffalo.edu'.strip('.deuw')
  'buffalo'
```

從字串的兩邊去除包含有 '.deuw' 的字元，我們只剩下 buffalo 這個字串。

```
> 'www.buffalo.edu'.rstrip('.deuw')
  'www.buffalo'
```

從字串的右邊去除包含有 '.deuw' 的字元，因此 '.edu' 都會被去掉。

```
> 'Jeanne'.ljust(8)
  'Jeanne  '
```

將字串 'Jeanne' 以 8 個欄位的大小靠左排列。

```
> 'Tom'.rjust(8)
  '     Tom'
```

將字串 'Tom' 以 8 個欄位的大小靠右排列。

```
> 'Teresa'.center(8)
  ' Teresa '
```

將字串 'Teresa' 以 8 個欄位的大小置中排列。

```
> '2025'.zfill(8)
  '00002025'
```

將字串 '2025'以 8 個欄位靠右排列，多出來的 4 個欄位填 0。

如果有幾個字串是放在一個方括號（串列）裡，若想用某個符號將它們連接在一起，則可以使用 join() 函數。

```
> '+'.join(['100','200'])
  '100+200'
```

利用加號 + 將字串 '100' 和 '200' 連接起來。

```
> ' '.join(['Wonderful','tonight'])
  'Wonderful tonight'
```

利用空格將 'Wonderful' 和 'tonight' 連接起來。注意最前面的單引號裡有一個空格。

```
> ''.join(['a','p','p','l','e'])
  'apple'
```

這是一個常用的語法，它可以將由字元組成的串列連接起來成為一個字串。注意最前面的單引號是一個空的字串。

3.4.5 格式化函數 format()

Python 從 2.6 版開始，在 str 類別裡提供了一個格式化字串的函數 format()，其參數會依序輸出到呼叫它的字串裡的預留位置（placeholder，以大括號 { } 表示）。這個函數也可以用序號指定要輸出的參數，或直接給予參數名稱進行輸出。

· format() 函數

函數	說明
*s*1.format(*v*1,*v*2,…)	將 format() 的參數 *v*1, v2, …，參照 *s*1 裡大括號 { } 的格式碼，依序輸出參數值到大括號的位置

```
> '{} {}'.format('Hello', 'Python')
  'Hello Python'
```

將 'Hello' 和 'Python' 兩個字串填入兩個預留位置中。

```
> '{1} {0}'.format('Hello', 'Python')
  'Python Hello'
```

'Hello' 是 format() 裡的第 1 個參數，它會被填在 {0} 的位置。相同的，'Python' 是第 2 個參數，它會被填在 {1} 的位置。注意大括號 { } 裡面的序號是從 0 開始數的。

```
> '{0}! {0}! {1}'.
     format('Hello', 'Python')
  'Hello! Hello! Python'
```

相同的，這個範例會分別將 'Hello' 和 'Python' 填入 {0} 和 {1} 的位置。

```
> '{0}+{1}={2}'.format(5,3,5+3)
  '5+3=8'
```

format() 函數裡的參數不僅可以是字串，也可以是數字、變數或是一個運算式。

```
> '姓名:{n}, 信箱：{eM}'.
    format(n='Tom',eM='tom@buf.com')
  '姓名:Tom, 信箱：tom@buf.com'
```

在大括號 { } 內，我們也可以填入參數名稱，並在 format() 裡指明參數的值，即可將參數的值填入前面的字串中。

```
> data=['Tom','tom@buf.com']
```

data 是一個串列，它有兩個元素，分別是 'Tom' 和 'tom@buf.com'。

```
> data[0]
  'Tom'
```

利用 *data*[0] 這個語法，我們可以取出 *data* 裡索引為 0 的元素。

```
> data[1]
  'tom@buf.com'
```

取出 *data* 裡索引為 1 的元素。

```
> '姓名:{n}, 信箱：{eM}'.
     format(n=data[0],eM=data[1])
  '姓名:Tom, 信箱：tom@buf.com'
```

利用左邊的語法，我們可以將 *data* 裡的元素利用 format() 函數填入字串中。

```
> '姓名:{0[0]}, 信箱：{0[1]}'.
     format(data)
  '姓名:Tom, 信箱：tom@buf.com'
```

這是更簡單的寫法。由於 format() 裡只有一個參數 *data*，所以 {0[0]} 就代表 *data*[0]，{0[1]} 就代表 *data*[1]，因此我們就可以把資料填入字串中。

```
> psnr=48.1376
```

設定變數 *psnr*。

```
> print('qL={0:6.2f}dB'.format(psnr))
  qL= 48.14dB
```

大括號 { } 內也可以利用第二章介紹的格式碼來控制要列印的格式。左式以 6 個欄位，小數點以下兩位來列印浮點數 *psnr*。

```
> pL=163762
```

設定變數 *pL*。

```
> print('qL={0:6.2f}dB,
    pL={1:7,d}bpp'.format(psnr,pL))
  qL= 48.14dB, pL=163,762bpp
```

同時將 *psnr* 和 *pL* 依指定的格式填入字串中。注意 {1:7,d} 這個格式指明了以 7 個欄位印出整數，並加上千分位符號。

```
> 'Drink: {{{0}}}'.format('coffee')
  'Drink: {coffee}'
```

因為大括號 { } 已經被拿來當做列印資料的預留位置，因此如果要列印出大括號，必須寫上兩對大括號，再加上要當成預留位置的大括號，所以一共要寫上三對大括號。

```
> s1='Hello'; s2='Kitty'
```

定義 *s*1 和 *s*2 字串。

```
> "Say '{0}' to {1}".format(s1,s2)
  "Say 'Hello' to Kitty"
```

如果在字串裡要印出單引號，我們可以利用雙引號包在單引號的外面，如此就不必使用轉義字元「\'」也可以印出單引號。

回顧 2.7.2 節，我們可以發現 Python 提供了多樣的方式來格式化字串的輸出。事實上，這幾種寫法在 Python 的各種應用都很常見，因此熟悉它們可以避免在閱讀他人的程式碼時造成困擾。

第三章 習題

3.1 數值運算

1. 設有 4 個數，分別為 12, 81, 93 和 27。試利用 max() 與 min() 函數分別找出它們的最大值和最小值。

2. 試計算 2^{1024}。

3. 試計算下列各數學式：

   (a) $\sin(2.5) + e^{1.4}$

   (b) $\lceil 6.3^2 - 0.5 \rceil$ （$\lceil x \rceil$ 為 ceil() 函數在數學上的慣用寫法）

   (c) $\lfloor \cos(0.5^2) + \sqrt{2} \rfloor$ （$\lfloor x \rfloor$ 為 floor() 函數在數學上的慣用寫法）

   (d) 6, 8 和 12 的最大公因數

   (e) $\infty - 2 \times \infty$

   (f) $3^{0.5}$

   (g) $\log_2 1024$

   (h) $\log_7 49^3$

   (i) $\sin^{-1}(-0.7) + \tan^{-1}(\pi^2)$

4. 試將角度 105° 轉換成弳度。

5. 圓球的體積為 $\frac{4}{3}\pi r^3$，表面積為 $4\pi r^2$，其中 r 為圓球的半徑。若 $r = 3.2$，試分別計算圓球的體積和表面積。

3.2 random 模組裡的函數

6. 試利用 random 模組裡的函數完成下面各題：

   (a) 產生一個 0 到 1 之間的亂數。

   (b) 從字串 'Significant' 中隨機抽取 3 個字元。

   (c) 產生一個 1 到 6 之間（包含 6）的整數亂數。

   (d) 從 1 到 10 之間（包含 10）的偶數隨機挑選一個數。

   (e) 產生一個介於 -1 到 1 之間的浮點數亂數。

7. 試完成下列各題（設每一題的亂數種子皆為 37）:

 (a) 產生一個 1 到 100 之間（包含 100）的整數亂數。

 (b) 從字串 'Halloween' 中隨機抽取 4 個字元。

 (c) 從串列 [12, 38, 54, 64, 77, 29] 中隨機挑選兩個數。

 (d) 設 my_list=[2, 3, 5, 8, 9]，將 my_list 裡的元素打亂，並顯示打亂後的結果。

3.3 字串的處理函數

8. 試連到 https://unicode-table.com 網站，然後回答下面各題：

 (a) 查詢您的中文名字之 16 進位 Unicode 編碼，並利用控制碼 \uhhhh 來顯示它們。

 (b) 試將 (a) 中您查到的 Unicode 編碼轉換成 10 進位的整數。

 (c) 利用 ord() 函數取出您的中文名字的 Unicode 編碼，結果應該會和 (b) 相同。

 (d) 試將 (c) 的結果轉換成以字串表示的 16 進位，轉換結果應該會和 (a) 相同。

9. 設字串 $s1$ 為您的姓，s2 為您的名，試利用 + 運算子將您的姓名連接起來。

10. 試將字串 *^_^* 重複 10 次（即 10 個 *^_^* 串接在一起）。

11. 設 $s1$ = 'Have a nice day'，試回答下列各題：

 (a) 試提取出 nice 這個子字串。

 (b) 判別 day 是否有在 $s1$ 內。

 (c) 提取 $s1$ 的最後一個字元。

 (d) 找出 $s1$ 內，字元碼最大的字元。

3.4 字串類別提供的函數

12. 設 $s1$= 'it is never too late to learn'，試利用字串類別提供的函數完成下面各題：

 (a) 將 $s1$ 的每一個單字的第一個字母轉換成大寫。

 (b) 將 $s1$ 的第一個字母轉換成大寫。

 (c) 測試 $s1$ 是否全為英文字母。

 (d) 計算字元 'e' 在 $s1$ 中出現的次數。

(e) 刪除掉 never 這個單字（字串變成 'it is too late to learn'）。

(f) 把 late 換成 LATE。

13. 試利用字串類別提供的函數將 'cats and dogs' 修改成 'CatsAndDogs'。

14. 試刪除字串 '*^_^* Python *w_w*' 中，Python 左右兩邊的字元，只留下 Python 這個單字。

15. 在字串 ' Peggy Chen ' 中，Peggy Chen 左右兩邊各有兩個空白字元，試利用字串類別提供的函數將它們刪除。

16. 設 $a = 16$，$b = 21.5639$，試利用 format() 函數將 a 和 b 的值進行如下的輸出，其中符號 ○ 代表一個空格：

    (a) `a=○○○16.00,○b=○○21.564`

    (b) `a=○○○○○○16,○b=0021.564`

    (c) `a=+16.0○○○,○b=+21.564○`

    (d) `a=○○○○0x10,○b=○○○○○○22`

    (e) `a=○○○○0o20,○b=+0021.56`

    (f) `a={○○0o20},○b={○21.56}`

    (g) `a=○○'0o20',○b=21.56390`

    (h) `a={'0o20'},○b='{21.56}'`

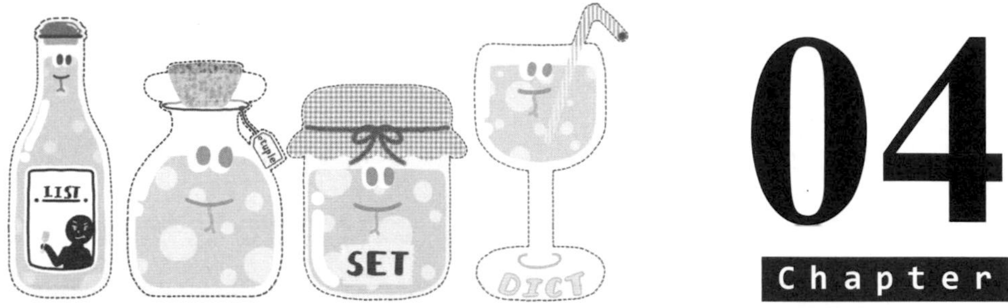

04 Chapter

容器資料型別

Python 提供了四種容器型別（Container data types），分別為 list、tuple、set 和 dict，可以用來承載各種不同的資料，因此把它們稱為「容器」。Python 已經為這些容器建立好相對應的規則和函數，以方便我們進行資料的處理。這四種容器型別在 Python 的各種應用裡隨處可見。

1. list 資料型別
2. tuple 資料型別
3. set 資料型別
4. dict 資料型別

4.1 list 資料型別

串列（list）是 Python 裡最常用的容器資料型別，它可以由方括號 [] 或是透過 list() 來建立。串列裡的元素可以包含不同的資料型別，也可以是另一個串列。串列一旦被建立之後，其內容可以被修改（Mutable）。另外，串列是有序的（Ordered），也就是兩個串列內的元素如果一樣，但是順序不同，則視為不相等的串列。

4.1.1 串列的建立與基本運算

串列可以利用方括號 [] 建立，裡面的元素以逗號分隔。如果是建立一個由連續數字組成的串列，可以透過 range() 函數來幫忙。

· list() 與 range() 函數

函數	說明
list(obj)	依 obj 的內容建立一個串列
range(stp)	傳回一個 range 物件，代表 0 到 $stp-1$，間距為 1 的整數序列
range(str,stp,d)	傳回一個 range 物件，代表 str 到 $stp-1$，間距為 d 的整數序列

```
> [5,8,4]
  [5, 8, 4]
```

建立一個具有 3 個元素的串列。

```
> list([7,12,12,8])
  [7, 12, 12, 8]
```

我們也可以使用 list() 函數來建立串列。注意串列的元素可以重複。

```
> [1,'s','tea',92]
  [1, 's', 'tea', 92]
```

串列的元素可以有不同的資料型別。

```
> []
  []
```

這是一個空的串列。

```
> list()
  []
```

空串列也可以利用 list() 來建立。

```
> range(0,6)
  range(0,6)
```

建立一個 0 到 5（不包含 6）的整數物件。實際上 range(0,6) 並不會生成所有整數，而是包在一個物件裡，需要時才會將它們取出。

```
> list(range(0,6))
  [0, 1, 2, 3, 4, 5]
```

在 range(0,6) 外面加上 list() 函數就可以看到它的內容。這個語法方便我們快速建立一個由連續數字組成的串列。

```
> list(range(0,10,2))
  [0, 2, 4, 6, 8]
```

建立一個 0 到 9（不包含 10），間距為 2 的串列。注意串列的元素只有到 8 就結束了。

```
> list(range(20,6,-2))
  [20, 18, 16, 14, 12, 10, 8]
```

建立一個 20 到 7（不包含 6），間距為 −2 的串列。注意 −2 代表由大往小的方向數的意思。

```
> list(range(0,9,0.5))
  TypeError: 'float' object cannot be interpreted as an integer
```

range() 函數的間距不能是浮點數。

```
> lst=list('Python'); lst
  ['P', 'y', 't', 'h', 'o', 'n']
```

list() 裡面的參數如果是一個字串，則字串會被拆成由字元組成的串列。

```
> ''.join(lst)
  'Python'
```

利用第三章介紹過的 join() 函數，我們即可將字元串列組合成字串。

有趣的是，range() 只會建立一個 range 型別的物件（為一個整數序列），並不會把整個序列一次給出，而是在需要用到裡面的數字時才會生成這些整數。

```
> a=range(0,10)
```

這是一個由 0 到 9（不包含 10）的整數所組成的 range 物件 a。

```
> a
  range(0, 10)
```

查詢 a 的值，我們發現它還是一個 range 物件。

```
> a[-1]
  9
```

range 物件也可以提取出各別的元素。左式是提出 a 的最後一個元素。

```
> a[3:7]
  range(3, 7)
```

如果是提取出一系列的元素（例如索引為 3 到 6 的元素），則它們會被打包在 range 物件裡。

```
> list(a)
  [0, 1, 2, 3, 4, 5, 6, 7, 8, 9]
```

利用 list() 即可將 range 物件轉換成一個串列。

Python 提供的 len()、max()、min() 和 sum() 等 4 個內建函數可以分別計算串列的長度、最大值、最小值和加總。一些常用的運算子也可以用在串列裡，用來進行串列的串接、重複，或是比較等。

```
> lst=[1,0,3,6,4]
```

這是一個串列。

```
> len(lst)
  5
```

串列的長度是 5，代表它有 5 個元素。

```
> max(lst)
  6
```

串列裡最大的元素是 6。

```
> min(lst)
  0
```

串列裡最小的元素是 0。

```
> sum(lst)
  14
```

將串列的元素加總，得到 14。

```
> list('abc')+lst
  ['a', 'b', 'c', 1, 0, 3, 6, 4]
```

加號用在兩個串列裡是合併的意思。因此左式會先將字串 'abc' 轉成字元串列，然後與 *lst* 串列合併成一個大串列。

```
> [0,1,2]*3
  [0, 1, 2, 0, 1, 2, 0, 1, 2]
```

乘號是串接幾次的意思。左式是將串列的內容串接 3 次的結果。

```
> [1,2,3]==[1,3,2]
  False
```

比較串列 [1, 2, 3] 和 [1, 3, 2] 的內容是否完全相同，結果回應 False。

```
> [1,2,3]>[1,1,4]
  True
```

串列大小的比較是先從索引為 0 的元素開始比，如果相同，則再比較下一個元素，以此類推。本例索引為 0 的元素都是 1，於是再比較索引為 1 的元素，因為 2 > 1，所以回應 True。

```
> ['a','b','c']>['a','a','d']
  True
```

因為字元 '*b*' 的字元碼比 '*a*' 來的大，因此回應 True。

```
> ['a','b','c']>['a','b',5]
  TypeError: '>' not supported between instances of 'str' and 'int'
```

這兩個串列的前兩個元素都一樣，因此會接著比較最後一個元素。然而一個是字元 '*c*'，另一個是數字 5，所以回應無法比較的錯誤訊息。

```
> 3 in [1,2,3,4,5]
  True
```

數字 3 有在串列裡面，所以回應 True。

```
> 3 in range(0,10)
  True
```

數字 3 有包含在 0 到 10 的 range 物件裡面，所以回應 True。

```
> [1,3] in [1,2,3,4,5]
  False
```

串列 [1, 3] 並沒有在 [1, 2, 3, 4, 5] 裡面，所以回應 False。

```
> [1,3] in [[1,3],2,3,4,5]
  True
```

在這種情況，[1, 3] 就有在串列 [[1, 3], 2, 3, 4, 5] 裡面了。

```
> [3] in [1,2,3,4,5]
  False
```

串列 [3] 沒有在 [1, 2, 3, 4, 5] 裡面，所以得到 False。如果把左式寫成 3 in [1, 2, 3, 4, 5]，則結果為 True。

```
> 'python' in ['Learning python']
  False
```

字串 'python' 並不是串列 ['Learning python'] 裡的一個元素，所以回應 False。

```
> 'python' in ['Learning', 'python']
  True
```

現在串列裡有兩個元素，而 'python' 是其中一個元素，所以回應 True。

$lst[n]$ 可提取串列 lst 裡索引為 n 的元素（從 0 開始數）。如果要提取索引為 $start$ 到 $end-1$ 的元素，且提取的間距為 $step$，可用 $lst[start\colon end\colon step]$ 來達成。注意提取出來的元素不包含 $lst[end]$ 這一項，且提取的結果仍是一個串列：

```
> lst=[7,9,11,8,17]
```

這是一個串列 lst。

```
> lst[0:4:2]
  [7, 11]
```

提取索引為 0 到 3 的元素，提取間距為 2。注意因為不包含索引 4，所以 17 沒有被提取。

```
> lst[2:]
  [11, 8, 17]
```

提取串列裡，索引為 2（從 0 開始數）之後的所有元素。注意省略 end 代表提取到最後一項。省略 $step$ 代表間距為 1。

```
> lst[:4]
  [7, 9, 11, 8]
```

提取索引為 0 到 3 的元素（不含索引 4）。省略 $start$ 代表從頭開始提取。

```
> lst[:-2]
  [7, 9, 11]
```

從頭開始提取到倒數第 3 個元素（不含倒數第 2 個）。

```
> lst[-2:0:-1]
  [8, 11, 9]
```

從倒數第 2 個元素開始提取到索引為 1 的元素（不含索引 0）。

```
> lst[-2::-1]
  [8, 11, 9, 7]
```

與上面的語法相比，左式省略 *end* 那一項。如果省略了 *end*，則 *end* 那一項會被包含進來，因此數字 7 會被取出。

```
> lst[::-1]
  [17, 8, 11, 9, 7]
```

start 和 *end* 這兩項都省略，則代表全部的項，後面的 −1 代表反向，因此這個語法相當於將串列內的元素反向排列。

```
> a=range(11,15)
```

定義 *a* 是一個 range 物件。

```
> a[0]
  11
```

提取索引為 0 的元素。

```
> a[2:4]
  range(13, 15)
```

提取索引為 2 到 3 的元素，即 13 和 14 這兩個元素。注意左式回應 range(13,15)，也是不包含 15 這個元素。

```
> a[-1]
  14
```

提取 *a* 的最後一個元素。

```
> lst=list(range(0,10))
  lst
  [0, 1, 2, 3, 4, 5, 6, 7, 8, 9]
```

將 range 物件轉成串列 *lst*，現在的 *lst* 包含了 0 到 9 共 10 個元素。

```
> del lst[-1]
  lst
  [0, 1, 2, 3, 4, 5, 6, 7, 8]
```

刪除 *lst* 的最後一個元素。

```
> del lst[5:]
  lst
  [0, 1, 2, 3, 4]
```

刪除 *lst* 中，從索引從 5 開始之後的所有元素。現在 *lst* 只剩下 0 到 4 這 5 個元素了。

```
> del lst[:]
  lst
  []
```

刪除串列 *lst* 的所有元素，然後查詢串列的內容。我們發現 *lst* 現在已經變成一個空串列。

```
> del lst
```

利用 del 指令，則可以將 *lst* 的定義從執行環境裡刪除。

```
> lst
  NameError: name 'lst' is not defined
```

現在查詢 *lst*，Python 回應一個錯誤訊息，告訴我們 *lst* 沒有被定義，因此可以確定它被刪除了。

4.1.2 list 類別提供的函數

Python 的串列物件是由 list 類別所產生。和 str（字串）類別一樣，在 list 類別裡也定義了一些函數以便對串列進行操作。下表列出了 list 類別裡常用的函數：

· list 類別提供的函數（*lst* 代表一個 list 物件）

函數	說明
lst.append(*obj*)	在串列 *lst* 後面添加新的物件 *obj*
lst.clear()	清空串列 *lst* 的內容
lst.count(*obj*)	統計元素 *obj* 在串列 *lst* 中出現的次數
lst.copy()	複製串列 *lst*
lst.extend(*seq*)	將 *seq* 裡的元素依序添加到串列 *lst* 後面
lst.index(*obj*)	從串列 *lst* 中找出第一個元素值為 *obj* 的索引
lst.insert(*index*,*obj*)	將 *obj* 插入串列 *lst* 中，索引為 *index* 的位置
lst.pop(*index*)	刪除並傳回串列 *lst* 中，索引為 *index* 的元素。若 *index* 未填則刪除並傳回最後一個元素
lst.remove(*obj*)	移除串列 *lst* 中，第一個出現的 *obj*
lst.reverse()	將串列 *lst* 中的元素反向排列
lst.sort(reverse=False)	將串列 *lst* 由小到大排序。若 reverse 設定 True 則由大到小排序

```
> lst=['coffee','tea']
```

串列 *lst* 裡有 'coffee' 和 'tea' 這兩個元素。

```
> lst.append('juice')
  lst
  ['coffee', 'tea', 'juice']
```

將 'juice' 附加到串列 *lst* 的後面。注意經過 append() 的處理之後，*lst* 的內容會被修改。

```
> lst.remove('coffee')
  lst
  ['tea', 'juice']
```

將 *lst* 中的字串 'coffee' 移除，然後查詢 *lst* 的值，我們可發現 'coffee' 已經不見了。

```
> lst.index('juice')
  1
```

查詢 'juice' 在 *lst* 中的位置，結果回應 1，代表它在索引為 1 的位置。

```
> lst[1]
  'juice'
```

利用索引 1 就可以提取到 'juice'。

```
> lst=[3,6,8,10]
  lst.append([3,4])
  lst
  [3, 6, 8, 10, [3, 4]]
```

將串列 [3,4] 附加到串列 [3,6,8,10] 中。我們可以注意到 append() 是將整個串列附加到 *lst* 的最後面，而不是將元素各別加進去。

```
> lst=[3,6,8,10]
  lst.extend([3,4])
  lst
  [3, 6, 8, 10, 3, 4]
```

如果改用 extend()，則是分別提取串列 [3,4] 裡的元素，再附加到 *lst* 的最後面。

```
> lst.insert(1,15)
  lst
  [3, 15, 6, 8, 10, 3, 4]
```

在 *lst* 索引為 1 的位置插入元素 15。

```
> e=lst.pop()
  print(e,'lst =',lst)
  4 lst = [3, 15, 6, 8, 10, 3]
```

pop() 可以取出並傳回 *lst* 裡的最後一個元素。從輸出可以看出最後一個元素 4 已被變數 *e* 接收，*lst* 裡的數字 4 也不見了。

```
> e=lst.pop(3)
  print(e,lst)
  8 [3, 15, 6, 10, 3]
```

取出索引為 3 的元素。從輸出中可以看出數字 8 已經被取出，且被變數 *e* 接收。

```
> e=lst.pop(0:2)
  print(e,lst)
  SyntaxError: invalid syntax
```

pop() 一次只能取出一個元素，如果提取多個元素，則會有錯誤訊息發生。

```
> lst.remove(15)
  lst
  [3, 6, 10, 3]
```

將 *lst* 裡值為 15 的元素刪除。

```
> lst=[7,4,8,4,8,8]
```

重新定義串列 *lst*。

```
> lst.count(8)
  3
```

計算數字 8 出現的次數，得到 3。

```
> lst.sort()
  lst
  [4, 4, 7, 8, 8, 8]
```

將 *lst* 裡的元素由小到大排序。

```
> lst.sort(reverse=True)
  lst
  [8, 8, 8, 7, 4, 4]
```

設定 reverse=True 則將 *lst* 裡的元素由大到小排序。

```
> lst=[8,1,0,4]
  lst.reverse()
  lst
  [4, 0, 1, 8]
```

先設定 *lst* 的內容為 [8,1,0,4]，然後將它反向排列。

```
> lst.clear()
  lst
  []
```

clear() 可以將串列裡面的元素全部刪除。在刪除 *lst* 裡的元素之後，我們發現 *lst* 已經沒有任何元素，所以它是一個空串列。

在我們將一個串列 *lst* 設定給另一個變數 *a* 存放時（a=lst），應理解這個變數 *a* 事實上也是指向相同的串列，因此修改了 *a* 的內容，*lst* 的內容也會跟著被修改。如果不想讓 *a* 和 *lst* 指向同一個串列，我們可以用 copy() 函數先將 *lst* 拷貝一份，再設定給 *a* 存放，如下面的範例：

```
> lst=[1,2,3,4,5]
  a=lst
```

設定 $lst = [1,2,3,4,5]$，再設定 $a = lst$，此時 *a* 的內容和 *lst* 的內容是一樣的。

```
> a[-1]=99
  a
  [1, 2, 3, 4, 99]
```

將 *a* 的最後一個元素設為 99，然後查詢 *a* 的值，可以確定 *a* 的最後一個元素已經被修改。

```
> lst
  [1, 2, 3, 4, 99]
```

查詢 *lst* 的內容。有趣的是，上式修改的是 *a* 的最後一個元素，但是我們發現 *lst* 的最後一個元素也被修改了。


```
> lst2=[1,2,3,4,5]
  b=lst2.copy()
```

設定 *lst*2 的內容為 [1,2,3,4,5]，然後將 *lst*2 拷貝一份給變數 *b* 存放。

```
> b[0]=100
  b
  [100, 2, 3, 4, 5]
```

將陣列 *b* 索引為 0 的元素設成 100，並查詢設值後的結果，我們確定它已經被修改。

```
> lst2
  [1, 2, 3, 4, 5]
```

查詢 *lst*2 ，我們發現它還是保留原來的值，並沒有因為 *b*[0] 被修改而跟著修改。

上面的範例可以用下圖來解釋變數 *lst*、*lst*2、*a* 和 *b* 是如何指向串列的實體。注意 *lst* 和 *a* 是指向同一個串列，而 *b* 是將 *lst*2 拷貝一份，所以 *b* 和 *lst*2 是兩個不同的串列。

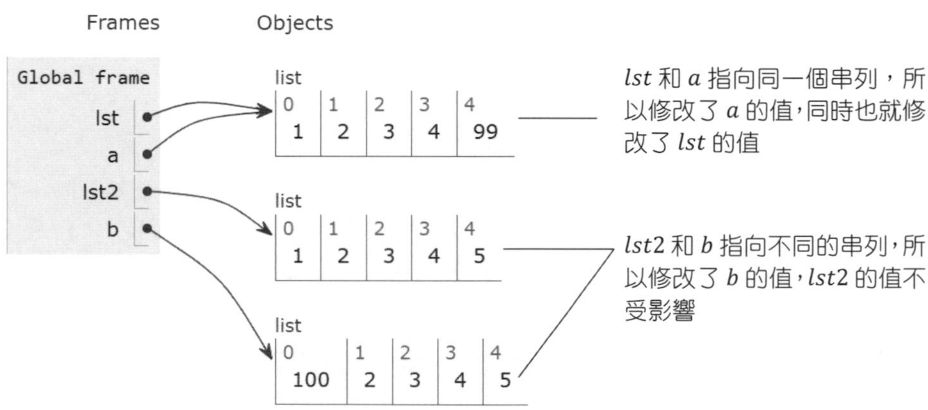

4.1.3 多層串列

Python 串列裡的元素也可以是一個串列（子串列），因此就形成了串列裡的串列（list of list）。要存取子串列裡的元素，我們就必須有兩個索引，第一個索引用來指明是哪一個子串列，第二個索引則是用來提取該子串列的元素。

```
> lst=[[1,3,7],[4,8],[9,3,0,4]]
```

這是一個多層串列，或稱巢狀串列（Nested list）。

```
> lst[1]
  [4, 8]
```

提取索引為 1 的子串列，我們得到 [4, 8]。

```
> lst[1][0]
  4
```

提取索引為 1 的子串列中，索引為 0 的元素，因此可以提取到 4。

```
> lst[2]
  [9, 3, 0, 4]
```

提取 *lst* 裡索引為 2 的子串列，得到 [9,3,0,4]。

```
> lst[2][1:]
  [3, 0, 4]
```

先提取索引為 2 的子串列，再從中提取索引從 1 開始之後的所有元素，我們得到 [3, 0, 4]。

```
> lst[2].remove(0)
```

從 *lst* 索引為 2 的子串列中，移除值為 0 的元素。

```
> lst
  [[1, 3, 7], [4, 8], [9, 3, 4]]
```

查詢串列 *lst* 的內容，我們可以確定索引為 2 的子串列中，數字 0 已經被移除。

和其它程式語言不同，Python 並沒直接提供陣列（Array）這種資料型別，不過我們可以用串列來實現。如果串列的每一個元素都是另一個子串列，且子串列裡元素的個數都相等，那麼這個串列就如同數學上的矩陣。利用串列的索引，我們可以很容易的提取某一列的全部或部分元素，但無法直接提取某一個直行。如果要提取某一直行，可利用 for 迴圈來提取（for 迴圈在下一章中會有更詳細的介紹）。

```
> grade=[[67,80,87,69],
         [71,80,65,53],
         [77,58,60,49]]
```

這是一個巢狀串列 *grade*，串列裡面的元素都是長度相同的子串列。

```
> len(grade)
  3
```

查詢 *grade* 的長度，得到 3，代表 *grade* 裡有 3 個元素（事實上是 3 個子串列）。

```
> len(grade[0])
  4
```

查詢 *grade*[0] 的長度，得到 4。

```
> grade[0]
  [67, 80, 87, 69]
```

提取 *grade* 索引為 0 的元素，事實上就是提取索引為 0 的子串列。

```
> [c[0] for c in grade]
  [67, 71, 77]
```

如果要提取每一列索引為 0 的元素，我們可以利用 Python 的串列生成式來完成。關於這個部分，在下一章中會有較詳細的說明。

```
> max([c[-1] for c in grade])
  69
```

這是利用串列生成式配合 max() 函數找出 *grade* 最後一行的最大值。

4.2 tuple 資料型別

tuple 和 list 類似，也是由一連串有序的資料所組成，不過 tuple 一旦定義之後，裡面的元素就不能更改（Immutable）。在中文裡並沒有一個很貼切的名稱來翻譯 tuple，一般會把它翻譯成「元組」或「序對」。本書習慣把 tuple 稱為序對，或是直接以 tuple 來稱呼它。

4.2.1 序對的建立

序對是以逗號區隔元素來表示，但是在可能會混淆語法的地方應加上圓括號區隔開，避免解譯錯誤。我們也可以利用 tuple() 函數來建立一個序對。

· tuple() 函數

函數	說明
tuple(*obj*)	依 *obj* 的內容建立一個序對

```
> 5,3,'Jerry'
  (5, 3, 'Jerry')
```

建立一個具有 3 個元素的序對。注意 Python 的輸出會自動幫我們加上圓括號。

```
> (5,3,'Jerry')
  (5, 3, 'Jerry')
```

我們也可以為序對加上圓括號。

```
> type((5,3,'Jerry'))
  tuple
```

查詢 (5,3,'Jerry') 的型別，可知它是一個序對。

```
> type(5,3,'Jerry')
  TypeError: type.__new__() argument 1 must be str, not int
```

要查詢序對的型別時，圓括號記得不能省略，否則 type() 會誤以為是我們輸入了三個參數，因此回應語法錯誤。

```
> [(7,3,9)]
  [(7, 3, 9)]
```
這是一個串列，裡面的元素是一個序對。

```
> list((7,3,9))
  [7, 3, 9]
```
利用序對來建立一個串列。

```
> tuple(range(5,10))
  (5, 6, 7, 8, 9)
```
將 range 物件轉換成序對。

```
> tuple([1,4,8,10])
  (1, 4, 8, 10)
```
將串列轉換成序對。

```
> tuple('python')
  ('p', 'y', 't', 'h', 'o', 'n')
```
將字串 'python' 轉換成由字元組成的序對。

```
> tuple(['python','programming'])
  ('python', 'programming')
```
將串列轉換成序對。注意這種轉換只是將串列變成序對，原本的字串並沒有被修改成由字元組成的序對。

```
> tuple()
  ()
```
這是一個空的序對，裡面沒有任何元素。

```
> ()
  ()
```
空的序對也可以用空的圓括號來表示。

```
> (3)
  3
```
這不是一個序對，它只是加了圓括號的 3。

```
> (3,)
  (3,)
```
在數字 3 後面加一個逗號，這才是只有一個元素的序對。

```
> tpl=3,
```
如果序對只有一個元素，且不寫圓括號的話，必須在元素後面加一個逗號，用以標識它是一個序對裡的元素。

```
> type(tpl)
  tuple
```
查詢 *tpl* 的型別，可以確認它是一個序對。

```
> ('Python')
  'Python'
```

這看起來像是只有一個元素的序對，但它不是。因為字串 'Python' 後面沒有逗號，因此圓括號只是普通的括號，並不是序對的括號。

```
> ('Python',)
  ('Python',)
```

在字串 'Python' 後面加上逗號，如此 Python 就會把它當成是只有一個元素的序對了。

```
> ([4,3,2])
  [4, 3, 2]
```

相同的，這也不是一個序對，此處的圓括號只是一般的括號。

```
> ([4,3,2],)
  ([4, 3, 2],)
```

在 [4,3,2] 後面加上一個逗號，Python 就會把圓括號解釋成序對的括號。

```
> ([1,3],[4,5],[7])
  ([1, 3], [4, 5], [7])
```

這是具有三個元素的序對，裡面的元素都是相同的型別（串列）。

```
> ((1, 3), [2, 4], 'string')
  ((1, 3), [2, 4], 'string')
```

序對裡的元素也可以是序對、串列，或者是字串等。

4.2.2 序對的運算

因為序對裡的元素不能更改，因此比起串列，序對相關的運算就少了許多（因為插入、刪除和重排等這些運算都不需要）。不過我們一樣可以找尋一個序對的最大或最小值，或是進行比較或提取等運算。

```
> tpl=(3,1,5,4,2,7)
```

這是一個具有 6 個元素的序對。

```
> tpl[3]
  4
```

提取索引為 3 的元素，得到 4。

```
> tpl[3]=100
  TypeError: 'tuple' object does not support item assignment
```

序對一旦定義之後，其元素值就不能改變。如果嘗試改變元素的值，我們會得到一個錯誤訊息，告訴我們序對物件不支援設定運算。

```
> max(tpl), min(tpl), len(tpl)
  (7, 1, 6)
```

max()、min() 和 len() 這些函數也可以作用在序對裡。注意這三個運算以逗號隔開，因此這個式子的運算結果也是一個序對。

```
> sum(tpl)
  22
```
將序對裡的元素加總。

```
> 2*tpl
  (3, 1, 5, 4, 2, 7, 3, 1, 5, 4, 2, 7)
```
將 *tpl* 的元素串接兩次，組成一個新的序對。

```
> tpl+('Python',)
  (3, 1, 5, 4, 2, 7, 'Python')
```
將兩個序對串接在一起，組成一個新的序對。

```
> (4,5,6)==(4,5,6)
  True
```
我們可以利用兩個等號來判定兩個序對是否相等。

```
> (4,5,6)<(4,8,9)
  True
```
序對也是由左而右來判別元素的大小。若元素相同，則再抓取下一個元素來進行判斷。於左式中，由於 5 小於 8，因此回應 True。

```
> ('P','i','g')<('p','i','g')
  True
```
大寫 *P* 的字元碼小於小寫的 *p*，因此回應 True。

```
> (7,9,8,6,1)[0]
  7
```
提取序對裡索引為 0 的元素。

```
> (7,9,8,6,1)[:3]
  (7, 9, 8)
```
提取序對裡的前 3 個元素（索引 0 到 2 的元素）。

```
> (7,9,8,6,1)[-1:0:-1]
  (1, 6, 8, 9)
```
從倒數第 1 個元素開始往前提取到索引為 1 的元素（不含索引 0）。

```
> (7,9,8,6,1)[::-1]
  (1, 6, 8, 9, 7)
```
從倒數第 1 個元素開始往前提取所有元素，這個語法相當於將序對的元素反向排列。

```
> 'c' in ('c','a','t')
  True
```
查詢字元 'c' 是否有在序對 ('c', 'a', 't') 裡面，結果回應 True。

```
> 'g' not in tuple('piggy')
  False
```
tuple('piggy') 的運算結果為 ('p', 'i', 'g', 'g', 'y')，因此 'g' 包含在裡面，所以左式回應 False。

序對物件是由 tuple 類別所建立。tuple 類別裡只定義了兩個函數，分別用來計算元素的個數與找出元素的索引。

· tuple 類別提供的函數

函數	說明
tpl.count(*value*)	傳回在序對 *tpl* 中，*value* 的個數
tpl.index(*value*)	傳回在序對 *tpl* 中，*value* 的索引

```
> (5,9,8).index(8)
  2
```

查詢元素 8 在 (5,9,8) 裡的索引，得到 2。

```
> tuple('illustration').count('i')
  2
```

計算元素 'i' 在 ('i', 'l', 'l', 'u', 's', 't', 'r', 'a', 't', 'i', 'o', 'n') 裡出現的個數，得到 2。

4.2.3 關於不可修改的性質

稍早我們曾提及序對一旦建立之後，裡面的元素就不能被修改，因此序對具有不可修改（Immutable）的性質。我們介紹過的數字型別（int、float、bool 和 complex）和字串（str）等都具有不可修改的性質，而串列（list）和下一節將介紹集合（set）與字典（dict）等都是可修改的（Mutable）。要區分一個物件是否為可修改，一個簡單的方法就是看看該物件建立之後，是否有辦法修改裡面的元素：

```
> s='Welcome'
```

s 是一個字串，它是由字串類別 str 建立的物件。

```
> s[0]
  'W'
```

我們可以順利的提取出索引為 0 的元素。

```
> s[0]='Z'
  TypeError: 'str' object does not support item assignment
```

如果嘗試將索引為 0 的元素設值，我們會得到一個錯誤訊息，這是因為字串具有不可修改的性質，一旦建立之後，其內容不能被修改。

```
> s.upper()
  'WELCOME'
```

upper() 雖然可以把字串 *s* 轉成大寫，不過它只是傳回轉成大寫後的新字串，字串 *s* 本身的內容並不會被修改。

```
> s
  'Welcome'
```

查詢字串的值，我們可以發現字串 *s* 還是原來的字串。

```
> a=[1,2,3,4]
```

設定 a 為一個串列。相較於字串，串列的內容是可以被修改的（Mutable）。

```
> a[0]=99
  a
  [99, 2, 3, 4]
```

將 a 索引為 0 的元素修改成 99，再查詢 a 的值，我們發現索引為 0 的元素已被修改。

```
> a.remove(4)
  a
  [99, 2, 3]
```

相同的，我們也可以利用 remove() 將 a 的元素 4 移除。移除後，串列 a 裡已經找不到元素 4，這也代表串列 a 已經被修改。

```
> z=5
```

設定 $z = 5$，也就是將 z 指向整數 5。如果將 z 改設為 6，那只是將 z 改為指向 6 而已，整數 5 還是沒有被修改，因此整數（或浮點數等）也是不可修改的。

值得一提的是，序對本身雖不可修改，但其元素允許是可修改的物件，因此無論是不可修改的數字、字串或是序對，還是可修改的串列、集合或字典（下兩節將提到），都可以做為序對的元素。

```
> tpl=(4,'Python',[13,34])
```

tpl 是一個序對，裡面元素 4 和 'Python' 都是不可修改的，而串列 [13,34] 則是可修改。它們都可以做為序對的元素。

```
> tpl[0]=20
  TypeError: 'tuple' object does not support item assignment
```

我們無法修改 tpl 裡的元素。

```
> tpl[2]
  [13, 34]
```

提取索引為 2 的元素，得到串列 [13,34]。

```
> tpl[2]=[10,20,30]
  TypeError: 'tuple' object does not support item assignment
```

嘗試修改 tpl 索引為 2 的元素，我們還是得到一個錯誤訊息，因為序對具有不可修改的性質。

```
> tpl[2][0]='abc'; tpl
  (4, 'Python', ['abc', 34])
```

有趣的是，如果序對內的元素具有可修改性質，則該元素的內容還是可以修改。例如 $tpl[2]$ 的內容是可修改的串列，因此我們還是可以將 $tpl[2]$ 中，索引為 0 的元素設值為 'abc'。

4.3 set 資料型別

set（一般翻譯為集合）是由不重複，且不可修改內容（Immutable）的元素所組成。集合裡的元素是無序的（Unordered），亦即元素擺放的位置不重要；也就是說，兩個集合的元素值相同但擺放位置不同，仍然視為一個相同的集合。另外，既然集合是無序的，因此自然也無法利用索引來提取特定的元素。

集合裡的元素（物件）及其內含的元素必須具有不可修改的性質，因此數字和字串都可做為集合的元素，因為它們內含的元素已經不可修改。另外，序對雖然是不可修改的，但是只要序對裡具有可修改的元素，那麼這個序對就不能做為集合的元素。Python 會限定集合的元素必須是不可修改，其原因在於如果集合內的元素可修改，那就有可能因為修改讓集合內原本不同的元素變成相同，這就不符合集合裡元素不能重複的要求。

4.3.1 集合的建立與基本運算

要建立一個集合，可以利用大括號將元素括起來，或是呼叫 set() 來完成。另外，我們熟悉的 len()、max() 等函數與比較運算子也可以對集合進行運算。

· set() 函數

函數	說明
set(*obj*)	依 *obj* 的內容建立一個集合

```
> {3,6,4,4}
  {3, 4, 6}
```

這是一個集合。集合裡的元素不會重複，因此 4 會被拿掉一個。另外，Python 會將集合裡的元素重排，因此左式的輸出不同於我們的輸入。

```
> {'pony','kitty','piggy'}
  {'kitty', 'piggy', 'pony'}
```

字串可以做為集合的元素。注意 Python 會重新排列這些字串。

```
> set([3,6,4,4])
  {3, 4, 6}
```

我們也可以利用 set() 以串列為其參數來建立一個集合。

```
> set((3,6,4,4))
  {3, 4, 6}
```

以序對來建立一個集合。

```
> set((3,6,[4,4]))
TypeError: unhashable type: 'list'
```

序對裡包含有可修改的串列 [4,4]，因此不能做為集合的元素。

```
> set(range(9))
{0, 1, 2, 3, 4, 5, 6, 7, 8}
```

這是從 range 物件建立一個集合。

```
> set('Kitten')
{'K', 'e', 'i', 'n', 't'}
```

從字串建立一個集合。注意字串裡的字元已被重新排列，且重複的字元也被刪去。

```
> {'kitty'}
{'kitty'}
```

如果將字串放在集合括號裡，則 Python 會把它解釋成集合裡只有一個元素。請注意左式的輸出與上式的不同。

```
> set(['Kitten'])
{'kitty'}
```

如果在字串外面加上一個串列括號來建立一個集合，我們也可以得到和上式一樣的結果。

```
> s1=set()
  s1
set()
```

這是一個空的集合。注意 Python 用 set() 來表示一個空集合。

```
> s2={}
  s2
{}
```

設定 *s*2 的值為 {}。注意大括號雖然是集合的括號，不過它同時也是字典的括號。左式的語法是建立一個空的字典，不是一個空的集合。關於字典的部分，在下一節會有詳細的說明。

```
> type(s2)
dict
```

查詢 *s*2 的型別，Python 回應 dict，代表它是一個字典（dictionary）。

```
> {[2,3],[4,5]}
TypeError: unhashable type: 'list'
```

串列不能做為集合的元素，因為串列的內容是可以修改的（Mutable），因此左式會回應一個錯誤訊息。

```
> {{2,3},{4},{3,5,8}}
TypeError: unhashable type: 'set'
```

相同的，集合本身也不能做為集合的元素，因為集合本身是可修改的。我們很快就會看到集合的這個性質。

```
> {(2,3),(4),(3,5,8)}
{(2, 3), (3, 5, 8), 4}
```

序對裡的元素均是不可修改的，因此可以是集合的元素。

當比較運算子用在比較兩個集合時，我們可以把它們解釋成集合之間是否存在「等於」或「包含於」的關係，如下面的範例：

```
> len({4,3,4,5,5})
  3
```

len() 可以用來找出集合的長度。注意這個集合裡的 4 和 5 兩個元素各有一個重複，實際上是 {3,4,5}，所以長度為 3。

```
> max({4,3,4,5,5})
  5
```

max() 可以找出集合裡最大的數字。

```
> sum({4,3,4,5,5})
  12
```

集合也可以進行加總運算。

```
> 'p' in {'p','i','g','g','y'}
  True
```

字元 'p' 有在集合裡面，因此回應 True。

```
> {'p'} in {'p','i','g','g','y'}
  False
```

{'p'} 沒有在集合裡面，所以回應 False。

```
> {5,6,7,8}[0]
  TypeError: 'set' object is not subscriptable
```

因為集合是無序的，因此無法利用索引來提取特定的元素（有序的物件才會有索引）。

```
> {1,2} < {1,2,3,4}
  True
```

{1,2} 的元素都在 {1,2,3,4} 裡，且 {1,2,3,4} 內還有其他元素，因此回應 True。

```
> {1,2,3} < {1,2,3}
  False
```

{1,2,3} 和 {1,2,3} 兩個集合是一樣的，因此回應 False。

```
> {1,2,3}=={3,1,2,2,2,1}
  True
```

因為 Python 會去掉集合內重複的元素，且元素也會被重排，因此在這個式子中，右邊的集合會和左邊的集合相同。

```
> set('sun')<=set('sunny')
  True
```

set('sun') 的結果是 {'n', 's', 'u'}，而 set('sunny') 的結果是 {'n', 's', 'u', 'y'}，因此左式回應 True。

4.3.2 set 類別提供的函數

set 類別裡也提供了一些函數，方便我們對集合進行相關的處理，例如增添或刪除元素，或是求取交集、聯集與差集等運算。另外，從本節提供的函數可知集合可以增添或刪除元素，所以集合本身是可修改的（但集合的元素以及元素內含的元素必須是不可修改）。

· set 類別提供的函數 （$s1$ 與 $s2$ 均代表一個 set 物件）

函數	說明
$s1$.add(x)	將元素 x 添加到集合 $s1$ 中
$s1$.clear()	移除集合 $s1$ 中的所有元素
$s1$.copy()	拷貝集合 $s1$
$s1$.difference($s2$)	傳回存在於 $s1$，但不存在於 $s2$ 的集合（差集，即 $s1 - s2$）
$s1$.discard(x)	刪除 $s1$ 中指定的元素 x；若 x 不存在則不做任何處理
$s1$.intersection($s2$)	傳回 $s1$ 和 $s2$ 的交集
$s1$.isdisjoint($s2$)	判斷 $s1$ 和 $s2$ 是否沒有相同的元素；如果沒有則傳回 True
$s1$.issubset($s2$)	判斷 $s1$ 是否為 $s2$ 的子集合
$s1$.issuperset($s2$)	判斷 $s1$ 是否為 $s2$ 的父集合
$s1$.pop()	從 $s1$ 隨機移除一個元素，並傳回移除的元素值
$s1$.remove(x)	將 x 從集合 $s1$ 中刪除，若 x 不存在則傳回錯誤訊息
$s1$.symmetric_difference($s2$)	傳回 $s1$ 和 $s2$ 中，不是共有的元素所成的集合（對稱差集）
$s1$.union($s2$)	傳回 $s1$ 和 $s2$ 的聯集

有趣的是，集合裡的元素必須具有不可修改的性質，但從上表中可以發現集合本身卻可以被修改，例如可以在集合裡添加或刪除元素等。這種性質和序對恰好相反，序對本身不能被修改，但不限定其元素是否具有不可修改的性質。

```
> s1={1,2,3,4}
```

這是集合 $s1$。

```
> s1.add(12); s1
  {1, 2, 3, 4, 12}
```

將 12 添加到集合 $s1$ 裡，然後查詢 $s1$ 的值，我們確定 12 已經被添到集合裡了。從這個範例可知集合具有可修改的性質。

`> s1.remove(12); s1` `{1, 2, 3, 4}`	將集合裡的元素 12 刪除，現在 *s*1 裡的元素為 {1, 2, 3, 4}。
`> s1.discard(3); s1` `{1, 2, 4}`	將元素 3 刪除，現在 *s*1 剩下 3 個元素。
`> s1.discard(198)`	嘗試從集合 *s*1 裡刪除元素 198，但是 *s*1 裡並沒 198 這個元素，因此 discard() 不做任何處理。
`> s1.remove(198)` `KeyError: 198`	與 discard() 不同，remove() 如果刪除了不在集合裡的元素時，則會有錯誤訊息產生。
`> s2={1,2,3,4,5}`	設定 *s*2 為集合 {1,2,3,4,5}。

`> e=s2.pop()`
`print(f'{s2}, e={e}')`
`{2, 3, 4, 5}, e=1`
	從 *s*2 中隨機取出並傳回一個元素。於本例中，取出的元素是 1，因此集合 *s*2 只剩下{2,3,4,5}。

`> s2.clear(); s2` `set()`	清除 *s*2 的內容，此時 *s*2 為空集合。注意 Python 用 set() 來表示空集合。
`> s2={1,2,3,4}`	重新設定 *s*2 為集合 {1,2,3,4}。
`> {1,2,3}.issubset(s2)` `True`	{1,2,3} 是 *s*2 的子集合，因此回應 True。
`> {1,2,3,4}.issuperset(s2)` `True`	一個集合本身也是自己的父集合，因此左式回應 True。
`> {4,5,6}.isdisjoint(s2)` `False`	{4,5,6} 和 *s*2 有包含相同的元素，因此回應 False。
`> {3,4,5,6}.difference(s2)` `{5, 6}`	{3,4,5,6} 和 *s*2 的差集為 {5, 6}，因為元素 5 和 6 不在集合 *s*2 內。
`> {1,2,3}.difference(s2)` `set()`	{1,2,3} 和 *s*2 的差集為空集合。
`> {3,4,5,6}.intersection(s2)` `{3, 4}`	{3,4,5,6} 和 *s*2 的交集為 {3,4}。

```
> {3,4,5,6}.union(s2)
{1, 2, 3, 4, 5, 6}
```

{3,4,5,6} 和 *s*2 的聯集為 {1,2,3,4,5,6}。

```
> {3,4,5,6}.symmetric_difference(s2)
{1, 2, 5, 6}
```

symmetric_difference() 傳回不是共有的元素所成的集合，因此傳回 {1,2,5,6}。

另外在 set 類別提供了四個函數，可以用來進行某些運算之後，一併更新呼叫這些函數的集合。

· set 類別提供的函數 （*s*1 代表一個 set 物件）

函數	說明
*s*1.update(*s*2)	*s*2 中，原本不在 *s*1 的元素會加入 *s*1
*s*1.difference_update(*s*2)	用 *s*1 和 *s*2 的差集來更新 *s*1
*s*1.intersection_update(*s*2)	用 *s*1 和 *s*2 的交集來更新 *s*1
*s*1.symmetric_difference_update(*s*2)	用 *s*1 和 *s*2 的對稱差集來更新 *s*1

```
> s1=set()
```

這是集合 *s*1，它是一個空集合。

```
> s1.update({1,2,3,4}); s1
{1, 2, 3, 4}
```

用 {1,2,3,4} 來更新 *s*1，因此 *s*1 現在的值是 {1,2,3,4}。

```
> s1.difference_update({3,4}); s1
{1, 2}
```

計算 *s*1 和 {3,4} 的差集，然後用來更新 *s*1，因此現在 s1 的值為 {1,2}。

```
> s1.intersection_update({2,5,6}); s1
{2}
```

計算 *s*1 和 {2,5,6} 的交集，並用來更新 *s*1，因此現在 *s*1 的值為 {2}。

```
> s1.symmetric_difference_update(
                          {1,2,3,4,5})
```

找出 *s*1 和 {1,2,3,4,5} 的對稱差集，並以其結果來更新 *s*1。

```
> s1
{1, 3, 4, 5}
```

查詢 *s*1 的值，我們發現它果然已經被更新了。

4.4 dict 資料型別

dict 是 Python 裡使用很廣泛的一個型別，一般將它譯為字典（dictionary）。字典是由無序且不重複的鍵值對（key-value pair）所組成。當字典的物件被建立之後，它的內容是可以被修改的，所以它是屬於 Mutable。我們可以觀察到字典的無序、不重複且可修改的特性和集合都一樣，因此字典物件的某些性質會近似於集合。

4.4.1 字典的建立與基本運算

事實上，dict 的功能也像是我們平常翻閱的字典一樣，只要給一個鍵（Key），我們就可以取出其相對應的值（Value）。字典的鍵和集合一樣，鍵本身以及其內含的元素都必須具有不可修改的性質，也就是它們必須為數字、字串或內含不可修改元素的序對。字典可以用大括號 {} 來建立，或是利用 dict() 來建立。

· dict() 函數

函數	說明
dict(*obj*)	依 *obj* 的內容建立一個字典

```
> {'Tom':12,'Jerry':7}
  {'Tom': 12, 'Jerry': 7}
```

建立一個字典，內含兩個鍵值對。

```
> dict(Tom=12,Jerry=7)
  {'Tom': 12, 'Jerry': 7}
```

利用 dict() 函數也可以建立相同的鍵值對。注意 Tom 和 Jerry 在此處不需寫成字串的形式。

```
> dict([('Tom',12),('Jerry',7)])
  {'Tom': 12, 'Jerry': 7}
```

利用由序對組成的串列來建立字典。

```
> dict([['Tom',12],['Jerry',7]])
  {'Tom': 12, 'Jerry': 7}
```

我們也可以利用由串列組成的串列來建立字典。

```
> my_dict={0:'bird',1:'fish',2:'catfish'}
```

這是另一個字典，內含三個鍵值對，但這種寫法比較不容易閱讀。

```
> my_dict = {
    0: 'bird',
    1: 'fish',
    2: 'catfish'
  }
```

如果把字典的定義寫成這種形式，即一行只寫一個鍵值對，在閱讀上會比較方便。

```
> {(1,3):'odd',(2,4):'even'}
  {(1, 3): 'odd', (2, 4): 'even'}
```

字典的鍵是序對，因為序對裡的元素（整數 1, 3 和 2, 4）都具有不可修改的性質，所以 (1,3) 和 (2,4) 可以做為字典的鍵。

```
> {(1,[3]):128}
  TypeError: unhashable type: 'list'
```

序對 (1,[3]) 裡有一個串列，它是可修改的，因此這個序對不能做為字典的鍵。

```
> d1=dict()
```

這是一個空的字典。

```
> d1={}
```

我們也可以利用大括號來建立空的字典。

```
> d1={'tea':65}
```

這是字典 $d1$，裡面只有一個鍵值對。

```
> d1['tea']
  65
```

我們可以利用這種語法取出鍵 'tea' 的值。

```
> d1['coffee']=40; d1
  {'tea': 65, 'coffee': 40}
```

因為 'coffee' 這個鍵不在字典 $d1$ 裡，Python 會將它加入字典 $d1$ 中，並設定其值為 40（由此可知字典是 Mutable）。

```
> len(d1)
  2
```

利用 len() 查詢 $d1$ 的長度，可知現在 $d1$ 有兩個鍵值對了。

```
> d1['coffee']=46; d1
  {'tea': 65, 'coffee': 46}
```

在一個字典中，相同的鍵不會重複出現，因此這個語法相當於把鍵為 'coffee' 的值設為 46。

```
> del d1['tea']; d1
  {'coffee': 46}
```

將鍵為 'tea' 的鍵值對刪除，然後查詢 $d1$ 的值。我們發現 $d1$ 裡的 'tea' 這個鍵值對已經不見了。

```
> d1['juice']=85; d1
  {'coffee': 46, 'juice': 85}
```

加入一個鍵值對，鍵為 'juice'，值為 85。

```
> 'coffee' in d1
  True
```
查詢 'coffee' 這個鍵是否有在 $d1$ 裡，結果回應 True。

```
> 'candy' not in d1
  True
```
查詢 'candy' 這個鍵是否不在 $d1$ 內，結果回應 True。

```
> {'candy':28}!=d1
  True
```
判斷兩個字典是否不相等，結果為 True。

```
> {'candy':28}<d1
  TypeError: '<' not supported between instances of 'dict' and 'dict'
```
兩個字典無法比較大小，因此這個敘述會有錯誤訊息產生。

```
> d1=={'coffee': 38, 'juice': 85}
  False
```
判別兩個字典是否相同。這兩個字典雖然鍵一樣，不過值不一樣，因此回應 False。

4.4.2 dict 類別提供的函數

dict 類別內建了幾個常用的函數，方便我們建立、修改、更新，或是取得 dict 物件內的鍵或值。這些函數的功能從它們名稱裡就可以體現出來了，因此應該很好理解。

· dict 類別提供的函數 （ $d1$ 與 $d2$ 均代表一個 dict 物件）

函數	說明
d1.clear()	刪除字典 $d1$ 內的所有元素
d1.copy()	傳回字典 $d1$ 的拷貝（和原本的 $d1$ 在不同記憶空間）
dict.fromkeys(*seq*,*value*)	以序對或串列 *seq* 中的元素做為字典的鍵，*value* 為值來建立字典。如果 *value* 未填，則鍵的值為 None
d1.get(*key*,*default*)	傳回 *key* 的值。如果 *key* 不在字典 $d1$ 中，則傳回 *default*；若 *default* 未填，則傳回 None
d1.items()	傳回 $d1$ 所有鍵值對所組成的物件；鍵值對以序對表示
d1.keys()	傳回 $d1$ 所有的鍵所組成的物件
d1.setdefault(*key*,*default*)	如果 *key* 不存在，則將 {*key*: *default*} 添到字典 $d1$ 並傳回 *default*。如果 *key* 已存在，則傳回 *key* 對應的值

函數	說明
$d1$.update($d2$)	把字典 $d2$ 的鍵值對更新到 $d1$ 裡，也就是如果 $d1$ 和 $d2$ 中若有相同的鍵，則 $d1$ 中該鍵對應的值會更新為 $d2$ 中相同鍵對應的值，否則就會將鍵值對新增到 $d1$ 中
$d1$.values()	傳回字典 $d1$ 所有的值所組成的物件
$d1$.pop(key,$default$)	刪除 key 與其對應的值，傳回值為被刪除的值。若 key 不存在，則傳回 $default$；若 $default$ 未填，則產生錯誤訊息
$d1$.popitem()	隨機取出一個鍵值對，並以序對傳回它們。如果為空的字典，則產生錯誤訊息

```
> dict.fromkeys([0,1])
{0: None, 1: None}
```

以串列裡的 0 和 1 做為字典的鍵來建立字典，每個鍵對應的值預設為 None。

```
> dict.fromkeys((0,1))
{0: None, 1: None}
```

我們也可以利用序對來建立字典。

```
> d1=dict.fromkeys([0,1],'red');
  d1
{0: 'red', 1: 'red'}
```

以串列裡的 0 和 1 做為鍵來建立字典 $d1$，所有鍵的值都設為 'red'。

```
> d1[1]='green'
  d1
{0: 'red', 1: 'green'}
```

將字典 $d1$ 中，鍵為 1 的值設為 'green'。

```
> d1.get(0)
'red'
```

提取鍵為 0 的值。

```
> d1.get(4)
```

因為 4 不是字典 $d1$ 裡的一個鍵，所以左式沒有傳回任何值。

```
> d1.get(4,'white')
'white'
```

因為 4 不是 $d1$ 的一個鍵，因此這個式子會傳回預設的值 'white'。

```
> a=d1.pop(1)
  print(a, d1)
green {0: 'red'}
```

刪除鍵為 1 的鍵值對。注意 pop() 會傳回被刪除的值，因此 a 的值為 'green'，而 $d1$ 只剩下一個鍵值對 {0: 'red'}。

```
> d1={0:'red', 1:'green'}
  a=d1.pop(4,'white')
  print(a, d1)
  white {0: 'red', 1: 'green'}
```

重新設定 $d1$ 為 {0:'red',1:'green'}，並嘗試刪除鍵為 4 的鍵值對。因為 4 不是 $d1$ 的一個鍵，所以傳回 'white'，同時 $d1$ 內的元素也不會被刪除。

```
> a=d1.popitem()
  print(a, d1)
  (1, 'green') {0: 'red'}
```

popitem() 會取出最後一個鍵值對，並以序對傳回它們，因此 a 的值會是 (1,'green')，而字典 $d1$ 只剩下 {0:'red'} 這個鍵值對。

```
> d1={0:'red', 1:'green'}
```

重新設定 $d1$ 為 {0:'red',1:'green'}。

```
> d1.keys()
  dict_keys([0, 1])
```

取出 $d1$ 所有的鍵。

```
> d1.values()
  dict_values(['red', 'green'])
```

取出 $d1$ 所有的值。

```
> type(d1.values())
  dict_values
```

利用 values() 函數取出的是一個 dict_values 型別的物件。

```
> list(d1.values())
  ['red', 'green']
```

利用 list() 函數可以將 dict_values 型別的物件轉換成串列。

```
> d1.items()
  dict_items([(0, 'red'), (1,
  'green')])
```

items() 可以取出字典中所有的鍵值對，並以 dict_items 型別的物件傳回。

```
> tuple(d1.items())
  ((0, 'red'), (1, 'green'))
```

利用 tuple() 可以將 items() 傳回的結果轉換成序對。我們也可以利用 list() 將它們轉換成由序對組成的串列。

```
> d1.update({2:'blue'})
  d1
  {0: 'red', 1: 'green', 2:
  'blue'}
```

把字典 {2:'blue'} 的鍵值對更新到 $d1$ 裡，由於 $d1$ 原本沒有鍵為 2 的項目，所以更新時會將 2:'blue' 這個鍵值對新增到 $d1$。

```
> a=d1.setdefault(0, 'pink')
  print(a, d1)
  red {0: 'red', 1: 'green', 2:
  'blue'}
```

因為鍵 0 已存在，setdefault() 會傳回鍵 0 的值（'red'），因此 a 的值為 'red'，而 $d1$ 還是原來的 $d1$。

```
> a=d1.setdefault(3, 'pink')
  print(a, d1)
  pink {0: 'red', 1: 'green', 2:
  'blue', 3: 'pink'}
```

因為鍵 3 不存在，因此將鍵 3 添到字典 $d1$ 中，並以 'pink' 為鍵 3 的值。注意此時 setdefault() 會傳回 'pink'，從左式 print() 的輸出中我們可以驗證這個結果。

```
> d1.clear()
  d1
  {}
```

將字典 $d1$ 的內容清除。重新查詢 $d1$ 的值之後，可以發現 $d1$ 已經變成空字典了。

第四章 習題

4.1 list 資料型別

1. 試利用 range() 函數建立一個介於 1 到 20 之間，所有奇數組合而成的串列。

2. 設 $str1$ = 'machineLearning'，試建立由 $str1$ 字串裡每一個字元所組成的串列。

3. 試利用 range() 函數建立下面的串列：

   (a) $[100, 104, 108, 112, 116, 120]$

   (b) $[-1, -2, -3, -4, -5, -6, -7, -8, -9]$

   (c) $[-1, -4, -7, -10, -13, -16, -19]$

   (d) $[10, 19, 28, 37, 46, 55, 64]$

4. 設 lst = [9, 8, 7, 1, 2, 3, 7, 3, 2]，試完成下列各題：

   (a) 取出 lst 中，索引為 0 到 2 的元素（含索引 2）。

   (b) 取出 lst 中最後 3 個元素。

   (c) 取出 lst 中，索引為 4 到 7 的元素（含索引 4）。

   (d) 取出 lst 中，索引為偶數的元素（不包含索引為 0 的元素）。

   (e) 找出 lst 的長度、最大值與最小值，並計算 lst 元素的總和。

   (f) 反向提取倒數第 1 個到倒數第 4 個元素，即提取結果應為 [2, 3, 7, 3]。

   (g) 將 lst 反向排序，結果應為 [2, 3, 7, 3, 2, 1, 7, 8, 9]。

5. 在下列各小題中，每一題的 lst 皆為 [43, 12, 12, 34]，試完成下列各題：

   (a) 試將串列 [2, 12] 裡的元素添加到 lst 的後面，然後計算元素 12 在 lst 裡出現的個數。

   (b) 試將整個串列 [25, 99] 添加到 lst 中（結果應為 [43, 12, 12, 34, [25, 99]]）。

   (c) 將 65 插入 lst 中，索引為 2 的位置。

   (d) 移除 lst 中，元素值為 12 的元素（有兩個）。

   (e) 將 lst 由大到小排序。

   (f) 移除 lst 的最後一個元素之後，再移除索引為 2 的元素。

6. 設 $lst = [12, 43, 83, 91]$，若設定 $a = lst$，且利用 append() 函數將 23 添加到串列 a，使其成為 a 的最後一個元素，此時 lst 的內容為何？試繪圖來解釋這個現象。

7. 設 lst = [[17,21], [98, 12], [33, [44, [21, 38, 35]]], [35, 42]]，試於 lst 中提取下列各元素：

   (a) [17, 21]　(b) 21　(c) 33　(d) [35, 42]　(e) 98

   (f) 44　(g) [21, 38, 35]　(h) [38,35]　(i) [21, 38]　(j) 38

   (k) [[17, 21], [98, 12]]　(ℓ) [44, [21, 38, 35]]

4.2 tuple 資料型別

8. 試利用 tuple() 函數建立下面的序對：

   (a) (31, 22)　(b) (21,)　(c) (45,46,47,48)　(d) ('c', 'a', 't')

   (e) ('cat',)　(f) (9, 8, 7, 6, 5, 4, 3)　(g) (38, (35,))　(h) (0, 0, 0, 0, 0)

9. 設 tpl = (12, [23, 34], (37, 0, 'cat'))，試於 tpl 中提取下列各元素：

   (a) 12　(b) [23, 34]　(c) (12, [23,34])　(d) 'cat'

   (e) (0, 'cat')　(f) (37, 0, 'cat')　(g) 0　(h) 34

10. 設 $tpl = (12, 65, 37, 37, 34, 65, 37)$，試回答下列各題：

   (a) 求 tpl 的最大值、最小值與總和。

   (b) 判別 66 是否在 tpl 裡。

   (c) 找出元素 34 在 tpl 裡的索引。

   (d) 統計元素 37 在 tpl 裡出現的個數。

4.3 set 資料型別

11. 下列有哪幾個物件可以用來作為集合的元素？

(a) 'cat'	(b) 3.89	(c) [79, 12]	(d) (12, 45)	(e) 198
(f) {33, 66}	(g) (98,)	(h) ['Python']	(i) (0.81,[4])	(j) {'P':12}

12. 集合 {2, 5, 5, 3, 4} 和 {2, 3, 4, 5} 是否相等？試說明相等或不相等的原因。

13. 設 $s1 = \{3, 2, 2, 1, 4, 5\}$，試完成下列各題：

    (a) 求 $s1$ 元素的個數。

    (b) 判別元素 0 是否在 $s1$ 裡。

    (c) 判別 {0, 1, 2} 是否小於等於 $s1$ 。

    (d) 判別 set(range(9)) 是否大於 $s1$ 。

14. 於下列各小題中皆假設 $s1 = \{1, 2, 4, 4, 8\}$ 和 $s2 = \{4, 5, 6, 7, 8\}$，試完成下列各題：

    (a) 將元素 5 添加到 $s1$ 中。

    (b) 刪除掉 $s1$ 中的元素 8。

    (c) 找出 $s1$ 有，但 $s2$ 沒有的元素。這個結果是否會與 $s2$ 有，但 $s1$ 沒有的元素相同？

    (d) 找出 $s1$ 和 $s2$ 共有的元素（即交集）。

    (e) 找出 $s1$ 和 $s2$ 不是共有的元素。

    (f) 求出 $s1$ 和 $s2$ 的聯集。

    (g) 用 $s2$ 的值來更新 $s1$（ $s2$ 有，但 $s1$ 沒有的元素會加入 $s1$ 中）。

    (h) 刪除 $s1$ 和 $s2$ 的所有元素。

4.4 dict 資料型別

15. 下列何者可以做為字典的鍵？

(a) 'piggy'	(b) [23,67]	(c) {79, 12}	(d) 45	(e) (12,)
(f) ([7,8],9)	(g) (12, 'p')	(h) ['Python']	(i) [0.81]	(j) (7,{8,9})

16. 設 $name$ = [(1, 'January'), (2, 'Feb'), (3, 'Mar')]，試利用 dict() 將 $name$ 建立成一個字典。

17. 於下列各小題中皆假設 $d1$ = {0: 'red', 1: 'green', 2: 'blue'}，試回答下列各題：

    (a) 查詢 $d1$ 中，鍵為 1 的值。

    (b) 將鍵為 2 的值修改為 'yellow'。

    (c) 刪除鍵為 0 的鍵值對。

    (d) 查詢鍵 4 是否在 $d1$ 中。

18. 試依序完成下列各小題：

    (a) 試利用串列 ['Jan', 'Feb', 'Mar'] 裡的元素做為字典的鍵來建立一個字典 $d1$，$d1$ 內預設的值均為 None。

    (b) 分別將 $d1$ 的鍵 'Jan', 'Feb' 和 'Mar' 的值設為 1, 2, 3。

    (c) 利用 update() 函數將字典 {'Apr' : 4} 加入 $d1$ 中。

    (d) 利用 pop() 函數刪除的 $d1$ 中，鍵為 'Feb' 的鍵值對。

19. 於下列各小題中皆假設 $d1$={ 'large' : 34, 'medium' : 28, 'small' : 20}，試回答下列各題：

    (a) 建立一個由 $d1$ 所有的鍵所組成的串列。

    (b) 建立一個由 $d1$ 所有的值所組成的序對。

    (c) 建立一個由 $d1$ 中，所有的鍵值對所組成的串列，其中的鍵和值以序對表示。

    (d) 如果執行 $d1$.setdefault('large', 36)，您會得到什麼結果？試說明其原因。

    (e) 如果執行 $d1$.setdefault('xlarge', 40)，您會得到什麼結果？試說明其原因。

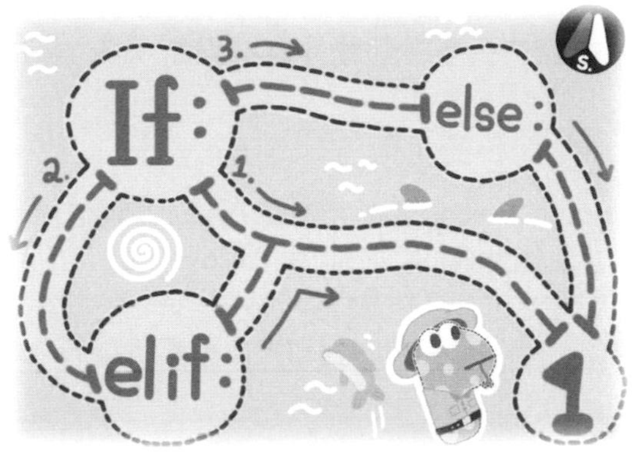

流程控制：選擇性敘述與迴圈

Python 的程式流程控制包含了選擇性敘述（Selective statements）和迴圈（Loops）兩種。當程式需要進行某些判斷，以便進行相對應的處理時，我們就可以採用選擇性敘述來完成。如果是要重複某些動作，則可以使用迴圈來進行。當然，選擇性敘述裡可以有迴圈的存在，而迴圈裡也可以有選擇性敘述。Python 提供的選擇性敘述有 if、if-else 和 if-elif-else，而迴圈則有 for 與 while。學會這幾種常用的流程控制指令，我們就可以利用 Python 處理更多的事情了。

1. 選擇性敘述
2. for 迴圈
3. while 迴圈
4. break、continue 和 pass 敘述
5. 帶有 else 的迴圈
6. 串列生成式

5.1 選擇性敘述

選擇性敘述是利用條件式來選擇程式的走向，因此條件式必須產生 False 或 True 這兩種結果。注意 Python 把 0、None、空的字串、空的串列、空的序對、空的集合、空的字典等都視為 False，其它的物件都看成是 True。如果不確定一個物件會被視為 True 或 False，可以利用 bool() 函數來確認。

```
> bool(0), bool(None), bool('')
  (False, False, False)
```

0、None 和空字串在 Python 裡都視為 False，因此 bool() 都回應 False。

```
> bool([]),bool(tuple()),bool(set())
  (False, False, False)
```

空的串列、序對和集合也都視為 False。

```
> bool({}), bool({0:None})
  (False, True)
```

空的字典會被視為 False，但如果裡面有任何鍵值對，即使是 0 或 None，都會被看成是 True。

```
> bool(0.01), bool('a'), bool([12])
  (True, True, True)
```

數字 0.01，字元 '*a*' 和 串列 [12] 都會被看成是 True。

5.1.1 if 敘述

if 敘述是最簡單的選擇性敘述，如果 if 後面跟的條件式（Condition）成立了，則會執行 if 下面的敘述（Statement）。如果不成立，則不做任何動作。注意 Python 是利用縮排來表明 if 作用的程式區塊，因此由 if 管控的敘述必須縮排（Indent）。在 Colab 或 Jupyter lab 裡，預設是以 4 個空格來進行縮排。另外，不要忘了 if 條件式後面的冒號。

· if 敘述的語法

語法	說明
`if` 條件式: 敘述	如果條件式成立，則執行敘述

```
> if 5>3:
      print('5 is large than 3')
  5 is large than 3
```

因為 5 大於 3 成立，因此這個敘述會印出 print() 函數裡的字串。

```
> if None:
      print('Never printed')
```

None 被視為 False，所以 print() 函數不會被執行，因此也不會印出任何東西。

```
> if {3,5} <= {3,4,5}:
      print('A true statement')
  A true statement
```

在集合中，{3,5} 是包含在 {3,4,5} 裡的，因此 A true statement 會被印出。

```
> lst=[]
  if len(lst)==0:
      print('lst is empty')
  lst is empty
```

判斷 *lst* 是否為一個空陣列。因為空陣列的長度為 0，所以可以利用 len() 取得陣列的長度，然後判別它是否為 0。在本例中，*lst* 的長度為 0，因此會印出 lst is empty。

```
> if not lst:
      print('lst is empty')
  lst is empty
```

另一種寫法是利用 Python 把空的串列看成是 False 的特性。在左式的寫法中，因為 lst 是空的，所以它是 False，但加上 not 之後就變成 True，因此 lst is empty 也會被印出來。

5.1.2 if-else 敘述

if-else 敘述是 if 的延伸，它加了一個 else（否則）敘述，也就是條件式不成立時，則執行 else 所管控的程式區塊。下面是 if-else 敘述的語法與其相對應的流程圖：

· if-else 敘述的語法

語法	說明

if 條件式:
    敘述 *a*
else:
    敘述 *b*
	如果條件式成立，則執行敘述 *a*，否則執行敘述 *b*
	條件式 → False → 敘述 *b*
	條件式 → True → 敘述 *a*

在撰寫 if-else 敘述時，不要忘了 if 條件式和 else 後面都有一個冒號。這個冒號代表後面縮排的程式都是在 if（或 else）區塊內。

下面的範例稍長，為了方便解說，我們把每一行程式碼前面標上行號，以方便解說。在 Colab 或 Jupyter lab 中，記得這些行號不用打上去，且同一個範例請撰寫在同一個輸入區。下面是一個簡單的範例：

```
01  # 判斷兩個數的大小
02  a=6
03  b=3
04  if a<b:   # 如果成立
05      print(f'{a} is smaller than {b}')
06  else:     # 如果不成立
07      print(f'{a} is larger than {b}')
Output: 6 is larger than 3
```

在本例中，$a=6$，$b=3$。因為第 4 行的 $a<b$ 不成立，因此 6~7 行的 else 敘述會被執行。注意第 5 行和第 7 行是利用 f-字串在 print() 函數中顯示出 a 和 b 的值，如果對 f-字串的寫法還不太熟悉，可以查看 2.7 節的說明。 ❖

下面的範例讓使用者輸入考試成績，然後判別是否及格（大於等於 60 分）。如果及格，則印出 Pass，否則印出 Fail。注意第二行的 input() 函數讀進來的是字串，因此必須把它轉成數字（利用 float()）才能判別其大小。在執行時，我們輸入 61，於第 3 行的判別為 True，因此於第 4 行印出 Pass。

```
01  # 判斷輸入的成績是否及格
02  score=float(input('Input score:'))   # 由使用者輸入成績
03  if score >=60:
04      print('Pass')
05  else:
06      print('Fail')
Output: Input score: 61
        Pass
```

❖

5.1.3 單行的 if-else 敘述

您可以發現最少需要 4 行程式碼才能寫完 if-else 敘述。有時 if-else 要執行的內容較短，此時可以用單行的 if-else 敘述來完成它們。

· 單行的 if-else 敘述之語法

語法	說明
var = 敘述 *a* `if` 條件式 `else` 敘述 *b*	如果條件式成立，則執行敘述 *a*，否則執行敘述 *b*。執行結果會設定給變數 *var* 存放

一開始您可能會比較不習慣單行 if-else 敘述的寫法，不過多寫幾次就熟悉了。本章稍後介紹的串列生成式（List comprehension）也會用到單行的 if-else 這種寫法。

```
> if 5>3:
      print('Yes')
  else:
      print('No')
  Yes
```

這是一般 if-else 的寫法，它看起來比較容易閱讀和理解，不過缺點是佔了 4 行，寫起來比較冗長。

```
> print('Yes') if 5>3 else print('No')
  Yes
```

把上面的 if-else 改寫成單行的敘述，此時只要一行就可以完成相同的工作。

```
> x=-2; y=3
  x if x > y else y
  3
```

這是利用單行的 if-else 找出兩個數中較大的數。這個範例 y 的值較大，因此 else 的部分會被執行，於是 y 的值被傳回。

```
> x=-17
  z = x if x > 0 else -x
  z
  17
```

利用單行的 if-else 來計算 x 的絕對值。在本例中，由於 $x = -17$，因此 z 的值會等於 17。

5.1.4 if-elif-else 敘述

如果有多個判斷時，我們可以用 if-elif-else 敘述來完成。elif 是 else-if 的縮寫，也就是 "否則-如果" 之意。elif 用在前一次判斷不成立，需再進行另一個判斷時。elif 可以疊加，也就是可以有很多個 elif 疊加在一起。

. if-elif-else 敘述的語法

語法	說明

`if 條件式` c_1`:`
　敘述 s_1
`elif 條件式` c_2`:`
　敘述 s_2
`elif 條件式` c_3`:`
　敘述 s_3
`...`
`else:`
　敘述 s_n
	如果條件式 c_1 成立，則執行敘述 s_1，否則判別條件式 c_2 是否成立，如果成立，則執行敘述 s_2，以此類推。如果都不成立，則執行敘述 s_n。
	右圖是下面程式碼的流程圖
	`if 條件式` c_1`:`
	　敘述 s_1
	`elif 條件式` c_2`:`
	　敘述 s_2
	`else:`
	　敘述 s_n 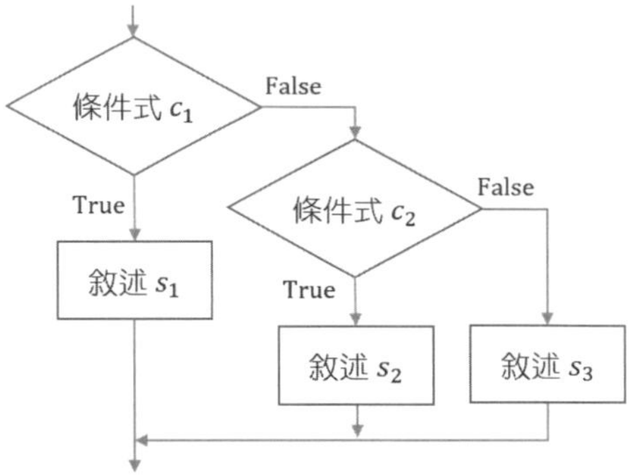

下面的範例是判別一個數 *num* 是正數、0 或是負數。程式於第 3 行先判別 *num* 是否大於 0，如果是的話，就印出 Positive number，然後結束程式的執行，否則就執行後面 5~9 行的 else 區塊。在 else 區塊中又有一個 if-else 敘述（6~9 行），用來判別 *num* 是 0 還是負數，然後印出相對應的敘述。於本例中，因為 *num* 為 −3.4，所以輸出為 Negative number。

```
01  # 判別一個數是正數、0或是負數
02  num=-3.4
03  if num > 0:
04      print("Positive number")
05  else:
06      if num == 0:
07          print("Zero")
08      else:
09          print("Negative number")
Output: Negative number
```
❖

上面的範例單純是用 if-else 敘述來撰寫。我們也可以把它改成 if-elif-else 敘述來完成，這樣可以減少一層巢狀的結構，使得程式碼較易閱讀，如下面的範例。在執行時，因為第 2 行已經將 *num* 設為 0，所以第 3 行的 if 敘述不成立，因此繼續執行第 5 行的 elif 敘述，其結果成立，於是第 6 行印出 Zero 字串。

```
# 判別一個數是正數、0或是負數，改用 if-elif-else 敘述
num=0
if num > 0:
    print("Positive number")
elif num == 0:
    print("Zero")
else:
    print("Negative number")
Output: Zero
```

❖

下面的範例是利用 if-elif-else 敘述來判別輸入的字元是數字（digit）、英文字母（alpha），或是空格（space）。如果都不是，則印出 Other characters：

```
01  # 利用 if-elif-else 敘述判別輸入字元的種類
02  ch=input('Input a character:')
03  if ch.isdigit():          # 是否為數字
04      print('A digit')
05  elif ch.isalpha():        # 是否為英文字母
06      print('An alpha')
07  elif ch.isspace():        # 是否為空格
08      print('A space')
09  else:
10      print('Other characters')
Output: Input a character: p
        An alpha
```

於本例中，因為要判別的種類較多（有 4 種）且每個種類彼此之間沒有任何關係，因此利用 if-elif-else 敘述來撰寫這種判斷式是非常合適的。程式於第 3 行判別輸入的 *ch* 是否為數字，若不是，則進到第 5 行判別是否為英文字母，若不是，則進到第 7 行判別是否為空格。如果都不是，則執行第 9~10 行的 else 區塊。這個範例我們輸入 *p*，因為 *p* 為英文字母，所以 isalpha() 會回應 True，於是 An alpha 會被列印出來。 ❖

下面的範例可以讓使用者輸入 0 到 6 之間的數字，分別代表星期日到星期六，然後印出相對應的英文。如果輸入的不是這個區間的數字，則印出 Unknown input! 字串。

```
# 輸入數字，顯示星期
day=int(input('Input 0~6:'))
if day==0:
    print('Sunday')
elif day==1:
    print('Monday')
elif day==2:
    print('Tuesday')
elif day==3:
    print('Wednesday')
elif day==4:
    print('Thursday')
elif day==5:
    print('Friday')
elif day==6:
    print('Saturday')
else:         # 如果輸入的不是0~6之間的數字
    print('Unknown input!')
Output: Input 0~6: 5
        Friday
```

判別輸入的是 0~6 哪一個數字，然後印出相對應的星期

這個範例有一個 if 區塊，6 個 elif 區塊，和一個 else 區塊，分別用來判別輸入的數字，並印出相對應的星期。在執行時，假設我們輸入 5，程式碼會一直執行到 $day == 5$ 時，判斷才會是 True，此時 Friday 會被印出，且後面尚未執行的判斷就不再被執行了。 ❖

我們可以發現上面判斷星期幾的範例中，程式碼的重複性很高，閱讀起來會有點冗長。事實上我們可以把星期的英文寫在一個串列中，然後利用串列的索引（輸入的數字）來提取是哪一個英文字被選中，如此程式碼會相對簡潔很多（建議可以試著寫看看）。我們也可以利用上一章學過的字典，將數字和英文字表達成鍵值對，再由輸入的鍵來提取其相對應的值就可以了，如下面的範例：

```
> week={0:'Sunday',
        1:'Monday',
        2:'Tuesday',
        3:'Wednesday',
        4:'Thursday',
        5:'Friday',
        6:'Saturday'}
```

這是一個字典，裡面有 7 個鍵值對，其中鍵是數字，值是各星期的英文。

```
> day=int(input('Input 0~6:'))
  week.get(day,'Unknown input!')
  Input 0~6: 6
  'Satruday'
```

利用字典的 get() 從輸入的鍵來取得相對應的值，如果鍵不存在，則 get() 裡的 Unknown input! 會被輸出。本例輸入 6，因此鍵 6 的值 'Saturday' 會被印出。

5.1.5 巢狀的選擇性敘述

有時候在 if-else 裡需要另外一個 if 或 if-else 敘述，此時就需要用到巢狀（Nested）的選擇性敘述。事實上，5.1.4 節的第一個範例就是這種巢狀敘述。巢狀選擇性敘述的寫法很容易懂，寫起來也不太困難，但注意縮排的層次要對應。下面是一個簡單的範例：

```
01 # 判別輸入的字元是數字、英文字母、空格或是其它字元
02 ch=input('Input a character:')
03 if ch.isdigit():
04     print('A digit')
05 elif ch.isalpha():        # 判別是否為英文字母
06     print('A letter with ',end='')
07     if ch.isupper():
08         print('uppercase')
09     else:                       判別大寫或小寫
10         print('lowercase')
11 elif ch.isspace():
12     print('A space')
13 else:
14     print('Other character')
Output: Input a character: A
        A letter with uppercase
```

這個範例是用來判別輸入的字元是數字、英文字母、空格或是其它字元。如果是英文字母，則額外判別是大寫字母還是小寫字母。由於大小寫判定的前提是輸入的字元必須是英文字母，所以我們可以在 isalpha() 成立時（第 5 行），額外判別該字元是大寫（uppercase）或小寫（lowercase）。如果 isupper() 成立（第 7 行），字元就是大寫，因此印出 uppercase，否則就印出 lowercase。在程式執行時，我們輸入大寫的 A，因此 isalpha() 和 isupper() 成立，於是印出 A letter with uppercase 字串。 ❖

上面的範例並沒有限制輸入字元的數目，因此不管輸入幾個字元，程式碼都可以執行，不過它只抓取第一個字元來進行判定。如果想限制輸入字元的數目，可以在輸入完後先判別輸入的字元數，然後再執行後續的處理，如下面的範例：

```
01 # 判別輸入的字元，限制只能輸入一個字元
02 ch=input('Input a character:')
03 if len(ch)==0 or len(ch)>1:    # 如果輸入 0 個或多於 1 個以上的字元
04     print('Input error!')
05 else:                          # 只輸入一個字元
06     if ch.isdigit():
07         print('Digit')
08     elif ch.isalpha():
09         print('A letter with ',end='')
10         if ch.isupper():
11             print('uppercase')
12         else:
13             print('lowercase')
14     elif ch.isspace():
15         print('Space')
16     else:
17         print('Other character')
```

```
Output: Input a character: a566
        Input error!

Output: Input a character: C
        A letter with uppercase
```

這個範例於第 3 行加入了輸入字串長度的判斷。如果沒有輸入就直接按 Enter（輸入的字元數是 0），或是輸入的字元數大於 1，則印出 Input error! 字串，否則程式執行的流程就和前例一樣，依據輸入的字元來判定它是屬於哪一種字元。在執行時，我們第一次輸入 a566，因為其長度為 4，所以顯示了 Input error!。第二次我們輸入大寫的 C，程式正確的輸出 A letter with uppercase。 ❖

5.2 for 迴圈

如果需要重複執行某個程式片段，可以使用 for 迴圈。for 迴圈可以依序取出容器中的元素，然後進行相對應的運算，直到容器裡的元素全部被走訪完為止。

5.2.1 for 迴圈的基本語法

for 迴圈的語法非常口語化，類似直白英文的說法，因此很容易記憶。for 迴圈的後面可以接 else 或是不接，本節我們先來討論不接 else 的情況。for 迴圈的語法如下：

. for 迴圈的語法

語法	說明

for 變數 v in 可迭代物件 itr:
    敘述 a
else:
    敘述 b
	設定變數 v 為可迭代物件 itr 中的每一個元素，然後執行敘述 a；itr 中的每個元素都走訪過後，則執行敘述 b
	走訪在 itr 裡的每一個元素 v
	尚未走訪完？
	False
	True
	敘述 b
	敘述 a

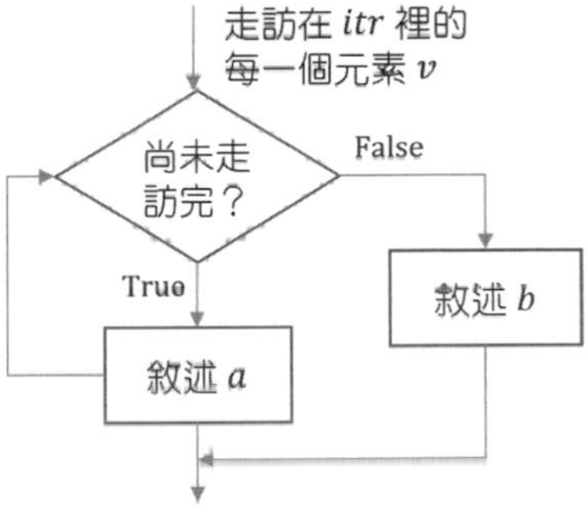

利用 for 迴圈走訪物件裡每一個元素的過程稱為迭代（Iteration），而可以讓 for 迴圈走訪的物件稱為可迭代（Iterable）物件。我們學過的 str、list、tuple、set 和 dict 類別所建立的物件都是屬於可迭代物件。

```
> for i in 'Cat':
      print(i)
  C
  a
  t
```

字串是可迭代的，因為它可以逐字元走訪。這個範例可以解釋為讓 i 依序為字串 'Cat' 裡的每一個字元，然後印出 i。

於上面的範例中，print() 函數印完一個字元之後預設會換行，因此每印出 Cat 這三個字元中的一個字元就會換一行，所以輸出會被排成直行。下面是串列、序對、集合和字典被 for 迴圈走訪的範例：


```
> for i in [12,5,9]:
      print(i)
  12
  5
  9
```

走訪串列裡的 3 個元素，然後依序印出它們的值。如果把本範例的串列改成序對，我們也可以得到一樣的結果。

```
> for i in {12,5,9}:
      print(i)
  9
  12
  5
```

集合會去掉重複的元素，且可能會把元素重排，因此 for 迴圈走訪的集合是去掉重複且重排之後的集合。從本例可以看到走訪元素的次序明顯和輸入的集合 {12,5,9} 不一樣。

```
> for lst in [[5,7],[19,11,12]]:
      print(max(lst))
  7
  19
```

走訪串列裡的每一個子串列（即 [5,7] 和 [19,11,12]），然後提取出子串列中元素的最大值。

```
> d={'red':15,'green':17,'blue':85}
```

這是具有三個鍵值對的字典 *d*。注意字典裡的元素也可以被走訪。

```
> for k in d:
      print(k)
  red
  green
  blue
```

走訪字典時，預設是走訪所有的鍵，而不是鍵值對，所以左式只印出每一個鍵，而其相對應的值就沒有被印出。

```
> for k in d.keys():
      print(k)
  red
  green
  blue
```

利用 *d*.keys() 指明要走訪字典裡的鍵，我們也可以得到相同的結果。

```
> d.items()
  dict_items([('red', 15),
  ('green', 17), ('blue', 85)])
```

利用 items() 可以取得所有的鍵值對。

```
> for k in d.items():
      print(k)
  ('red', 15)
  ('green', 17)
  ('blue', 85)
```

如果走訪 d.items() 的話，除了鍵之外，我們也可以提取出相對應的值。

```
> for i in range(0,3):
      print('Hello python')
  Hello python
  Hello python
  Hello python
```

range 物件也可以走訪。在這個範例中，range(0,3) 會生成 0, 1, 2 三個整數，因此 i 的值會從 0 變化到 2，共三次，因此字串 'Hello python' 會被列印三次。

```
> for _ in range(0,3):
      print('Hello python')
  Hello python
  Hello python
  Hello python
```

在上例中，列印的內容和變數 i 是沒有關係的，我們只是想讓迴圈跑三次。這種情況一般可以利用一個底線「_」來取代變數 i（其實底線也可以當成變數名稱，只是一般會用在比較特殊的場合，通常用來表示後續不會再取用其值的變數）。

許多 Python 的內建函數已經包含了迴圈的運算，例如我們熟悉的加總函數 sum()，或是排序函數 sorted() 即是。

```
> lst=[1,3,2,4]
```

這是一個串列，裡面有 4 個元素。

```
> sum(lst)
  10
```

sum() 可以走訪串列的每一個元素，然後將它們加總。

我們也可以自己撰寫迴圈將串列裡的元素加總，下面是加總 lst=[1,3,2,4] 的範例。我們於第 3 行先設定 $total$ 的值為 0，然後於第 4 行進到 for 迴圈，並從 lst 中提取索引為 0 的元素給 n，所以此時 $n = 1$，$total = 0$。第 5 行先計算 $total + n$，得到 1 之後，再設定給 $total$ 存放，於是第 6 行印出 '$total$=1' 字串。現在第一輪的 for 迴圈已經結束，由於 lst 還沒有走訪完，所以再從 lst 中提取下一個元素給 n，因此 $n = 3$。第 5 行計算 $total + n$，得到 $1 + 3 = 4$，因此執行完第 5 行，$total = 4$，所以第 6 行印出 '$total$=4' 字串。重複這個流程，最終可以得到 $total = 10$，和 sum() 函數計算的一樣。

```
# 計算串列的加總
lst=[1,3,2,4]
total=0                  # 設定加總的初值
for n in lst:
    total=total+n        # 將 n 累加到 total
    print(f'total={total}')
```

Output: total=1
total=4
total=6
total=10

❖

接下來是幾個使用 for 迴圈的範例。第一個範例是計算串列 lst=[1,9,0,3,6,3,2] 裡，所有偶數的連乘積。程式碼第 3 行先設定 $total = 1$，然後走訪串列裡的每一個數字，並於第 5 行判別它是否為偶數（除以 2 的餘數為 0）且不為 0。如果是的話，於第 6 行將該數乘到 $total$ 裡面，然後以相乘的結果來更新 $total$。走訪完後，於第 7 行印出 $total$ 的值。

```
01 # 計算串列裡，所有偶數的連乘積
02 lst=[1,9,0,3,6,3,2]
03 total=1
04 for n in lst:
05     if n%2 == 0 and n != 0:     # 判別 n 是否為不是 0 的偶數
06         total*=n
07 print(total)
```

Output: 12

❖

下面的範例可以建立一個數字 0 到 9 的平方所組成的串列。程式一開始於第 2 行先建立一個空的串列 lst，然後於 for 迴圈內走訪 0 到 9 這 10 個數字。每走訪一個數字，第 4 行就將它平方，然後利用 append() 將平方後的數字加到串列 lst 裡。

```
01 # 建立0到9的平方所組成的串列
02 lst=[]
03 for n in range(0,10):
04     lst.append(n**2)
05 lst
```

Output: [0, 1, 4, 9, 16, 25, 36, 49, 64, 81]

❖

下面的範例是給予一個串列 lst，然後找出其元素的最大值。一開始第 3 行先把串列裡索引為 0 的元素設成最大值（$max\_n = lst[0]$），然後在 for 迴圈裡依序走訪 lst 裡的元素。在 5~6 行的 if 區塊裡，只要目前記錄的最大值 max_n 比走訪到的元素 num 還小，就把 max_n 設成 num。如此走訪完串列裡的每個元素之後，最大值也就可以被找出來了。

```
01  # 找出串列裡的最大值
02  lst=[45,87,56,12,96,54]
03  max_n=lst[0]
04  for num in lst:
05      if max_n<num:    # 如果 max_n 小於走訪到的數 num
06          max_n=num
07  print(f'max = {max_n}')
Output: max = 96
```
❖

下面的範例是利用串列 $keys$ 和 $values$ 來建立一個字典。第 4 行先建立一個空的字典 $d1$，並於 for 迴圈內走訪 0 到 2 這三個整數（索引），然後於第 6 行利用 update() 函數將 $\{keys[i]: values[i]\}$ 加到 $d1$ 裡面。最後於第 7 行查詢 $d1$，可以發現 $d1$ 已經被更新了。

```
01  # 利用兩個串列來建立字典
02  keys=['pie','candy','tea']
03  values=[30,60,45]
04  d1={}   # 空字典
05  for i in range(len(keys)):    # len(keys) 的值為 3
06      d1.update({keys[i]:values[i]})
07  d1
Output: {'candy': 60, 'pie': 30, 'tea': 45}
```
❖

下面的範例是利用 for 迴圈走訪串列裡的序對 $(base, p)$，然後印出 $base$ 的 p 次方。程式於第 3 行進到 for 迴圈之後，tpl 會分別是 lst 裡的每一個序對，然後第 4 行利用 $base, p = tpl$ 的語法從 tpl 中提取出 $base$ 和 p，第 5 行再利用 f-字串列印出我們想要的輸出格式。

```
01  # 利用 for 迴圈走訪串列裡的序對 (base,p)，並計算 base 的 p 次方
02  lst=[(2,3), (2,4), (3,2), (2,5)]
03  for tpl in lst:
04      base, p=tpl
05      print(f'{base}**{p} ={base**p:3d}')
```

```
Output: 2**3 =  8
        2**4 = 16
        3**2 =  9
        2**5 = 32
```

❖

本小節的最後一個範例是將串列裡的序對重排，也就是分別取出每個序對裡的第 0 個和第 1 個元素，然後將它們排成兩個序對。這個做法有點像是有很多個點的坐標 (x_i, y_i)，我們想分別提取所有點的 x 坐標和 y 坐標，並把它們排成兩個向量一樣。

```
01 # 將串列裡的序對重排
02 lst=[(6,12), (2,16), (3,34), (1,55)]
03 pL=[]
04 qL=[]
05 for tpl in lst:
06     p,q=tpl        # 提取 tpl 裡索引為 0 和 1 的元素
07     pL.append(p)
08     qL.append(q)
09 [tuple(pL),tuple(qL)]
Output: [(6, 2, 3, 1), (12, 16, 34, 55)]
```

在上面的程式中，我們以變數 tpl 來走訪串列 lst，並於第 6 行利用 $p, q = tpl$ 取出 tpl 裡的兩個元素，於 7~8 行利用 append() 函數將它們分別添加到串列 pL 和 qL 的後面。當迴圈執行完畢，利用第 9 行即可將串列 pL 和 qL 轉成序對，並組合成一個大的串列。 ❖

5.2.2 關於 pythontutor.com 網站

對於 Python 的初學者而言，理解迴圈的執行過程較為困難，因為隨著迴圈的執行，裡面變數的值變得不好追蹤，執行結果也常不如預期。不過有個有趣的網站可以幫助我們解決這些問題，它可以將程式碼視覺化，把程式執行的流程和變數的變化一步一步的呈現出來，這對於 Python 的學習非常有幫助。請連上

http://pythontutor.com/

然後點選「Start visualizing your code now」，您可以看到一個可供輸出程式碼的視窗。在這個視窗中，於最上方的「Write code in」的欄位內選擇 Python 的最新版，然後貼上要追蹤

的程式碼。我們以上一節找尋最大值的範例為例，將這個範例的程式碼貼上，此時可以看到如下的視窗：

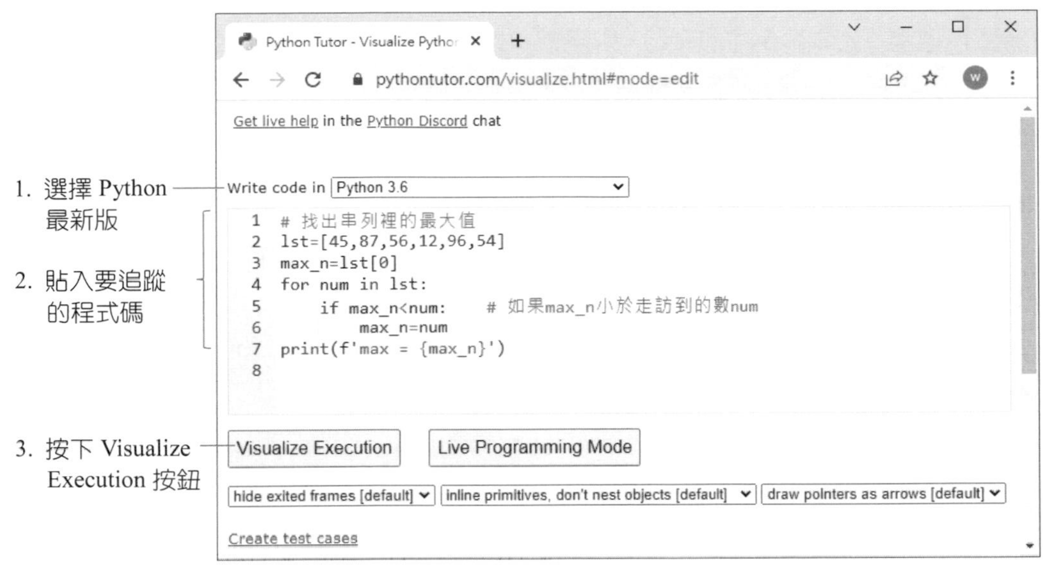

按下這個視窗下方的「Visualize Execution」按鈕，網頁會切到另一個視窗，下圖是按下「Next」按鈕 16 次之後，網頁生成的畫面：

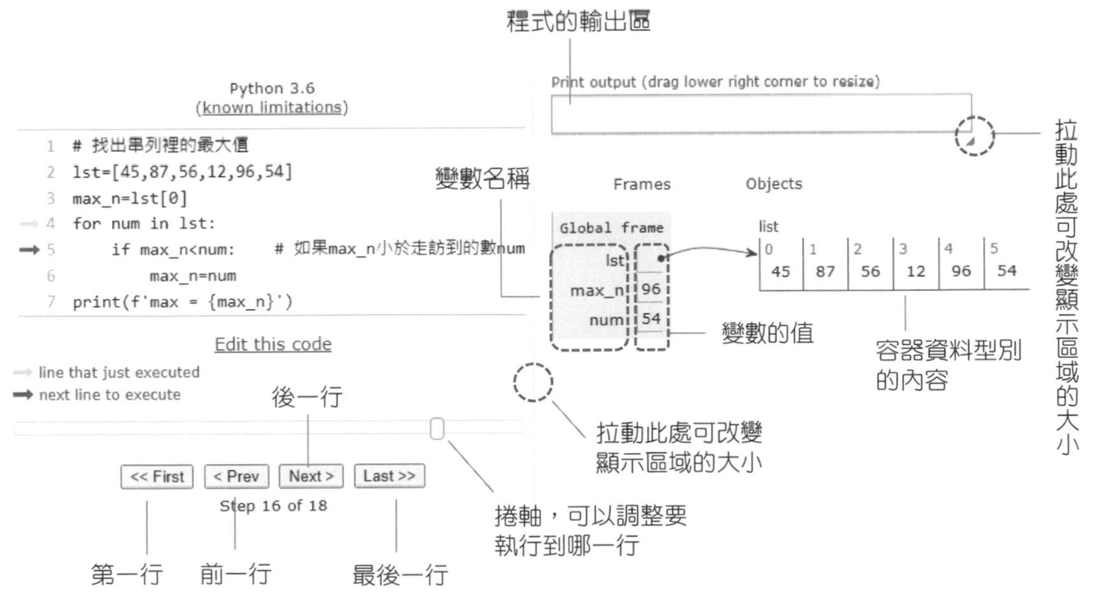

在這個視窗中，您可以嘗試拉動捲軸，或是按下底部的按鈕，程式碼左邊紅色和淺綠色的箭號會跟著移動。紅色箭號代表正要執行的那一行，而淺綠色箭號則代表剛執行過的那一行。每執行一行，新建的變數名稱和值會顯示在淺藍色的 Frame 區域內。如果變數是一個容器資料型別（如本範例中的 lst），則變數會以一個箭號指向儲存它的記憶空間。跟隨著捲軸位置的不同，是哪一行程式碼被執行，變數的值是多少，在這個視窗裡都可以清楚的呈現。

上面是視窗是在 Visualize Execution 模式下執行，程式貼上後就無法修改。另一個模式是 Live Programming Mode，它可一邊修改程式碼，一邊查看運算的流程，使用起來更有彈性，有興趣的讀者可以自行試試。另外在運行 Python 時，如果對程式碼有任何的疑慮，即使是只有幾行程式碼，還是非常建議把程式碼往這個網站貼，然後仔細觀察執行流程與變數的變化。在多數的情況下，您的問題都可以得到解決。

5.2.3 巢狀的 for 迴圈

當迴圈裡又有另一個迴圈，就形成了巢狀迴圈。在外面的迴圈稱為外層迴圈（Outer loop），裡面的迴圈稱為內層迴圈（Inner loop）。巢狀迴圈的執行流程是先從外層迴圈的可迭代物件中取得一個元素，然後進到內層迴圈進行處理，處理完後再回到外層迴圈提取下一個元素，然後再度回到內層回圈進行處理，如此循環直到內外層裡，可迭代物件中的元素都被走訪完為止。

下面是一個巢狀迴圈的範例。這個程式裡的 $lists$ 是由三個長度不同的子串列所組成。在 5~8 行的外層迴圈中，lst 分別是 $lists$ 裡的每一個子串列，於第 6 行印出 lst 的內容後，7~8 行進到內層迴圈。在內層迴圈中，我們走訪外層迴圈取得的子串列 lst，然後於第 8 行印出 lst 中每一個元素的值。

從輸出可以看出外層迴圈先走訪 $lists$ 索引為 0 的元素 [1, 2, 3]，然後進到內層迴圈走訪 [1, 2, 3] 裡的元素。走訪完後，回到外層迴圈走訪索引為 1 的元素 [4, 5]，然後進到內層迴圈走訪 [4, 5] 裡的元素。以此類推，直到所有的元素都走訪完畢為止。

```
# 巢狀 for 迴圈的範例
lists=[[1,2,3],
       [4,5],
       [6,7,8,9]]
for lst in lists:
    print(lst)
    for num in lst:
        print(num)
Output: [1, 2, 3]
        1
        2
        3
        [4, 5]
        4
        5
        [6, 7, 8, 9]
        6
        7
        8
        9
```

內層迴圈

外層迴圈

❖

在前一個範例中，只要呼叫 print() 一次就換行一次，因此所有的輸出排成一行。因為子串列是在內層迴圈印出，所以如果希望印出子串列的所有元素之後才換行，可以在內層迴圈內避免 print() 函數換行，當內層迴圈執行完畢，跳到外層迴圈時才換行。下面的範例是依照這個概念寫成的（注意下面範例的 *lists* 變數於前一個範例已經定義過，因此這個範例就直接取用它）：

```
> for lst in lists:
      for num in lst:
          print(f'{num:2d}',end='')
      print()
   1 2 3
   4 5
   6 7 8 9
```

在內層迴圈裡，print() 裡的參數 end='' 設定了列印完之後不換行。最後一行的 print() 則是由外層迴圈所控制，它只進行換行的動作。現在您可以發現每印完一個子串列，才會換到下一行再印出下一個子串列了。

接下來是巢狀迴圈更多的練習。熟悉這些迴圈的寫法之後，將它們拓展到更多層的迴圈就比較容易了。

```
> for r in range(5):
      for c in range(r+1):
          print('*',end='')
      print()
  *
  **
  ***
  ****
  *****
```

利用巢狀迴圈列印出三角形圖案。在這個範例中，外層迴圈的變數 r 控制星號要列印在第幾個橫列，而內層迴圈的變數 c 則控制每一列的星號要列印在第幾個直行。

```
> for r in range(1,6):
      for c in range(r):
          print(r, end='')
      print()
  1
  22
  333
  4444
  55555
```

這個範例和上一個範例相同，只是列印的是變數 r。從輸出我們可以發現每一橫列都列印相同的數字。

```
> chr(65)
  'A'
```

字元碼 65 的字元是 'A'。

```
> code=65
  for r in range(1,6):
      for c in range(r):
          print(chr(code), end='')
          code+=1
      print()
  A
  BC
  DEF
  GHIJ
  KLMNO
```

這個範例也是印出三角形圖案，不過印出的是大寫字母的 A 到 O。因為 A 的字元碼是 65，因此只要在內層迴圈內印出字元碼為 65 的字元，每印出一個字元，就把字元碼加 1 就可以了（A 到 O 的字元碼都是連續的）。

```
> for r in range(2,6):
    for c in range(2,6):
      print(f'{r}*{c}={r*c:2d}, ',end='')
    print()
  2*2= 4, 2*3= 6, 2*4= 8, 2*5=10,
  3*2= 6, 3*3= 9, 3*4=12, 3*5=15,
  4*2= 8, 4*3=12, 4*4=16, 4*5=20,
  5*2=10, 5*3=15, 5*4=20, 5*5=25,
```

這是一個小型的九九乘法表。外層迴圈控制列的數字，內層迴圈控制行的數字，然後利用 f-字串將列、行和乘積列印出來。

5.2.4 走訪多個變數的 for 迴圈

在 for 迴圈裡，如果可迭代物件裡的元素有多個值時，我們可以利用多個變數將它們依序取出，再進行後續的處理。


```
> lst=[('pie',30),('candy',60),
       ('tea',45)]
```

這是串列 *lst*，裡面的元素是由序對組成，每個序對有兩個元素。

```
> for key, value in lst:
      print(key,value)
  pie 30
  candy 60
  tea 45
```

因為 *lst* 裡，每一個序對都有兩個元素，因此在 for 迴圈裡，*key* 和 *value* 就會分別是序對裡的兩個元素，然後在迴圈主體裡把它們列印出來。

```
> for _, value in lst:
      print(value)
  30
  60
  45
```

如果只對序對裡的第 2 個元素（value）感興趣，我們可以把變數 *key* 用底線取代，只保留變數 *value* 即可。

```
> lst=[[6,8,10], [3,4,5], [5,7,9]]
  for s1,s2,s3 in lst:
      if s1**2+s2**2==s3**2:
          print(f'({s1},{s2},{s3})')
  (6,8,10)
  (3,4,5)
```

這是 for 迴圈一次迭代 3 個變數的例子。在這個例子中，$s1$，$s2$ 和 $s3$ 分別是子串列裡的三個值，然後挑選出 $s1$ 和 $s2$ 的平方和等於 $s3$ 的平方的子串列，再把它們的值列印出來。從輸出可以看出這三個子串列裡，有兩組滿足這個條件。

```
> price={'Tea':40,'candy':15}
  for k,v in price.items():
      print(k.upper(),v+5)
  TEA 45
  CANDY 20
```

在這個範例中，k 的值是字典裡的鍵，v 則是字典裡的值。利用這個語法，可以很容易的將字典裡的鍵都變成大寫，也把 v 的值都加上 5，然後列印出來。

5.3 while 迴圈

for 迴圈適合用在迭代次數很明確的情況。如果要跑的次數不很明確，例如加總超過某個值就停止計算，則可採用 while 迴圈。while 迴圈可以看成是 for 迴圈的另一種表達方式，這兩種迴圈也可以互換。另外，while 迴圈也可以帶有 else 敘述，這個部分我們留到 5.5 節再進行討論。

. while 迴圈的語法

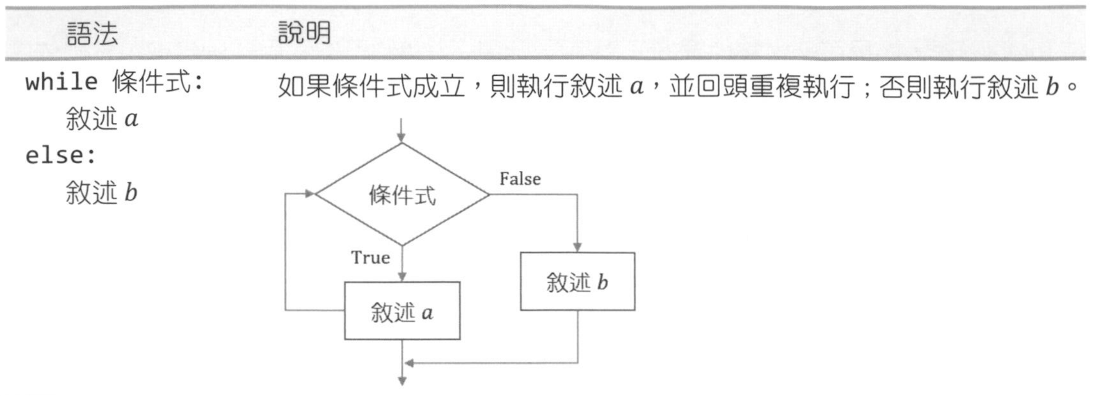

語法	說明

`while 條件式:`
    敘述 a
`else:`
    敘述 b
	如果條件式成立，則執行敘述 a，並回頭重複執行；否則執行敘述 b。

下面的範例是利用 while 迴圈來計算 1 加到 5。首先把 $total$ 和 n 分別設值為 0 和 1，然後於 4~6 行進到 while 迴圈的主體。一開始 $n \leq 5$ 成立，所以第 5 行計算 $total = total + n$，得到 $total = 1$，第 6 行把 n 加 1，得到 $n = 2$。到此第一輪的 while 迴圈已經結束，回到第 4 行 while 迴圈的開頭。此時 $n = 2 \leq 5$，所以執行第 5 行，得到 $total = 1 + 2 = 3$，第 6 行再把 n 加 1，得到 $n = 3$。如此循環，當 $n > 5$ 時第 4 行 while 後面的條件不成立，因此跳離 while 迴圈後，執行第 7 行印出加總的結果。

```
01  # 利用 while 迴圈來計算 1 加到 5
02  total=0
03  n=1
04  while n<=5:                  ┐
05      total=total+n            ├ while 迴圈的主體
06      n=n+1                    ┘
07  print(total)
Output: 15
```

❖

下面的範例是利用 while 迴圈找到字串 'machine_learning' 中，第一個不是英文字母的位置。因為我們事先並不知道迴圈要跑幾次，所以很適合以 while 迴圈來撰寫。第 4 行的 lst.pop(0).isalpha() 會取出 lst 裡最開頭的那個字元（此字元會從 lst 裡刪除），並判別它是否為英文字母，如果是的話，將 cnt 加 1 之後，然後回到第 4 行再取出下一個字元進行判斷，如此循環，直到取出的不是英文字母為止。當迴圈結束後執行第 6 行，此時 cnt 的值也就是最先出現不是英文字母的位置了。

```
# 利用 while 迴圈第一個不是英文字母的位置
lst=list('machine_learning')
cnt=0
while lst.pop(0).isalpha(): # 取出索引為 0 的字元，再判別是否為英文字母
    cnt+=1
cnt
```

Output: 7 ❖

下面的兩個小範例是 while 迴圈的練習。和 for 迴圈相比，for 迴圈只要走訪完被迭代的物件即可跳離 for 迴圈，而 while 迴圈則必須撰寫跳離迴圈的條件。

```
> lst=[0,8,1,-1,9,3,9,1]
  i=0
  while lst[i] >=0:
      print(lst[i])
      i+=1

  0
  8
  1
```

這個範例會一直印出 *lst* 裡的元素，直到 *lst* 裡的數是負數為止。

```
> r=0
  while r<5:
      c=0
      while c<=r:
          print('*',end='')
          c+=1
      r+=1
      print()

  *
  **
  ***
  ****
  *****
```

這是利用兩個 while 迴圈來列印星號的範例。我們可以發現 while 迴圈寫起來比 for 迴圈稍稍麻煩，因為在 while 迴圈裡，變數值的遞增要自己控制，而 for 迴圈則沒有這個問題。

5.4 break、continue 和 pass 敘述

break、continue 和 pass 是三個常用在迴圈裡的敘述。有些時候，我們可能需要放棄迴圈尚未執行的部分，直接跳到迴圈外繼續執行，這時候我們可以利用 break 敘述來幫忙。如果只是想跳出本次迴圈，然後繼續從迴圈的開頭處提取下一筆資料繼續執行，則可以使用 continue 敘述。pass 敘述常被用來維持程式結構的完整性，當 Python 遇到 pass 這個指令時，則什麼事也不做。下面是幾個比較典型的範例：

```
> str1='--23:10--'
```

設定 *str*1 為一個字串。這個字串裡有數字的字元，也有非數字的字元。

```
> for c in str1:
      if c.isdigit():
          break
      print(c,end='')
  --
```

利用 for 迴圈走訪 *str*1 裡的每一個字元。如果走訪到的是數字，則跳離迴圈。因為前兩個字元都不是數字，所以被 print() 函數列印出來。當走訪到 '2' 這個字元時，因為 *c*.isdigit() 為 True，所以會執行 break 敘述，因而跳離迴圈。

```
> for c in str1:
      if c.isdigit():
          continue
      print(c,end='')
  --:--
```

這個範例和前例一樣，除了把 break 換成 continue。當 *c* 是數字時，continue 會跳過後面的敘述，即 print(*c*,end='') 不執行，然後繼續走訪尚未走訪完的元素。因此這個範例會跳過所有的數字不列印，只列印其它不是數字的字元。

```
> for c in str1:
      if not c.isdigit():
          pass
      else:
          print(c,end='')
  2310
```

這是使用 pass 的範例。當走訪的元素不是數字時，就什麼事都不做，否則就印出走訪到的數字。注意執行結果只會顯示出數字。在本例中，其實把程式改一個寫法，不必用到 pass 也可以達到相同的功能。

我們常用 pass 這個敘述先取代某些敘述，讓程式合於語法，以方便測試程式碼的運行。例如在前一個範例中，如果在 pass 的位置有很多程式碼要撰寫，我們可以先寫上一個 pass，先讓程式碼可以正確的運行，待日後再補上這些程式碼。如果不先寫上 pass 的話，if 敘述就不完整，這將導致程式無法執行。

另外，break 和 continue 也有很多應用的場合。例如 break 敘述就常用在迴圈執行的次數不一定，但在某個條件成立時，就必須要跳離迴圈的情況。舉個例子，假設我們想撰寫一個程式，讓使用者輸入自己設定的密碼，密碼的要求是必須英文字母或數字，且字元數不能少於 6 個。如果使用者設定的密碼不滿足這兩個要求，則會印出是什麼原因不滿足，然後讓使用者再次設定，直到設定正確為止。在這個例子中，我們就可以把設定密碼的過程寫在迴圈裡，當使用者設定的密碼滿足要求時，再利用 break 跳離迴圈。下面是這個例子的程式碼：

```
01  # 利用 while 迴圈進行密碼設定的範例
02  while True:
03      pw=input('set your password: ')
04      if not pw.isalnum():            # 如果不是英文或數字
05          print('must be alpha or number')
06      elif len(pw)<6:                 # 如果長度小於 6 個字元
07          print('at least 6 chars')
08      else:                           # 設定成功
09          print(f'Password is {pw}')
10          break
Output: set your password:  app124*
        must be alpha or number
        set your password:  520
        at least 6 chars
        set your password:  app123
        Password is app123
```

在這個例子中，因為第 2 行的 while 接上 True，條件式永遠成立，於是迴圈會不斷重複執行，這種迴圈稱為無窮迴圈。在迴圈裡第 3 行先讓使用者設定密碼，然後第 4 行檢查密碼是否為數字或英文字母組成，第 6 行檢查長度是否大於等於 6。如果不滿足，則回到迴圈的開頭再次執行，如果同時滿足這兩個條件，則執行 8~10 的 else 區塊顯示出設定的密碼，並利用 break 敘述跳離無窮迴圈。

在執行時，我們先輸入 app124*，因為「*」不是英文字母或數字，因此要求我們再次輸入。第二次輸入 520，然而這不滿足最少 6 個字元的要求。最後一次我們的輸入滿足了所有的要求，因此程式印出設定的密碼，並跳離 while 迴圈。 ❖

5.5 帶有 else 的迴圈

for 和 while 迴圈都可以帶有 else。當 for 迴圈已經處理完可迭代物件裡的元素，或是 while 迴圈的條件式變成 False 時，如果迴圈帶有 else，便會執行 else 裡的敘述。在某些情況下，帶有 else 的迴圈可以少寫一個條件式，可以讓程式碼更為簡潔。

下面的範例是讓使用者輸入一個串列，然後檢查此串列是否有負數。如果有，則印出 Negative value found，否則印出 No negative value。在程式一開始，第 3 行先設定 *found* 為 False，代表沒有負數被找到，然後在 for 迴圈裡走訪輸入串列裡的元素。只要有任一個元素小於 0，則 *found* 就被設為 True，同時利用 break 敘述跳離迴圈（5~8 行）。如果沒有找到負數，則 *found* 一直保持 False。因此最後 *found* 如果還是 False，則 9 行的 not *found* 就變成 True，第 10 行就會印出 No negative value。

```
01 # 檢查輸入的串列是否有負數（沒有 else 的寫法）
02 lst=eval(Input('input a list: '))
03 found=False            # 用 found 來記錄是否有負數被找到
04 for n in lst:
05     if n<0:
06         print('Negative value found')
07         found=True     # 找到負數
08         break
09 if not found:
10     print('No negative value')
Output: Input a list:  [-9,4,3,2]
        Negative value found
Output: Input a list:  [9,0,3,4]
        No negative value
```
❖

上面的範例在迴圈執行完後，還必須利用一個 if 敘述來檢查 *found* 是否有被修改。如果改寫成 for-else 的話，當迴圈正常執行完畢時（沒有遇到 break）便會執行 else 區塊裡的敘述，撰寫起來更為方便。

下面的範例同前一個例子，不過改以 for-else 來撰寫。在 for 迴圈中，如果走訪的元素小於 0，第 6 行的 break 會跳離 for 迴圈（包括 else 敘述）。如果元素全走訪完，但都沒有遇上 break 敘述，則代表所有的元素都不是負數，此時 7~8 行的 else 區塊會被執行。與前例相比，這個範例少了一個用來記錄狀態的變數 *found*，也少了一個 if 敘述。

```
01  # 檢查輸入的串列是否有負數（for-else 的寫法）
02  lst=eval(input('input a list: '))
03  for n in lst:
04      if n<0:
05          print('Negative value found')
06          break
07  else:
08      print('No negative value')
Output: input a list:  [8,9,-1,0]
        Negative value found
```

❖

下面的範例是 while-else 的例子。在這個範例中，我們把串列裡的元素一個一個 pop 出來（提取並刪除串列的最後一個元素），直到變成空串列為止，然後印出 'End of list' 字串。相同的，我們比較了單純使用 while 迴圈與使用 while-else 這兩寫法。

```
> lst=[8,9,2]
```

這是串列 *lst*，內含三個元素。

```
> while lst:
      print(lst.pop())
      if len(lst)==0:
          print('End of list')
  2
  9
  8
  End of list
```

在 while 迴圈裡將 *lst* 裡的元素 pop 出來，如果 *lst* 的長度為 0，就印出 'End of list' 字串。注意 *lst* 如果是空串列，則 Python 會把它看成是 False，因此 while 迴圈就會停止執行。在這個範例中，我們必須寫上一個 if 敘述來追蹤串列是否為空。

```
> while lst:
      print(lst.pop())
  else:
      print('End of list')
  2
  9
  8
  End of list
```

這個範例同上，不過改採 while-else 的方式來撰寫。我們可以看到現在不需要 if 敘述來追蹤串列是否為空，因為 while 迴圈結束後，會自動執行 else 裡的敘述。

5.6 串列生成式

有時候我們為了產生一個簡單的串列，可能必須利用幾行的 for 迴圈和條件式來撰寫。如果 for 迴圈裡的敘述和條件式都不太複雜的話，那麼我們可以利用串列生成式（List comprehension）來簡化程式碼，就如同稍早介紹的單行 if-else 敘述一樣。

5.6.1 簡單的串列生成式

串列生成式可將運算式、迴圈和條件式等一起寫在串列括號裡，用以產生新的串列。這種語法可以把多行的程式碼寫在同一行，使得程式碼看起來比較簡潔。

· 串列生成式

語法	說明
lst =[運算式 for 變數 in 可迭代物件 if 條件式]	針對可迭代物件裡的每一個元素，如果 if 成立，則執行運算式，然後把執行的結果組成一個串列 *lst* 輸出。

在串列生成式的語法中，運算式可以是一個簡單的變數，或是某個數學的運算式，也可以是單行的 if-else 的敘述，如下面的範例：

```
> nums=[3,5,-1,4,9]
```

這是串列 *nums*。

```
> squ=[]
  for i in nums:
      squ.append(i**2)
  print(squ)
  [9, 25, 1, 16, 81]
```

這個範例是先將 *squ* 設值為空串列，然後將串列 *nums* 裡的每一個元素平方，再把平方的結果添加到 *squ* 串列裡。這是傳統 for 迴圈的寫法，總共需要 4 行程式碼。

```
> squ=[i**2 for i in nums]
  print(squ)
  [9, 25, 1, 16, 81]
```

改用串列生成式只需要兩行程式碼。注意我們不需要先將空的串列設給 *squ*，因為串列生成式的運算結果就是一個串列。

```
> squ=[i for i in nums if i>0]
  print(squ)
  [3, 5, 4, 9]
```

這是利用串列生成式找出串列 *nums* 中，所有大於 0 的數。

下面的範例是利用傳統的 for 迴圈和 if 敘述將一個串列中，小於 0 的數都設為 0，大於 0 的數則不變，然後傳回新的串列。

```
> nums=[7,9,-8,-2,9,3]
```

這是 *nums* 串列，裡面有兩個小於 0 的數。

```
> non_z=[]
  for i in nums:
      if i<0:
          i=0
      non_z.append(i)
  print(non_z)
  [7, 9, 0, 0, 9, 3]
```

先建立一個空的串列 *non_z*，用來儲存處理完的元素，然後走訪 *nums* 裡面的每一個元素，如果元素小於 0，就先把它設為 0，然後把元素添加到 *non_z*。這個範例總共用了 6 行程式碼。

完成同樣工作的程式碼，如果改用串列生成式來撰寫，則程式碼會簡短很多（注意 if 敘述擺放的位子）：

```
> non_z=[i if i>0 else 0 for i in nums]       # 改用串列生成式來撰寫
  print(non_z)
  [7, 9, 0, 0, 9, 3]
```

下面的範例是利用串列生成式限定只取出 *nums* 中，大於 0 的數，然後將提取的數中，所有的偶數都平方，奇數則不處理。注意這個範例中有兩個 if，讀者應了解每個 if 擺放的位置，以及它們的作用：

```
> nums=[3,6,-6,4,9]
  squ=[i**2 if i%2==0 else i for i in nums if i>0]
  print(squ)
  [3, 36, 16, 9]
```

下面的範例是利用傳統的 for 迴圈和 if 判斷式將串列中，帶有字母 '*a*' 的字串取出，然後組成一個新的字串：

```
> fruits=['apple','kiwi','guava','orange']
  selection=[]
  for fruit in fruits:
      if 'a' in fruit:
          selection.append(fruit)
  print(selection)
  ['apple', 'guava', 'orange']
```

定義串列 fruits，裡面有四種水果的名稱，然後走訪 fruits 裡的每一種水果，再挑出名稱帶有字母 '*a*' 的水果。這種傳統的寫法大家比較熟悉，不過要寫比較多行。

如果將上面的範例改以串列生成式來撰寫，則可以將多行的程式碼改寫成一行，程式的執行速度也會變快（不過因為執行時間太短，您可能會感受不到它變快了）：

```
> selection=[fruit for fruit in fruits if 'a' in fruit]
  print(selection)
  ['apple', 'guava', 'orange']
```

下面的程式碼則是將帶有字母 '*a*' 的字串取出，並將它們轉成大寫：

```
> selection=[fruit.upper() for fruit in fruits if 'a' in fruit]
  print(selection)
  ['APPLE', 'GUAVA', 'ORANGE']
```

5.6.2 巢狀的串列生成式

巢狀的串列生成式由兩個 for 迴圈組成，其語法和上一節介紹的串列生成式相似，只不過裡面有兩個 for 迴圈，第一個出現的 for 迴圈相當於外層迴圈，第二個出現的 for 迴圈則是內層迴圈。

```
> size=['big','small']
```

這是 *size* 串列。

```
> color=['red','green','blue']
```

這是 *color* 串列。

```
> lst=[]
  for s in size:
      for c in color:
          lst.append((s,c))
```

這是利用兩個 for 迴圈將 *size* 和 *color* 兩個串列的元素組合成序對，然後把它們放到 *lst* 中。

```
> lst
  [('big', 'red'),
   ('big', 'green'),
   ('big', 'blue'),
   ('small', 'red'),
   ('small', 'green'),
   ('small', 'blue')]
```

這是組合之後的結果。從輸出中可以看出 *lst* 裡有 6 個序對。

```
> [(s,c) for s in size for c in color]
  [('big', 'red'),
   ('big', 'green'),
   ('big', 'blue'),
   ('small', 'red'),
   ('small', 'green'),
   ('small', 'blue')]
```

利用巢狀串列生成式，我們僅利用一行程式碼就可以完成一樣的工作。注意先出現的 for 相當於外層迴圈，後面的 for 相當於內層迴圈。

```
> nest_list = [[1],
               [17, 19],
               [12,5,7,39]]
```

這是一個巢狀的串列，串列裡子串列的元素個數都不一樣。現在想把這個串列拆平（Flatten），也就是提取子串列裡的每一個元素，然後組成一個串列。

```
> new_list=[]
  for lst in nest_list:
      for n in lst:
          new_list.append(n)
  new_list
  [1, 17, 19, 12, 5, 7, 39]
```

這是利用傳統的兩個 for 迴圈，依序提取子串列裡的每一個元素，然後把它們添加到串列 *new_list* 中。

```
> [n for lst in nest_list for n in lst]
  [1, 17, 19, 12, 5, 7, 39]
```

這是利用巢狀的串列生成式來完成相同的工作。

在巢狀的串列生成式中，我們也可以加入一個條件式來篩選出迴圈中需要的元素，然後進行後續的處理。下面的範例是僅取出大於 10 的元素，然後將它們組成一個新的串列：

```
> [n for lst in nest_list for n in lst if n>10]   # 帶有 if 的串列生成式
  [17, 19, 12, 39]
```

下面的範例是將前例篩選出來的元素 n 進一步處理，只要是 $n > 20$，則把 n 的值設為 20。您可以注意到輸出的串列中，最後一個元素從前例的 39 被修改為 20 了：

```
> [n if n<=20 else 20 for lst in nest_list for n in lst if n>10]
  [17, 19, 12, 20]
```


第五章 習題

5.1 選擇性敘述

1. 某公司規定氣溫高於 28 度可開冷氣，氣溫低於 15 度可開暖氣。請設計一個程式，由鍵盤輸氣溫 t，然後顯示現在的狀態（開冷氣、開暖氣或不開冷暖氣三種）。例如若 $t = 20$，則顯示 "現在溫度為 20 度，不開冷暖氣"。

2. 試從鍵盤讀入一個整數 x，然後判斷 x 是奇數還是偶數。如果是奇數，則印出 "x 是奇數"，否則印出 "x 是偶數"。例如，若輸入 5，則印出 "5 是奇數"。

3. 試從鍵盤讀入一個整數 y，代表西元的年份，然後判斷該年是閏年或平年。例如若輸入 2024，則印出 "2024 是閏年"（閏年的條件為：y 能被 400 整除，或是 y 能被 4 整除但不能被 100 整除）。

4. 三角形成立的條件為兩邊的和必須大於第三邊。試由鍵盤讀入一個序對 $(a,\ b,\ c)$，代表三個邊長，然後判別它們可否成為一個三角形。例如，若輸入 (5, 12, 3)，則印出 "(5, 12, 3) 無法形成三角形"。

5. 設學生期末成績是以分數 x 劃分為 A、B、C、D 與 F 五個等級。如果 $x \geq 90$，則等級為 A，$80 \leq x < 90$ 為 B，$70 \leq x < 80$ 為 C，$60 \leq x < 70$ 為 D，小於 60 分為 F。試寫一程式輸入分數 x，然後印出 x 所屬的等級。例如若 $x = 78$，則輸出 "78 分，等級為 C"。

6. 由鍵盤輸入內含三個整數 $a,\ b$ 和 c 的序對，然後利用選擇性敘述將這三個數由小排到大。例如輸入 (3, 7, 4)，則輸出 (3, 4, 7)。

7. 試將下面的 if-else 敘述改為單行的 if-else 敘述：

(a)
```
if 5%2==1:
    print('5為奇數')
else:
    print('5為偶數')
```

(b)
```
x,y=6,3
if x>y:
    z=x
else:
    z=y
```

(c)
```
x=[5,6,4]
if x:
    print('x is not empty')
else:
    print('x is empty')
```

(d)
```
x=-10
if x<0:
    x=-x
else:
    x
```


8. 由鍵盤輸入變數 month 的值，代表月份，然後判斷其所屬的季節（3 到 5 月為春季，6 到 8 月為夏季，9 到 11 月為秋季，12 到 2 月為冬季）。例如輸入 3，則印出 "3 月為春季"。

9. 設停車的費用每小時 40 元。若停車時間大於 12 小時，則大於 12 小時的部分每小時以 30 元計。試撰寫一程式可輸入一個整數 h，代表停車的時數，程式的輸出為應繳的金額。例如若 h 為 16，則輸出 "停車 16 小時，應繳 600 元"。

10. 試輸入秒數 s（為一個整數，$s < 86{,}400$），然後計算它等於幾小時，幾分，幾秒。例如，若 $s = 14865$，則印出 "14865 秒等於 04 小時 07 分 45 秒"。

11. 畢氏定理告訴我們，直角三角形的兩個短邊長度的平方和等於斜邊長度的平方。試由鍵盤讀入一個序對 (a, b, c)，代表三角形的三個邊長，然後依輸入的值印出下列三種可能的情況：(1) 輸入的 (a, b, c) 不能成為三角形；(2) 輸入的 (a, b, c) 可成為三角形，但不是直角三角形；(3) 輸入的 (a, b, c) 為直角三角形。例如，若輸入 (3, 4, 5)，則印出 "(3, 4, 5) 為直角三角形"。

12. 已知硬幣的面額只有 50, 10, 5 和 1 元四種。試設計一個找零錢的程式，當顧客付款 100 元，購買的金額為 $price$ 時，店員應該找的零錢數。例如若 $price = 21$，則輸出應為 "50 元硬幣 1 枚，10 元硬幣 2 枚，5 元硬幣 1 枚，1 元硬幣 4 枚"。若 $price = 65$，則輸出應為 "50 元硬幣 0 枚，10 元硬幣 3 枚，5 元硬幣 1 枚，1 元硬幣 0 枚"。

5.2 for 迴圈

13. 試由鍵盤輸入一個數 n，然後計算 n 階乘。（n 階乘的定義為 1 乘到 n，例如 5 的 n 階乘為 120）。

14. 試計算從西元 0001 年到今年為止，一共經歷了多少個閏年。

15. 試利用巢狀的 for 迴圈印出下面的圖案：

(a)
```
*****
****
***
**
*
```

(b)
```
    *
   **
  ***
 ****
*****
```

(c)
```
*****
 ****
  ***
   **
    *
```

(d)
```
*****
^*****
^^****
^^^***
^^^^*
```

(e)
```
1
12
123
1234
12345
```

(f)
```
5
54
543
5432
54321
```

(g)
```
1
22
333
4444
55555
```

(h)
```
0
12
345
6789
abcde
```

16. 試利用巢狀的 for 迴圈印出下面的圖案：

(a)
```
5
45
345
2345
12345
```

(b)
```
12345
1234
123
12
1
```

(c)
```
55555
4444
333
22
1
```

(d)
```
54321
4321
321
21
1
```

(e)
```
5
44
333
2222
11111
```

(f)
```
12345
 1234
  123
   12
    1
```

(g)
```
54321
 5432
  543
   54
    5
```

(h)
```
    5
   54
  543
 5432
54321
```

17. 設由某個感測器傳回來的三組數據為 lst = [[2, 4, 5], [5, 8, None], [10, 3, 4]]，試判別每一組數據是否包含有不完整的資料（Incomplete data，一般以 None 表示）。若沒有，則印出此組數據的總和，如果有，則顯示 “Incomplete data”。例如於本範例中，輸出應為

    第 1 組：總和為 11
    第 2 組：Incomplete data
    第 3 組：總和為 17

18. 試由鍵盤輸入一個整數，然後利用 for 迴圈將此整數反向輸出。例如輸入 12345，則輸出為 54321。

19. 試由鍵盤讀入兩個數，然後利用 for 迴圈找出這兩個數的最大公因數。提示：設輸入的兩個數為 a 和 b，且 a 小於等於 b。利用 a 和 b 同時去除 i，其中 i 從 1 變化到 a。可以同時被 a 和 b 整除之最大的 i 即為最大公因數。

5.3 While 迴圈

20. 試由鍵盤輸入一個整數，然後判斷輸入的數是幾個位數的整數。例如若輸入 23983，則輸出 “5 個位數的整數”。（提示：一個整數用整數除法除以 10，其位數會少一位）。

21. 有時讀進來的數字會包含有千分位符號（即逗號，如 13,988 或 1,661,231）。試由鍵盤讀入一個帶有一個或數個千分位符號的整數，然後印出這個整數乘上 2 之後的結果。

22. 整數 n 的因數就是可以整除 n 的數。試給予一個整數，然後列印出它所有的因數，並算出因數的個數。例如，輸入整數 20，則印出 “20 的因數有 6 個，分別為 1, 2, 4, 5, 10, 20”。

23. 質數是除了 1 和它本身之外，沒有其它因數的數，也就是說質數只會有兩個因數。請利用這個觀念來判別輸入的整數是否為質數。

5.4 break、continue 與 pass 敘述

24. 試印出 1 到 20 之間，所有不能被 3 整除的整數。

25. 設 $f(n) = 1 + 2 + 3 + \cdots + n$，試找出滿足 $f(n) \geq 100$最小的 n。

26. 雅筑帶一群學生去校外參訪，學生每 3 個一組，最後剩下 2 個；每 5 個一組，最後剩下 3 個；每 7 個一組，最後剩下 2 個。試問這群學生最少有多少個？試利用 for 迴圈求解這個問題。

27. 同上題，滿足上題條件的學生數有無窮多個，試找出學生數最少的 3 個解。

28. 設 lst=$[47, 89, 12, -4, 12, 2, 97]$，試撰寫一程式，依序讀取 lst 的元素值，並將它們列印出來。如果讀到負數，則列印該負數之後，終止列印其它元素。

5.5 帶有 else 的迴圈

29. 試由鍵盤讀入一個字串（不包含單引號或雙引號），並利用迴圈逐字判別字串裡的字元是否全為數字。只要有一個字元不是數字，則輸出 “輸入的數包含不合法的字元”，否則輸出此字串。

30. 設 $nums$=$[8, 11, 98, 23, 47]$，試判別 $nums$ 內是否包含有可被 3 整除的數。如果有，則輸出 “包含有可被 3 整除的數”，否則輸出 “沒有包含可被 3 整除的數”。

31. 設 $lower\_limit$=0，$upper\_limit$=255，試由鍵盤讀入一個由整數組成的串列，然後判別此陣列內的每一個元素是否都在 $lower\_limit$ 到 $upper\_limit$ 這個範圍之內。例如，若輸入 $[9, 12, -1, 32, -8]$，則印出 “最少有一個數不在 [0, 255] 之內”，若輸入 [9, 12, 3, 32]，則印出 “輸入的數全在範圍之內”。

5.6 串列生成式 (List comprehension)

32. 試以串列生成式完成下列各題：

    (a) 建立一個 1 到 10 的平方所組成的串列。

    (b) 建立一個 1 到 50 之間，可以同時被 3 和 4 整除的串列。

(c) 取出字串 'List comprehension' 中所有的母音，並組成一個字元串列。

(d) 依串列 $[3, -1, 4, 7, -3, 2]$ 的值來建立另一個新串列，若串列元素的值為正，則新串列元素的值為 1，否則為 -1。本題建立出來的串列應為 $[1, -1, 1, 1, -1, 1]$。

33. 試以串列生成式取出 ['Spring', 'Summer', 'Autumn', 'Winter'] 中所有的母音，並組成一個新的字元串列。

34. 設 $words$ = ['State', 'University', 'of', 'New', 'York', 'at', 'Buffalo']，試以串列生成式找出所有包含有字元 'a' 的英文單字。輸出的結果應為 ['State', 'at', 'Buffalo']。

35. 試以串列生成式建立從 $num1$=[1, 2, 3] 和 $num2$=[4, 5] 這兩個串列中，各提取一個元素的所有組合，每一個組合以序對表示。本題輸出的結果應為 [(1, 4), (1, 5), (2, 4), (2, 5), (3, 4), (3, 5)]。

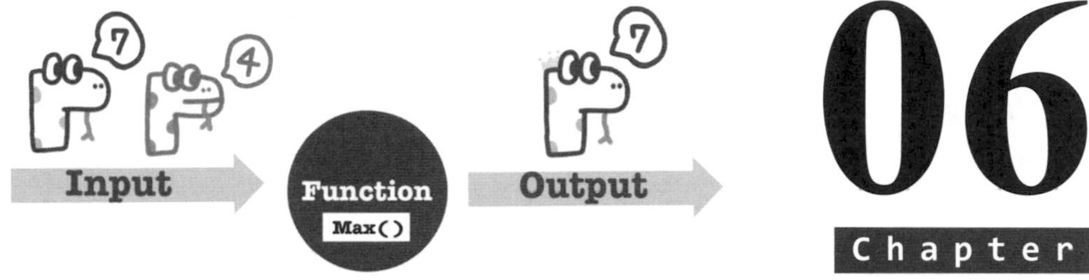

函數

函數（Function）是把需要執行特定功能的程式片段打包成一個單元，以方便我們重複使用。函數具有相當多的優點，它把執行特定功能的程式片段獨立出來，因此非常方便程式碼的除錯、提高程式的可讀性，同時也可以簡化程式碼，使得程式碼看起來更為簡潔。本章將介紹如何撰寫屬於自己的函數。

1. 函數的基本概念
2. 參數的傳遞機制
3. 關於傳入的參數
4. 全域變數與區域變數
5. 遞迴函數
6. lambda 表達式
7. 函數的進階應用

6.1 函數的基本概念

其實我們早已使用過許多 Python 的內建函數，例如 print()、len()、或者是 sum() 等。這些函數有些可以有多個參數（如 print() 函數），有些只能有一個參數（如 len() 函數）。另外，有些函數可以有傳回值（Return value），有些則不傳回任何值。我們來看看下面幾個簡單的範例：

```
> print('5 + 2 =',5+2)
  5 + 2 = 7
```

這是內建的 print() 函數，它可以有任意個參數，但沒有傳回值。這個範例的 print() 有兩個參數。

```
> a=print('Python')
  Python
```

這個 print() 函數有一個參數，我們也嘗試讓變數 a 來接收它的傳回值。

```
> print(a)
  None
```

顯示 a 的值，我們發現它的值是 None，代表上一個範例的 print() 沒有傳回任何值。

```
> sum([1,2,3])
  6
```

將串列 [1,2,3] 加總，得到 6，這個數字 6 是 sum() 函數傳回來的。

```
> a=sum([1,2,3])
  print(a)
  6
```

讓變數 a 來接收 sum() 傳回來的數字，再檢查 a 的值，我們得到 6，代表 sum() 把數字 6 傳出來了。

```
> len([1,2,3,4,5])
  5
```

相同的，len() 函數也可以傳出一個數字。

上面我們看到的函數都是 Python 的內建函數。如果要設計自己的函數，可以用下面的語法撰寫：

· 函數的語法

語法	說明
def 函數名稱(參數1, 參數2,…): 　敘述 　return 傳回值	定義函數。如果沒有傳回值，可以不寫 return 敘述。

在上面的語法中，def 是 Python 的識別字，它是 define 的縮寫，用來定義一個函數。函數可以有 0 個、1 個或多個參數（Parameters），如果有多個參數則以逗號分開。函數執行的內容寫在敘述中。當執行到 return 敘述時，則結束函數的執行，返回呼叫函數之處的下一個敘述繼續執行。如果 return 後面接有傳回值，則會把它傳出去給接收它的變數接收。


```
> def print_star():
      print('*******')
```

定義 print_star() 函數，可列印出 8 個星號。它不需輸入的參數，也沒有傳回值（return 關鍵字可以不填）。

```
> print_star()
  *******
```

呼叫 print_star()，現在它可以印出 8 個星號。

```
> print_star()
  print_star()
  *******
  *******
```

呼叫 print_star() 兩次，可以印出兩行星號。

```
> val=print_star()
  print(val)
  *******
  None
```

print_star() 沒有傳回值，因此 *val* 的值為 None。注意左式的 8 個星號不是傳回值，它們只是 print_star() 列印出來的值而已。

上面定義的函數 print_star() 不需要傳入參數，也沒有傳回值。我們再來看看有參數傳入的例子：

```
> def print_ch(n,ch):
      print(n*ch)
```

定義 print_ch() 函數，它可接收 *n* 和 *ch* 兩個參數，用來列印出 *n* 個字元 *ch*。

```
> print_ch(10,'#')
  ##########
```

印出 10 個井號。

```
> print_ch(20,'v')
  vvvvvvvvvvvvvvvvvvvv
```

印出 20 個字元 '*v*'。

```
> def square(x):
      print(f'{x}**2 is {x**2}')
```

定義 square() 函數，用來計算並列印輸入參數的平方。注意這個函數沒有傳回值。

```
> square(16)
  16**2 is 256
```

計算 16 的平方，square() 裡的 print() 可以幫我們列印出一個格式化的字串。

```
> z=square(16)
  16**2 is 256
```

嘗試讓 z 來接收 square() 的傳回值。

```
> print(z)
  None
```

我們發現 z 的值為 None，代表 square() 函數沒有傳回值。

許多時候，函數不只需要有傳入的參數，有時也需要把運算結果傳出去以方便我們使用，此時就需要利用 return 將運算的結果傳出函數。

```
> def square_2(x):
      return x**2
```

定義 square_2() 函數，它可以接收一個參數，並傳回此參數的平方。

```
> square_2(12)
  144
```

計算 12 的平方，得到 144。注意這個 144 是 square_2() 傳回來的，不是在函數裡面列印出來的。

```
> z=square_2(12)
```

讓變數 z 來接收 square_2(12) 的計算結果。

```
> print(z)
  144
```

印出 z 的值，我們可得 square_2(12) 的傳回值 144。

```
> def larger(a,b):
      if a>b:
          return a
      else:
          return b
```

定義 larger() 函數，它有兩個參數，傳回值是比較大的那個參數。

```
> larger(8,7)
  8
```

呼叫 larger() 並傳入 8 和 7 這兩個參數，larger() 傳回較大的數 8。

```
> larger(7,8)
  8
```

把兩個參數的位置對調，larger() 函數也可以正確的找出較大的數。

```
> def quo_rem(a,b):
      quo=a//b    # quotient
      rem=a%b     # remainder
      return quo,rem
```

定義 quo_rem() 函數，它可以接收兩個參數 a 和 b，並傳回它們的商（Quotient）和餘數（Remainder）。注意這個函數有兩個傳回值，且是以序對的型別傳回。

```
> quo_rem(17,5)
  (3, 2)
```

呼叫 quo_rem()，並傳入 17 和 5。我們發現這個函數傳回了一個序對，第一個元素 3 是商，第二個元素 2 是餘數。

```
> x=quo_rem(17,5); x
  (3, 2)
```

如果以一個變數 x 來接收傳回的值，則 x 會是整個序對。

```
> y,z=quo_rem(17,5)
```

如果以兩個變數 y 和 z 來接收傳回值，則 y 和 z 會分別接收序對裡的兩個元素。

```
> print(y, z)
  3 2
```

分別印出 y 和 z 的值，y 是商，z 是餘數。

```
> def squ_list(lst):
      return [n**2 for n in lst]
```

定義 squ_list() 函數，它可接收一個串列，傳回值是這個串列中，每一個元素的平方。

```
> squ_list([4,3,2])
  [16, 9, 4]
```

呼叫 squ_list() 函數並傳入串列 [4,3,2]，我們得到 [16, 9, 4]。

函數的參數可以是各種型別的資料。下面我們定義 clip() 函數，它可以接收一個串列 *lst* 和兩個數字 *min_* 與 *max_*，然後把 *lst* 中，小於 *min_* 的元素設為 *min_*，大於 *max_* 的元素設為 *max_*，這種設定相當於把串列的元素剪裁成介於 *min_* 和 *max_* 之間的數字。

```
> def clip(lst,min_,max_):
      new_lst=[]
      for n in lst:
          if n<min_:
              new_lst.append(min_)
          elif n>max_:
              new_lst.append(max_)
          else:
              new_lst.append(n)
      return new_lst
```

定義 clip() 函數，可以將 *lst* 的元素剪裁成介於 *min_* 和 *max_* 之間的數字。注意我們刻意把變數命名成 *min_* 和 *max_*，如此可以避開把內建函數 min() 和 max() 的定義給覆蓋掉。

```
> clip([12,-3,7,300,220],0,255)
  [12, 0, 7, 255, 220]
```

指定 0 為最小值，255 為最大值來剪裁陣列 $[12,-3,7,300,220]$。我們可以看到 -3 被剪裁成 0，300 被剪裁成 255 了。

```
> lst=clip([-2,6,7,40,16],0,10)
```

利用一個變數 lst 來接收 clip() 的傳回值。

```
> lst
  [0, 6, 7, 10, 10]
```

這是將 $[-2,6,7,40,16]$ 剪裁之後的結果。

6.2 參數的傳遞機制

要了解參數的傳遞機制之前，我們先來看看變數和它儲存之物件的關係。每一個 Python 的物件在記憶體中都佔有一個儲存空間，它可以透過一個參考（Reference）來存取。我們可以把這個參考想像成是儲存空間的位址。例如在 x=[1,2,3] 這個敘述中，Python 會先配置一個空間存放串列 [1,2,3]，然後讓變數 x 參考到它，也就是指向它的意思。您可以把串列 [1,2,3] 想像成是住家，而 x 存放的是住家的地址（也就是串列 [1,2,3] 的位址）。透過地址（變數 x），我們就可以找到住家（串列 [1,2,3]）。

舉個例子來說，假設有 x=[1,2,3]，y=(4,5) 和 a=x 這 3 行敘述，此時 Python 會將 x 指向 [1,2,3] 這個物件（也就是 x 存放 [1,2,3] 這個物件的位址），y 會指向序對 (4,5)，而 a=x 則是把 x 存放的位址設定給 a 存放，因此 a 和 x 都指向相同的物件，如圖 1。現在如果多了一行敘述 a[0]=12，因為變數 a 和 x 同樣指向串列 [1,2,3]，透過 a 修改串列就和透過 x 修改串列是一樣的，所以最後串列內容會是 [12,2,3]，如圖 2。

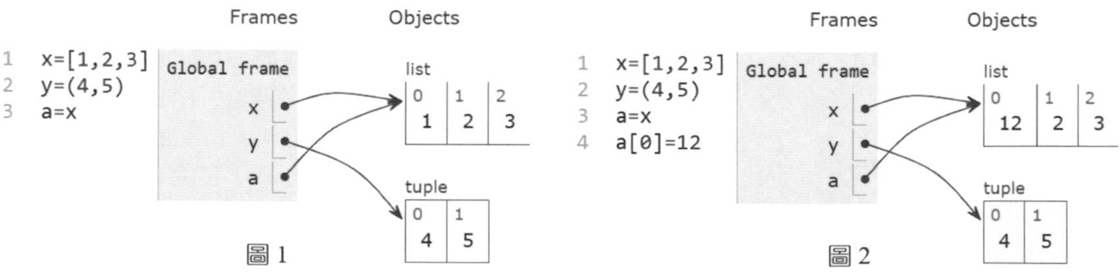

圖 1　　圖 2

如果再多一行敘述 b=x.copy()，則 Python 會將 x 拷貝一份，然後讓 b 指向它，所以我們可以看到圖 3 的變數 b 指向了一個新的串列。如果再執行 $x = y$，則是將 y 存放的位址設給 x，所以 x 也指向序對 (4,5)。此時 x 和 a 之間就沒有任何關係了，如圖 4。

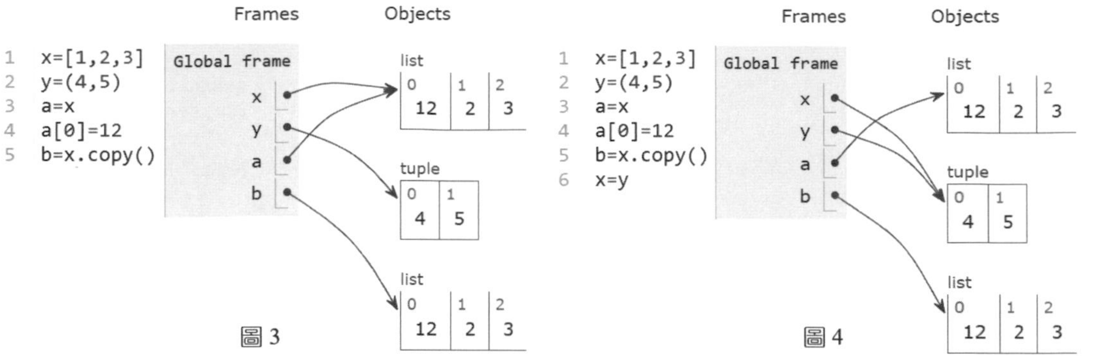

圖 3　　　　圖 4

知道了變數和它儲存之物件的關係之後，我們就可以比較容易了解 Python 物件傳遞到函數的機制了。Python 將物件 x 傳遞到函數 fun(y) 由參數 y 來接收 x 時，y 接收的是 x 的參考，也就是 x 和 y 都指向同一個物件。因此在 fun(y) 內改變了 y 的內容，x 的內容自然也會被改變。

基於上述的概念，如果 x 是不可修改的物件（Immutable，如數值、字串或序對等），因為它們的內容無法修改，因此在函數 fun(y) 裡也無法修改 y 的內容。如果 x 是可修改的物件（Mutable，如串列或集合等），因為 y 和 x 都指向同一個物件，因此如果函數內修改了 y 的內容，函數外面的 x 也會被修改。我們來看幾個實際的例子：

```
> def fun1(tpl):
      tpl=(4,5,6)
```

定義 fun1() 函數，它可以接收一個序對 tpl，然後將 tpl 重設為 (4,5,6)。

```
> t=(1,2,3)
```

設定 $t = (1,2,3)$。

```
> fun1(t); t
  (1,2,3)
```

呼叫 fun1() 並傳入 t，函數執行完後，重新查詢 t，我們發現 t 的值並未被改變。

在上面的範例中，t 指向序對 $(1,2,3)$。在呼叫 fun1() 並傳入 t 時，由 tpl 接收 t 指向的參考，因此 tpl 和 t 是指向同一個序對。在函數內將 tpl 重新指向另一個序對 $(4,5,6)$。因為 t 還是指向相同的儲存空間，所以離開 fun1() 後，t 的值依然是 $(1, 2, 3)$。我們以下圖來說明變數 t 和 tpl 之間的關係：

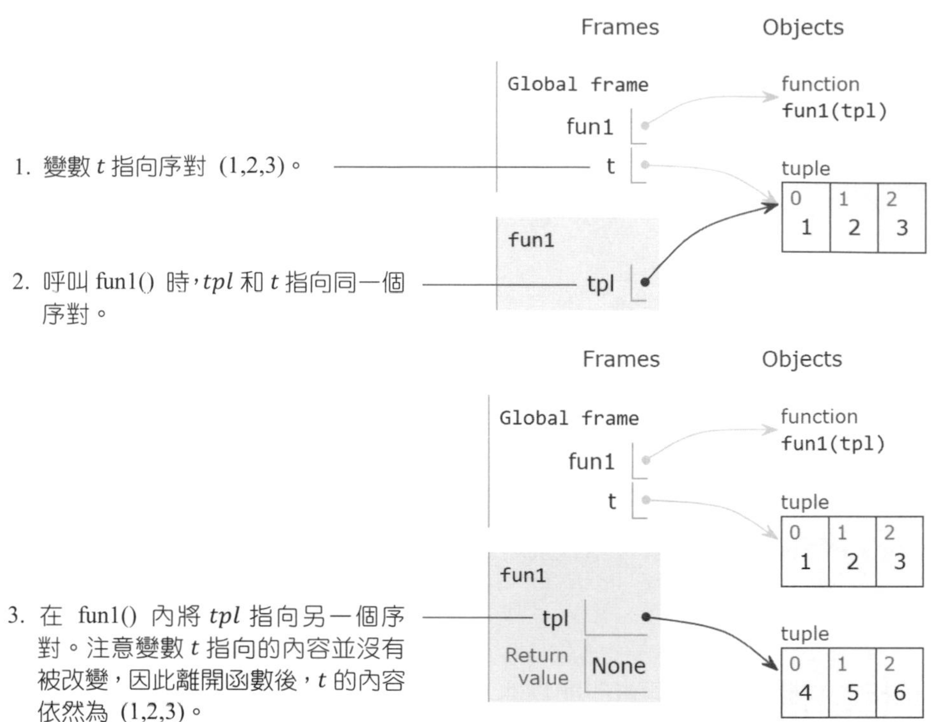

您可以注意到本節介紹物件傳遞的觀念時，繪製的圖形都是在 http://pythontutor.com/ 裡實際運行的結果。這個網站在 5.2.2 節已經介紹過。非常建議在學習 Python 時，搭配這個視覺化的執行環境，如此對於 Python 的程式設計思維會非常有幫助。

於上面的範例中，我們傳入函數的序對其內容是無法被修改的。如果傳入的是可修改的物件，則在函數內更改的就是函數外的同一個物件。我們來看看下面的範例：

```
> def fun2(lst):
     for i in range(len(lst)):
        lst[i]=lst[i]**2
```

定義 fun2 () 函數，可以接收一個串列，然後將串列裡面的每一個元素都平方。

```
> alist=[12,3,4]
```

設定 *alist* 的值為 [12,3,4]。這個動作相當於 Python 先建立一個串列物件 [12,3,4]，然後讓 *alist* 指向這個串列的儲存空間。

```
> fun2(alist)
```

將串列 *alist* 傳入 fun2()，並由 *lst* 接收，因此 *alist* 和 *lst* 都是指向同一個串列。在函數內，*lst* 指向的串列裡的每一個元素都會被平方。

```
> alist
  [144, 9, 16]
```

現在查詢 *alist* 值，我們發現雖然沒有直接修改 *alist* 的內容，但是它裡面的每一個元素都被平方了。

在上面的範例中，*alist* 是指向一個可修改的串列 [12, 3, 4]。在呼叫 fun2() 函數時，*alist* 的值由 *lst* 接收，因此 *alist* 和 *lst* 指向的是同一個串列，所以修改 *lst* 指向的內容也就相當於修改 *alist* 指向的內容。所以執行完 fun2() 後，如果查詢 *alist* 的值，我們可以發現雖然在函數裡修改的是 *lst*，但修改的其實就是 *alist* 所指向的內容。我們以下圖來說明這層關係：

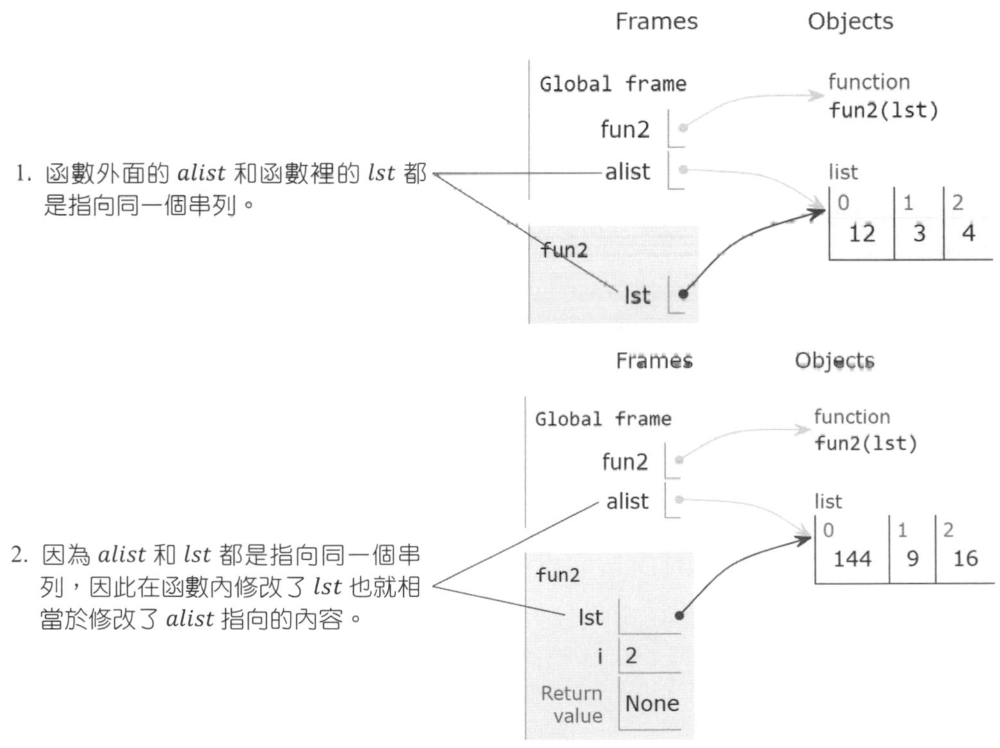

注意集合和字典都具有可修改的屬性，因此將它們傳入函數後，在函數內修改它們的內容就跟在函數外面修改一樣。我們來看下面的範例：

```
> def remove_negative(set1):
      neg=[i for i in set1 if i<0]
      for e in neg:
         set1.remove(e)
```

定義函數 remove_negative()，它可以接收一個集合參數 $set1$，並利用 remove() 將集合內小於 0 的數移除。注意這個函數我們沒有設計傳回值。

```
> s1={1,3,4,-2,-5}
```

這是集合 $s1$。

```
> remove_negative(s1)
```

將 $s1$ 傳入 remove_negative() 中，執行完函數後，$s1$ 小於 0 的數會被移除。

```
> s1
  {1, 3, 4}
```

查詢 $s1$ 的值，我們發現果然小於 0 的數都被移除了。

於上例中，如果不希望傳入的集合被修改，而是希望把修改過的結果從函數裡傳出來的話，可以將傳進去的集合拷貝一份，於拷貝的這一份做修改，然後再將修改完的結果傳出去就好了：

```
> def remove_negative2(set1):
      set2=set1.copy()
      neg=[i for i in set2 if i<0]
      for e in neg:
         set2.remove(e)
      return set2
```

在 remove_negative2() 內，我們將傳進來的 $set1$ 拷貝一份，並將它設給 $set2$，然後在 $set2$ 裡進行修改，最後傳回修改完的 $set2$。

```
> s1={1,3,4,-2,-5}
```

重新定義集合 $s1$。

```
> s2=remove_negative2(s1)
```

將 $s1$ 傳入 remove_negative2() 中，並由 $s2$ 接收從函數傳出來的值。

```
> s2
  {1, 3, 4}
```

查詢 $s2$ 的值，我們可以發現小於 0 的數都被移除了。

```
> s1
  {-5, -2, 1, 3, 4}
```

查詢集合 $s1$ 的值，$s1$ 還是原來的集合，其值並沒有被改變。

6.3 關於傳入的參數

也許您已經注意到，print() 函數裡可以有 0 個、1 個或多個參數，而且設定 sep='#' 可以用井字號來分隔印出來的每一筆資料，設定 end=''（空字串）可以限定列印完後不換行，這些設計都是利用修改參數預設值的方式來達到期望的效果。本節將介紹如何把自己定義的函數設計成有類似的功能。

6.3.1 參數的預設值

在 print() 函數中如果不設定參數 sep 的值，則預設以一個空白來分隔資料。要達成類似這種預設的機制，只要在參數後面用等號來設定其預設值即可。如果在呼叫函數時沒有給定這個參數的話，則此參數將以預設值來取代。

```
> def print_ch(char,n=10):
      for i in range(n):
          print(char,end='')
```

定義 print_ch() 函數，它有兩個參數 *char* 和 *n*，可印出 *n* 個字元 *char*。在呼叫時，*char* 一定要填上，而 *n* 可以不填。如果 *n* 未填，則預設為 10。

```
> print_ch('*')
  **********
```

在呼叫 print_ch() 時，我們只填上了一個參數，這個參數會被 *char* 接收，而 *n* 參數未填，預設為 10，因此印出 10 個星號。

```
> print_ch('*',15)
  ***************
```

明確給定 *n* 的值為 15，所以預設的值會被覆蓋，因此印出 15 個星號。

```
> print_ch()
  TypeError: print_ch() missing 1 required positional argument: 'char'
```

因為參數 *char* 沒有預設，因此在呼叫 print_ch() 時，最少必須給一個參數讓 *char* 接收，否則會有錯誤訊息發生。

Python 的函數允許一個或多個參數可以有預設值。如果在呼叫函數時只有給定部分的參數，則未提供的參數會以其預設值來進行運算，如下面的範例：

```
> def print_ch2(char='*',n=10):
      for i in range(n):
          print(char,end='')
```

定義 print_ch2()，現在這個函數的兩個參數都有預設值，其中 *char* 預設為 '*'，*n* 預設是 10。

```
> print_ch2()
**********
```

呼叫 print_ch2()。因為呼叫時沒有給任何參數，因此 char 和 n 都是採用預設值，所以印出 10 個星號。


```
> print_ch2('$')
$$$$$$$$$$
```

這邊只填上一個參數，代表第二個參數 n 被省略了，因此這個範例印出了 10 個 $。

```
> print_ch2('$',15)
$$$$$$$$$$$$$$$
```

兩個參數都不用預設值，因此本例會印出 15 個 $。

```
> print_ch2(9)
9999999999
```

輸入的參數是 9，因此印出 10 個 9。

注意在定義函數時，帶有預設值的參數必須寫在未帶有預設值之參數的後面。這個設計也不難理解，因為如果把帶有預設值的參數寫在前面的話，Python 就不知道在呼叫時給的參數到底是預設的參數，還是未帶有預設值的參數了。

```
> def print_ch3(char='*',n):
      for i in range(n):
          print(char,end='')
SyntaxError: non-default argument follows default argument
```

如果將具有預設值的參數寫在未帶有預設值之參數的前面，則會有錯誤訊息發生。注意這個錯誤訊息也直接告訴了我們錯誤的原因。

6.3.2 位置參數與指名參數

Python 預設是採位置參數（Positional parameters）的機制來獲取傳進來的參數，也就是說，在呼叫函數時傳進去參數的順序必須一一對應函數定義時參數的順序。然而有些時候要傳入的參數實在是太多了，不容易記憶它們的順序，此時我們可以採用指名參數（Keyword parameters，或稱關鍵字參數）的方式來傳遞參數，也就是在呼叫函數時順便給定參數名稱和相對應的值，如下面的範例：

```
> def print_ch4(char='*',n=10):
      for i in range(n):
          print(char,end='')
```

定義 print_ch4()，這個函數的兩個參數都有預設值。

```
> print_ch4(n=20)
  ********************
```

指定參數 *n* 的值為 20（此時 *n* 為指名參數），另一個參數 *char* 會採用預設值，因此印出 20 個星號。

```
> print_ch4(char='%')
  %%%%%%%%%%
```

指定 *char* 的值為 '%'，此時 *n* 的值會是預設值。

```
> print_ch4(n=15,char='*')
  ***************
```

兩個參數都是用指名參數的方式來給定。注意此時參數的位置不必和函數定義時的位置一樣。

```
> def print_ch5(char,n):
      for i in range(n):
          print(char,end='')
```

定義 print_ch5() 函數，其中兩個參數都沒有預設值。

```
> print_ch5(n=20,char='Q')
  QQQQQQQQQQQQQQQQQQQQ
```

沒有預設值的參數一樣可以利用指名參數的方式來呼叫。

```
> print(2,5,sep='#',end='@')
  2#5@
```

事實上，print() 函數也有指名參數。這個範例中的 sep 和 end 即是指名參數。

```
> print(2,5,end='@',sep='#')
  2#5@
```

指名參數的位置不重要，因為參數名稱已經指定了，因此我們可以任意擺放它們（但是不能放到位置參數前面）。

6.3.3 傳遞任意個數的參數

有些時候，函數參數的個數可能不太一定，此時我們可以在定義函數時，在參數前面加上一個「*」號，代表接收的參數可以有 0 個、1 個或 1 個以上的參數。Python 會以一個序對來接收這些參數。

```
> def print_prms(*p):
      print('prms =',p)
      print('len =',len(p))
```

print_prms() 裡的參數 **p* 帶有一個星號，代表這個函數裡的參數可以任意個。

```
> print_prms(2,3,4,5)
  prms = (2, 3, 4, 5)
  len = 4
```

傳入 4 個整數，我們可以發現 Python 把輸入的參數打包成一個序對，因此在函數裡，*p* 就是一個具有 4 個元素的序對。

```
> print_prms('Hello','Kitty')
  prms = ('Hello', 'Kitty')
  len = 2
```

輸入兩個字串，現在 p 是由字串組成的序對。

```
> print_prms()
  prms = ()
  len = 0
```

沒有輸入任何參數，因此 p 是空的序對，且其長度為 0。

既然我們知道 Python 是以一個序對來接收多個傳進來的參數，這樣在函數裡就很容易處理它了，如下面的範例：

```
> def add(*nums):
      total=0
      for i in nums:
          total+=i
      return total
```

這是 add() 函數，它可以接收不定個數的參數，在函數內將參數相加並傳回。

```
> add(5,12,13)
  30
```

傳入 3 個參數，相加的結果是 30。

```
> def join_str(*strs):
      return ''.join(strs)
```

定義 join_str() 函數，可接收任意個字串，然後將輸入的字串連接起來。

```
> join_str('Hello','_Kitty')
  'Hello_Kitty'
```

輸入 'Hello' 和 '_Kitty' 兩個字串，輸出的結果為 'Hello_Kitty'。

```
> join_str('Python','Data','Scientist')
  'PythonDataScientist'
```

輸入 3 個字串，輸出的結果為這三個字串的連接。

如果有其它參數 n 必須和任意個參數 $*nums$ 一起傳到函數裡的話，則參數 n 必須寫在 $*nums$ 的前面，如下面的範例：

```
> def add_n(n,*nums):
      lst=[]
      for num in nums:
          lst.append(n+num)
      return lst
```

這個函數定義了 add_n(n, $*nums$)，它可以將 $*nums$ 裡的參數都加上 n。注意 n 必須寫在 $*nums$ 的前面。

```
> add_n(100,4,3,2)
  [104, 103, 102]
```

將 100 加到參數 4, 3 和 2 中。

6.3.4 以字典當成指名參數

字典的結構是 key: value，這種結構很像是函數中，指名參數的給定方式。Python 的函數也允許我們以字典當成指名參數來傳遞。要把字典當成指名參數，只要在傳遞的字典前面加上兩個星號「**」即可。

```
> def print_ch6(char,n):
      for i in range(n):
          print(char, end='')
```

定義函數 print_ch6(*char*, *n*)，可印出 *n* 個字元 *char*。

```
> d={'char':'@','n':8}
```

這是一個字典 *d*，裡面有兩個鍵值對，其中鍵 'char' 的值為 '@'，而鍵 '*n*' 的值為 8。

```
> print_ch6(**d)
  @@@@@@@@
```

將字典 *d* 傳入函數中，此時 *char* 的值會被設為 '@'，而 *n* 的值會被設為 8。

```
> d2={'n':20,'char':'+'}
```

這是另一個字典 *d*2。

```
> print_ch6(**d2)
  ++++++++++++++++++++
```

現在可以印出 20 個加號。

```
> d3=[{'n': 20, 'char': '#'},
      {'n': 12, 'char': '^'},
      {'n': 25, 'char': '*'}]
```

這是由 3 個字典組成的串列。

```
> for d in d3:
      print_ch6(**d)
      print()
  ####################
  ^^^^^^^^^^^^
  *************************
```

利用 for 迴圈走訪字典裡的元素，然後依走訪到的鍵值對印出相對應的字串。

6.4 全域變數與區域變數

Python 的每一個變數都有其有效範圍（Scope），或稱為變數的可見視野。如果在某個程式片段裡可以存取到變數 x，也就是在 x 在某個程式片段裡可以被看見，我們就說 x 在這個程式片段內有效（在可見視野內）。變數依有效範圍可分為全域變數（Global variable）和區域變數（Local variable）。我們定義在函數外面的變數都是全域變數，一旦全域變數定義之後，後面撰寫的程式碼都可以看的到它。如果在函數裡也定義了相同名稱的變數，則該變數會取代全域變數。在函數裡定義的變數稱為區域變數，它無法在函數外面存取。

```
> x=12
  y=6
```

x 和 y 皆為全域變數。

```
> def fun():
      y=0
      print('inside fun(), x=',x)
      print('inside fun(), y=',y)
```

定義函數 fun()。函數的第 2 行定義了和全域變數 y 同名的變數 y，因此在函數內的 y 為區域變數。另外變數 x 在函數內沒有重新被定義，因此 x 對 fun() 來說是全域變數（函數內可以存取到 x）。

```
> fun()
  inside fun(), x= 12
  inside fun(), y= 0
```

執行 fun()，我們可以發現在函數內，x 的值為 12（因為函數內可以看得到 x），y 的值為 0。

```
> x
  12
```

在函數外面查詢 x 的值，x 的值一樣是 12。我們非常建議您上 pythontutor.com 網站來查看為什麼 x 的值會等於 12。

```
> y
  6
```

查詢全域變數 y 的值，我們發現 y 的值依然為 6，並沒有被修改為 0，這是因為在函數內的區域變數 y 和左式中的全域變數 y 是不同的變數（只是它們的名稱相同）。

```
> def fun2():
      x=x+1
      print('inside fun2(), x=',x)
```

定義函數 fun2()。在第 2 行中我們設定了 x 的值，因此 x 是區域變數。

```
> fun2()
  UnboundLocalError: local variable 'x' referenced before assignment
```

在執行 fun2() 時，函數第 2 行等號右邊的 x 並沒有初值（x 尚未被設值），因此無法執行 $x+1$，所以會有錯誤訊息產生。

在函數內我們可以使用關鍵字 global 來限定後面接的變數是全域變數，如此在函數內就可以存取到函數外面的變數了：

```
> def fun2():
      global x
      x=x+1
      print('inside fun2(), x=',x)
```

重新定義函數 fun2()，並於第二行指定變數 x 是全域變數。

```
> fun2()
  inside fun2(), x= 13
```

執行 fun2()，因為在函數外面 x 的值為 12，在第三行把 x 加 1 之後 x 的值變為 13，所以在函數內，x 為 13。

```
> x
  13
```

在函數外面查詢 x 的值，x 的值也是 13，這是因為 x 是全域變數，函數內外的 x 都是同一個，因此在函數內修改了 x 的值，函數外的 x 也一樣會被修改。

6.5 遞迴函數

Python 在函數裡面也可以呼叫其它函數。事實上，如果在函數裡利用 print() 印出某些資料，這便是在函數裡呼叫 print() 函數。然而有一種函數非常特殊，它可以在函數裡呼叫自己，這種函數稱為遞迴函數（Recursive function）。階乘（Factorial）是常用來做為遞迴範例的一個函數，這是因為階乘函數本身也可以寫成遞迴的型式，例如

$$\begin{aligned}4! &= 1\times 2\times 3\times 4\\ &= 4\times(1\times 2\times 3)\\ &= 4\times 3!\end{aligned}$$

因此，如果我們把階乘函數命名為 fact()，則 $\text{fact}(4) = 4 \times \text{fact}(3)$。這種要計算 fact(4) 之前，必須要先計算出 fact(3) 的關係稱為遞迴。然而遞迴必須有一個終止點，否則就會無限制的遞迴下去了，這個終止點稱為終止條件。我們可以把階乘函數的終止條件設為 $\text{fact}(1) = 1$（因為 $1! = 1$），如此當計算到 fact(1) 時，Python 知道其值為 1，就不會再往下遞迴。我們可以把 fact() 函數寫成如下的數學式：

$$\text{fact}(n) = \begin{cases} n\times\text{fact}(n-1) & n>1\\ 1 & n=1\end{cases}$$

用 Python 來撰寫遞迴函數 fact() 時，它的寫法和上面的數學式很像，有了這個數學式的幫助，撰寫遞迴函數就不太困難。我們來看看下面的幾個範例：


```
> def fact(n):
      if n>1:
          return n*fact(n-1)
      else:
          return 1
```

這是階乘的遞迴函數的寫法。注意當 $n = 1$ 時，函數會傳回 1，這也就是此一遞迴函數的終止條件。

```
> fact(4)
  24
```

計算 fact(4)，得到 24。

於上面的範例中，您可以發現要計算 fact(4) 之前必須先計算 4*fact(3)，要知道 fact(3) 必須先計算 3*fact(2)。相同的，要知道 fact(2) 必須先計算 2*fact(1)。因為 fact(1) 在函數裡有明確的定義，其值為 1，因此可回溯求得 fact(2) 的值為 2，fact(3) 的值為 6，最終可求得 fact(4) 的值為 24。我們把 fact(4) 的求值過程畫成下圖，從這個圖中應可以理解遞迴函數的運作過程：

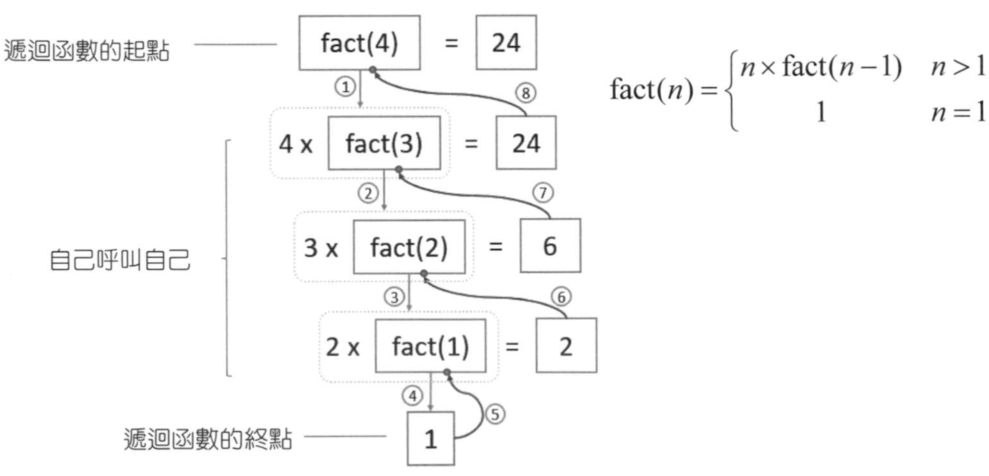


```
> fact(30)
  265252859812191058636308480000000
```

階乘函數成長的非常快，當我們計算 fact(30) 時就已經得到一個很大的數了。

```
> def print_satr(n):
      if n==0:
          return
      else:
          print(n*'*')
          print_satr(n-1)
```

這是另一個遞迴的範例，它可以印出個數遞減的星星。這個遞迴函數設計的原理也相當簡單，每執行一次就印出 n 個星星，然後把 n 減去 1 再呼叫自己，直到 $n = 0$ 時就結束函數的執行。

```
> print_satr(10)
  **********
  *********
  ********
  *******
  ******
  *****
  ****
  ***
  **
  *
```

執行 print_satr(10) 即可印出由星星組成的倒三角形圖案。從這個範例可以觀察到遞迴函數也可以達到 for 迴圈的效果，但是不需要實際撰寫 for 迴圈。

6.6 lambda 表達式

有時候我們需要的函數非常簡短，使用 def 來定義一個簡短的函數實在有些麻煩，因此 Python 提供了一個簡單的 lambda 表達式，方便我們把函數寫在一行來定義它。lambda 表達式的語法如下：

· lambda 表達式

語法	說明
lambda *p1*, *p2*,… : 運算式	傳回一個函數物件，此函數是以 *p1*, *p2*,… 為參數來執行後面的運算式

lambda 表達式一般適合用在很短就可以寫完的函數。如果函數裡的敘述較多的話，採用傳統函數的定義方式會比較方便，也容易閱讀。下面我們來看看 lambda 表達式的應用：

```
> def fun(x):
      return 2*x
```

這是利用 def 關鍵字來定義 fun() 函數，它可以將接收的參數乘上 2 並傳回。

```
> fun(12)
  24
```

呼叫 fun()，並傳回 12，我們得到 24。

```
> fun2=lambda x: 2*x
```

這是利用 lambda 來定義相同的函數。這種定義方式很適合內容較短且簡單的函數。

```
> fun2(2)
  4
```

呼叫 fun2() 且傳入 2，我們得到 4。

```
> def chop(x):
      if x< 0.01:
          return 0
      else:
          return x
```

這是利用 def 來定義 chop() 函數，它可將小於 0.01 的數都砍成 0，否則傳回原來的數。

```
> chop(0.34)
  0.34
```

0.34 大於 0.01，所以傳回 0.34。

```
> chop(0.0034)
  0
```

0.0034 小於 0.01，因此傳回 0。

```
> chop2=lambda x: 0 if x<0.01 else x
```

這是利用 lambda 來定義相同的函數，注意函數的內容是一個單行的 if-else 敘述。

```
> chop2(0.3)
  0.3
```

將 0.3 傳入 chop2()，因為 0.3 大於 0.01，所以得到 0.3。

```
> chop2(0.0052)
  0
```

將 0.0052 傳入 chop2()，得到 0。

```
> larger=lambda x,y: x if x>y else y
```

利用 lambda 來定義 larger()，它可傳回兩個參數中，較大的數。

```
> larger(5,6)
  6
```

將 5 和 6 傳入 larger，我們得到 6。

有時函數可以當成是一個參數傳遞另一個函數中。如果要傳遞的函數很簡短，我們可以利用 lambda 表達式來撰寫這個簡短的函數，甚至不需要對 lambda 表達式建出來的函數命名，因此由 lambda 表達式生成的函數也稱為匿名函數（Anonymous function）:

```
> names=['Tom','Jerry','Jeanne','Jean']
```

這是由 4 個字串所組成的串列。

```
> sorted(names)
  ['Jean', 'Jeanne', 'Jerry', 'Tom']
```

sorted() 函數的排序預設是依字元碼的大小來排序，若字元碼相同的話，再依下一個字元的字元碼來排序，因此 J 開頭的字串會被排到前面去了。

sorted() 函數也可以依我們定義的函數來排序。例如，如果想用字串的長度來排序，我們可以先定義一個計算字串長度的函數 len_()，然後把 len_() 當成參數傳給 sorted() 函數，如此 sorted() 就會將 len_() 作用在每一個字串上，算出它們的長度之後，依其長度來排序。

```
> len_=lambda x:len(x)
```

定義計算字串長度的函數 len_()。注意我們在 len 後面加了一個底線，是為了避免覆蓋到內建函數 len() 的定義。

```
> [len_(e) for e in names]
  [3, 5, 6, 4]
```

利用 len_() 計算 names 裡每一個串列的長度。

```
> sorted(names,key=len_)
  ['Tom', 'Jean', 'Jerry', 'Jeanne']
```

在 sorted() 函數裡，設定 key=len_ 是告訴 sorted() 依 len_() 的運算結果來排序。從輸出可以看到最短的 Tom 被排到最前面，而最長的 Jeanne 被排到最後面了。

```
> sorted(names,key=lambda x:len(x))
  ['Tom', 'Jean', 'Jerry', 'Jeanne']
```

直接把整個 lambda 函數寫到 sorted() 函數裡面。這種寫法不需對 lambda 函數命名，因此它也叫做匿名函數。

```
> sorted(names,key=len)
  ['Tom', 'Jean', 'Jerry', 'Jeanne']
```

事實上，我們也可以直接將內建函數 len() 寫在 key 的後面，因為 len_() 的作用和 len() 是完全一樣的。

```
> last=lambda x: x[-1]
```

現在想依字串的最後一個字母的字元碼來排序，因此必須先定義一個可以取出最後一個字母的函數 last()。

```
> [last(name) for name in names]
  ['m', 'y', 'e', 'n']
```

試試 last() 函數，我們確定它可以取出最後一個字母。

```
> sorted(names,key=last)
  ['Jeanne', 'Tom', 'Jean', 'Jerry']
```

將 key 設為 last，我們發現字串果然依最後一個字母來排序了（Jerry 排在最後，因為 *y* 的字元碼最大）。

```
> lst=[('Juice',60),('Cola',40),('Tea',30)]
```

這是一個由序對組成的串列。

```
> sorted(lst)
  [('Cola',40),('Juice',60),('Tea',30)]
```

sorted() 會依序對裡，索引為 0 的元素來排序，因此 ('Cola',40) 會被排在最前面。

```
> sorted(lst,key=lambda x: x[1])
  [('Tea',30),('Cola',40),('Juice',60)]
```

如果想依序對裡的數字(索引為 1)來排序，只要寫一個 lambda 函數來提取出索引為 1 的元素就可以了。

6.7 函數的進階應用

本節將介紹函數的進階應用，其中包含了函數參數的解包(Unpacking)、zip() 與 enumerate() 函數的使用，以及產生器(Generator)的概念與撰寫等。

6.7.1 參數的解包

有些時候，函數的設計是可以接收 n 個參數，但是我們手邊的資料是 n 個數據被包在一個串列或序對裡，顯然我們無法把整個串列當成一個參數直接傳給函數。不過如果把這個串列或序對解包(Unpacking)成個別的參數，這樣函數就可以接收它了。在 Python 中，於函數的參數前面加上一個星號「*」即可將該參數解包，也就是說，如果該參數是一個具有 3 個元素的串列，則這個串列就會被解包成 3 個參數。

```
> print([5,4,3])
  [5, 4, 3]
```

於本例中，print() 接收一個參數，它是一個串列。print() 只是把這個串列列印出來。

```
> print(*[5,4,3])
  5 4 3
```

在串列前面加上一個星號，代表將這個串列解包成 3 個參數再傳給 print()，因此這個語法相當於呼叫 print(5,4,3)。

```
> add=lambda a,b : a+b
```

定義一個 add() 函數，它可以接收兩個參數，並傳回這兩個參數的加總。

```
> add(5,8)
  13
```

計算 add(5,8)，我們得到一個正確的結果。

```
> add([5,8])
```
TypeError: <lambda>() missing 1 required positional argument: 'b'

如果參數是一個串列，此時 add() 只有一個參數，因此會有錯誤訊息發生。

```
> add(*[5,8])
  13
```

將串列 [5,8] 解包，我們就得到兩個參數，add() 函數就可以正確的計算加總了。

```
> lst=[6,3]
```

lst 是具有兩個元素的串列。

```
> add(lst[0],lst[1])
  9
```

分別提取串列裡的每一個元素再加總，但這樣的寫法有點麻煩。

```
> add(*lst)
  9
```

利用解包運算子「*」解包之後，可以很方便的計算它們的總和。

從上面的範例我們可以看到解包的作用。在撰寫程式時，解包帶來許多方便，它可以減少額外的處理。我們一樣是以 add() 這個函數為範例：

```
> lists=[[1,6],[2,4],[3,7],[2,3]]
```

這是一個串列，裡面有 4 個子串列。現在我們希望把每一個子串列裡的兩個元素加總。

```
> result=[]
  for lst in lists:
      a,b=lst
      result.append(add(a,b))
  result
  [7, 6, 10, 5]
```

利用 for 迴圈走訪每一個子串列，然後提取子串列裡的兩個元素，將它們命名為 *a* 和 *b* 之後傳入 add() 函數，再把計算結果添加到 *result* 中。這是傳統的寫法，我們需要分別提取子串列裡的元素，才能送到 add() 裡去加總。

```
> result=[]
  for lst in lists:
      result.append(add(*lst))
  result
  [7, 6, 10, 5]
```

這是稍好一點的寫法，也就是利用解包的方式來進行，這樣就不用提取子串列裡的元素了。

```
> [add(*lst) for lst in lists]
  [7, 6, 10, 5]
```

這是更好的寫法，利用串列生成式就可以很簡單的計算它們的加總，也不必寫迴圈。

6.7.2 使用 zip() 與 enumerate() 函數

有些時候，我們希望將兩個串列（或序對）裡的資料像拉鏈一樣兩兩拉在一起。比如說 $x = (3,5,6)$ 和 $y = (2,8,1)$ 分別記錄了資料點的 x 坐標和 y 坐標。現在希望把它們變成由個別資料點的坐標組成的串列 [(3,2), (5,8), (6,1)]，此時我們可以利用 zip() 函數來達成，就像是兩筆資料裡的元素用拉鏈（zipper）拉在一起一樣。另外 enumerate() 也是一個好用的函數，它可將流水編號和可迭代物件 (稍後會說明) 裡的元素組合成由序對組成的串列。

· zip()、next() 和 enumerate() 函數

函數	說明
zip(*s*1,*s*2,…)	提取 *s*1, *s*2,…相同位置的元素，並傳回一個 zip 物件
next(*z*)	提取 zip 物件 *z*（迭代器）裡的下一個元素
enumerate(*seq*)	將流水編號和可迭代物件 *seq* 組合成一個由序對組成的串列

```
> x=(3,5,6); y=(2,8,1)
```

這是 x 和 y 兩個序對。

```
> zip(x,y)
  <zip at 0x2e665d19180>
```

將兩個序對裡的元素兩兩 zip 在一起，Python 回應一個 zip 物件，我們看不到裡面的內容。

```
> lst=list(zip(x,y))
  lst
  [(3, 2), (5, 8), (6, 1)]
```

將 zip 物件轉成串列，我們就可以看到 zip 後的結果了。注意這個結果是 x 和 y 這兩個序對各取一個元素經過 zip 運算的結果。

```
> list(zip((3,2),(5,8),(6,1)))
  [(3, 5, 6), (2, 8, 1)]
```

將上面運算結果裡的三個序對當成參數進行 zip 運算，此時每個序對會各取一個元素來 zip，因此可分別得到和 x 與 y 完全相同的兩個序對。

```
> list(zip(*lst))
  [(3, 5, 6), (2, 8, 1)]
```

因為 *lst* 是由三個序對組成的串列，因此將 *lst* 解包再傳到 zip() 裡，我們也可以得到同樣的結果。

```
> for a,b in zip(x,y):
      print(a+b)
  5
  13
  7
```

將數個串列（或序對）zip 起來，for 迴圈就可以同時走訪多個串列（或序對）。例如左式的 for 迴圈是同時走訪 x 和 y 兩個序對，然後將序對的元素相加並列印出來。

現在我們已經知道 zip() 函數的用法了。zip 運算的結果是一個 iterator，我們可翻譯為迭代器。迭代器是一種可依序產生數值的資料型別，而數值可以從現有的物件中取得（例如前例中，zip() 函數的處理方式即是），或是由計算產生（例如我們下節將提到的產生器）。迭代器主要是用在 for 迴圈中，由 for 迴圈依序取得數值並進行處理，就像是上面最後一個範例一樣。

迭代器有一個很重要的特點是，迭代器裡的數值只能取用一次，取用完之後就沒有了。這好比是從一個糖果盒裡取出糖果一樣，取完就沒有了。如果要重新取用，就必須重建一個迭代器物件。我們可以利用 list() 或 tuple() 一次取出迭代器物件裡的所有數值，或是利用 next() 函數一筆一筆取出。我們來看看下面的範例：

```
> drink=['coke','pesi']
```

這是 *drink* 串列。

```
> price=[68,65]
```

這是 *price* 串列。

```
> z=zip(drink,price)
```

利用 *drink* 和 *price* 建立一個 zip 物件。

```
> list(z)
  [('coke', 68), ('pesi', 65)]
```

將 zip 物件轉換成串列。這個語法相當於一次取出 zip 物件裡的所有元素，再轉成串列。

```
> list(z)
  []
```

再次將 zip 物件轉成串列。因為 z 裡的元素已經被提取完，所以得到一個空的串列。

```
> z=zip(drink,price)
```

重新建立一個 zip 物件。

```
> next(z)
  ('coke', 68)
```

利用 next() 函數一次可以提取 z 裡的一筆資料。

```
> next(z)
  ('pesi', 65)
```

提取第二筆資料，這也是最後一筆資料。

```
> next(z)
  StopIteration:
```

如果再次提取一筆資料，我們得到一個錯誤訊息，因為 z 裡已經沒有資料了。

迭代器很適合用在 for 迴圈裡走訪。因為 for 迴圈一次只走訪一個元素，這個元素恰可由迭代器提供。不過關於迭代器更多的細節已經超出本書的範圍，在此不再多做討論。

Python 另一個好用的函數是 enumerate()，它可以將可迭代物件組合成一個由序對組成的串列，且每個序對的第一個元素是流水編號。這個函數很方便用來對一個物件裡的元素進行流水號的編碼：

```
> enumerate([3,5,6])
  <enumerate at 0x7f0ae2bf7eb0>
```

以串列 [3,5,6] 建立一個 enumerate 物件。從輸出我們看不出這個物件真實的面貌。

```
> list(enumerate([3,5,6]))
  [(0, 3), (1, 5), (2, 6)]
```

將 enumerate 物件轉成串列，我們可以看到它將流水編號和 [3,5,6] 裡的元素合併成一個序對，然後組合成一個串列。

```
> list(enumerate('cat',start=1))
  [(1, 'c'), (2, 'a'), (3, 't')]
```

設定 start=1 代表流水編號從 1 開始。

```
> for i,c in enumerate('cat'):
      print(f'{i}: {c}')
  0: c
  1: a
  2: t
```

以字串 'cat' 建立一個 enumerate 物件，然後以 for 迴圈一次走訪兩個元素並列印出 enumerate 物件的內容。注意 enumerate 物件也是一種迭代器，不需轉成串列也可以走訪。

```
> s1=['candy','tea','milk']
  s2=[30,40,55]
  for i,(d,p) in enumerate(zip(s1,s2)):
      print(f'{i}: {d}: {p}')
  0: candy: 30
  1: tea: 40
  2: milk: 55
```

這是 enumerate() 與 zip() 函數搭配使用的例子。

6.7.3 產生器的設計與應用

前一個小節我們說過，迭代器是一種可依序產生數值的資料型別，而數值可以從現有的物件取得，或是由計算產生。我們已經看過從現有物件取得數值的迭代器，然而如果迭代器裡需要的資料量很大（如上千萬筆數據），那麼用來建立迭代器的物件勢必會耗掉大量的儲存空間，因而顯得不太實際。

這個小節我們將探討由計算產生數值的迭代器，它可以在需要用到數值時才透過計算產生，這種迭代器稱為產生器生成的迭代器（Generator iterator）。我們可以先利用 def 關鍵字定義一個產生器，再由它來建立一個迭代器。定義產生器的語法如下：

· 定義產生器的語法

語法	說明
def 產生器名稱(參數1, 參數2,…): 　敘述 　yield *value*1 　敘述 　yield *value*2 　...	定義一個產生器，呼叫後可傳回一個迭代器。每次走訪這個迭代器取用下一筆資料時，便會執行產生器裡的敘述，遇到 yield 時就傳回後面的值，然後暫停執行。當再度透過迭代器取用下一筆資料時，產生器便從暫停的地方繼續往下執行。重復這個動作，直到沒有再遇到 yield 敘述為止。

在產生器的語法裡，yield 和函數的 return 一樣都可傳回數值（yield 是產生的意思），不過當函數遇到 return 之後，整個函數的執行就結束；而產生器遇到 yield 時，則是傳回 yield 後面接的值，然後就暫停執行，直到透過迭代器取用下一個數值時，才會繼續往下執行。

```
> def gen_test():
      a=5
      yield  a
      b=a+2
      yield  b
      yield  b**2
```

定義一個簡單的產生器 gen_test()，稍後我們將利用它來建立一個迭代器。

當我們由 gen_test() 產生器建立一個迭代器 gi 之後，如果從 gi 取用一筆資料，則在產生器裡會先設定 $a = 5$，再傳回 a 給 gi，然後便暫停執行（a 的值會被保留）。再次從 gi 取用下一筆資料時，則產生器接著計算 $b = a + 2$，再傳回 b 給 gi，然後再次暫停執行。如果再從 gi 取用一筆資料，則產生器傳回 b^2 給 gi，此時產生器就不能再生成任何資料了。

我們來測試一下 gen_test() 這個產生器：

```
> gi=gen_test()
```

利用產生器 gen_test() 建立一個迭代器 gi。

```
> next(gi)
  5
```

提取 gi 的下一個元素，此時會傳回 a 的值，因此得到 5。

```
> next(gi)
  7
```

再提取 gi 的下一個元素，此時會計算 $b = a + 2$，然後傳回 b，因此得到 7。

```
> next(gi)
  49
```

再次提取 gi 的下一個元素，此時 b^2 會被傳回，得到 49。如果再次提取 gi 的下一個元素，我們將會得到一個錯誤訊息。

```
> gi=gen_test()
  for i in gi:
      print(i)
  5
  7
  49
```

重新建立一個迭代器 gi，然後利用 for 迴圈走訪它。在 for 迴圈裡，我們把走訪的結果列印出來，得到 5, 7 和 49。

產生器最大的好處是節省記憶空間。例如，假設我們需要產生一千萬個依循特定規則的數值，然後依序提取這些數值進行處理。顯然我們需要處理時再產生這些數值會比較划算，如此就不用將這一千萬個數值儲存在一個串列裡了。

```
> def squ(n):
      lst=[]
      for i in range(1,n+1):
          lst.append(i**2)
      return lst
```

定義 squ(n) 函數，可計算所有小於等於 n 的整數的平方。我們配置一個空的串列 lst 來存放計算結果，每算出一個整數的平方，就把它添加到 lst 裡，最後再把 lst 傳回。

```
> squ(9)
  [1, 4, 9, 16, 25, 36, 49, 64, 81]
```

計算前 9 個整數的平方，此時我們需要有 9 個元素的串列來儲存它。

```
> def squ_gen(n):
      for i in range(1,n+1):
          yield i**2
```

這是利用產生器來完成一樣的工作。當產生器被呼叫時（也就是由 squ_gen() 建立的迭代器要取得一個元素時），在 for 迴圈裡的 yield 就會傳回一個整數的平方，然後等待再次被呼叫。

```
> gi=squ_gen(9)
  print(next(gi))
  print(next(gi))
  1
  4
```

利用 squ_gen() 建立迭代器 *gi*。假設我們只需要前兩筆資料，此時可以利用 next() 提取兩次，我們得到 1 和 4。

```
> list(gi)
  [9, 16, 25, 36, 49, 64, 81]
```

利用 list() 則可以一次全部提取。注意提取的結果不包含 1 和 4，因為它們先前已經被提取過了。

除了利用 def 配合 yield 來建立一個產生器之外，我們也可以利用產生器運算式（Generator expression）來建立。它的語法類似串列生成式，不同的是，串列生成式是用串列括號 [ ] 將裡面的敘述括起來，而產生器運算式則是以圓括號 ( ) 將敘述括起來。

```
> lst=[i**2 for i in range(1,11)]
```

利用串列生成式產生 1 到 10 的平方。注意串列生成式會一次產生所有的數值。

```
> lst
  [1, 4, 9, 16, 25, 36, 49, 64, 81, 100]
```

這是串列生成式產生的結果。

```
> gi=(i**2 for i in range(1,11))
```

這是一個產生器運算式，它也可以產生 1 到 10 的平方，不過是在需要時才會產生。我們讓 *gi* 來接收產生器運算式傳回的迭代器。

```
> print(next(gi))
  print(next(gi))
  print(next(gi))
  1
  4
  9
```

連續走訪迭代器 *gi* 三次，因此產生器產生 3 個整數的平方。

```
> for i in gi:
      print(f'{i:4d}',end='')
   16  25  36  49  64  81 100
```

利用 for 迴圈來走訪 *gi* 裡剩餘的元素。

最後我們複習一下串列生成式（List comprehension）和產生器運算式的差別。串列生成式是一次產生包含所有資料的串列，而產生器運算式則是需要時才產生下一個數值。

第六章 習題

6.1 函數的基本概念

1. 試設計 add(n) 函數，可以用來計算並傳回 $1+2+\cdots+n$ 的值。

2. 試設計 pow(x,n) 函數，可用來計算並傳回 x 的 n 次方。

3. 試設計 isprime(x) 函數，用來判別 x 是否為質數。如果是，則傳回 True，否則傳回 False。

4. 試設計 primes(x) 函數，可以用來找出小於等於 x 的所有質數，並將找出來的質數以串列的型式傳回。

5. 任一個整數都可以分解為其質因數（Prime factor，即因數為質數）的乘積。例如 72=$2^3\times 3^2$，因此 72 的質因數為 2 和 3。試撰寫一函數 prime_factors(x)，可以找出 x 所有的質因數，找出來的質因數以串列的型式傳回。

6. 試設計一函數 factor(x)，可以將整數參數 x 進行質因數分解，並將結果以序對組成的串列傳回。例如 72=$2^3\times 3^2$，因此 factor(72) 傳回 [(2,3), (3,2)]，又例如 $330=2\times 3\times 5\times 11$，因此 factor(330) 傳回 [(2,1), (3,1), (5,1), (11,1)]。

7. 試設計一函數 bin2dec(bs)，用來將二進位的數字 bs（為一字串，裡面的字元只能是 0 或 1，bs 可以是任意長度）轉換成 10 進位的整數。如果 bs 的長度為 0，則傳回 None。提示：'1011' = $1\times 2^3+0\times 2^2+1\times 2^1+1\times 2^0=11$，因此 bin2dec('1011') 傳回 11。

8. 早期電話的按鍵上都有相對應的英文字寫在旁邊，這個對應表如下所示：

號碼	字元
2	A B C
3	D E F
4	G H I
5	J K L
6	M N O
7	P Q R S
8	T U V
9	W X Y Z

這個設計的初衷是為了方便記憶電話號碼，例如，“PYTHON” 可以表示數字 798466。要記住 “PYTHON” 這個有意義的單字會比記住 798466 這組數字來的簡單。試寫一函數 to_numbes($word$)，可以將輸入的字串 $word$ 依上表轉換成由數字組成的字串，並將其輸出。

9. 試撰寫一函數 n_digits(num)，它可接收一個整數 num，然後輸出 num 是幾個位數的整數。例如輸入 n_digits(5591)，則輸出 4。

10. 一個數如果是所有小於它本身的因數之和，這個數就稱為完美數（Perfect number）。例如 6 的因數中，小於 6 的因數有 1, 2, 3 且 $6 = 1 + 2 + 3$，所以 6 是完美數。另外，$28 = 1 + 2 + 4 + 7 + 14$，所以 28 也是一個完美數。

    (a) 試撰寫一函數 factors(n)，可以傳回 n 的因數中，所有小於 n 的因數。

    (b) 試利用 (a) 的結果找出 4 個位數以下所有的完美數。

6.2 參數的傳遞機制

11. 試撰寫一函數 square_tup(tpl)，可以用來接收一個內含任意個整數的序對 tpl，傳回值為一個序對，內含這些整數的平方。例如 square_tup((2,4,6)) 會傳回 (4,16,36)。

12. 試撰寫一函數 combine($t1, t2$)，可將序對 $t1$ 和 $t2$ 串接並傳回串接的結果（為一序對）。例如 combine((1,3), (2,5,6)) 可傳回 (1, 3, 2, 5, 6)。

13. 若定義函數

```
def add100(lst):
    lst[0]+=100
```

假設 $alist = [10, 20, 30]$，在呼叫完 add100($alist$) 後，重新查詢 $alist$ 的值，您會得到什麼樣的結果？試解釋您得到的結果。

6.3 關於傳入的參數

14. 試設計一函數 add_n(lst, n)，可將串列 lst 裡的每一個元素加上 n，並傳回加上 n 之後的串列。如果沒有傳入 n，則 n 預設為 0。

15. 試設計一函數 find_int(num)，可以傳回不能被 4 整除，且最靠近奇數 num 的偶數。例如 find_int(19)=18，find_int(7)=6，find_int(27)=26。如果 num 未填，則預設為 3。

16. 十七世紀的數學家歐拉（Euler）找到了一個計算圓周率的公式（好厲害，不知道他怎麼推導的）：

$$\pi = 2 \times \left(\frac{3}{2} \times \frac{5}{6} \times \frac{7}{6} \times \frac{11}{10} \times \frac{13}{14} \times \frac{17}{18} \times \frac{19}{18} \times \cdots\right),$$

其中所有的分子都是大於 2 的質數，分母則是不能被 4 整除，且最靠近分子的偶數。試撰寫一函數 euler_pi(n)，可以利用上面的公式計算圓周率到第 n 項。例如若 n 為 5，則計算到 $\frac{13}{14}$ 這一項。如果 n 省略，則預設到第 10 項。

17. 試設計一函數 make_dict($keys, values$) 函數，可以依據給定的 $keys$ 和 $values$ 來建立並傳回一個字典，其中 $keys$ 和 $values$ 是長度相等的串列。若 $values$ 省略，則所有 $keys$ 對應的 $values$ 皆為 0。例如 make_dict([0, 1, 2], [32, 43, 55]) 可傳回 {0: 32, 1: 43, 2: 55}，而 make_dict([0, 1, 2]) 則傳回 {0: 0, 1: 0, 2: 0}。

18. 試設計一函數 to_upper($str1$)，它可接收一個字串 $str1$，傳回值為小寫字母變成大寫之後的字串（其它不是小寫字母的字元不變）；如果 $str1$ 省略不傳，則 to_upper() 傳回 'Null' 字串。例如 to_upper('Julia_program') 會傳回 'JULIA_PROGRAM'。

6.4 全域變數與區域變數

19. 設有一個程式碼片段

```
cnt=0
def fun():
    global cnt
    cnt+=1
```

如果呼叫 fun() 五次，則 cnt 的值為何？

20. 試說明下面的程式碼中，在函數 func() 裡的變數 x 是全域變數還是區域變數？請試著理解 print() 函數輸出的結果，並核對程式執行的結果和您理解的結果是否相同：

```
x = 'amazing'
def func():
    x = 'impressive'
    print('Python is '+ x)

func()
print('Python is '+ x)
```

6.5 遞迴函數

21. 設 total(n) $= 1 + 2 + 3 + \cdots + n$，試利用遞迴的方式來撰寫函數 total(n)（提示：total(n) = n + total($n-1$) 且 total(1) = 1。

22. 試撰寫遞迴函數 r_pow($base, n$)，用來計算 $base$ 的 n 次方，並利用此函數來計算 2^8。

23. 試撰寫遞迴函數 r_sum(n) 來求算 $1 \times 2 + 2 \times 3 + 3 \times 4 + \cdots + (n-1) \times n$ 之和，並以 $n = 5$ 來測試您的結果。

24. 費氏數列（Fibonacci sequence）的定義為

$$\text{fib}(n)=\begin{cases}1 & n=1\\ 1 & n=2\\ \text{fib}(n-1)+\text{fib}(n-2) & n\geq 3\end{cases}$$

其中 n 為整數，也就是說，費氏數列任一項的值等於前兩項的和，且 fib(1) = fib(2) = 1。

(a) 試利用 for 迴圈撰寫 fib(n) 函數，並計算 $n = 40$ 時費氏數列的值。

(b) 試利用遞迴撰寫 fib(n) 函數，並計算 $n = 40$ 時費氏數列的值。

(c) 試比較以迴圈和遞迴的方式來計算費氏數列時，在執行的時間上會有什麼樣的差異？哪一種方式執行效率較好？為什麼？

6.6 匿名函數

25. 試完成下列各題：

(a) 試以 def 定義一個函數 sign(x)，它可以接收一個參數 x，若 $x \geq 0$，則傳回 1，否則傳回 -1。

(b) 試將 (a) 所定義的函數改成以 lambda 函數來撰寫。

(c) 設 $lst = [9,-3,8,2,1,-1,-4]$，試利用 (b) 定義的 lambda 函數來判別 lst 裡元素的正負值，然後傳回判別的結果。於此例中，判別結果應為 $[1,-1,1,1,1,-1,-1]$（建議用串列生成式來撰寫）。

(d) 試設計一個 lambda 函數，它可以接收一個參數 x，若 x 大於 0，則傳回 1；若為 0，則傳回 0，若小於 0，則傳回 -1。請將這個函數命名為 sign2(x)，並測試您的結果。

26. 試將下列的函數改以 lambda 函數來撰寫：

(1)
```
def f(x):
    if x>0:
        return x
    else:
        return -x
```

(2)
```
def f(x):
    if x%2==0:
        return True
    else:
        return False
```

(3)
```
def f(lst):
  s=sum([i**2 for i in lst])
  return s
```

(4)
```
def f(lst):
  a=[i for i in lst if i%2==0]
  return a
```

27. 試撰寫一 lambda 函數，可以接收一個整數串列 lst，傳回值為這個串列裡，介於 0 到 255 之間的數。例如 $lst = [-3,6,100,300]$，則傳回 $[6,100]$。

28. 試撰寫一 lambda 函數，可以接收一個整數串列 lst，並將串列裡小於 0 的元素都設為 0，其餘的值則不變。例如 $lst = [-3, 6, -4, 6, 8]$，則傳回 $[0, 6, 0, 6, 8]$。

6.7 函數的進階應用

29. 將紅色 r，綠色 g 和藍色 b 轉成灰階 v 的公式為 $v = r \times 0.299 + g \times 0.587 + b \times 0.114$，試依序作答下列各題：

    (a) 試定義一個函數 rgb2gray(r, g, b)，它可以接收 r, g, b 三個參數，並傳回這三個顏色轉換成灰階之後的值 v（v 要四捨五入到整數）。

    (b) 設 lst = [32,56,128] 代表由三個顏色組成的串列，試利用 rgb2gray() 計算這三個顏色的灰階值（請利用解包運算子「*」來傳入參數）。

    (c) 設 $colors$ = [[34,128,34], [56,22,169], [147,43,98], [155,65,38]]，試計算 $colors$ 裡，每一個子串列的灰階值。

30. 設 a = ['P', 'y', 't', 'h', 'o', 'n']，$b = [1, 2, 3, 4, 5, 6]$，試以 a 的元素為鍵，b 的元素為值，利用 zip() 函數來建立一個具有 6 個鍵值對的字典。

31. 設 $a = (45, 33, 75)$，$b = (109, 85, 63)$，$c = (9, 8, 5)$，試將 a, b 和 c 組合成

    (a) 由序對組成的串列 [(45, 109, 9), (33, 85, 8), (75, 63, 5)]。

    (b) 由子串列組成的串列 [[45, 109, 9], [33, 85, 8], [75, 63, 5]]。

32. 費式數列任一項的值等於前兩項之和，且第 1 項和第 2 項的值均為 1，例如費氏數列的前 10 項分別為 1, 1, 2, 3, 5, 8, 13, 21, 34 和 55。試依序作答下列各題：

    (a) 試寫一函數 fib(n)，可以傳回前 n 個費式數列的值。

    (b) 試將 (a) 改寫成一個費式數列產生器 fib_gen(n)。

33. 試撰寫一個產生器 gen(n)，可以產生所有小於等於 n 的整數中，可以被 3 整除，但不能被 5 整除的數。

34. 試撰寫一個質數產生器 primes(n)，可以用來產生小於等於 n 的質數。

35. 試撰寫一個質數產生器 primes()，可以用來產生無窮多個質數。亦即只要把 primes() 建立的物件 g 傳入 next() 函數，就可以傳回下一個質數。

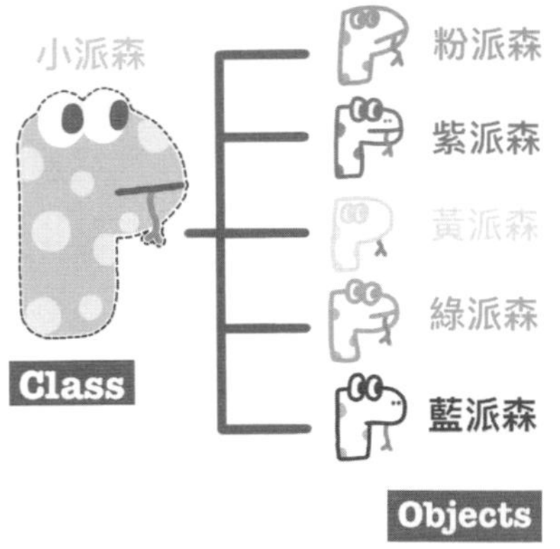

物件導向程式設計

Python 裡的每個變數或常數都是一個物件（Object），這些物件都是由相對應的類別（Class）所建立。例如整數 12 是由 int 類別所建立的物件，而字串 'Hello' 則是由 str 類別所建立。這些類別與物件之間的關係，是屬於物件導向程式設計（Object oriented programming，簡稱 OOP）裡重要的一個環節。熟悉 Python 的 OOP 將有利於我們更加了解 Python 的語法，也可以為往後的機器學習或人工智慧的課程打好基礎，因為許多相關的套件都是由 Python 的 OOP 語法寫成的呢。

1. 類別的基本概念
2. 實例函數
3. 類別函數和靜態函數
4. 繼承
5. 類別的進階認識

7.1 類別的基本概念

在 OOP 中，類別（Class）定義了一件事物的框架，裡面包含了資料的屬性（Attribute）以及對資料的操作(Method，一般譯為方法或函數，本書習慣上也把 Method 稱為函數)。其實我們早已接觸過類別，只是還沒有把類別的一些觀念帶進來而已。例如，我們知道用字串 'Python' 呼叫 upper()（即 'Python'.upper()）可得大寫的 'PYTHON'，這是因為 'Python' 是字串類別 str 所建立的物件，而 str 類別內定義了 upper() 函數可以將字串轉成大寫。

```
> s1='Python'
```

*s*1 是一個 str（字串）類別的物件。

```
> type(s1)
  str
```

查詢 *s*1 所屬的類別，得到 str，這說明 *s*1 是由 str 類別建立的物件。

```
> s1.upper()
  'PYTHON'
```

由於 str 類別定義有 upper() 函數，因此我們可以利用 *s*1 物件來呼叫 upper()。

```
> lst=[2,9,6,6,7]
```

這是一個串列 *lst*。

```
> type(lst)
  list
```

從查詢結果可知 *lst* 是由 list 類別所建立的物件。

```
> lst.count(6)
  2
```

利用 *lst* 物件呼叫 count() 來計算元素為 6 的個數有幾個。由於 list 類別定義有 count() 函數，因此 *lst* 可以呼叫它。

```
> type(6), type(5.7)
  (int, float)
```

整數 6 和浮點數 5.7 也都是物件，它們分別屬於 int 和 float 類別。

7.1.1 類別裡的成員

類別是一個藍圖，它規範了由該類別建立的物件會有哪些屬性與函數。我們必須先定義類別，然後利用類別來建立它的物件。如果物件 B 是由類別 A 所建立，則我們稱 B 為類別 A 的 Instance，也就是 B 是由 A 建立出來的實例（把「實例」這名詞換成「物件」可能會更容易理解）。例如 'Python' 就是 str 類別的實例，而 12 則是 int 類別的實例。要定義一個類別，我們可以利用 class 關鍵字：

· 定義類別的語法

語法	說明
`class` *class_name*: 　敘述	定義類別 *class_name*

在類別定義的語法中，敘述是用來定義屬性和函數，而 *class_name* 後面可以接上圓括號 ()，或不接括號。習慣上，我們會以大寫開頭的識別字做為自行定義的類別名稱。

```
01 # 簡單的類別範例
02 class Student:
03     grade=70            # 定義屬性
04     def show(self):     # 定義函數
05         print('grade=',self.grade)
06
07 tom=Student()      # 建立 Student 類別的物件 tom
08 print(tom.grade)
09 tom.grade=90       # 設定 tom 的 grade 屬性為 90
10 tom.show()
Output: 70
        grade= 90
```

（02~05 行：定義 Student 類別）

於上面的程式碼中，2~5 行定義了學生類別 Student，其中第 3 行設定了這個類別有一個屬性 *grade*，用來存放學生的成績。我們已經把 *grade* 設為 70，所有由 Student 建立的物件都可以讀取到這個屬性。第 4~5 行定義了一個 show() 函數，用來顯示物件的 *grade* 屬性。show() 裡面的 self 參數代表呼叫 show() 的物件，因此哪個物件呼叫 show() 函數，第 5 行就會印出該物件 *grade* 屬性的值。第 7 行則是以建立一個 Student 類別的物件 *tom*，此時類別和物件的關係圖 1 所示：

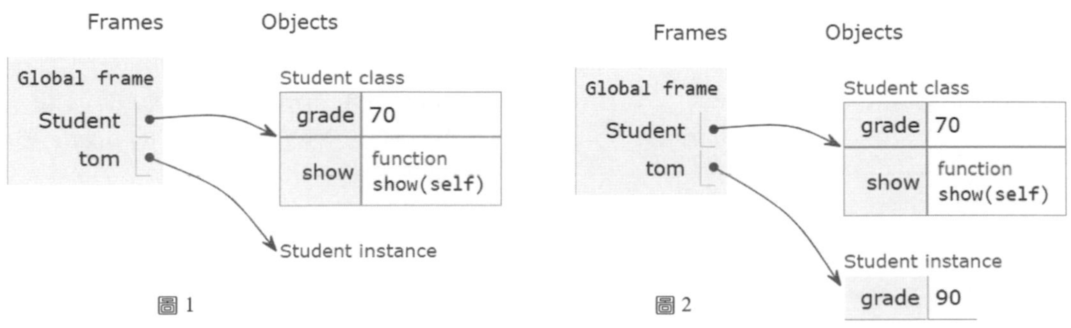

圖 1　　圖 2

在圖 1 中，我們可以看到左邊的 Student 指向一個類別（Student class），類別裡有一個 *grade* 屬性（值為 70）和一個 show() 函數。因為第 7 行建立了一個 Student 類別的物件 *tom*，所以 *tom* 會指向一個 Student 類別的實例（Student instance）。因為我們沒有另外設定 *tom* 的 *grade* 屬性的值，於是 *tom* 會往所屬類別抓取定義在第 3 行 *grade* 的值，因此第 8 行會印出 70。

第 9 行我們把 *tom* 的 *grade* 設值為 90，此時 *tom* 物件會建立自己的 *grade* 屬性，和定義在 Student 類別裡的 *grade* 已經是兩個各自獨立的屬性（只是它們的名稱相同）。圖 2 是執行完第 9 行的結果。從圖中可以看出 *tom* 指向的物件已經有自己的 *grade* 屬性，且其值為 90。由於 *tom* 是由 Student 類別所建立，所以第 10 行利用 *tom* 呼叫 show() 時，會找到並呼叫 Student 中的 show() 函數。因為 show() 是由 *tom* 呼叫，所以 show() 裡的 self 就是 *tom*，self.*grade* 就相當於 *tom.grade*，因此執行結果會印出 *grade*=90。

注意在這個範例中，第 3 行定義的 *grade* 屬性為類別屬性（class attribute），每一個由 Student 類別建立的物件都可以讀取這個屬性，且其值為 70。不過如果賦予物件相同名稱的屬性，例如程式的第 9 行設定 *tom.grade*=90，則 *tom* 裡的 *grade* 就屬於 *tom* 這個物件所擁有，和第 3 行定義的 *grade* 屬性就沒有相關了，只是它們的名稱一樣。我們稱 *tom* 物件裡的 *grade* 屬性為實例屬性（instance attribute）。在類別的定義裡要存取物件的屬性，必須使用self 關鍵字，如程式的第 5 行。我們來看看這個範例的一些延伸：

```
> type(tom)
  __main__.Student
```

查詢 *tom* 的型別，可知它屬於 Student 類別。另外，目前正在執行的程式預設都是屬於 __main__ 模組，所以 __main__.Student 代表 *Student* 是 __main__ 裡的一個類別。

```
> tom.grade
  90
```

利用這個語法，我們可以提取出 *tom* 的實例 *grade*。

```
> Student.grade
  70
```

提取 Student 的類別屬性 *grade*，得到 70，我們可以發現它不會因為 *tom* 的 *grade* 被設為 90 而改變。

```
> Student.grade=95
```

將 Student 的類別屬性 *grade* 改設為 95。

```
> mary=Student()
```

建立一個 Student 類別的物件 *mary*。

```
> mary.grade
  95
```

因為 *mary* 物件沒有自己的 *grade* 屬性，所以 *mary.grade* 會提取到類別屬性 *grade*（其值已經被我們設成 95）。

```
> mary.show()
  grade= 95
```

利用 *mary* 物件呼叫 show()，此時 show() 裡的 self 就是*mary*，因此印出 *grade*=95。

Python 提供了 getattr()、setattr() 和 hasattr() 函數，方便我們取得、設定或是查詢物件的屬性。注意這三個函數中的 attr 是 attribute 的縮寫。如果想知道某個物件是否由某個類別所建立，可用 isinstance() 函數。

. 與屬性相關的函數

函數	說明
isinstance(*obj*, *cls*)	查詢 *obj* 物件是否為 *cls* 類別的實例（Instance）
getattr(*obj*, *attr*)	取得 *obj* 物件的 *attr* 屬性值
setattr(*obj*, *attr*, *val*)	設定 *obj* 物件的 *attr* 屬性值為 *val*
hasattr(*obj*, *attr*)	查詢 *obj* 物件是否有 *attr* 屬性

```
> isinstance(5,int)
  True
```

5 是整數類別 int 的實例，所以回應 True。

```
> isinstance([1,2,3],list)
  True
```

串列 [1,2,3] 是 list 類別的實例，也就是由 list 類別所建立，所以回應 True。

```
> isinstance(tom,Student)
  True
```

tom 是 Student 類別的實例。

```
> hasattr(mary,'grade')
  True
```

mary 有 *grade* 屬性，所以回應 True。

```
> setattr(mary,'grade',100)
```

設定 *mary* 的 *grade* 屬性為 100。

```
> getattr(mary,'grade')
  100
```

查詢 *mary* 的 *grade* 屬性，得到 100。

7.1.2 利用 __init__() 函數設定實例屬性

在前面的範例中，我們都是在建立物件之後，才賦予實例屬性的值。Python 提供更簡便的方式，可以利用 __init__() 函數在建立物件時就直接將屬性設值。init 為 initialize 的縮寫，是初始化的意思。init 前後各有兩個底線，不過由於印刷字體的關係，書本裡的兩個底線可能會連在一起，不過讀者應理解它們是由兩個連續的底線構成。__init__() 函數的呼叫方式比較特殊，它是在物件建立的時候會自動被呼叫，而不需要我們明確的去呼叫它。我們來看看下面的範例：

```
> class Cat:
      breed='Mix'
      def __init__(self,n,a):
          self.name=n
          self.age=a
```

定義 Cat 類別，內含一個類別屬性 *breed*（品種的意思）。另外這個類別也定義了 __init__() 函數，當 Cat 類別的物件被建立時，這個函數會自動被呼叫。注意 init 前後各有兩個底線。

在上面的範例中，__init__() 有三個參數，第一個參數必須為 self，這個參數代表被建立的物件，第二和第三個參數則分別為 n 和 a。在 __init__() 中，self.$name$=n 設定了物件的 $name$ 屬性為傳進來的參數 n。相同的，self.age=a 設定了 age 屬性為參數 a 的值。因為 __init__() 函數會自動被呼叫，因此在建立物件時，物件的 $name$ 和 age 屬性可以同時被建立（注意這兩個屬性是實例屬性）。

```
> myCat=Cat('Tom',8)
```

建立 Cat 類別的物件 *myCat*，並傳入 'Tom' 和 8 這兩個參數。

在上面的語法中，我們建立的物件是 *myCat*，所以在 __init__() 函數中的 *self* 即為 *myCat*，因此在 __init__() 中會設定 *myCat* 的 *name* 屬性為 'Tom'、*age* 屬性為 8。注意 __init__() 的第一個參數雖然是 *self*，不過我們在建立物件時，不需要把物件的名稱也傳進去，而是只要傳入 *name* 和 *age* 這兩個屬性的值即可。

```
> myCat.name
  'Tom'
```

查詢 *myCat* 的 *name* 屬性，得到 'Tom'。

```
> myCat.age
  8
```

查詢 *myCat* 物件的 *age* 屬性，得到 8。

```
> myCat.breed
  'Mix'
```

在 __init__() 函數中並沒有設定 *breed* 屬性的值，因此 *myCat* 的 *breed* 為 'Mix'。

```
> yourCat=Cat('Jerry',4)
```

建立另一個物件 *yourCat*，並分別設定它的 *name* 和 *age* 屬性。

```
> getattr(yourCat,'age')
  4
```

查詢 *yourCat* 的 *age* 屬性，果然得到 4。

```
> yourCat.breed='Asian'
```

將 *yourCat* 的 *breed* 屬性設為 'Asian'，這將使得 *breed* 成為 *yourCat* 的實例屬性。

```
> myCat.breed
  'Mix'
```

查詢 *myCat* 的 *breed* 屬性，結果為仍為 'Mix'，顯然不受 *yourCat* 更改了 *breed* 屬性的影響。

```
> Cat.breed
  'Mix'
```

查詢 *Cat* 類別的 *breed* 屬性，結果仍然為 'Mix'。

注意將 *yourCat* 的 *breed* 屬性設為 'Asian' 並不會改變到其它物件的 *breed* 屬性。相同的，Cat 的類別屬性 *breed* 依然還是 'Mix'，不受 *yourCat* 修改 *breed* 屬性的影響。不過在實際撰寫程式時，建議不要讓類別屬性和實例屬性同名，因為很容易混淆，程式碼也不好維護。

另外，您可以注意到 __init__() 可讓同一類別建立的物件都能擁有相同的一組實例屬性，在建立物件時顯得比較方便。另外，像類似 __init__() 這種前後有兩個底線的函數都是給 Python 在特定情況下自動呼叫用的，因此我們也不要將自己的函數名稱設計成前後有兩個底線。

7.2 實例函數

如果想對物件（即類別的實例）的屬性進行操作以完成某些功能，此時就需要撰寫函數來取用物件裡的屬性。這種可以取用實例屬性的函數稱為實例函數（instance method），如上一節的 show() 就是一個實例函數。於前一節我們已經初步看過如何定義實例函數，本節我們將進一步探究實例函數的語法和使用時機。

7.2.1 定義實例函數

就如同定義一般的函數一樣，我們必須用 def 關鍵字來定義實例函數。實例函數的第一個參數必須是 self，用來代表呼叫這個函數的物件（實例）。如果有其它的參數要傳入函數內，則依序寫在 self 參數的後面。下面的範例定義了一個 Circle（圓形）類別，內含一個半徑 rad 屬性和一個 area() 函數，此函數可以用來計算半徑為 rad 的圓面積。

```
# 定義 Circle（圓形）類別
class Circle:
    def __init__(self,r=1):
        self.rad=r      # 實例屬性
    def area(self):    # 不需參數傳入
        return 3.14*self.rad**2
```

定義 Circle 類別

在 Circle 類別的定義中，__init__() 可以接收一個參數 r，用來將半徑 rad 設值為 r（注意 rad 為物件的實例屬性）。如果沒有給 r，則預設為 1。另外，area() 則是 Circle 類別裡的一個實例函數，在定義時它的第一個參數是 self，其後沒有給任何參數，代表在呼叫時也不需要傳入任何參數。area() 函數會傳回圓面積 3.14*self.rad**2，這邊的 self 代表呼叫 area() 的物件，因此 self.rad 就是這個物件的 rad 屬性。

```
> c1=Circle(10)
```

建立一個 Circle 類別的物件 $c1$，並傳入 10 給 Circle，這個 10 會由 __init__() 裡的 r 接收，然後把 $c1$的 rad 屬性設值為 10。

```
> c1.rad
  10
```

查詢 $c1$ 的 rad 屬性，果然得到 10。

```
> c1.area()
  314.0
```

利用 $c1$ 物件呼叫 area()，由於 $c1$的 rad 為 10，因此 area() 裡的 self.rad 為 10，所以圓面積為 314.0。

```
> Circle().area()
  3.14
```

先建立一個 Circle 類別的物件，然後利用此物件來呼叫 area()。因為建立物件時沒有傳入任何參數，所以接收的參數 r 預設為 1，因此物件的 rad 為 1，呼叫 area() 之後得到 3.14。

```
> c2=Circle(100)
```

建立另一個 Circle 類別的物件 $c2$，並設定其 rad 屬性為 100。

```
> c2.area()
  31400.0
```

利用 $c2$ 函數呼叫 area() 函數，得到 31400.0。

7.2.2 存取實例屬性與類別屬性

在前一節的範例中，每一個物件都會有自己獨立的 rad 屬性，物件之間 rad 的值可以不同，從 7.1 節我們知道 rad 是實例屬性（Instance attributes）。有別於實例屬性，類別屬性（Class attributes）是由所有的物件所共享。若更改了類別屬性的值，所有物件讀取到的類別屬性均會是更改後的值。

我們可以利用 self 這個關鍵字來區分實例屬性和類別屬性。因為每個物件都有其各自實例屬性的值，因此實例屬性前面會帶有「self」，而類別屬性則是所有物件所共享，因此在一個函數裡如果需要用到類別屬性，則會在這個屬性前面冠上「類別名稱.」，用以表明它是一個類別屬性。

下面的範例定義了 Circle 類別，並於第 3 行設定 cnt 的初值為 0，此處的 cnt 即為類別屬性。新建的物件都可以取用 cnt 屬性，而且這個屬性的值如果被修改，已經存在之物件或是新建立之物件讀取到的 cnt 也會是修改後的值。

```
01  # 存取類別屬性
02  class Circle:
03      cnt=0    # 類別屬性
04      def __init__(self,r=1):
05          self.rad=r
06          Circle.cnt+=1   # 將類別屬性 cnt 的值加 1
07      def area(self):
08          return 3.14*self.rad**2
```

這個範例第 3 行的類別屬性 cnt 是用來記錄一共有多少個 Circle 類別的物件被建立。因為在建立物件時都會自動去呼叫 __init__() 函數，因此第 6 行設計了一個累加的功能，只要有一個 Circle 類別的物件被建立，cnt 的值就會被加 1。注意第 6 行的 cnt 前面必須加上「Circle.」，否則 cnt 會被視為區域變數。

```
> c1=Circle(10)
```

建立物件 $c1$。在建立時，類別屬性 cnt 的值為 0，在呼叫 __init__() 後，cnt 的值會被加 1，因此 cnt 的值為 1。

```
> c1.cnt
  1
```

查詢 $c1$ 的 cnt 屬性，其值果然為 1。

```
> c2=Circle(5)
```

建立另一個物件 $c2$。

```
> c2.cnt
  2
```

在建立 $c2$ 時，類別屬性 cnt 的值為 1，進到 __init__() 後，cnt 會被加 1，得到 2，因此查詢 $c2.cnt$ 的結果為 2。

```
> c1.cnt
  2
```

再次查詢 $c1$ 的 cnt 屬性，其值也是 2。

類別屬性也可以利用類別名稱來查詢。事實上我們也建議利用「類別名稱. 類別屬性」的方式來撰寫程式，因為類別屬性和各別物件較無關係，反而和類別較有關係。

```
> Circle.cnt
  2
```

利用 Circle 類別查詢類別屬性 cnt，得到 2。

```
> c1.area(), c2.area()
  (314.0, 78.5)
```

分別利用 $c1$ 和 $c2$ 物件呼叫 area()，我們可得這兩個物件的圓面積。

```
> Circle.area(c2)
  78.5
```

我們也可以利用 Circle 類別呼叫 area()，並傳入 $c2$ 物件來計算其圓面積。注意此時的 $c2$ 就是 area() 函數裡的 self。

```
> c1.cnt=0
```

設定 $c1.cnt=0$ 相當於新增一個 cnt 實例屬性給 $c1$，然後將這個屬性設為 0。這個屬性只存在於 $c1$，$c2$ 就沒有這個屬性了。

```
> c1.cnt
  0
```

查詢 $c1$ 的 cnt 屬性，此時查詢到的是 $c1$ 的實例屬性，而不是 Circle 提供的類別屬性。

```
> c2.cnt
  2
```

*c*2 本身沒有實例屬性 *cnt* ，因此這個範例得到的是類別屬性 *cnt* 的值。

```
> Circle.cnt
  2
```

查詢 Circle 的類別屬性 *cnt* ，得到 2。

```
> Circle.cnt=0
```

將類別屬性 *cnt* 重設為 0。

```
> [Circle().cnt for _ in range(5)]
  [1, 2, 3, 4, 5]
```

利用串列生成式建立 5 個物件，並查詢類別變數 *cnt* 的值。從輸出中可以看到每建立一個物件， *cnt* 的值就會被加 1。

前面定義 Circle 類別時，在 __init__() 內使用了 Circle.*cnt* 來讀取 *cnt* 屬性。然而如果覺得類別名稱定義的不好，想要幫類別換個名稱時，類別裡所有相同的名稱都要跟著換（例如，想把 Circle 改成 Cir，則 __init__() 內就必須使用 Cir.*cnt* 來讀取 *cnt*），這對上千行的程式來說修改起來有點麻煩。一個比較簡單的解決方法是利用 __class__（class 前後皆有兩個底線）來取代類別名稱，在類別內的 __class__ 即代表該類別。

```
> class Circle:
      cnt=0
      def __init__(self,r=1):
          self.rad=r
          __class__.cnt+=1  # Better
```

以 __class__.*cnt* 取代 Circle.*cnt*。此處因為 __class__ 是撰寫在 Circle 類別內，因此 __class__ 就相當於是 Circle 的別名。

```
> [Circle(i) for i in [2,4,5]]
  [<__main__.Circle at 0x1fc6153c2e0>,
   <__main__.Circle at 0x1fc6153c160>,
   <__main__.Circle at 0x1fc6153c340>]
```

建立 3 個 Circle 的物件。

```
> Circle.cnt
  3
```

查詢 Circle.*cnt*，結果得到 3，代表 3 個物件已經被建立了。

7.2.3 將物件傳入函數內

我們不僅可以將數字、字串與串列等資料傳入一個函數內，也可以傳入由某個類別建立的物件（事實上，數字、字串與串列等物件也是由相對應的類別所建立）。例如，若是想比較兩個 Circle 物件半徑的大小，就必須將物件傳入比較的函數中。我們來看看下面的範例：

```
01 # 將物件做為參數傳入函數內
02 class Circle:
03     def __init__(self,r):
04         self.rad=r
05     def compare(self,obj):          # 將物件傳入函數內
06         if self.rad > obj.rad:      # 比較 rad 的大小
07             return self
08         else:
09             return obj
```

於 Circle 類別內，第 5~9 行定義了一個 compare() 函數，可以接受一個 Circle 類別的物件 obj，並且比較呼叫 compare() 之物件的 self.rad 和傳入之物件的 $obj.rad$ 的大小，最後傳回 rad 較大的那個物件。

```
> c1=Circle(3)
```

建立 $c1$ 物件，並設定 rad 屬性為 3。

```
> c2=Circle(5)
```

建立 $c2$ 物件，並設定 rad 屬性為 5。

```
> result=c1.compare(c2)
```

利用 $c1$ 呼叫 compare() 函數，並傳入物件 $c2$。因為 $c2$ 物件的 rad 屬性較大，因此 compare() 會傳回 $c2$ 物件，並由 $result$ 變數接收。

```
> result
  <__main__.Circle at 0x1d9787764c0>
```

查詢 $result$ 的值，Python 回應我們 $result$ 是屬於 Circle 類別，還有它所在的位址。

```
> print(result)
  <__main__.Circle object at
  0x000002555071C280>
```

列印 $result$ 的值，Python 顯示的結果依然不太好理解。於下一個小節中我們將介紹如何修改這個預設的回應。

```
> result.rad
  5
```

查詢 $result$ 的 rad 屬性，得到 5，顯示 compare() 函數傳回的是 $c2$ 物件。

7.2.4 有趣的 __repr__()、__eq__() 和 __str__() 函數

在 Python 裡內建有一些好用的函數，方便我們進行顯示、列印或是比較物件等處理。例如上一節當我們查詢 *result* 物件時，Python 回應的是物件的位址，但我們更希望看到的是物件的屬性值。此時我們可以為 Circle 類別添加一個 __repr__() 函數，只要查詢物件的內容時，這個函數就會自動被呼叫，因此我們可以在這個函數內設計被查詢時要如何顯示內容。repr 取自英文的 representation，是代表、表示的意思。

```
01  # __repr__() 函數的使用
02  class Circle:
03      def __init__(self,r):
04          self.rad=r
05      def __repr__(self):   # 當物件需被顯示時，會呼叫此函數
06          return f'Circle(r={self.rad})'
07      def compare(self,obj):
08          if self.rad > obj.rad:
09              return self
10          else:
11              return obj
```

在上面的範例中，於 5~6 行定義了 __repr__() 函數，當物件需要被顯示時，__repr__() 函數會自動被呼叫。本例 __repr__() 傳回的是一個 f-字串，用來顯示物件的 rad 屬性的值。

```
> c1=Circle(5)
```

建立 $c1$ 物件，並設定 rad 屬性為 5。

```
> c2=Circle(13)
```

建立 $c2$ 物件，並設定 rad 屬性為 13。

```
> c1.compare(c2)
  Circle(r=13)
```

因為 $c2$ 的 rad 較大，因此 compare() 傳回 $c2$。由於我們有提供 __repr__() 函數，所以 $c2$ 會依 f-字串描述的方式來顯示。

```
> c1
  Circle(r=5)
```

查詢 $c1$ 的值，$c1$ 也會依 f-字串的內容來顯示，因此我們看到的不再是它的位址。

除了查詢物件的內容之外，我們也常用「==」運算子來比較兩個變數的內容是否相等。然而如果用它來比較兩個自訂類別所建立的物件時，可能就要失望了，因為「==」運算子預

設比較的是「==」兩邊是否同為一個物件，所以總是會傳回 False，即使是兩個物件的所有屬性值都一樣。如果想讓「==」運算子用來比較兩個物件的某些屬性是否相等，可以在類別裡定義 __eq__() 函數（eq 取自英文裡的 equal，為相等之意）。

另外，我們也常用 print() 函數來列印變數的值。然而利用 print() 函數來列印自定類別所建立的物件時，我們得到的只是物件的位址。如果想讓 print() 函數在列印物件時可以有自己想要的格式（就如同稍早介紹的 __repr__() 一樣），則可以在類別裡定義 __str__() 函數。我們來看看下面的範例：

```
> class Circle:
      def __init__(self,r=1):
          self.rad=r
```

定義一個簡單的 Circle 類別。

```
> c1=Circle(5); c2=Circle(5)
```

建立兩個 $c1$ 和 $c2$ 物件，並設定它們的 rad 屬性都是 5。

```
> c1==c2
  False
```

利用「==」比較 $c1$ 和 $c2$ 是否相等，我們可以看到即使這兩個物件的 rad 屬性都是 5，判別的結果還是 False。

```
> c1.rad==c2.rad
  True
```

如果指明比較的屬性是 rad，則「==」可以正確的做出判別。

```
> print(c1)
  <__main__.Circle object at
  0x000002555071CBE0>
```

列印 $c1$ 的內容，print() 函數回應的是物件的位址。

於下面的範例中，我們添加了 __eq__() 和 __str__() 函數，方便我們判別和列印物件的內容。在添加這兩個函數之後，只要是用到「==」運算子的比較時，__eq__() 函數就會被呼叫。如果是使用 print() 函數來列印物件的內容，則 __str__() 函數會被呼叫。

```
01 # 定義 __str__() 和 __eq__() 函數
02 class Circle:
03     def __init__(self,r=1):
04         self.rad=r
05     def __str__(self):           # print() 列印物件時會呼叫此函數
06         return f'radius= {self.rad}'
07     def __eq__(self, other):     # 使用==運算子時會呼叫此函數
08         if self.rad==other.rad:
09             return True
10         else:
11             return False
```

上面的 Circle 類別內含 __str__() 和 __eq__() 兩個函數。第 5~6 行的 __str__() 會傳回一個字串，印出物件的半徑。7~11 行的 __eq__() 則針對 self（等號左邊）和 *other*（等號右邊）兩個物件的 *rad* 屬性進行比較。如果 self 和 *other* 的 *rad* 屬性值相同，則傳回 True，否則傳回 False。

```
> c1=Circle(12); c2=Circle(12)
```

建立兩個 Circle 的物件 *c1* 和 *c2*，並設定它們的 *rad* 屬性皆為 12。

```
> print(c1)
  radius= 12
```

利用 print() 函數列印 *c1* 物件。因為 Circle 裡定義有 __str__() 函數，此時 print() 會依 __str__() 內 *f*-字串的格式來列印 *c1*。

```
> print(c2)
  radius= 12
```

相同的，我們也可以利用 print() 函數列印 *c2* 物件。

```
> c1==c2
  True
```

判別 *c1* 物件是否等於 *c2* 物件。由於 Circle 裡定義有 __eq__()，因此 *c1* 和 *c2* 會分別由 self 和 *other* 兩個參數接收。因為兩個參數的 *rad* 屬性相同，所以回應 True。

```
> c1.rad=10
```

將 *c1* 物件的 *rad* 設為 10。

```
> c1==c2
  False
```

現在因為 *c1* 和 *c2* 的 *rad* 屬性不同，所以判別回應 False。

7.3 類別函數和靜態函數

上一節我們已經介紹過實例函數（Instance method）。類別裡還有另外兩種函數，分別是類別函數（Class method）和靜態函數（Static method），這兩種函數各有其適當的使用時機。本節我們來看看這兩種函數的用法。

7.3.1 類別函數

有別於實例函數需要有一個 self 參數，類別函數除了需要有一個 cls 參數（class 的縮寫）之外，還需要用修飾子（Decorator）@classmethod 來標明其後接的函數是一個類別函數。如果有數個類別函數，則每個類別函數都需要加上@classmethod 修飾子。類別函數可以由類別或物件來呼叫，特別的是，因為它可以由類別直接呼叫，因此即使物件尚未建立，依然可以呼叫類別函數。類別函數的第一個參數傳入的是類別，而不是由該類別建立的物件，所以只能存取類別屬性。我們來看看下面的範例：

```
01  # 類別函數
02  class Circle:
03      cnt=0
04      def __init__(self):
05          __class__.cnt+=1
06      @classmethod            # 類別函數修飾子
07      def show_count(cls):    # 定義類別函數
08          print(cls.cnt,'obj(s) created')
```

於這個範例中，第 6 行寫上一行 @classmethod 修飾子，來標明其後接的 show_count() 是一個類別函數，可以用來追蹤多少個 Circle 類別的物件被建立了。注意第 7 行的 show_count() 裡有一個 cls 參數，這個 cls 代表呼叫 show_count() 的類別（即 Circle）。因為 Circle 裡定義有一個類別屬性 *cnt*，所以利用 cls.*cnt* 這個語法可以取得 *cnt* 的值。

```
> Circle.show_count()
  0 obj(s) created
```

利用 Circle 呼叫 show_count()。因為此時沒有任何物件被建立，因此 *cnt* 的值為 0。

```
> c1=Circle()
```

建立一個 Circle 物件。

```
> Circle.show_count()
  1 obj(s) created.
```

呼叫 show_count()，此時顯示已經有一個物件被建立了。

```
> c1.show_count()
  1 obj(s) created.
```

因為物件 $c1$ 已經被建立，我們可以利用 $c1$ 來呼叫 show_count()。

```
> c1.cnt, Circle.cnt
  (1, 1)
```

因為沒有限定 *cnt* 的存取方式(下一節會提到如何限定)，因此可利用 $c1$ 或 Circle 查詢 *cnt* 的值。

```
> cirs=[Circle() for _ in range(1,6)]
```

利用串列生成式建立 5 個 Circle 的物件。

```
> Circle.show_count()
  6 obj(s) created.
```

利用 Circle 呼叫 show_count()，現在顯示有 6 個物件被建立了。

```
> cirs[3].show_count()
  6 obj(s) created.
```

我們也可以利用串列裡的任一個物件來呼叫 show_count()。

7.3.2 靜態函數

如果函數不需要去存取類別屬性（不需 cls 參數），也不需要對特定的物件進行運算（也不需 self 參數），此時可以把它定義成靜態函數（Static method）。定義靜態函數的前一行必須加上 @staticmethod 修飾子；另外，靜態函數可以由類別或是物件來呼叫。

```
01  # 靜態函數
02  class Circle:
03      def __init__(self,r=1):
04          self.rad=r
05      def area(self):
06          return 3.14*self.rad**2
07      @staticmethod  # decorator      # 靜態函數修飾子
08      def show_info(greeting):        # 定義靜態函數
09          print(greeting,'Circle')
```

在上面的 Circle 類別內，第 7 行為靜態函數修飾子，8~9 行定義了靜態函數 show_info()。這個函數可以接受一個歡迎詞（greeting，為一字串），輸出則為歡迎詞加上 'Circle' 字串。注意 show_info() 這個函數只是單純的列印出一個字串，和類別屬性或特定的物件都沒有關係，因此非常適合將它定義成一個靜態函數。

```
> Circle.show_info('Hello')
  Hello Circle
```

利用 Circle 呼叫靜態函數 show_info()，並傳入 Hello 字串。從輸出可以看到 show_info() 被執行了。

```
> c1=Circle(10)
```

建立一個 *c*1 物件。

```
> c1.show_info('Hi')
  Hi Circle
```

靜態函數也可以利用物件來呼叫。

```
> c1.area()
   314.0
```

利用物件來呼叫 area()。因為 area() 的參數裡帶有一個 self，所以它是一個實例函數。

7.4 繼承

繼承（Inheritance）在 OOP 是一個常用且重要的技術。藉由繼承，父類別（Super class）可以把它的屬性和函數繼承給子類別（Sub-class）使用。如果 A 是父類別，若是類別 B 繼承類別 A，則 B 就是 A 的子類別。在 Python 中，我們可以利用 class B(A): 的語法來定義類別 B，並指定它是繼承自類別 A。我們先來看一個簡單的範例：

```
01 # 繼承的範例（一）
02 class Radius:                    # 父類別
03     def __init__(self,r):        # 父類別的 __init__()
04         self.rad=r
05     def show(self):              # 父類別的 show() 函數
06         print('rad=',self.rad)
07
08 class Circle(Radius):            # 子類別
09     pass
```

在這個範例中，2~6 行定義父類別 Radius，其中的 __init__() 可用來設定物件的 *rad* 屬性為 *r*，而 show() 則可用來顯示 *rad* 的值。8~9 行定義子類別 Circle，它繼承自父類別 Radius。Circle 裡只有一個 pass 敘述，它不做任何事情，只是用來保持結構的完整性。因此，Circle 裡並沒有定義任何屬性或函數。

不過由於繼承的關係，使得 Circle 類別建立的物件也可以呼叫由父類別 Radius 繼承過來的 __init__() 和 show() 函數。因此我們在建立子類別 Circle 的物件時，即使在 Circle 裡沒有撰寫 __init__() 函數，我們還是可以透過父類別的 __init__() 來設定物件屬性的初值。相同的，Circle 的物件也可以呼叫 show() 來顯示 rad 成員。我們來看看下面的範例：


```
> c1=Circle(10)
```

建立一個子類別 Circle 的物件 $c1$。Circle 雖然沒有定義 __init__()，不過通過繼承，它可以呼叫由父類別繼承過來的 __init__()，並把參數 10 傳入。因此 $c1$ 就有了 rad 屬性，其值為 10。

```
> c1.rad
  10
```

查詢 $c1$ 的 rad 屬性，我們果然得到 10。

```
> c1.show()
  rad= 10
```

利用 $c1$ 呼叫 show()。注意 show() 也是通過繼承而來的函數，因此 $c1$ 物件可以呼叫它。

從上面的範例可知，通過繼承，子類別的物件就可以使用父類別的函數。子類別也可以定義自己的屬性或函數，不過如果子類別的函數名稱和父類別的函數名稱相同的話（例如子類別也有自己的 __init__()），則子類別的函數會覆蓋掉父類別相同名稱的函數。雖然如此，我們還是可以利用 super() 在子類別裡呼叫父類別被覆蓋掉的函數。我們以下面的例子來做說明：

```
# 繼承的範例（二）
class Radius:                     # 父類別
    def __init__(self,r):         # 父類別的 __init__()
        self.rad=r
    def show(self):
        print('rad=',self.rad)

class Circle(Radius):             # 子類別
    def __init__(self,c,r=1):     # 子類別的 __init__()
        super().__init__(r)       # 呼叫父類別的 __init__()
        self.color=c
    def area(self):
        self.show()               # 呼叫由父類別繼承而來的 show()
        return 3.14*self.rad**2
```

在這個範例中，2~6 行定義父類別 Radius，其內容和前例相同。8~14 行定義子類別 Circle，它繼承自父類別 Radius。Circle 裡也有一個 __init__()，它可以接收 c 與 r 兩個參數（r 預設為 1）。

由於父類別的 __init__() 已經寫好了設定物件的 rad 屬性，因此我們可以在子類別的 __init__() 中呼叫父類別的 __init__() 來設定它。但由於父類別和子類別都有相同名稱的 __init__()，因此父類別的 __init__() 被子類別的 __init__() 覆蓋了。在這種情況下，我們可以在子類別裡利用 super() 呼叫父類別裡被子類別覆蓋的函數。因此第 10 行利用 super() 呼叫父類別的 __init__()，並把參數 r 傳入，這使得子類別的物件也具有 rad 屬性。第 11 行設定物件的 $color$ 屬性為傳進來的參數 c。因此執行完子類別的 __init__() 後，子類別的物件將具有 rad 和 $color$ 兩個屬性。

另外，我們也在子類別裡定義了用來計算圓面積的 area() 函數。注意父類別的 show() 函數也會繼承給子類別，因此第 13 行我們利用 self.show() 來呼叫由父類別繼承過來的 show()。有趣的是，第 13 行也可以把它寫成 super().show()，也就是直接呼叫父類別的 show()。不過因為 show() 並沒有被子類別覆蓋掉（子類別沒有定義相同名稱的函數），所以直接呼叫由父類別繼承過來的 show() 就可以。定義好類別之後，我們來測試一下它們：

```
> c1=Circle('blue')
```

建立子類別物件 $c1$，並傳入參數 'blue'。

在建立 $c1$ 物件時，程式會進到第 9 行執行子類別的 __init__()。因為只有給了一個參數 'blue'，因此 c='blue' 且 $r=1$。接著第 10 行利用 super() 呼叫父類別的 __init__() 並傳入 r，於是在第 4 行賦予 $c1$ 物件 rad 的屬性，並設定其值為 1。執行完第 4 行後，程式回到子類別的 __init__()，繼續執行第 11 行賦予 $c1$ 物件 $color$ 的屬性，並設定其值為 'blue'。執行到此，$c1$ 物件已經有了 rad 和 $color$ 這兩個屬性。我們測試一下建立好的 $c1$ 物件：

```
> c1.rad
  1
```

$c1$ 的 rad 屬性值為 1。

```
> c1.color
  'blue'
```

查詢 $c1$ 的 $color$ 屬性，其值為 'blue'。

```
> c1.area()
  rad= 1
  3.14
```

利用 $c1$ 呼叫定義在子類別的 area() 函數。第 13 行會執行由父類別繼承過來的 show()，因此印出 rad= 1。另外第 14 行會傳回圓面積，所以得到 3.14。

```
> c1.show()
  rad= 1
```

由於繼承的關係，子類別的物件 $c1$ 也可以呼叫到定義在父類別的 show() 。

我們知道透過繼承，父類別的函數可以繼承給子類別的物件來使用。然而父類別的函數未必適合子類別使用，因此我們可以在子類別內定義一個和父類別名稱一樣的函數，用來取代父類別的函數，這個技術稱為改寫（Override）。在前例中，我們在子類別裡也設計了 __init__()，它也是改寫了父類別的 __init__()，以符合子類別的需求。

我們再來看一個改寫的例子。在下面的範例中，5~6 行定義了父類別 Radius 的 show() 函數。在子類別 Circle 中，12~13 行也定義了一個 show() 函數，它和父類別的 show() 有一樣的名稱，並且都不需要傳入參數。不過父類別的 show() 只會印出 rad 的值，而子類別的 show() 則同時會印出 rad 和 $color$ 的值。我們特地在 14~16 行加上一個 display() 函數，並分別呼叫父類別和子類別的 show()，用以區分它們在呼叫時的差別。

```
01  # 改寫 (Override)
02  class Radius:                  # 父類別
03      def __init__(self,r):
04          self.rad=r
05      def show(self):            # 父類別的show()
06          print('rad=',self.rad)
07
08  class Circle(Radius):          # 子類別
09      def __init__(self,co,r=1):
10          super().__init__(r)
11          self.color=co
12      def show(self):            # 改寫父類別的show()
13          print('rad=',self.rad,'color=', self.color)
14      def display(self):
15          self.show()            # 呼叫子類別的 show()
16          super().show()         # 呼叫父類別的 show()
```

定義好類別之後，我們利用下面的幾個範例簡單測試一下改寫技術。您可以注意到子類別 Circle 和父類別 Radius 都有 show() 函數，但是由於改寫的關係，由子類別建立的物件 $c1$ 只會呼叫自己的 show()：

```
> c1=Circle('blue',10)
```

建立 $c1$ 物件，並設定其 $color$ 屬性值為 'blue'，rad 屬性值為 10。

```
> c1.rad
  10
```

查詢 $c1$ 物件的 rad 屬性，得到 10。

```
> c1.show()
  rad= 10 color= blue
```

用 $c1$ 呼叫 show()。從輸出可以看到 $c1$ 物件呼叫的是子類別的 show()，而不是父類別的 show() 函數。

```
> c1.display()
  rad= 10 color= blue
  rad= 10
```

用 $c1$ 呼叫 display()。我們可以注意到先是子類別的 show() 被呼叫，然後是父類別的 show()。

7.5 類別的進階認識

本節我們將介紹兩個稍進階的主題，分別為類別成員的私有化，以及 @property 修飾子的使用。將成員私有化可避免對成員進行錯誤的操作，而 @property 修飾子則可以讓使用者以更直覺的語法來讀取或設定屬性的值。本節先從成員的私有化談起。

7.5.1 成員私有化的概念

在前面的小節中，實例屬性的存取都是以「物件.屬性」的方式來達成，例如 $c1.rad{=}r$ 可設定 $c1$ 物件的 rad 成員為 r；相同的，類別裡的函數也可直接以物件來呼叫，這是因為 Python 類別裡的成員（屬性或函數）預設都是公有（Public）。如果不希望把成員公開讓外界存取或呼叫，可以將成員設定為私有（Private）。要將類別裡的成員設定為私有，只要在成員名稱前面加上兩個連續的底線即可。當成員設定為私有之後，便無法直接利用物件來存取或呼叫它們。我們來看一個例子：

```
01 # 將成員私有化
02 class Circle():
03     def __init__(self,r=1,c='red'):
04         self.__rad=r         # 私有屬性
05         self.color=c         # 公有屬性
06     def __area(self):        # 定義私有函數
07         return 3.14*self.__rad**2
08     def print_area(self):
09         print('area=',self.__area())
```

上面的範例在 __init__() 函數內，第 4 行把 *__rad* 屬性設定成私有（前面有兩個底線），但 *color* 屬性仍維持公有，並於 6~7 行把 area() 函數設定為私有。如果要使用到 area() 的計算，可以透過公有的 print_area() 函數來呼叫它：

```
> c1=Circle(2,'yellow')
```

建立一個 Circle 的類別 *c1* 。

```
> c1.color
'yellow'
```

查詢 *color* 的屬性，由於 *color* 為公有，因此 *c1* 物件可以順利的提取出 *color* 的值。

```
> c1.__rad
AttributeError: 'Circle' object has no attribute '__rad'
```

因為 *__rad* 是私有，因此無法直接利用 *c1* 物件來存取 *__rad* 屬性。

```
> c1.__area()
AttributeError: 'Circle' object has no attribute '__area'
```

相同的，我們也沒有辦法直接以 *c1* 物件呼叫私有的 __area() 函數。

```
> c1.print_area()
area= 12.56
```

print_area() 函數為公有，透過它可以呼叫私有的 area() 函數，因此可以取得圓面積。

從上面的範例可以看出，一旦成員設成私有，我們就只能夠透過公有的函數來存取它們。類別的屬性有兩種操作，分別為提取（Get）和設定（Set），一般我們稱提取與設定的函數為 Getter 和 Setter。對於私有的屬性，我們可以撰寫公有的 Getter 和 Setter，並在裡面加上一些程式碼來顯示某些訊息，或是檢查設定的值是否正確。我們來看一個簡單的例子：

```
01 # 撰寫 Getter 與 Setter
02 class Circle():
03     def __init__(self,r=1):
04         self.set_rad(r)     # 直接呼叫 Setter
05     def get_rad(self):      # 定義公有的 Getter
06         print('Getter called')
07         return self.__rad
08     def set_rad(self,r):    # 定義公有的 Setter
09         print('Setter called')
10         if r>0:
11             self.__rad=r
12         else:
13             print('Input error')
14             self.__rad=0
```

上面的範例於 5~7 行加入了一個 Getter，即 get_rad()，它可印出 'Getter called' 字串，然後傳回 $\_rad$ 的值。同時 8~14 行也加入了一個 Setter，也就是 set_rad()，它可印出 'Setter called' 字串，並可過濾輸入參數 r 的值。如果 r 大於 0，則將 $\_rad$ 設值為 r ，否則印出 Input error，然後將 $\_rad$ 的值設為 0。注意在 __init__() 函數中，我們直接呼叫了 Setter，即 set_rad()，因為這兩個函數的程式碼是一樣的。

```
> c1=Circle(6)
Setter called
```

建立 Circle 類別的物件 $c1$，並設定 $\_rad$ 的值為 6。注意設定的結果會回應 Setter called，這是因為 Setter 被呼叫的關係。

```
> c1.get_rad()
Getter called
6
```

利用 Getter 取得私有屬性 $\_rad$ 的值。

```
> c1.set_rad(12)
Setter called
```

呼叫 Setter，將私有屬性 $\_rad$ 重設為 12。

```
> c1.get_rad()
Getter called
12
```

呼叫 Getter，我們可以確定 $\_rad$ 已經被設成 12 了。

```
> c1.__rad
AttributeError: 'Circle' object has no attribute '__rad'
```

嘗試利用 $c1$ 取出 $\_rad$，但是得到一個錯誤訊息，告訴我們 Circle 類別的物件沒有 $\_rad$ 這個屬性。

```
> c1.set_rad(-12)
  Setter called
  Input error
```

嘗試將 $\_rad$ 設值為 −12，因為設的值為負數，因此 Setter 回應我們 Input error 訊息，然後把 $\_rad$ 設值為 0。

```
> c1.get_rad()
  Getter called
  0
```

利用 Getter 查詢 $c1$ 的 $\_rad$ 屬性，可以發現它已經被設成 0 了。

```
> c2=Circle(-10)
  Setter called
  Input error
```

嘗試傳入 −10 來建立一個 Circle 物件，不過 Setter 可以檢查出 −10 是一個負數，因此回應 Input error 訊息。

```
> c2.get_rad()
  Getter called
  0
```

查詢 $c2$ 的 $\_rad$，正如預期，我們得到 0 這個結果。

雖然把成員設定為私有可以避免錯誤的存取，不過這稍微有違 Python 簡單、友善且開放的設計理念。也許讀者可以發現 Python 並不會對傳入函數的參數進行型別的檢查，因為 Python 相信您自己可以處理好讓輸入的參數正確。許多 Python 的程式設計師可能不會使用私有成員來限定它的存取；相反的，而是以柔性的方式在成員名稱之前加上一個底線來取代硬性的私有設定（如以 $\_rad$ 取代 $\_\_rad$）。加上一個底線的名稱只是一個新的識別字，它不具有私有的性質，不過利用這個底線來提醒自己存取它時不要出錯。

7.5.2 使用@property 修飾子

於前一節的範例中，我們寫了 get_rad() 和 set_rad() 來存取 rad 這個屬性，不過您可能會覺得直接存取屬性（例如 $c1.rad$=5）比起使用函數來存取（例如 $c1.set\_rad(5)$）會來的更簡單且直覺。但是直接存取屬性的話，就沒有辦法加入一些額外的程式碼，例如檢查變數的範圍或是印出某些字串。有趣的是 Python 提供了@property 修飾子，可以讓我們直接存取屬性，同時還可以執行特定的程式碼。

@property 修飾子可告訴 Python 其後接的函數 fname() 是一個 Getter。如果我們把函數 fname() 的名稱 fname 當成屬性以物件來讀取時（如 $c1$.fname），則 fname() 的內容就會被執行，因此我們可以把傳回物件屬性時需要的程式碼寫在 Getter 裡。要定義 Setter，則使用 @fname.setter 修飾子，後面定義的函數 fname() 就是一個 Setter，裡面可以描述某個屬性被設定時要執行的程式碼。設定好 Setter 之後，只要利用 $c1$.fname=val 這種語法即可執行 Setter，並將 $c1$某個屬性的值設為 val，使用起來非常方便。我們來看看下面簡單的例子：

```
01 # 使用 @property 修飾子
02 class Circle():
03     @property         # getter
04     def radius(self):
05         print('Getter called')
06         return self.rad
07     @radius.setter   # setter, 名稱必須和 getter 一樣
08     def radius(self,r):
09         print('Setter called')
10         self.rad=r
```

上面的程式碼在 Circle 類別內定一個 Getter 和一個 Setter。Getter 和 Setter 函數的名稱皆為 radius。第 3 行以 @property 修飾子來標識其後接的函數是一個 Getter，Getter 裡第 5 行可印出 'Getter called' 字串，第 6 行可傳回 rad 的值。第 7 行以 @radius.setter 修飾子來標識其後接上的是一個 Setter。這個 Setter 的內容也只有兩行，分別是印出 'Setter called' 字串，以及設定 rad 屬性的值為 r。

```
> c1=Circle()
```

建立一個 Circle 類別的物件 $c1$ 。

```
> c1.radius=10
  Setter called
```

設定 $c1$ 的 rad 屬性為 10。注意這個寫法看起來像是在設定 $c1$ 的 radius 屬性，事實上它是在呼叫 Circle 類別的 Setter 函數，因此顯示了 Setter called，並把 $c1$ 的 rad 屬性為 10。

```
> c1.radius
  Getter called
  10
```

提取 $c1$ 的 rad 屬性值。這個寫法和我們慣用提取屬性的寫法一樣，但是它會呼叫類別裡的 Getter，並依照 Getter 裡的程式碼來運行。

從上面的範例我們可以概略知道如何利用 @property 來定義 Getter 和 Setter 了。下面是一個比較完整的範例，我們在 Circle 類別裡面加入了初始化函數，並在 Setter 裡加入了判別輸入的參數是否為正數的敘述。

```
01 # 使用Getter和Setter的完整範例
02 class Circle():
03     def __init__(self,r=1):
04         print('__init__() called')
05         self.radius=r
06     def print_area(self):
07         print('area=',3.14*self.rad**2)
08 
09     @property    # 定義第 1 個 getter,用來傳回物件的 rad 屬性
10     def radius(self):
11         print('Getter radius() called')
12         return self.rad
13 
14     @property    # 定義第 2 個 getter,用來傳回物件的圓面積
15     def area(self):
16         print('Getter area() called')
17         return 3.14*self.rad**2
18 
19     @radius.setter  # 定義 Setter,用來設定物件的 rad 屬性
20     def radius(self,r):
21         print('Setter radius() called')
22         if r>0:
23             self.rad=r
24         else:
25             print('Input error')
26             self.rad=0
```

這個範例在 Circle 類別定義了兩個 Getter 和一個 Setter。9~12 行的 Getter 是用來傳回 *rad* 的屬性值，14~17 行的 Getter 則可傳回物件的面積。在 19~26 行的 Setter，我們加上了輸入參數正負的判斷，判斷的方式和前一節介紹的 Setter 相同。

值得一提的是，類別裡也定義了一個 __init__() 函數，裡面有一行敘述 self.radius=*r*。讀者現在應該可以理解這一行程式是在呼叫定義在 19~26 行的 Setter。當然也可以把 Setter 的程式碼寫在 __init__() 裡，但是這樣的話會造成程式碼的重複，一般會避免它。

```
> c1=Circle(2)
__init__() called
Setter radius called
```

建立一個 Circle 類別的物件 *c*1，並傳入 2 做為參數。從輸出可知，Python 會先呼叫 __init__()，然後進到 Setter 裡進行 *rad* 屬性的設定。


```
> c1.radius
Getter radius() called
2
```

查詢 *c*1 的 *rad* 屬性，從結果可知 Circle 的第一個 Getter，即 radius(self) 被呼叫了。

```
> c1.print_area()
area= 12.56
```

利用 *c*1 呼叫 print_area() 函數，從輸出中可以知道 *rad* 屬性已經正確的被設值。

```
> c1.area
Getter area() called
12.56
```

這個寫法看起來像是查詢 *c*1 之 area 屬性的值，事實上它是呼叫第二個 Getter，也就是 area(self) 函數。讀者可以看出利用 @property 修飾子可以把一個函數當成屬性來使用。

```
> c1.radius=-10
Setter radius() called
Input error
```

嘗試設定 *rad* 的值為 −10。在執行這個設定時，Setter 會被呼叫（Setter radius() called），因為輸入的值為負數，因此會顯示 Input error。

```
> c1.radius=10
Setter radius() called
```

設定 *rad* 的值為一個正數，則不會有錯誤訊息產生。

```
> c1.radius
Getter radius() called
10
```

查詢 *c*1 的 *rad* 成員，我們可以驗證它已經被設值為 10。

```
> c2=Circle(-5)
__init__() called
Setter radius() called
Input error
```

嘗試以 −5 為參數建立一個 Circle 的物件 *c*2。在執行時，Python 會先進到 __init__() 中，然後執行 Setter。Setter 會發現傳進來的參數是負數，因此返回 Input error 訊息，然後把 *rad* 屬性設為 0。

```
> c2.area
Getter area() called
0.0
```

查詢 *c*2 的面積，因為 *rad*=0，因此面積也為 0。

```
> Circle(5).area
  __init__() called
  Setter radius() called
  Getter area() called
  78.5
```

在這個範例中，我們先建立一個物件 Circle(5)，再呼叫 area() 這個 Getter，因此 __init__() 會先執行，然後進到 Setter 設定 rad=5，最後再進到 area() 計算面積。

第七章 習題

7.1 類別的基本概念

1. 設 Window 類別定如下，試回答下列問題：

```
class Window:
    def __init__(self,w=10,h=5):
        self.width=w
        self.height=h
```

(1) 試建立一個 Window 類別的物件 $w0$，其屬性 $width$ 與 $height$ 的值為預設值。

(2) 建立一個 Window 類別的物件 $w1$，並分別設定屬性 $width$ 與 $height$ 的值為 12 和 8。

(3) 試利用 setattr() 分別將 $w1$ 的屬性 $width$ 與 $height$ 改設為 16 和 7。

(4) 試比較 $w0$ 和 $w1$ 的面積大小（$width \times height$），然後印出較大的面積。

2. 設 Pen 類別定義如下，試依序完成下列各題：

```
class Pen():
    price=30
```

(a) 建立一個 Pen 類別的物件 $p0$，此時 $p0$ 應具有 $price$ 屬性。請利用 hasattr() 驗證這個結果，然後以 getattr() 取出 $p0$ 的 $price$，並說明 $p0.price$ 是類別屬性，還是實例屬性。

(b) 設定 $p0.price$=45，此時 $p0$ 的 $price$ 屬性是類別屬性或是實例屬性？

(c) 試查詢 Pen.$price$，您得到的值會是多少？Pen.$price$是類別屬性或是實例屬性？

(d) 建立一個 $p1$ 物件，並查詢 $p1.price$ 的值。

(e) 設定 Pen.$price$=50，然後再分別查詢 $p0.price$ 和 $p1.price$，您得到的值會是多少？試說明為什麼會得到這個結果。

3. 試依序完成下列各題：

(a) 試撰寫一類別 Student，並設計一個 __init__(na, gr) 函數，可將 $name$ 和 $grade$ 屬性分別設值為 na 與 gr。

(b) 建立一個 $name$ 為 'Tom'，$grade$ 為 89 之 Student 類別的物件 $s0$，然後分別以 getattr() 查詢 $s0$ 裡所有屬性的值。

7.2 實例函數

4. 已知球體積為 $\frac{4}{3}\pi r^3$，表面積為 $4\pi r^2$，試完成下列各題：

   (a) 試建立一個 Sphere 的類別，內含一個 __init__(r) 函數，可將 rad 屬性設值為 r。

   (b) 試在 Sphere 類別裡定義 volume() 函數，可用來傳回圓球的體積，與一個 surface_area() 函數，可以傳回圓球的表面積。

   (c) 試建立一個 rad=2 的 Sphere 類別之物件 $s0$，並求出此物件的體積和表面積。

5. 試接續上題的 Sphere 類別，然後作答下列各題：

   (a) 在 Sphere 類別裡定義 __repr__() 函數，當 Sphere 類別的物件被查詢時，會顯示出 "Sphere object, rad = r" 字串。其中 r 為 rad 屬性的值。

   (b) 在 Sphere 類別裡定義 __str__() 函數，當以 print() 函數印出 Sphere 類別的物件時，會顯示出 "Sphere object, rad = r, volume = v, surface_area = s"，其中 v 和 s 分別為物件的體積和表面積，並顯示到小數點以下兩位。

6. 試設計一個 Calculator 類別，內含 __init__(a,b) 函數，可將 $n1$ 與 $n2$ 屬性分別設為 a 與 b，並設計下列各函數，然後以物件 $c0$ = Calculator(2,10) 來測試它們：

   (a) 設計 add() 函數，可傳回 $n1$ 與 $n2$ 之和。

   (b) 設計 gcd() 函數，可傳回 $n1$ 與 $n2$ 的最大公因數。

   (c) 設計 lcm() 函數，可傳回 $n1$ 與 $n2$ 的最小公倍數。

   (d) 設計 power() 函數，可傳回 $n1$ 與 $n2$ 次方。

7.3 類別函數和靜態函數

7. 設 Employee 類別定義如下，其中的類別屬性 payRate 是員工（Employee）時薪給付的比率（為一串列），baseSalary 是員工的基本時薪：

```
class Employee:
    payRate=[1, 1.2, 1.5]     # 給付的比率
    def __init__(self,base):
        self.baseSalary=base
```

   試依序完成下列各題：

   (a) 試定義一個函數 salary()，可接收工作時數 hr 和索引 $bonus$，並以 $payRate$ 裡索引為

bonus 的值做為給付比率，然後計算應給付的金額（取整數）。例如，如果 *baseSalary*=160，*hr*=10，*bouns*=1，則給付金額為 160×10×1.2=1920，其中 1.2 是串列 *payRate* 中，索引為 *bonus*=1 的元素。

(b) 試定義一個類別函數 set_payRate()，可以接收一個串列 *new_payRate*，然後將類別屬性 *payRate* 修改為 *new_payRate*。

(c) 試定義一個靜態函數 estimate()，可輸入基本時薪 *bs*、工作時數 *hr* 和和給付比例 *rate*，然後估算可獲得的薪資（取整數）。例如，estimate(160,10,1.25) 的計算結果為 2000。

在這個習題中，如果執行下列的程式碼，應該可得 1920，2080 和 2000 這三個結果：

```
tom=Employee(160)
print(tom.salary(10,1))   # 1920
Employee.set_payRate([1,1.3,1.5])
print(tom.salary(10,1))   # 2080
print(Employee.estimate(160,10,1.25))  # 2000
```

8. 設 Factor 的類別定義如下，試完成後續的問題：

```
class Factor:
    factor_list=[2,3,6,8]
    def __init__(self,num):
        print('initial factor_list:',Factor.factor_list)
        self.num=num
```

(a) 試定義一個實例函數 find_factors()，用來找出 *factor_list* 的元素中，有哪幾個是 *num* 的因數（即可以整除 *num* 的數）。

(b) 試定義一個類別函數 add_factors()，可接收一個整數串列 *lst*，然後把 *lst* 有而 *factor_list* 沒有的元素加到 *factor_list* 中。

(c) 試定義一個類別函數 remove_factors()，可接收一個整數串列 *lst*，然後移除 *factor_list* 中，於 *lst* 裡出現的元素。

(d) 試定義一個類別函數 show_factor_list()，用來顯示 *factor_list* 裡的元素。

(e) 試定義一個靜態函數 isfactor(*num*, *n*)，可以判別 *n* 是否為 *num* 的因數。

在這個習題中，如果運行底下左邊的程式碼，應該會得到右邊的結果：

```
f0=Factor(60)                 initial factor_list: [2, 3, 6, 8]
f0.find_factors()             [2, 3, 6]
Factor.add_factors([3,9])
Factor.show_factor_list()     factor_list: [2, 3, 6, 8, 9]
```

```
Factor.remove_factors([2,4])
Factor.show_factor_list()      factor_list: [3, 6, 8, 9]
f0.find_factors()              [3, 6]
Factor.isfactor(45,8)          False
```


7.4 繼承

9. 設 Car 類別定義如下：

```
class Car:
    def __init__(self,color):
        self.color=color
    def show(self):
        print(f'color={self.color}')
```

(a) 試定義一個 Truck 類別，它繼承自 Car 類別。Truck 的 __init__() 函數可以接收 *dr*、*ow* 和 *co* 三個參數，分別用來設定 *doors*、*owner* 和 *color* 三個實例屬性，其中 *color* 屬性的設定必須呼叫父類別的 __init__() 函數。

(b) 試在 Truck 類別內加入一個 show() 函數，用來列印 *doors*、*owner* 和 *color* 三個實例屬性的值。

在這個習題中，如果運行底下左邊的程式碼，應該會得到右邊的結果：

```
Car('red').show()              color=red
Truck(2,'Tom','blue').show()   doors=2, owner=Tom, color=blue
```

10. 設 Person 類別的定義如下：

```
class Person:
    def __init__(self, na):
        self.name = na
```

(a) 試於 Person 類別內加入 print_name() 函數，可以印出屬性 *name* 的值。

(b) 試定義一個 Student 類別，它繼承自 Person 類別，並設計 __init__() 函數，使得實例屬性 *name* 和 *gender*（性別）可以被設值（*name* 的設值請呼叫父類別的 __init__() 函數）。

(c) 試在 Student 類別內定義一個 print_info() 函數，可印出 *name* 和 *gender* 的值。

在這個習題中，如果運行左邊的程式碼，應該會得到右邊的結果：

```
s0=Student('Mary','F')
s0.print_name()                    name= Mary
s0.print_info()                    name= Mary, gender= F
```


7.5 類別的進階認識

11. 設 Triangle 類別的定義如下，其中的 area() 函數可用來計算底為 *base*，高為 *height* 之三角形的面積：

```
class Triangle:
    def __init__(self,base,height):
        self.__base=base
        self.__height=height
    def area(self):
        return 0.5*self.__base*self.__height
```

如果先執行 *t*0=Triangle(10,5)，再執行 *t*0.area()，可得三角形的面積為 25。但是如果接著設定 *t*0.__*base*=40（*base* 前面有兩個底線），然後執行 *t*0.area()，得到的三角形面積卻還是 25。試解釋為什麼會有這個現象，並修改程式碼加入設定私有屬性的函數，使得 __*base* 與 __*height* 也可以正確的被設定。

12. 設 Year 類別的定義如下，其中的私有屬性 __*year* 為西元的年份：

```
class Year:
    def __init__(self,y):
        self.__year=y
```

(a) 試設計 isleap() 函數，可以判別 __*year*是否為閏年。

(b) 設 *y*0 為 Year 類別的物件，試設計一個 Getter 和 Setter，使得輸入 *y*0.*year* 時可以取得 __*year* 的值，輸入 *y*0.*year*=*y* 時可以將 __*year* 屬性設定為 *y*。

在這個習題中，如果運行底下左邊的程式碼，應該會得到右邊的結果：

```
y0=Year(2022)
y0.year                    2022
y0.isleap()                False
y0.year=2020
y0.year                    2020
y0.isleap()                True
```

檔案、異常處理與模組

如果要將資料寫到磁碟，或從磁碟裡讀取資料，便需對數據資料進行存取，也就是與檔案進行互動。但在開啟檔案時，可能會因為檔名輸入錯誤而找不到檔案，或是其它的運算發生錯誤，此時我們需要異常處理機制來確保程式碼能繼續執行。另外我們可以將自己撰寫的函數寫在一個檔案內（即模組，Module），數個功能相近的檔案放在同一個資料夾內即可組成一個套件（Package），之後若需要這些模組或套件時，就可以將它們載入。本節將介紹檔案、異常處理與模組這三個主題，以拓展 Python 到更寬廣的應用領域。

1. 檔案處理
2. 異常處理
3. 模組與套件

8.1 檔案處理

檔案處理可分為將資料寫入檔案，和從檔案讀取資料兩個部分，每種方式都需要開檔（Open）和關檔（Close）這兩個動作。要處理的檔案可以分為純文字檔（Text file）和二進位檔（Binary file）。一般來說，用 Windows 的記事本打開檔案，如果看的懂內容，這個檔案就是純文字檔（如程式碼、html 檔或是全文字的 txt 檔等）; 如果看起來是一些奇怪的符號，這個檔案就是二進位檔（如 exe 檔或 doc 檔等）。Python 的開檔和關檔函數如下：

· 開檔與關檔函數

函數	說明
open($fname, mode,$ encoding=$method$)	以 $mode$ 模式開啟檔名為 $fname$ 的檔案，並設定編碼方式為 $method$
close()	關閉開啟的檔案

我們利用 open() 開啟一個檔案時，必須在 mode 參數裡指明這個檔案是用來寫入還是讀取資料，是純文字檔還是二進位檔。mode 參數列表如下：

· mode 參數

mode	說明
r	開啟用來讀取的檔案（預設，r 來自 read）
w	開啟用來寫入的檔案。如果檔案已經存在，則會被覆蓋掉（w 來自 write）
a	在既有檔案後面寫入資料。若檔案不存在，則開啟一個新檔（a 來自 append）
t	以純文字模式開啟（預設，t 來自 text）
b	以二進位模式開啟（b 來自 binary）
+	開啟一個同時可供讀寫的檔案

open() 的另一個參數 encoding 是用來指明純文字檔的編碼方式，預設和作業系統的編碼方式相同，例如 Windows 是以 cp950 編碼。然而 Colab 和 jupyterlab 是採較新的 utf-8 編碼（ASCII 字元佔一個 byte，中文佔三個 bytes）。如果編碼方式不同，在讀取純文字檔時將造成亂碼。因此如果純文字檔不含中文字，則可採預設的編碼方式。如果含有中文字，就要考量到字元編碼的問題了。

8.1.1 寫入與讀取純文字檔

Pyhton 提供了一些函數可供寫入或讀取純文字檔。注意本節範例所存取的檔案，都是放置在與當前正在執行的程式同一個資料夾內（也就是工作目錄，Woriking directory），因此檔案名稱之前不需要加上路徑。

· 讀取與寫入函數

函數	說明
read(n)	讀取 n 個字元，n 省略則讀取到檔案末端
readline()	讀取一行文字
readlines()	讀取多行文字，並將它們組成串列傳回
seek(n)	將指標移到檔案中，位元組索引為 n 的位置
tell()	傳回目前指標在檔案中的位置
write(str)	將字串 str 寫到檔案內
writelines([$s1, s2, \ldots$])	將字串組成的串列 [$s1, s2, \ldots$] 寫到檔案內

```
> f=open('ascii.txt','w')
```

在目前的工作目錄開啟可供寫入的純文字檔 ascii.txt。注意檔案屬性也可以寫成 'wt'，不過 t 可以省略。open() 會傳回一個物件，我們以變數 f（取 file 之意）來接收它。稍後可以利用 f 來進行檔案的操作。

```
> f.write('Python Programming')
  18
```

寫入 'Python Programming' 字串，write() 會傳回一共寫入了多少字元。

```
> f.close()
```

關閉檔案。

如果想查看 ascii.txt 寫入的內容，在 Colab 裡請參考附錄 A 的說明。如果是使用 Jupyter lab，請按下 Ctrl+Shift+F，於左邊的窗格中找到 ascii.txt，將它點兩下即可在 Jupyter lab 中查看這個檔案。

```
> f=open('mixed.txt','w',
         encoding='utf-8')
```

開啟另一個檔案 mixed.txt，並指定採用 utf-8 編碼（因為我們將寫入中文和英文字）。

`> f.write('Python 程式設計')` `10`	寫入 'Python 程式設計' 字串，write() 回應我們一共寫入了 10 個字元（中文字也算一個字元）。
`> f.close()`	關閉開啟的檔案。

相同的，於目前的工作目錄下您也可以看到 mixed.txt 已被建立，且寫入了 'Python 程式設計' 字串。下面我們以寫入周杰倫-青花瓷（blue and white porcelain）部分歌詞為例，來看看更多的例子：

`> f=open('bwp.txt','w',` `        encoding='utf-8')`	建立可供寫入文字的檔案 bwp.txt，並指定編碼方式為 utf-8。
`> f.write('天青色等煙雨，')` `7`	寫入 '天青色等煙雨，' 字串。
`> f.write('而我在等妳\n')` `6`	再寫入另一個字串。因為換行符號「\n」也寫進去了，所以下一筆資料會從下一行開始寫入。注意換行符號也算一個字元。
`> f.writelines(['月色被打撈起，',` `               '暈開了結局\n'])`	同時寫入 '月色被打撈起，' 與 '暈開了結局\n' 兩個字串。
`> f.close()`	關閉檔案。

此時如果打開 bwp.txt，應該可以看到有兩行字串被寫入了。現在已經有了 bwp.txt 檔案，接下來我們將在這個檔案後面添加另一行字串：

`> f=open('bwp.txt','a',` `        encoding='utf-8')`	以添加資料的模式開啟 bwp.txt。

`> f.writelines(`
`    ['如傳世的青花瓷自顧自美麗，',`
`     '妳眼帶笑意。'])`
	利用 writelines() 寫入兩個字串。

`> f.close()`	關閉檔案。

如果用記事本打開 bwp.txt 這個檔案，您將看到如下的內容，代表我們已經順利的將中文字寫到純文字檔了（在 Colab 裡欲觀察 bwp.txt 的內容，請參考附錄 A 的說明）:

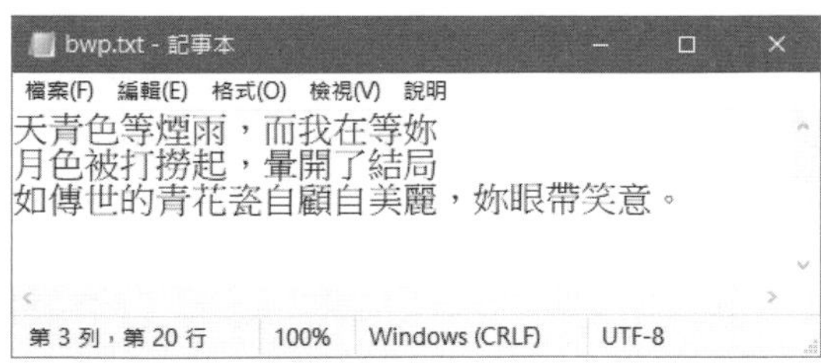

我們已經建好三個檔案 ascii.txt、mixed.txt 和 bwp.txt。現在嘗試開啟這些檔案，並利用相關的函數來讀取檔案裡的資料。注意 mixed.txt 的內容為 'Python 程式設計'，內有英文和中文字元。在 utf-8 中，英文佔 1 個 byte（位元組），中文佔 3 個 bytes，所以總共佔了 18 個 bytes。下圖繪出了 'Python 程式設計' 每個字元和所佔位元組的索引：

```
> f=open('mixed.txt','r',
        encoding='utf-8')
```

開啟 mixed.txt 以供讀取。注意當初寫入資料時的編碼是 utf-8，所以這邊也要指明為 utf-8 編碼。

```
> f.read(2)
  'Py'
```

mixed.txt 的內容為 'Python 程式設計'，因此讀取兩個字元時，結果為 Py。

```
> f.tell()
  2
```

tell() 會告訴我們當下讀取時是從哪一個位元組索引開始讀起。在 utf-8 中，英文佔一個 byte，目前已經讀了 2 個 bytes，所以下一個字元會從索引為 2 的位元組開始讀起。

```
> f.read(6)
  'thon 程式'
```

再讀取 6 個字元，得到 'thon 程式'。注意中文字和英文字同樣是一個字元。

```
> f.tell()
  12
```

因為 'Python 程式' 佔了 12 個位元組，所以下次會從索引為 12 的位元組開始讀起。

```
> f.seek(0)
  0
```
設定檔案從索引為 0 的位元組開始讀取，也就是從頭開始讀的意思。

```
> f.read(8)
  'Python 程式'
```
從檔案中讀取 8 個字元。

```
> f.readline()
  '設計'
```
讀取一行文字。因為這一行只剩下 '設計' 兩個字元，因此 readline() 只會讀取到它們。

```
> f.close()
```
關閉檔案。

下面是讀取 bwp.txt 內容的範例。您可以注意到 readline() 會一直讀取文字，直到讀到換行符號為止，而 readlines() 則是將讀取到的每一行放在一個串列中。

```
> f=open('bwp.txt','r',
         encoding='utf-8')
```
開啟 bwp.txt。

```
> f.readline()
  '天青色等煙雨，而我在等妳\n'
```
從 bwp.txt 中讀取一行文字。

```
> f.readline()
  '月色被打撈起，暈開了結局\n'
```
再從 bwp.txt 中讀取一行文字。

```
> f.seek(0)
  0
```
將讀取處移到檔案的最開頭。

```
> txt=f.readlines()
```
readlines() 會讀取全部的檔案內容，並把它們放在一個串列裡。

```
> f.close()
```
關閉檔案。

```
> txt
  ['天青色等煙雨，而我在等妳\n', '月色
  被打撈起，暈開了結局\n', '如傳世的青花
  瓷自顧自美麗，妳眼帶笑意。']
```
這是 readlines() 讀取到的內容。

```
> print(''.join(txt))
  天青色等煙雨，而我在等妳
  月色被打撈起，暈開了結局
  如傳世的青花瓷自顧自美麗，妳眼帶笑意。
```
利用 ''.join(*txt*) 語法將字串組成的串列合併成一個字串，再利用 print() 輸出就可以看到整個檔案的完整內容。

8.1.2 使用 with open() as 讀寫檔案

在前的範例中，我們用 open() 開檔，且處理完資料之後就需要以 close() 關檔。如果沒有關檔的話，這個檔案會一直處在被開啟的狀態，因此可能會導致後續處理上的錯誤，如搬移、刪除或重新命名檔案等。Python 提供了 with open() as 語法，可在執行完其後的程式區塊後便自動關閉檔案，以避免忘了關檔的情況發生。

. with open() as 語法

函數	說明
`with open(`*fname*`,`*mode*`) as `*f*`:` *statements*	依 *mode* 模式開啟檔案 *fname*，並以 *f* 接收開啟的檔案，然後執行*statements* 區塊。執行完後，檔案會自動關閉

下面是幾個簡單的例子。一般的執行過程我們會先開啟檔案，處理完後再關閉檔案，因此需要三個步驟：

```
> f=open('numbers.txt','w')
```

開啟一個用來寫入資料的檔案 numbers.txt。

```
> f.writelines(['30 60 34 43\n',
                '61 50 51 54\n',
                '69 65 72 53\n'])
```

寫入三筆資料，每筆資料皆包含 4 個數字，數字之間以空格隔開。

```
> f.close()
```

關閉檔案。

如果採用 with open() as 的語法，上面的三個步驟就可以寫在一個以 with open() as 開頭的區塊裡，且無需利用 close() 指令來關閉檔案：

```
> with open('numbers.txt','w') as f:
    f.writelines(['30 60 34 43\n',
                  '61 50 51 54\n',
                  '69 65 72 53\n'])
```

將相同的資料改以 with open() as 寫入。注意這個寫法無需利用 close() 來關閉檔案。

```
> with open('numbers.txt','r') as f:
     dt=f.readlines()
```

利用 with open() as 開啟 numbers.txt，並將內容利用 readlines() 讀入變數 *dt* 中。您可以注意到在讀取資料之後，我們也不必以 close() 來關閉檔案。

```
> dt
  ['30 60 34 43\n', '61 50 51
  54\n', '69 65 72 53\n']
```

查詢 *dt* 的值，可以發現它和我們寫入的資料完全相同。

```
> d1=[d.replace(' ',',') for d in dt]
  ['30,60,34,43\n',
  '61,50,51,54\n',
  '69,65,72,53\n']
```

如果想將讀取的資料（三個字串組成的串列）轉換成數值，可以先將數字間的空格轉換成逗號，再利用 eval() 對每一個字串求值就可以了。左式是利用串列生成式先將空格取代為逗號。

```
> [list(eval(r)) for r in d1]
  [[30, 60, 34, 43], [61, 50, 51,
  54], [69, 65, 72, 53]]
```

利用 eval() 將每一個串列求值，即可得到由數字組成的二維串列。

8.1.3 讀取 csv 檔案

csv 檔（Comma-separated values）是一種常見的檔案格式，這種檔案是以純文字來儲存表格資料，其中資料可以是數字或文字，並以某個分隔符號（delimiter）隔開（一般是逗號，所以才叫做 Comma-Separated，但也可以是其它符號，如空格）。當然我們可以利用讀取純文字檔的方式來讀取 csv 檔，然後再將讀取出來的字串轉成其它的型別。不過 Python 已經內建一個 csv 模組，裡面有一個 reader() 函數，可以指明分隔符號來讀取 csv 檔，使用起來比較方便。

```
> with open('score.csv','w') as f:
      f.write('Name, Math, English\n')
      f.writelines(['Tom,  78, 93\n',
                    'Mary, 67, 65\n',
                    'Jerry,89, 65\n'])
```

將資料寫入一個 csv 檔。這筆資料包含了表頭（資料表的第一個橫列）和資料兩個部分。表頭為 Name, Math, English，代表姓名、數學和英文成績。三筆資料則分別是 Tom、Mary 和 Jerry 的數學和英文成績。

```
> import csv
```

載入 csv 模組。

```
> with open('score.csv', 'r') as f:
     rows=csv.reader(f,delimiter=',')
     data=[row for row in rows]
```

開啟 score.csv，並利用 reader() 讀取檔案內容，再將讀取結果放在 *rows* 裡。*rows* 是一個物件，利用串列生成式即可取出 *rows* 裡的每一個元素（也就是資料表裡每一個橫列的內容），並將取出的內容放在 *data* 裡。

```
> data
  [['Name', ' Math', ' English'],
   ['Tom', '  78', ' 93'],
   ['Mary', ' 67', ' 65'],
   ['Jerry', '89', ' 65']]
```

查詢 *data* 的內容，我們發現 reader() 已經幫我們把 *data* 都轉成由字串組成的二維串列了，因此後續的處理會比較容易。

```
> [[int(r[1]),int(r[2])]
        for r in data[1:]]
  [[78, 93], [67, 65], [89, 65]]
```

提取出 Tom、Mary 和 Jerry 的數學和英文成績。注意 *data*[1:] 可以取出從索引 1 開始的元素。

```
> with open('numbers.txt','r') as f:
    ob = csv.reader(f, delimiter=' ')
    dt=[[int(i) for i in r] for r in ob]
```

於上一節建立的 numbers.txt 就是一個 CSV 檔，只是它的分隔符號是空格。我們以 csv.reader() 來讀取它，並利用巢狀的串列生成式將資料轉換成整數。

```
> dt
  [[30, 60, 34, 43], [61, 50, 51,
  54], [69, 65, 72, 53]]
```

查詢 *dt* 的內容，我們可以看到讀取的資料已經從字串轉成整數了。

8.1.4 二進位檔的處理

前 3 個小節處理的檔案都是純文字檔，它們都可以用記事本查看其內容。另一種檔案是二進位檔（Binary file），如果以記事本查看二進位檔，看到的將會是一堆亂碼。在介紹二進位檔的處理之前，我們先來看一下 Python 如何表達一個位元組序列（bytes 物件）。

Python 以類似字串的格式加上 b 開頭來表達一個 bytes 物件，並以「\xhh」代表一個位元組，其中 hh 為兩個 16 進位的數字。一個位元組有 8 個位元，所以可以表達的範圍為 0 到 255，正好可以用兩個 16 進位的數字來表達。例如 16 進位 *b*4 是 10 進位的 180，因此 b'\xb4' 即為 Python 的一個 bytes 物件，其值等於 10 進位的 180。然而我們知道可印字元（如數字、英文字母和符號）與控制碼（如換行 \n 與 Tab 鍵 \t 等）的 ASCII 碼中也是介於 0 到 255 之間，因此如果 hh 的值恰好與可印字元或控制碼相同，則 Python 會直接以可印字元或控制碼顯示。

```
> barr=b'\x61\x66\xa8\x0a\x09'
```

這是一個 bytes 物件。它看起來像是一個字串，不過它不是字串，而是由位元組所組成的序列。

```
> barr
  b'af\xa8\n\t'
```

查詢 *barr* 的值，結果顯示 b'af\xa8\n\t'。很明顯的，這個 bytes 物件與我們輸入的 bytes 物件的表示方式不同。

於上面的範例中，雖然輸入的 bytes 物件和顯示的 bytes 物件不同，但它們的值完全相同，只是表達方式不同。在我們的輸入中，第一個位元組是 16 進位的 61，10 進位是 97，剛好是字母 a 的 ASCII 碼，因此 Python 用 a 來表達它。相同的，第二個位元組的值和字母 f 的 ASCII 碼相同，所以 Python 顯示 f。第三個位元組是 16 進位的 a8，由於在 ASCII 碼中沒有相對應的可印字元或控制碼，因此 Python 在顯示時保留了 \xa8。第四和第五個位元組的值分別等同於換行「\n」和 Tab 鍵「\t」這兩個控制碼，所以顯示了 \n\t。

```
> list(barr)
  [97, 102, 168, 10, 9]
```

將 bytes 物件轉換成串列，Python 會給出它們的 10 進位值。

```
> bytes([97, 102, 168, 10, 9])
  b'af\xa8\n\t'
```

利用 bytes() 函數可以將整數轉換成 bytes 物件。

```
> type(b'a')
  bytes
```

用 type() 查詢 b'a' 的型別，Python 告訴我們它是 bytes。

```
> for b in barr:
      print(b)
  97
  102
  168
  10
  9
```

barr 就像是一個陣列一樣，我們可以在迴圈裡列印 bytes 物件裡的每一個位元組。

```
> [b for b in barr]
  [97, 102, 168, 10, 9]
```

這是利用串列生成式取出 *barr* 裡的每一個位元組。

```
> barr[3:]
  b'\n\t'
```

取出 *barr* 裡，索引從 3 開始之後的位元組。

有了上面的概念之後，學習 Python 二進位檔的處理就容易多了。先前儲存的純文字檔也可以採用二進位檔的模式來讀取，此時 Python 會以 bytes 物件來表示讀出來的內容。

```
> with open('mixed.txt','rb') as f:
      content = f.read()
```

指定以二進位檔的模式來讀取 mixed.txt，其內容是 'Python 程式設計' 這 10 個字元。

```
> content
  b'Python\xe7\xa8\x8b\xe5\xbc\x8f
  \xe8\xa8\xad\xe8\xa8\x88'
```

查詢 *content* 的內容，我們得到一個 bytes 物件。

先前設定 mixed.txt 是 utf-8 編碼，所以英文與中文字各佔 1 個與 3 個位元組。在 'Python 程式設計' 這個字串中，有 6 個英文字和 4 個中文字，因此總共有 18 個位元組。在上面 Python 的回應中，前 6 個位元組 b'Python' 顯然就是字串 'Python' 的編碼，而後面的 12 個位元組則是 '程式設計' 的編碼。所以 '程' 字的編碼為 b'\xe7\xa8\x8b'，'式' 字的編碼為 b'\xe5\xbc\x8f'，以此類推。

```
> c1=content[6:12]
```

取出 *content* 索引為 6 到 11（不包含 12）的位元組。這 6 個位元組是 '程式' 這兩個字的編碼。

```
> c1
  b'\xe7\xa8\x8b\xe5\xbc\x8f'
```

這是取出的 bytes 物件。

```
> list(c1)
  [231, 168, 139, 229, 188, 143]
```

利用 list() 可以將它們轉換成整數。

```
> int('e7',16)
  231
```

*c*1 的第一個位元組是 16 進位的 e7，將它轉換為 10 進位，得到 231，和上面用 list() 轉換的結果吻合。

```
> '程式'.encode()
  b'\xe7\xa8\x8b\xe5\xbc\x8f'
```

字串類別有一個 encode() 方法，可以將字串進行 utf-8 編碼。左式是 '程式' 這兩個字的編碼結果，我們可以發現其值與 *c*1 相同。

```
> c1.decode()
  '程式'
```

bytes 類別也有一個 decode() 方法，可以將 bytes 物件解碼為字串。正如預期，將 *c1* 解碼，可得 '程式' 這兩個字元。

如果要把資料以二進位的方式寫到檔案，我們只要把資料轉成 bytes 物件，並指定開檔的模式為 'wb' 即可。

```
> lst=[23, 88, 43, 34, 22, 58]
```

這是一個由整數組成的串列。

```
> bytes(lst)
  b'\x17X+"\x16:'
```

將串列 *lst* 轉換成 bytes 物件。注意 *lst* 裡的整數必須是介於 0 到 255 之間。

```
> with open('data.bin','wb') as f:
      f.write(bytes(lst))
```

開啟可供寫入的二進位檔 data.bin，並將 *lst* 轉成 bytes 物件之後寫入檔案。

```
> with open('data.bin','rb') as f:
      nums=f.read()
```

開啟 data.bin，指定以二進位的方式讀取，並將讀取的內容存放到 *nums* 裡。讀取完後，*nums* 是一個 bytes 物件。

```
> list(nums)
  [23, 88, 43, 34, 22, 58]
```

將 *nums* 轉換成串列，我們可得和 *lst* 完全相同的結果。

bytes() 函數只能將 0 到 255 之間的整數所組成的串列轉換成 bytes 物件，字串也可以利用 encode() 方法來轉換，然而對於其它的資料型別，或較複雜的 Python 物件，利用 bytes() 來轉換可能就會失敗了：

```
> bytes([384,512])
  ValueError: bytes must be in range(0, 256)
```

嘗試將 [384, 512] 轉換成 bytes 物件，錯誤訊息告訴我們整數的值必須介於 0 到 255 之間。

```
> bytes([3.14159,{3,7}])
  TypeError: 'float' object cannot be interpreted as
  an integer
```

將一筆較複雜的資料轉換成 bytes 物件。Python 在進行轉換時，因為串列的第一個元素是浮點數，因此回應一個錯誤訊息，告訴我們無法對浮點數進行轉換。

然而在某些時候，我們可能需要把一些重要的數據儲存在檔案裡（例如運算很久才可得到的數據），以方便日後的取用。此時我們就需要將任何型別的資料轉成 bytes 物件才能寫入二進位檔中。Python 提供了一個 pickle 模組，可以用來進行相關的轉換。pickle 原意是醃製的意思，我們可以理解成是把資料醃製起來（即把資料轉成 bytes 物件，可利用 pickle 模組裡的 dumps() 函數），需要時再取用它（把 bytes 物件轉換成原來的資料，可利用 pickle 模組裡的 loads() 函數）。


```
> import pickle
```

載入 pickle 模組。

```
> pickle.dumps([384,512])
  b'\x80\x03]q\x00(M\x80\x01M
  \x00\x02e.'
```

利用 dumps() 將串列 [384,512] 轉成 bytes 物件。左邊是在 Colab 裡執行的結果，Jupyter lab 編碼的結果會稍有不同，不過都是表達相同的資料。

```
> data=[{56,'dd'},[5,8],'Python']
```

這是一個較複雜的資料。

```
> barr=pickle.dumps(data)
```

將 *data* 轉換成 bytes 物件。

```
> len(barr)
  68
```

查詢 *barr* 的長度，在 Colab 的環境下得到 68，可知 Colab 用 68 個位元組來儲存 *data*（Jupyter lab 的環境則得到 44）。

```
> pickle.loads(barr)
  [{56, 'dd'}, [5, 8], 'Python']
```

利用 loads() 函數將 bytes 物件轉換成原來的資料。從輸出的結果可知，轉換的結果和 *data* 完全相同。

現在我們已經學會如何利用 pickle 模組的 dumps() 將任意資料轉換成 bytes 物件了。轉好之後，我們可以將它寫入二進位檔，從二進位檔提取出來的 bytes 物件也可以利用 loads() 將它轉成原來的資料，使用起來相當方便。

8.2 異常處理

在執行程式時難免會碰上一些錯誤。過去我們遇到這些錯誤時，Python 就停在錯誤之處不再執行，直到把錯誤都解決為止。程式執行時發生錯誤可視為異常（Exception），Python 提供了異常處理機制來檢測程式執行時發生的錯誤。若處理得當，即使有錯誤的程式還是可以繼續執行，這便是異常處理的目的。

8.2.1 異常的分類

程式發生無法執行的錯誤分成兩種，一種是語法錯誤（Syntax error），指的是程式寫得不合 Python 的語法；另一種是語意錯誤（Semantic error），指的是程式語法正確，但執行時卻得不到預期的結果，或是程式的執行因出錯而被迫中止。我們來看看下面的幾個錯誤：

```
> if 5>3
      print('5>3')
  ...
  SyntaxError: invalid syntax
```

這是語法錯誤，因為 if 敘述後面少了冒號。注意 Python 回應的錯誤訊息也告訴我們這是一個語法錯誤。

```
> 6/0
  ...
  ZeroDivisionError: division by zero
```

這是語意錯誤，因為除數為 0。Python 回應 ZeroDivisionError（除數為 0 的錯誤）。

```
> 5>'a'
  ...
  TypeError: '>' not supported between instances of 'int' and 'str'
```

這是語意錯誤，因為在程式執行時才發現了整數和字串不能比較。注意 Python 回應 TypeError。

```
> 'Python'[9]
  ...
  IndexError: string index out of range
```

嘗試取出字串索引為 9 的字元。這也是語意錯誤，因為索引超出範圍了。注意 Python 拋出一個 IndexError 的錯誤訊息。

```
> i+6
  ...
  NameError: name 'i' is not defined
```

這也是語意錯誤，因為 *i* 值沒有被定義。此處 Python 拋出的錯誤訊息為 NameError。

在上面語意錯誤的範例中，Python 會拋出一個錯誤訊息（ZeroDivisionError、TypeError、IndexError 或 NameError），告訴我們程式錯誤是屬於哪一種類型。如果我們可以很精準的知道程式碼裡可能存在有哪些錯誤，我們就可以有效的來捕捉這些錯誤，然後引導程式執行相對應的敘述，如此就可以有效的避免程式因錯誤而造成執行中斷。

8.2.2 異常處理的語法

Python 利用 try-except-else-finally 敘述來處理程式的異常，這個敘述可以分為四大區塊。一般我們會把執行時可能會發生異常（錯誤）的程式寫在 try 區塊內，利用 except 來捕捉異常，並把發生異常的處理方式寫在 except 區塊裡。如果 except 沒有捕捉到異常，則執行 else 區塊，最後的 finally 區塊不論是否發生錯誤都一定會被執行。

. try-except-else-finally 敘述

<table>
<tr><th>異常處理的語法</th><th>說明</th></tr>
<tr><td><code>try</code>：
    try 敘述
<code>except</code> 異常型別 0 <code>as</code> e0:
    except 敘述 0
<code>except</code> 異常型別 1 <code>as</code> e1:
    except 敘述 1
  ...
<code>else:</code>
    else 敘述
<code>finally:</code>
    finally 敘述</td><td>要捕捉錯誤的程式碼放在 try 區塊中，如果 try 敘述執行時發生異常：
a. 異常若是屬於異常型別 0，則執行 except 敘述 0。
b. 異常若是屬於異常型別 1，則執行 except 敘述 1，以此類推。
c. 如果都不是 except 後面指明的異常型別，則執行 else 敘述。
d. 無論是否有捕捉到異常，finally 敘述都會被執行。</td></tr>
</table>

在 try-except-else-finally 敘述中，else 和 finally 兩個區塊可以省略。此外，我們可以有多個 except 區塊，因為可能會針對不同的異常進行處理。

```
> try:
      6/0
  except ZeroDivisionError:
      print('分母為 0')
  分母為 0
```

因為 6/0 會拋出 ZeroDivisionError 異常，而 except 捕捉到的也是相同的異常，因此 except 區塊會被執行，於是印出 '分母為 0' 字串。

```
> try:
      5>'a'
  except TypeError:
      print('型別不符')
  型別不符
```

5 > '*a*' 會拋出 TypeError 異常，而 except 捕捉到的剛好也是 TypeError，因此印出 '型別不符' 字串。

```
> try:
      'Python'[9]
  except TypeError:
      print('索引不正確')
  ...
  IndexError: string index out of range
```

'Python'[9] 拋出的異常應該是 IndexError，而非 except 要捕捉的 TypeError，因此 except 並沒有捕捉到 IndexError 異常，所以錯誤還是會發生。

```
> try:
      'Python'[9]
  except:
      print('索引不正確')
  索引不正確
```

except 後面如果沒有指明要捕捉哪一種異常，則所有異常都會被 except 捕捉，因此執行結果印出 '索引不正確' 字串。

```
> try:
      'Python'[9]
  except Exception as e:
      print(e)
  string index out of range
```

我們可以在 except 後面加上 Exception as *e*，此時在捕捉到異常後，會建立一個 Exception 物件 *e*，利用 print() 印出 *e* 可得異常訊息。從印出的結果可知錯誤原因是索引超出範圍了。

```
> try:
      i+6
  except Exception as e:
      print(e)
  name 'i' is not defined
```

嘗試捕捉 $i+6$ 的異常，從印出的異常物件 *e* 可知錯誤的原因是變數 i 沒有被定義。

```
> try:
      a=12+6
  except Exception as e:
      print(e)
  else:
      print('No exception')
  finally:
      print('Done!')
  No exception
  Done!
```

執行 a=12+6 沒有任何異常發生，因此 else 區塊和 finally 區塊都會被執行。

下面我們以一個簡單的範例，把異常處理寫進一個函數，並透過給予參數的不同來產生不同的異常，藉以熟悉異常處理的過程。

```
01 # 異常處理的範例
02 def func(lst,idx,n):
03   try:
04     lst[idx]/=n
05   except IndexError:          # 索引錯誤
06     print('Index out of range')
07   except ZeroDivisionError:   # 除數為 0
08     print('Divided by zero')
09   except Exception as e1:     # 其它錯誤
10     print(e1)
11   else:
12     print(f'No exception,lst={lst}')
13   finally:
14      print('Exit try-except')
```

在這個範例中，我們定義一個函數 func()，它可接收串列 lst、索引 idx，以及一個除數 n，然後於 3~4 行測試 $lst\ [idx]/=n$ 是否會發生異常。如果捕捉到 IndexError 異常，則印出 'Index out of range'（5~6 行）。如果捕捉到 ZeroDivisionError 異常，則印出 'Divided by zero'（7~8 行）。如果補捉到其它異常，則建立一個異常物件 $e1$，並印出 $e1$ 的內容（9~10 行）。如果都沒有異常，則印出串列 lst 的內容（11~12 行）。最後，無論是否有異常發生，都會印出 'Exit try-except' 字串（13~14 行）。

```
> func([1,4,7,8],2,10)
  No exception,lst=[1, 4, 0.7, 8]
  Exit try-except
```

將 lst=[1,4,7,8]，ind=2 和 n=10 傳入 func() 中。因為 lst 索引為 2 的元素是 7，除數為 10，相除的結果為 0.7，不會有錯誤產生，所以印出 No exception, lst=[1, 4, 0.7, 8]，同時也會執行 finally 區塊裡的敘述。

```
> func([1,4,7,8],2,0)
  Divided by zero
  Exit try-except
```

將除數 n 更改為 0，此時會拋出 ZeroDivisionError 例外，並被第二個 except 捕捉，所以執行的結果印出 Divided by zero 字串。

```
> func([1,4,7,8],12,10)
  Index out of range
  Exit try-except
```

將索引更改為 12，因此索引超出範圍，於是拋出的 IndexError 會被第一個 except 捕捉，然後印出 Index out of range。

```
> func([1,4,7,8],12,0)
  Index out of range
  Exit try-except
```

將索引更改為 12，除數也設為 0。因為 IndexError 異常會先發生，所以會被第一個 except 捕捉，第二和第三個 except 則不再捕捉任何異常。

```
> func([1,4,7,8],2.0,5)
  list indices must be integers or
  slices, not float
  Exit try-except
```

將索引改為浮點數 2.0。因為索引必須是整數，所以這個錯誤只能被第三個 except 捕捉。輸出的結果也告訴我們索引必須是整數，不能是浮點數。

8.2.3 異常處理的應用

異常處理常用在檔案的開啟，或者是可供使用者輸入的應用上。例如使用者可能會打開一個不存在的檔案，或是輸入一個沒有辦法預期的數字等。藉由異常處理，程式可以再次的提醒使用者輸入正確的資料，避免程式被迫中斷。

```
01  # 未經異常處理的程式
02  while(True):
03      n=input('Input a number:')
04      if n in 'Qq':
05          print('Quit program')
06          break
07      else:
08          print(int(n)**2)
Output: Input a number: 2
        4
        Input a number: w
        ValueError: invalid literal for int() with base 10: 'w'
```

上面是一個無窮迴圈，可讓使用者輸入一個數字，然後印出輸入數字的平方。如果輸入的是字母 Q 或 q，則印出 Quit program 並跳離迴圈（4~6 行）。在執行時，輸入 2 可以正確的印出 4，如果輸入 Q 或 q 以外的字母，則因為無法轉成整數的關係，造成 ValueError 異常而無法執行，此時無窮迴圈就會被中斷。 ❖

下面的範例是修改前例的問題，使得輸入 Q 或 q 以外的字元時，程式也可以正常的運行。我們在 8~9 行把平方的計算放在 try 區塊內，由它來監控是否會有無法計算的情況發生。

如果有，則印出 'Input error'，否則印出輸入之數的平方。無論是否有辦法計算，都會回到迴圈的開頭要求使用者再次輸入一個數字。如果按下 Q 或 q，則會跳離迴圈。

```
# 加入異常處理的程式，可以濾掉無法轉成 int 的輸入
while(True):
    n=input('Input a number:')
    if n in 'Qq':
        print('Quit program')
        break
    else:
        try:
            print(int(n)**2)
        except:
            print('Input error')
```

```
Output: Input a number: w
        Input error
        Input a number: 10
        100
        Input a number: q
        Quit program
```

❖

從上面的範例我們可以看出，利用 try-except 可以使得程式的執行不至於因為一些錯誤而中斷。後面是另一個異常處理的例子。

```
> f=open('my_file.csv','r')
```

```
FileNotFoundError: [Errno 2] No
such file or directory:
'my_file.csv'
```

嘗試讀取一個不存在的檔案。因為沒有異常處理機制，所以執行結果出現了錯誤訊息。

```
> try:
      f=open('my_file.csv','r')
  except FileNotFoundError:
      print('File not found')
  else:
      print('Successfully opened')
```

```
'File not found'
```

將 open() 函數寫在 try 區塊裡，如果補捉到 FileNotFoundError 異常的話，則印出 'File not found'，否則印出 'Successfully opened'。由於這個範例加入了異常處理機制，使得檔案即使沒有開啟成功，也不至於因為錯誤而使程式無法執行。

8.3 模組與套件

到目前為止，我們已經使用過少數幾個 Python 內建的模組（Module），如第二章的 math 與 random，以及本章介紹的 pickle 模組。模組是一個 Python 的程式檔（附加檔名為 .py），裡面定義了一些相關的函數（也可以是常數或類別等）。相關的模組放在一個資料夾內就形成了套件（Package）。

8.3.1 載入模組或套件的語法

要使用模組裡的函數（或其它成員，如常數或類別等），我們可以載入整個模組，再以這個模組來取用函數；或是明確載入模組裡的特定函數。

1. 要載入整個模組，可以利用下面的語法：

    ```
    import moduleM (as md)
    ```

    此語法可載入整個模組 moduleM。在呼叫 moduleM 裡的函數 func() 時必須使用 moduleM.func() 的語法來呼叫。若 moduleM 的名稱太長，可以在 import 後面利用 as 加上縮寫名稱，例如 md，即可將 moduleM 縮寫為 md。此時在呼叫函數時只要使用 md. func() 即可。

2. 要明確載入模組裡特定的函數，可利用下面的語法：

    ```
    from moduleM import func1 (,func2,...)
    ```

    此語法從 moduleM 中載入 func1() 函數（或是同時載入數個函數）。利用這種方式載入函數時，在程式中可以直接呼叫載入的函數名稱，使用起來就像是內建的函數一樣。

這兩種語法都很常用，但是初學者常會忘記哪一種語法在呼叫函數時要加上模組名稱。其實我們只要把 import 後面接的名稱全部加在函數前面來呼叫函數即可。如果 import 後面接的是函數名稱，那當然就不用加上任何名稱了。

```
> import math
```

載入 Python 內建的 math 模組。因為 import 後面是接模組名稱，所以在呼叫函數時也必須加上模組名稱 math。

```
> math.sqrt(2)
  1.4142135623730951
```

我們必須在 sqrt() 函數前面加上模組名稱 math，才有辦法呼叫該函數。左式是計算 $\sqrt{2}$ 的值。

```
> import math as m
```

載入 math 模組，並將 math 縮寫為 m。

```
> m.sqrt(2)
  1.4142135623730951
```

現在利用 m.sqrt(2) 即可呼叫 sqrt() 函數。

```
> from math import sqrt,sin
```

同時將 sqrt() 和 sin() 兩個函數載入。注意 import 後面接的是函數名稱。

```
> sqrt(2)
  1.4142135623730951
```

因為 import 後面接的是函數名稱，所以可以直接呼叫 sqrt()。

```
> sin(0.5)
  0.479425538604203
```

相同的，我們也可以直接呼叫 sin() 函數。

套件（Package）是把性質相關的模組放在一個資料夾內，這個資料夾就成了一個套件。如果要載入套件裡的模組，或是套件裡某個模組的某些特定函數，只要將套件名稱加在模組名稱前面，兩者用一個點來連接，然後依前述的方法來呼叫即可。例如，假設 packageP 套件裡面有一個 moduleM 模組，moduleM 裡有兩個函數 func1() 和 func2()。如果要載入 moduleM，可以用下面的 import 指令：

```
import packageP.moduleM (as md)
```

因為 import 後面接的是 packageP.moduleM，所以在呼叫 func1() 時，必須使用 packageP.moduleM.func1() 的語法來呼叫。如果有給 packageP.moduleM 一個縮寫（as 加上縮寫名稱）即可利用縮寫名稱來呼叫函數。

我們也可以從 packageP 套件載入 moduleM 模組，如下面的語法：

```
from packageP import moduleM
```

此時 import 後面接的是 moduleM，所以如果要呼叫 func1() 時，必須利用 moduleM.func1() 的語法來呼叫。當然，我們也可以利用下面的語法來載入 moduleM 裡的函數 func1()：

```
from packageP.moduleM import func1
```

此時因為 import 後面接的是函數名稱，所以 func1() 前面就不需加上其它名稱，即可直接在程式裡呼叫。

8.3.2 載入位於工作資料夾裡的模組或套件

如果自己撰寫的模組或套件與目前正在執行的檔案位於同一個資料夾（工作資料夾），那麼要載入它們相對比較簡單。在 Colab 中，工作資料夾就是 Files 窗格裡的工作區（請見附錄 A），而 Jupyter lab 的工作資料夾就是存放目前正在執行的 ipynb 檔案的那個資料夾。

由於 import 可以載入工作資料夾內的模組或套件，因此無需額外的設定就可以直接載入。例如，工作資料夾裡有一個 greeting.py 模組和一個 math_code 套件，在這個套件裡有一個 calculator.py 模組，我們以下圖來說明目前工作資料夾和 greeting.py 模組、math_code 套件與 calculator.py 模組之間的關係（假設 Jupyter lab 的工作資料夾是 my_work）：

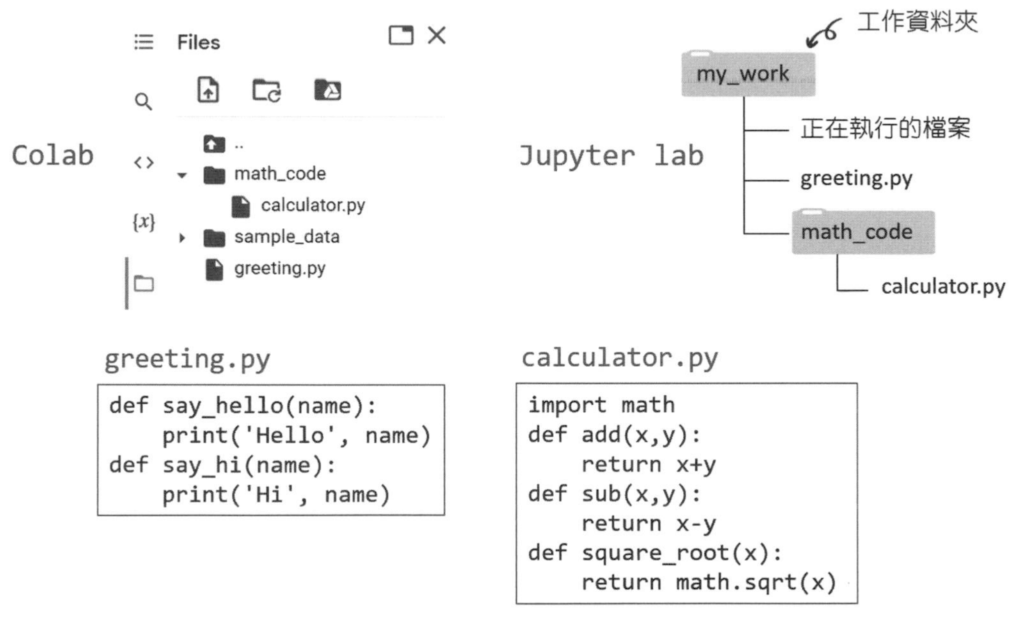

greeting.py 和 calculator.py 的內容可查閱上圖。注意在 calculator.py 模組裡我們也載入了 Python 內建的 math 模組，因為裡面的 square_root() 會呼叫到 math 模組裡的 sqrt()。

您可以用 Windows 的記事本（預設的附加檔名為 .txt）來編輯 greeting.py 和 calculator.py 這兩個檔案，編輯好了之後，記得將附加檔名改為 .py。在 Colab 中，您可以在工作區新增一個 math_code 資料夾，然後將 greeting.py 上傳到工作資料夾，並將 calculator.py 上傳到 math_code 資料夾裡（請參考附錄 A）。在 Jupyter lab 的環境裡操作也大同小異，記得 Jupyter lab 的工作資料夾就是存放正在執行 Jupyter lab 那個檔案的資料夾。準備好了之後，請跟著下面的範例來練習 import 指令：


```
> import greeting
```

載入 greeting 模組。

```
> greeting.say_hi('Tom')
  Hi Tom
```

呼叫 greeting 模組裡的 say_hi() 函數。注意呼叫時必須加上模組名稱（因為前面的 import 指令後面接的是模組名稱）。

```
> greeting.say_hello('Mary')
  Hello Mary
```

呼叫 greeting 模組裡的 say_hello() 函數。

```
> from greeting import say_hello,say_hi
```

從 greeting 模組同時載入 say_hello() 和 say_hi() 函數。

```
> say_hello('Jeanne')
  Hello Jeanne
```

因為已經明確的載入 say_hello()，所以可以直接使用這個函數（import 指令後面已經接了 say_hello）。

```
> say_hi('Wien')
  Hi Wien
```

相同的，我們也可以直接呼叫 say_hi() 函數。

下面是從 math_code 套件裡載入 calculator 模組與特定函數的範例。注意因為 calculator 模組是放在 math_code 套件裡，所以必須使用 math_code.claculator 的語法來載入。

```
> import math_code.calculator
```

載入 calculator 模組，這個模組是位於 math_code 套件內。

```
> math_code.calculator.add(3,2)
  5
```

呼叫 calculator 模組裡的 add() 函數。我們可以發現這樣寫的話名稱有點太長（不過也只能這樣，因為 import 後面接的是 math_code.calculator）。

```
> import math_code.calculator as cr
```

重新載入 math_code 套件裡的 calculator 模組，並將名稱縮寫為 *cr*。

```
> cr.sub(5,3)
  2
```

現在 *cr* 就代表 math_code.calculator 這一長串文字，使用起來方便很多。

```
> cr.square_root(2)
  1.4142135623730951
```

呼叫 calculator 模組裡的 square_root() 函數。我們可以感受到這種寫法比較簡潔。

```
> from math_code import calculator
```

從 math_code 套件裡載入 calculator 模組。

```
> calculator.add(6,4)
  10
```

利用這種寫法，不需寫上套件名稱就可直接以 calculator 模組來取用 add() 函數。

```
> from math_code.calculator import add
```

明確載入 add() 函數。

```
> add(2,3)
  5
```

現在我們可以直接呼叫 add() 函數來進行計算。

8.3.3 載入其它資料夾裡的模組或套件

如果一個套件（或模組）和工作資料夾是位於不同資料夾內，則只要把這個資料夾的路徑添加到 Python 搜尋模組時的路徑即可。例如，假設某個路徑 my_path 裡有一個 gemotry 套件，內含一個 areas 模組，裡面有 circle() 和 triangle() 兩個函數，如下圖所示：

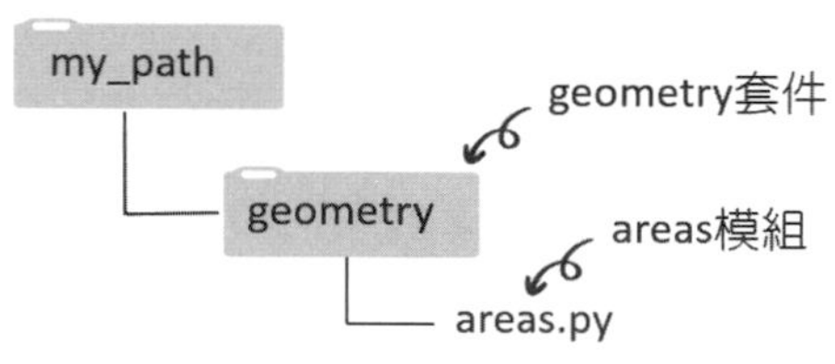

areas.py

```
def circle(r):
    return 3.14*r**2

def triangle(base,height):
    return 0.5*base*height
```

現在我們只要把 my_path 添加到目前的搜尋路徑，這樣 Python 就可以取用 geometry 套件裡面的模組了。在 Python 裡，我們可以先載入 sys 模組，Python 的搜尋路徑就記錄在 sys.path 裡。我們只要將 my_path 路徑添加到 sys.path 裡即可。只要 my_path 在搜尋路徑裡，geometry 套件就可以被找到了。

假設在 Colab 中，我們已經將 Colab 連接到雲端硬碟（請參考附錄 A），且 geometry 資料夾是放在雲端硬碟的 my_packages 資料夾內，所以 my_path 路徑為

```
/content/drive/MyDrive/my_packages
```

因此在 Colab 中，我們可以利用下面的語法將這個路徑加到搜尋路徑：

```
> # 在 Colab 的環境添加搜尋路徑
  import sys
  my_path=r'/content/drive/MyDrive/my_packages '  # 雲端硬碟的路徑
  if my_path not in sys.path:  # 如果 my_path 不在目前的搜尋路徑
      sys.path.append(my_path)
```

如果是在 Jupyter lab 的環境裡執行，假設 geometry 套件是放在 c:\my_packages 內，則可以利用下面的語法將 c:\my_packages 加到搜尋路徑：

```
> # 在 Jupyter lab 的環境添加搜尋路徑
  import sys
  my_path=r'c:\my_packages'      # 在 Windows 裡，geometry 套件的路徑
  if my_path not in sys.path:    # 如果 my_path 不在目前的搜尋路徑
      sys.path.append(my_path)
```

您可以注意到在 my_path 後面接的路徑字串前面有一個 r，這個 r 是 raw 的意思，代表之後的接的是 "原生" 的字串，也就是不會把某些特殊字元解釋為控制碼，例如「\n」就不會被解釋為換行。另外，利用 sys.path.append() 的方式來修改搜尋路徑只在當前運行的程式裡有效。也就是說，它不會永久修改 Python 的搜尋路徑，因此無需擔心在程式裡修改 sys.path 會影響到其它程式的執行。添加搜尋路徑之後，我們就可以使用 geometry 套件了：

```
> import geometry.areas
```

因為 my_path 已經在搜尋路徑內，所以可以順利載入 geometry 裡的 areas 模組。

```
> geometry.areas.circle(4)
  50.24
```

呼叫 circle(4) 函數，計算結果為半徑為 4 的圓面積。

```
> import geometry.areas as ar
```

載入 geometry.areas 模組，並將名稱縮寫為 ar。

```
> ar.circle(2)
  12.56
```

現在可以利用縮寫名稱 ar 來呼叫 circle(2)。

```
> from geometry import areas
```

從 geometry 套件載入 areas 模組。注意 import 後面接的是 areas。

```
> areas.circle(1)
  3.14
```

在 circle() 之前加上 areas 就可以呼叫到 circle() 函數。

```
> areas.triangle(10,5)
  25.0
```

用相同的方法可以呼叫到 triangle() 函數。左式是計算底為 10，高為 5 的三角形面積。

```
> from geometry.areas import circle
```

直接載入 circle() 函數。

```
> circle(10)
  314.0
```

計算半徑為 10 的圓面積。

第八章 習題

8.1 檔案處理

1. 試依序完成下列各題：

   (a) 試將 'Python' 這個字串寫入純文字檔 sample.txt 中。

   (b) 設 lst=[]，請開啟 sample.txt，一次讀取一個字元，然後把讀取到的字元添加到串列 lst 中，直到讀取完所有的字元為止（讀到檔案末端後，如果再讀取時會讀到空字串）。讀完之後，lst 的值應為 ['P', 'y', 't', 'h', 'o', 'n']。

2. 試依序完成下列各題：

   (a) 試撰寫一程式找出 100 的所有因數，並將找出的因數寫入純文字檔 factors.txt 中，每個因數用逗號隔開。

   (b) 開啟 factors.txt，讀取寫入的因數，然後計算其總和。

   (c) 以二進位檔的格式將 100 的所有因數寫入 factors.bin 中。

   (d) 讀取儲存於 factors.bin 中的數字，然後計算其總和。

3. 設一個純文字檔 mat.txt 的內容如下（數字之間有一個空格），試讀取這個純文字檔，然後找出裡面數字的最大值和最小值。

   23 45 23 65

   44 56 88 21

   50 67 89 12

4. 試將字串 '去年今日此門中，人面桃花相映紅' 以 utf-8 的格式編碼，並嘗試將編碼後的結果解碼，您應該得到一樣的字串。

5. 試完成下列各題：

   (a) 找出小於 1000 的所有質數，並以一個串列 *lst* 存放。

   (b) 將 (a) 中的 *lst* 利用 pickle 模組裡的 dumps() 函數轉成 bytes 物件，然後將它存在 primes.bin 檔案中。

   (c) 讀取 primes.bin 檔案，並將其內容還原回原來的資料。您得到的結果應該是一個小於 1000 的質數所組成的串列。

6. 設有一個 bytes 物件 *barr* 為 b'\x0c&@\xfc'，試查閱 ASCII 編碼表，寫出它們解碼後應該是哪四個數字，再將 *barr* 轉換為由 0~255 之間的數字組成的串列，以驗證您寫出的結果。

7. 在 Python 的 io 模組裡提供了 StringIO 和 BytesIO 兩個類別，可分別將字串和 bytes 物件寫入電腦的記憶體而不是磁碟中，並且會建立一個類似檔案的物件（file-like object）。我們可以利用這個物件來讀取資料，使用起來就像是讀取檔案內的資料一樣。例如下面的程式碼可以將 csv_data 資料寫入記憶體，建立一個物件 $f0$，然後利用 $f0$ 對檔案進行讀取：

```
> import csv
  from io import StringIO
  csv_data='12,65,37,1024\n122,43,23,12'
  f0=StringIO(csv_data)
  [i for i in csv.reader(f0,delimiter=',')]

  [['12', '65', '37', '1024'], ['122', '43', '23', '12']]
```

   相同的，下面的範例是將 b'\x02\x04\x05\n\x14\x192d' 寫入記憶體，然後利用 BytesIO 類別建立的物件 $f1$ 來讀取 bytes 物件的內容。

```
> from io import BytesIO
  f1=BytesIO(b'\x02\x04\x05\n\x14\x192d')
  f1.read(4)  # 讀取4個位元組

  b'\x02\x04\x05\n'
```

利用這種方式，有些場合就無需把資料寫入磁碟，再從磁碟讀取資料了。因為從磁碟讀寫資料速度較慢，如果短時間需要進行大量的讀寫資料，利用這種方式可以加快存取的速度。

(a) 試利用 StringIO() 將下列的資料寫入記憶體中，然後從記憶體讀取這些數據，並找出它們的最大值。

75,87,86,19,69
78,65,12,77,90

(b) 試利用 BytesIO() 將 [{3,5}, 'Python', (64,1024)] 寫入記憶體中，然後讀取它們，並將讀取的 bytes 物件轉換成原來的資料。

8.2 異常處理

8. 執行下面的程式碼時，我們會得到一個錯誤訊息。試捕捉這個錯誤，然後印出 'utf-8 解碼錯誤' 字串。

```
b'\x04\xeb\x12'.decode('utf-8')
```

9. 試設計一個程式，在 try 區塊裡由使用者輸入兩個整數 a 和 b，並判別這兩個數的大小。如果 a 小於 b，則印出 'a 小於 b'（ a 和 b 請用輸入的數字取代），否則印出 'a 大於或等於 b'。如果使用者輸入的不是數字，則無法轉成整數，因此會有錯誤發生，此時請在 except 區塊印出 '無法判別大小，請重新輸入'。如果 try 區塊裡沒有任何錯誤，則印出 '判別完成'。重複上面的步驟，直到使用者鍵入 Q 或 q 為止，然後顯示 '程式結束'。

10. 試設計一個程式，可以讓使用者輸入一個數，然後印出這個數開根號的結果。若使用者輸入非數字的字元或負數，都將導致錯誤。試撰寫 try-except 區塊來處理輸入非數字的字元或負數的錯誤：若是輸入負數，則提示使用者 '不能輸入負數'，若是輸入非數字的字元，則提示使用者 '必須輸入數字'。如果沒有錯誤發生，則顯示 '輸入正確'，並顯示輸入數字開根號的結果。

11. 試撰寫函數 to_byteArray(*lst*)，可以接收一個由整數組成的串列，然後將它轉換成 bytes 物件並傳回。如果無法轉換（例如整數太大、串列裡的內容是浮點數或其它原因），則顯示 '無法轉換'。

8.3 模組與套件

12. 試撰寫一函數 factors(n)，用來傳回 n 的所有因數，以及 primes(n)，可用來傳回所有小於等於 n 的質數，並依序完成下列各題：

(a) 將 factors(n) 和 primes(n) 這兩個函數放在 math_module1.py 中，再將 math_module1.py 放在目前的工作資料夾內，然後利用模組 math_module1.py 計算 factors(50) 和

primes(100)。

(b) 請先將 factors(n) 和 primes(n) 這兩個函數放在 math_module2.py 中。如果您是使用 jupyter lab,請將 math_module2.py 放在 c:\python_pkg\my_pkg 裡。如果您是使用 Colab,請在雲端硬碟建立一個 python_pkg 的資料夾,內含一個 my_pkg 資料夾,再將 math_module2.py 放到 my_pkg 裡。將檔案放置好了之後,請利用模組 math_module2.py 計算 factors(50) 和 primes(100)。

13. 設 factors(n) 為一個函數,可以用來傳回 n 的所有因數所組成的串列,且 factors(n) 是定義在 m1.py 中。現在我們想設計一個函數 is_prime(p),它定義在 m2.py,可以用來判別 p 是否為質數(傳回 True 或 False)。如果 p 是質數,則 p 只有兩個因數(1 和 p),所以從 factors(p) 傳回串列的長度就可以知道 p 是否為質數,因此我們需要在 m2.py 裡載入 m1.py 的 factors(),才能在 is_prime(p) 函數使用 factors() 函數。試完成這個工作,使得 is_prime(p) 函數可以順利呼叫到 factors() 函數。

使用 Numpy 套件

在處理資料時，Numpy 是很常用的一個套件。Numpy 是 Numerical Python 的縮寫，專門用來處理數值的運算。Numpy 強化了 Python 本身在數值計算上的不足，使得 Python 在處理陣列時可以高速的運算。許多資料科學裡常用的套件，如 Matplotlib、Pandas 或是 Scipy 等都是以 Numpy 的陣列為基礎而發展的，因此對於資料科學而言，Numpy 的學習極其重要。本章將著重在 Numpy 陣列的建立與操作，下一章則是介紹 Numpy 在數值上的各種運算。

1. 認識 Numpy 的陣列
2. 陣列元素的提取
3. 陣列的進階處理

9.1 認識 Numpy 的陣列

也許您會發現 Python 本身並沒有提供陣列（Array）這種資料結構。雖然我們可以利用串列來實現陣列的功能，但是使用起來不太方便，也沒有效率。Numpy 是為了讓 Python 進行高效數值運算而設計的套件，在運算速度上遠高於以 Python 原生的串列來處理資料。

Colab 已經提供了 Numpy 套件，因此在 Colab 裡不需安裝 Numpy。如果是使用 Jupyter lab，請在輸入區內鍵入 pip install numpy 即可安裝 Numpy：

安裝的過程約需要一分鐘的時間。安裝好後於輸入區下方會顯示訊息，告訴我們已經安裝完畢。您也可以選擇 File 功能表裡的 New，再選擇 Terminal，此時一個新的 Terminal 視窗會出現，於提示符號後面鍵入 pip install numpy 來安裝 Numpy。

Numpy 套件（Python 的其它套件亦同）的安裝只需進行一次，下次要使用時不需再次安裝。安裝好之後，我們即可利用下面的語法將 numpy 載入：

```
import numpy as np
```

在上面的語法中，習慣上把 numpy 縮寫為 np，我們也建議採用這個縮寫。在之後各節的練習中，我們都假設您已經將 Numpy 載入。本章的範例就不再顯示載入 Numpy 的語法。

9.1.1 Numpy 陣列的基本認識

Numpy 的陣列（Array）可分為一維，二維或多維陣列。二維陣列可以看成是多個大小相同的一維陣列組成。相同的，三維陣列可以看成是多個二維陣列疊加而成，以此類推。在 Numpy 中，因為陣列的維度可以看成是坐標軸的維度，所以一維、二維與多維陣列也分別稱為單軸、二軸與多軸陣列。我們可以利用 array() 函數來建立 Numpy 的陣列：

· 建立陣列的函數與相關的屬性

函數/屬性	說明
array(*obj*,dtype=*t*)	以 *obj* 建立一個資料型別為 *t* 的 Numpy 陣列
arr.ndim	陣列 *arr* 的維度（number of dimensions，或稱為軸數）
arr.shape	陣列 *arr* 的形狀（多少乘多少的陣列，即每一維有多少個元素）
arr.dtype	陣列 *arr* 的型別（data type）
arr.size	陣列 *arr* 元素的個數

```
> import numpy as np
```

載入 numpy 套件，並縮寫為 np。

```
> np.array([3,2,5])
  array([3, 2, 5])
```

以串列 [3,2,5] 建立一個一維陣列，這個陣列有 3 個元素。

```
> a=np.array((0,1,2,3,4))
```

以 tuple 建立一具有 5 個元素的一維陣列，並設定給變數 *a* 存放。

```
> a
  array([0, 1, 2, 3, 4])
```

查看 *a* 的內容，我們可以發現 Numpy 是將陣列的內容排成橫列，以方括號括起來放在 array() 函數內來表達一維陣列 *a*。

```
> a.ndim
  1
```

查詢 *a* 的維度，得到 1，代表 *a* 是一個一維陣列。

```
> a.shape
  (5,)
```

a.shape 回應一個 tuple，裡面的數字 5 告訴我們陣列 *a* 裡有 5 個元素（注意數字 5 後面有一個逗號）。

```
> len(a)
  5
```

len() 是 Python 提供的函數，我們也可以用它來查詢一維陣列裡有幾個元素。

```
> a.dtype
  dtype('int64')
```

查詢 *a* 的型別，得到 int64，代表 *a* 裡的元素是 64 bits 的整數（在 Windows 版的 Jupyter lab 中會得到 int32）。關於 Numpy 提供的型別，稍後我們將做介紹。

二維陣列是由等長的一維陣列所組成。如果二維陣列是由 m 個元素個數為 n 的一維陣列所組成，那麼這個陣列就是 $m \times n$ 的二維陣列。

```
> b=np.array([[1,3,2],[4,7,9]]); b
  array([[1, 3, 2],
         [4, 7, 9]])
```

利用串列建立一個二維陣列 b。注意串列裡有 2 個子串列,而子串列裡有 3 個元素,因此建立的陣列是二維,形狀為 2×3。

```
> b.ndim
  2
```

陣列 b 的維度為 2,也就是 b 是一個二維陣列。

```
> b.shape
  (2, 3)
```

陣列 b 的形狀為 2×3,即 2 個橫列,3 個直行的陣列。

```
> b.size
  6
```

陣列 b 裡的元素共有 6 個。

二維陣列有兩種特殊的情況,一是二維陣列裡只有一個一維的陣列,但裡面有多個元素,我們可以用它來表達數學上的列向量(Row vector);二是二維陣列裡有多個一維陣列,但是每個一維陣列都只有一個元素,它相當於數學上的行向量(Column vector)。

```
> a=np.array([[1,2,3,4]])
```

這是一個 1×4 的二維陣列,這個陣列裡面只有一個一維陣列,它有 4 個元素。

```
> a
  array([[1, 2, 3, 4]])
```

這是 Python 對於 1×4 之二維陣列的表示法。與一維陣列相比,它多了一對方括號。

```
> a.ndim
  2
```

查詢 a 的維度,得到 2,代表它是一個二維陣列。

```
> a.shape
  (1, 4)
```

查詢 a 的形狀,可知它是一個 1×4 的二維陣列。陣列 a 可表達數學上的一個列向量。

```
> b=np.array([[1],[2],[3],[4]])
```

這是 4×1 的二維陣列,陣列裡有 4 個一維陣列,每個一維陣列只有一個元素。

```
> b
  array([[1],
         [2],
         [3],
         [4]])
```

這是 4×1 的二維陣列。注意它的形狀是一個直行(Column)。我們可以利用它來表示一個數學上的行向量。

```
> b.ndim
  2
```

查詢 b 的維度，可知 b 是二維的陣列。

```
> b.shape
  (4, 1)
```

陣列 b 是一個 4×1 的陣列。注意 b.shape 會回應一個 tuple，tuple 裡面元素的個數等於陣列的維度。

```
> c=np.array([[12]])
```

這是一個 1×1 的二維陣列，注意數字 12 外面有兩對方括號，所以它是二維。

```
> c.ndim
  2
```

陣列 c 的維度是 2。

```
> c.shape
  (1, 1)
```

陣列 c 的形狀是 1×1 。

```
> np.array([12]).shape
  (1,)
```

np.array([12]) 是一維陣列，裡面只有一個元素 12，其形狀是 (1,)。

```
> np.array(12).shape
  ()
```

如果數字 12 外面沒有方括號，則它是一個純量，其形狀以空的 tuple 表示。

```
> np.array(12).ndim
  0
```

純量的維度為 0。

二維陣列有兩個方向（列和行的方向）。為了便於指明那個方向，Numpy 把每個方向稱為一個軸（Axis），就如同數學上的坐標軸一樣。n 維的陣列就有 n 個軸，編號為 0 到 $n-1$。

例如，一維陣列只有一個軸，所以它只有一個軸 0 的方向（一般會畫成水平方向）。二維陣列就有兩個軸，軸 0 是列的方向（列的索引逐漸變大的方向，或垂直方向），而軸 1 是行的方向（行的索引逐漸變大的方向，或水平方向）。注意 Numpy 陣列索引的編號是從 0 開始的。下面是一個 3×4 之二維陣列的例子：

```
> a=np.array([[0,1,3,3],
              [4,7,9,8],
              [5,4,8,2]])
```

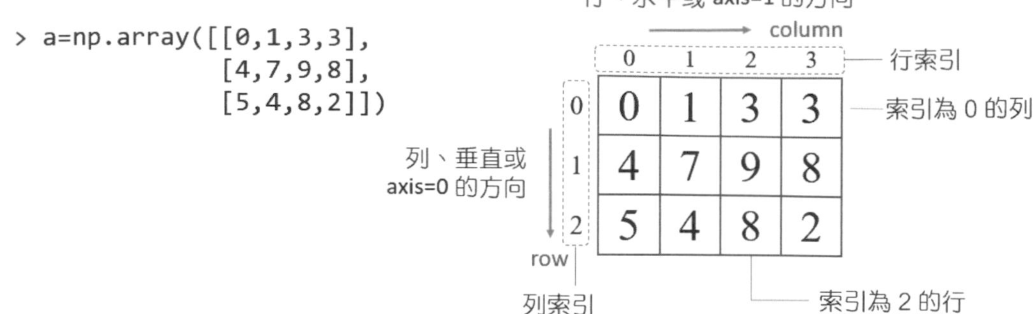

相同的，$p \times m \times n$ 的三維陣列可以看成是 p 個 $m \times n$ 的二維陣列所組成。三維陣列有三個軸，即軸 0、1 和 2，在這三個軸上分別有 p、m 和 n 個元素。

```
> lst=[[[1,2,3,0],
        [3,4,5,0],
        [5,6,7,1]],
       [[7,8,9,1],
        [8,2,2,1],
        [1,2,4,6]]]
```

這是一個較複雜的串列。最外層的串列裡有 2 個子串列，每個子串列裡都還有 3 個小串列，每個小串列都有 4 個元素。我們將以這個串列來建立一個 Numpy 的三維陣列。

```
> a=np.array(lst)
```

將 lst 轉換成 $2 \times 3 \times 4$ 的陣列，並設定給變數 a 存放。

```
> a
  array([[[1, 2, 3, 0],
          [3, 4, 5, 0],
          [5, 6, 7, 1]],

         [[7, 8, 9, 1],
          [8, 2, 2, 1],
          [1, 2, 4, 6]]])
```

查詢 a 的內容，Numpy 用左邊的表示法來表達一個 $2 \times 3 \times 4$ 的陣列。注意 $2 \times 3 \times 4$ 的陣列可以看成是 2 個 3×4 的陣列，這樣我們就可以很容易的理解為什麼三維陣列是如此表達的了。

於上面的範例中，a 是一個三維陣列。如果把它畫成一個三維的圖形，則每一個維度就在一個軸上（類似數學上的軸 x、y 和 z）。於下圖中，圖 (a) 是 Numpy 對於三維陣列 a 的表示法，如果把它畫成三維空間，可得如圖 (b)。圖中可以看出沿著軸 0、軸 1 和軸 2 的方向，陣列 a 分別有 2、3 和 4 個元素，因此 a 是一個 $2 \times 3 \times 4$ 的陣列。圖 (c) 是簡化的表示法，從圖中可以看到陣列 a 是由 2 個 3×4 的二維陣列沿著軸 0 的方向所組成。3×4 的二維陣列看起來像是一頁，因此有時也會把軸 0 的方向稱為頁（page）的方向。

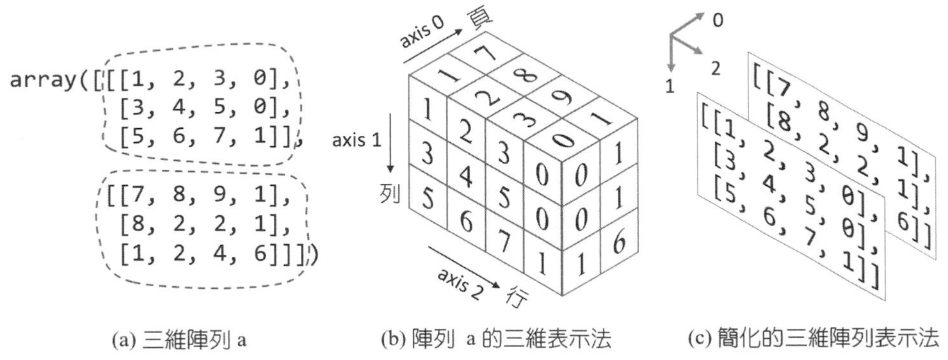

(a) 三維陣列 a　　(b) 陣列 a 的三維表示法　　(c) 簡化的三維陣列表示法

```
> a.ndim
  3
```

查詢 a 的維度，可知 a 是一個三維的陣列。

```
> a.shape
  (2, 3, 4)
```

查詢 a 的形狀，可知 a 的一個 $2 \times 3 \times 4$ 的陣列。

```
> a.size
  24
```

陣列 a 共有 24 個元素（$2 \times 3 \times 4 = 24$）。

在實際處理資料時，大於二維的陣列也很常見，但是我們無法畫出它們的幾何形狀。不過以一個 $p \times q \times r \times c$ 的四維陣列來說，只要把它想像成是由 p 個 $q \times r \times c$ 的三維陣列所組成，這樣就比較好理解四維（或四維以上）的陣列了。

9.1.2 Numpy 常用的資料型別

Numpy 提供了許多型別，方便我們建立陣列時使用。一些常用的型別和相關的轉換函數列表如下。我們可以注意到 Numpy 陣列元素的型別不僅可以是數字，也可以是字串或其它型別。

· 型別和型別的轉換函數

資料型別/函數	說明
bool	布林型別
int8, int16, int32, int64	8, 16, 32 和 64 位元的有號整數（有正負號）

資料型別/函數	說明
`uint8, uint16, uint32, uint64`	8, 16, 32 和 64 位元的無號整數（沒有負數，開頭的 u 代表 un-signed 之意，即沒有正負號的意思）
`float16, float32, float64`	16, 32 和 64 位元的浮點數
`<Ux`	至多 x 個字元的 Unicode 字串
`object`	任意型別
arr`.astype(`*t*`)`	將 *arr* 轉換成 *t* 型別
arr`.tolist()`	將 *arr* 轉換成 list 型別

```
> a=np.array([1,2,3])
```

以串列 [1,2,3] 建立一個一維陣列 a。注意串列裡的元素都是整數。

```
> a.dtype
dtype('int64')
```

陣列 a 的型別為 64 位元的整數（在 Windows 版的 Jupyter lab 裡顯示 32 位元）。

```
> np.array([1.,2.,3.]).dtype
dtype('float64')
```

如果將串列裡的元素改為浮點數，則建立陣列型別為 64 位元的浮點數。

```
> np.array([1,2,3],dtype=float)
array([1., 2., 3.])
```

建立一維陣列，並指定型別為 float。注意 float 為 Python 內建的型別，所以不用加上單引號。這個語法和設定 dtype='float64' 是一樣的。

```
> np.array([True,False,True]).dtype
dtype('bool')
```

這是 bool 型別的陣列。

```
> np.array([0,1,4,0],dtype=bool)
array([False, True, True, False])
```

以 bool 型別來建立陣列。我們可以注意到 0 被轉成 False，其餘被轉成 True。

```
> np.array([-3,72,300],dtype='uint8')
array([253, 72, 44], dtype=uint8)
```

uint8 的範圍介於 0 到 255 之間，超過這個範圍的數會以該數除以 256 的餘數來呈現。例如 300%256 = 44。

```
> a=np.array([[1.2,4.0],[6.9,8.3]])
```

這是一個二維的浮點數陣列。

```
> a.dtype
dtype('float64')
```

查詢陣列 a 的值，我們可確定它的型別是 float64。

```
> a.astype(int)
  array([[1, 4],
         [6, 8]])
```

傳回陣列 a 轉換成 int 的結果。注意這會建立新的陣列，所以轉換後 a 的內容不會被改變。

```
> a.dtype
  dtype('float64')
```

查詢 a 的型別，我們可以發現 a 的型別還是 float64。

```
> a.tolist()
  [[1.2, 4.0], [6.9, 8.3]]
```

將陣列 a 轉換成 list。注意 tolist() 也是建立新陣列，所以不會改變陣列 a 的內容。

```
> a
  array([[1.2, 4. ],
         [6.9, 8.3]])
```

查詢 a 的內容，可以發現它還是原來的浮點數陣列。

Numpy 陣列的元素也可以是字串，或者是其它較複雜的資料型別，如串列，集合或字典等，如下面的範例：

```
> np.array(['Tom','Jerry'])
  array(['Tom','Jerry'], dtype='<U5')
```

以兩個字串來建立一個陣列。注意 dtype 顯示 <U5，代表陣列裡每一個字串的字元數不超過 5 個 Unicode 字元。

```
> np.array(['青花瓷','素胚勾勒出青花'])
  array(['青花瓷', '素胚勾勒出青花'],
  dtype='<U7')
```

將兩個中文字串轉換成陣列，注意 dtype 告訴我們陣列裡每一個字串的字元數不超過 7 個。

```
> np.array(['Tom',[3,8]],dtype=object)
  array(['Tom', list([3, 8])],
  dtype=object)
```

在建立陣列時，如果陣列的元素多於兩種型別，則必須設定 dtype=object。在左式中，用來建立陣列的型別有字串和串列。

```
> n_str=np.array(['4.3','-4.3','9'])
```

利用字串所組成的串列來建立一個陣列。

```
> n_str.dtype
  dtype('<U4')
```

陣列的型別為 <U4，現在我們已經知道 <U4 代表的意思了。

```
> n_str.astype(float)
  array([ 4.3, -4.3,  9.4])
```

利用陣列 n_str 來呼叫 astype(float)，可將浮點數字串轉成浮點數。

9.1.3 用來建立陣列的函數

除了利用 array() 函數來建立陣列之外，我們也可以利用 Numpy 提供的其它函數來建立陣列。常用的陣列建立函數列表如下：

· 陣列建立函數

函數	說明
arange(*start*,*end*,*d*,dtype=*t*)	從 *start* 到 *end*，間距為 *d*，建立型別為 *t* 的陣列
linspace(*start*,*end*,*n*)	*start* 到 *end* 分割 $n-1$ 個等份，並傳回 *n* 個分割點
zeros((*m*,*n*),dtype=*t*)	傳回型別為 *t* 的 $m \times n$ 全 0 陣列
ones((*m*,*n*),dtype=*t*)	傳回型別為 *t* 的 $m \times n$ 全 1 陣列
empty((*m*,*n*))	傳回 $m \times n$ 的空陣列，內容為殘存於記憶體中的值
diag(*lst*,dtype=*t*)	傳回一個以 *lst* 為對角線，其餘元素為 0 的矩陣
eye(*n*,dtype=*t*)	傳回一個 $n \times n$ 的單位矩陣
tile(*arr*,(*m*,*n*))	將 $m \times n$ 個 *arr* 拼貼成一個陣列並傳回

在上面的函數中，arange() 是 array range 的縮寫，也就是陣列範圍的意思。linspace 是 linely spaced 的縮寫，為等距間隔之意。

```
> np.arange(10)
  array([0, 1, 2, 3, 4, 5, 6, 7, 8, 9])
```

在 arange() 函數裡，如果只寫一個參數，則傳回 0 到該參數（不含），間距為 1 的陣列。

```
> np.arange(1,10,2)
  array([1, 3, 5, 7, 9])
```

傳回一個從 1 到 9，間距為 2 的陣列。

```
> np.arange(0,1,0.2)
  array([0. , 0.2, 0.4, 0.6, 0.8])
```

傳回一個從 0 到 1（不包含 1），間距為 0.2 的陣列。注意因為間距為浮點數，所以傳回的結果是浮點數陣列。

```
> np.arange(0,1.001,0.2)
  array([0., 0.2, 0.4, 0.6, 0.8, 1.])
```

如果把 0 到 1 改為 0 到 1.001，則傳回的結果就會包含 1 這一項了。

```
> np.linspace(0,1,6)
  array([0., 0.2, 0.4, 0.6, 0.8, 1. ])
```

將 0 到 1 的區間分成 5 個等份，並傳回 6 個分隔點。

```
> np.linspace(0,1,5,endpoint=False)
  array([0. , 0.2, 0.4, 0.6, 0.8])
```

將 0 到 1 的區間分成 4 個等份，且不包含端點 1（因為設定 endpoint=False）。

```
> np.zeros((2,3))
  array([[0., 0., 0.],
         [0., 0., 0.]])
```

建立一個 2 × 3 的全 0 陣列。注意預設的型別是 float64。

```
> np.ones((1,5),dtype='int32')
  array([[1, 1, 1, 1, 1]])
```

建立一個 1 × 5 的全 1 陣列，並指定型別為 int32。

```
> np.empty((4,2))
  array([[0.000000e+000, 0.000000e+000],
        [0.000000e+000, 0.000000e+000],
        [0.000000e+000, 7.825999e-321],
        [8.700182e-313, 1.143654e+243]])
```

建立一個 4 × 2 的空陣列。注意陣列裡的元素是記憶體裡的殘值，因此您得到的數字可以會和左邊的結果不同。

```
> np.diag([3,4,5])
  array([[3, 0, 0],
         [0, 4, 0],
         [0, 0, 5]])
```

以 [3,4,5] 為對角線建立一個對角矩陣。

```
> np.eye(3)
  array([[1., 0., 0.],
         [0., 1., 0.],
         [0., 0., 1.]])
```

建立一個 3 × 3 的單位矩陣。注意預設的型別是 float64。

```
> np.tile(np.array([[1,2],[3,4]]),(2,3))
  array([[1, 2, 1, 2, 1, 2],
         [3, 4, 3, 4, 3, 4],
         [1, 2, 1, 2, 1, 2],
         [3, 4, 3, 4, 3, 4]])
```

拼貼 2 × 2 的二維陣列成 2 × 3 個區塊，結果為一個 4 × 6 的二維陣列。

```
> np.tile([['r','g'],['g','b']],(2,2))
  array([['r', 'g', 'r', 'g'],
         ['g', 'b', 'g', 'b'],
         ['r', 'g', 'r', 'g'],
         ['g', 'b', 'g', 'b']],
         dtype='<U1')
```

拼貼 2 × 2 的二維陣列成 2 × 2 的區塊，其結果為一個 4 × 4 的陣列。

9.1.4 產生亂數

Python 內建 random 模組裡的亂數函數一次只能產生一個亂數，如果要產生多個亂數，必須要撰寫 for 迴圈。Numpy 也有一個 random 模組，它用起來就方便多了。這個模組裡提供了許多亂數產生函數，且可以產生一維、二維或是多維的亂數陣列。限於篇幅的關係，下表僅列出了三個較常用的函數，建議讀者可以到 Numpy 的官網（https://numpy.org/）查看 Numpy 提供了哪些亂數產生函數。

. random 模組裡的亂數產生函數

函數	說明
seed(*sd*)	使用亂數種子 *sd* 建立亂數
randint(*start*,*end*,*size*)	建立 *size* 個範圍為 *start* 到 *end*（不含）的整數亂數
rand(*size*)	建立 *size* 個範圍為 0 到 1 的浮點數亂數
randn(*size*)	建立 *size* 個標準常態分佈的亂數（平均值為 0，標準差為 1）

```
> np.random.seed(999)
```

設定亂數種子為 999。在執行此函數之後，後面的亂數會依序由此種子產生。

```
> np.random.randint(1,7,6)
 array([1, 5, 6, 2, 1, 2])
```

產生 6 個 1 到 7（不含）之間的整數亂數。注意生成的結果是一個一維的陣列。

```
> np.random.randint(1,7,(2,3))
 array([[4, 2, 4],
        [1, 6, 6]])
```

產生 2 × 3 個 1 到 7（不含）之間的整數亂數。因為產生的亂數為 1 到 6，剛好是骰子上面的點數，因此可以用它來模擬三個骰子擲兩次，每次擲出來的點數。

```
> np.random.rand(3,2)
 array([[0.75606364, 0.17987637],
        [0.74347915, 0.49299622],
        [0.47596572, 0.51063269]])
```

產生 3 × 2 個 0 到 1 之間的亂數。

```
> np.random.randn(4,2)
 array([[-0.29663457, -0.92292269],
        [ 0.13599166, -0.16389124],
        [ 0.42700972,  0.25089136],
        [-0.57042602,  2.29817186]])
```

產生 4 × 2 個平均值為 0，標準差為 1 的標準常態分佈的亂數。

除了呼叫 random 模組裡的函數來建立亂數之外，另一種寫法是利用 default_rng(sd) 函數以種子 sd 生成一個物件，再以這個物件來呼叫相關的亂數產生函數。default_rng() 函數裡的 rng 為 random number generator 的縮寫，即亂數產生器之意。

．亂數產生器與相關函數

函數	說明
rg=default_rng(sd)	以 sd 為亂數種子建立一個亂數產生器 rg
rg.random($size$)	以 rg 建立 $size$ 個 0 到 1 之間的亂數
rg.integers($start$,end,$size$)	建立 $size$ 個從 $start$ 到 end 的整數亂數（不包含 end）
rg.standard_normal(μ,σ,$size$)	建立 $size$ 個平均值為 μ，標準差為 σ 的常態分佈亂數。μ 預設為 0，σ 預設為 1
rg.permutation(arr,axis)	將 arr 的橫列或直行（依 axis 決定）隨機排序
rg.shuffle(arr,axis)	同 permutation()，但 arr 會被更改為隨機排序後的值
rg.choice(arr,n,axis,replace)	隨機抽取 arr 裡的 n 個橫列或直行（依 axis 決定）。若 replace 設 True 則把抽取的元素放回，否則不放回

```
> rg=np.random.default_rng(seed=998)
```

使用種子 998 建立一個亂數產生器 rg。

```
> rg.random((3,2))
  array([[0.69978223, 0.31861007],
         [0.56187721, 0.25601819],
         [0.85290293, 0.88627787]])
```

以物件 rg 呼叫 random()，建立 3 × 2 個 0 到 1 之間平均分佈的亂數。

```
> rg.integers(3,5,(2,6))
  array([[4,4,3,4,3,4],
         [4,4,4,3,3,3]],dtype=int64)
```

建立 2 × 6 個整數亂數，整數的範圍為 3 到 5 之間（不含 5）。

```
> rg.standard_normal((3,2))
  array([[ 1.16245766,  1.32657771],
         [-0.7115124 , -0.47858946],
         [-0.23327976,  1.00268381]])
```

建立 3 × 2 個平均值為 0，標準差為 1 的常態分佈亂數。

```
> a=[1,2,3,4,5]
```

設定串列 a 的內容為 [1, 2, 3, 4, 5]。

```
> rg.permutation(a)
  array([3, 2, 4, 1, 5])
```

permutation() 會將 a 的拷貝隨機排列後傳回。因為傳回的是 a 的拷貝，這也代表著 a 的內容不會被修改。

```
> a
  [1, 2, 3, 4, 5]
```

查詢串列 a 的內容，可發現 a 的內容並沒有被改變。

```
> rg.shuffle(a)
```

shuffle() 也可以將陣列 a 隨機排列。注意左式沒有傳回任何值，代表 a 已經被就地（in-place）排列，也就是 a 的內容已經被修改。

```
> a
  [2, 5, 3, 1, 4]
```

查詢串列 a 的內容，我們發現 a 的內容已經被修改了。

```
> rg.choice(range(5),4)
  array([1, 3, 4, 1])
```

從 0 到 4 之間的整數隨機抽出 4 個數。因為沒有設定 replace 參數，其預設值是 True，代表元素抽完之後就會放回去，因此會抽到相同的元素。

```
> rg.choice(range(5),4,replace=False)
  array([2, 3, 4, 0])
```

設定 replace=False 則抽出來的元素不放回，因此不會抽到相同的元素。

```
> a=np.arange(15).reshape(3,5)
```

建立一個 0 到 14 的一維整數陣列，並將它們排成 3 × 5 的二維陣列。本章稍後將會介紹關於 reshape() 函數的用法。

```
> a
  array([[ 0,  1,  2,  3,  4],
         [ 5,  6,  7,  8,  9],
         [10, 11, 12, 13, 14]])
```

這是將 a 排成二維陣列之後的結果。

```
> rg.choice(a,4,axis=1)
  array([[ 3,  4,  2,  4],
         [ 8,  9,  7,  9],
         [13, 14, 12, 14]])
```

在軸 1 的方向從陣列 a 中隨機挑選 4 個直行，且挑過的直行可以再次的挑選（因為 replace 參數預設為 True），所以有重複的直行被挑出來。

```
> rg.choice(a,2,axis=0,replace=False)
  array([[10, 11, 12, 13, 14],
         [ 0,  1,  2,  3,  4]]])
```

從陣列 a 中隨機挑選 2 個橫列。因為設定了 replace=False，所以無論這個敘述執行了幾次，挑選出來的兩個橫列都不會重複。

```
> rg.permutation(a,axis=1)
  array([[ 3,  1,  0,  2,  4],
         [ 8,  6,  5,  7,  9],
         [13, 11, 10, 12, 14]])
```

把每個直行（axis=1）做隨機排列。在這個範例中，原本索引為 0 到 4 的行分別被排到索引為 2, 1, 3, 0 和 4 的行。注意執行完 permutation 後，a 的值不會被修改。

9.2 陣列元素的提取

陣列元素的提取是一個很重要的操作，因為我們常需要從整個陣列提取部分的資料以供後續的處理。在 Numpy 中，我們可以利用陣列的索引來提取元素，也可以利用切片（Slice）、布林陣列或是整數串列來提取。

9.2.1 利用索引提取陣列元素

因為 n 維的陣列就有 n 個軸，每個軸有各自的索引，因此只要給予元素在某個軸上的索引即可提取該元素。注意索引是從 0 開始數的。

```
> a=np.array([3,8,9,7])
```

這是一個一維陣列，它有 4 個元素。

```
> a[0],a[1],a[-1],a[-2]
  (3, 8, 7, 9)
```

取出索引為 $0, 1, -1$ 和 -2 的元素。注意 -1 和 -2 分別代表倒數第 1 和第 2 個元素。

```
> b=np.array([[3,4,5,7],
              [6,8,1,0],
              [8,9,3,4]])
```

這是一個 3×4 的二維陣列。

```
> b[0]
  array([3, 4, 5, 7])
```

3×4 的二維陣列可以看成是由 3 個一維的陣列組成，其索引編號為 0 到 2，因此 $b[0]$ 可以提取出索引為 0 的一維陣列。

```
> b[0,2]
  5
```

這個語法相當於取出索引為 0 的一維陣列裡，索引為 2 的元素，所以會取出 5（其實方括號裡的 $0, 2$ 是一個序對，只是沒有加上圓括號）。

```
> b[(0,2)]
  5
```

把索引加上圓括號，我們一樣可以取出 5 這個元素。

```
> b[0][2]
  5
```

這個語法相當於取出 b[0]（即 [3,4,5,7]）之後，再取出索引為 2 的元素，因此得到 5。

```
> b.shape
  (3, 4)
```

陣列 *b* 的形狀為 3 × 4，即 *b* 裡有三個一維陣列，每個一維陣列裡有 4 個元素。

```
> b[-1]
  array([8, 9, 3, 4])
```

提取二維陣列 *b* 裡的倒數第一個一維陣列，因此得到 [8, 9, 3, 4]。

```
> b[-1]=[1,2,9,9]
```

將二維陣列 *b* 的倒數第一個一維陣列設成 [1, 2, 9, 9]。

```
> b
  array([[3, 4, 5, 7],
         [6, 8, 1, 0],
         [1, 2, 9, 9]])
```

查詢 *b* 的值，可以發現列 *b* 裡的最後一個一維陣列已經被設成 [1, 2, 9, 9] 了。

```
> b[0]=0
```

將陣列 *b* 裡，索引為 0 的一維陣列（即 [3, 4, 5, 7]）裡的元素都設為 0。

```
> b
  array([[0, 0, 0, 0],
         [6, 8, 1, 0],
         [1, 2, 9, 9]])
```

查詢 *b* 的值，可發現索引為 0 的橫列元素值都被設成 0。如果把 *b*[0] 設為 [0, 0, 0, 0]，也可以得到相同的結果，不過這種寫法比較麻煩。

```
> b.dtype
  dtype('int64')
```

查詢陣列 *b* 的型別，得到 int64，因此可知它的型別是 64 位元的整數（Windows 版的 Jupyter lab 為 32 位元）。

```
> b[0,2]=12.7
```

把浮點數 12.7 寫入索引為 [0,2] 的位置。

```
> b
  array([[ 0,  0, 12,  0],
         [ 6,  8,  1,  0],
         [ 1,  2,  9,  9]])
```

查詢陣列 *b* 的值，可發現 [0,2] 的位置被設成 12，而不是我們設定的 12.7。這是因為陣列裡的所有元素會有相同的型別，而陣列 *b* 的型別為 int64，所以 12.7 也會被轉成 int64 的型別，於是得到 12。

```
> b.dtype
  dtype('int64')
```

查詢 *b* 的型別，我們得到的還是 int64。

```
> np.random.seed(999)
```

設定亂數種子為 999。

```
> c=np.random.randint(0,256,(3,2,4))
```

產生一個三維的整數亂數，形狀為 3 × 2 × 4，數字範圍介於 0 到 255 之間。

```
> c
  array([[[192,  92, 101, 225],
          [200, 225, 219, 159]],

         [[217, 179,  16, 237],
          [117,   8, 136, 176]],

         [[ 69,  66,  11,  11],
          [149, 215, 228, 250]]])
```

這是產生的整數亂數。注意 3 × 2 × 4 的陣列可以看成是由 3 個 2 × 4 的陣列所組成。從輸出中您應該很容易把這三個 2 × 4 的陣列找出來。

```
> c[0]
  array([[192,  92, 101, 225],
         [200, 225, 219, 159]])
```

提取陣列 c 索引為 0 的元素(把整個二維陣列看成是一個元素)。事實上，$c[0]$ 是三個 2 × 4 陣列中，索引為 0 的陣列。

```
> c[0,1]
  array([200, 225, 219, 159])
```

$c[0,1]$ 可看成先提取陣列 c 中索引為 0 的元素(為一個 2 × 4 的陣列)，再提取此陣列裡索引為 1 的元素，得到一個一維陣列。

```
> c[0][1]
  array([200, 225, 219, 159])
```

利用這個語法也可以提取到相同的一維陣列。

```
> c[0,0,2]
  101
```

提取索引為 [0,0,2] 的元素。$c[0,0]$ 可以提取到 [230, 50, 62, 71]，因此 $c[0,0,2]$ 就可以提取到 62。

9.2.2 陣列的切片操作

陣列的切片(Slice)是利用一個連續或間隔相等的整數片段來提取陣列元素的一種操作。這種提取方法很方便用來提取陣列裡某個區域的元素。下面的範例是將切片操作用在一維和二維的陣列，不過相同的概念在多維的陣列裡一樣適用。

```
> a=np.arange(10)
```

建立一個 0 到 9 的一維陣列。

```
> a
  array([0, 1, 2, 3, 4, 5, 6, 7, 8, 9])
```

這是陣列 a 的內容，其中索引為 0 的元素剛好是 0，其餘的元素以此類推。

```
> a[2:10:3]
  array([2, 5, 8])
```

2:10:3 代表 2 到 9（不包含 10），間距為 3 的數列。此數列為 2, 5, 8，因此可以提取索引為 2, 5 和 8 的元素。

```
> a[2:10]
  array([2, 3, 4, 5, 6, 7, 8, 9])
```

2:10 可產生 2 到 9，間距為 1 的整數，因此左式可以提取索引為 2 到 9 的元素。

```
> a[:4]
  array([0, 1, 2, 3])
```

如果省略了從哪個索引開始的數字，則代表從 0 開始，因此這個語法相當於取出前 4 個元素。

```
> a[5:]
  array([5, 6, 7, 8, 9])
```

相同的，如果省略到哪個索引結束的數字，則代表提取到最後一個元素。因此這個語法相當於提取索引為 5 之後的元素。

```
> a[3::2]
  array([3, 5, 7, 9])
```

提取索引從 3 開始之後的元素，間距為 2。

```
> a[::3]
  array([0, 3, 6, 9])
```

這個語法省略了開始和結束的索引，代表全部的索引，因此提取索引從 0 開始，間距為 3 的所有元素。

```
> a[::-1]
  array([9, 8, 7, 6, 5, 4, 3, 2, 1, 0])
```

間距為負數代表由後往前提取。因為開始和結束的索引都未填，代表全部的索引，所以這個語法會從最後一個元素往前提取所有的元素（相當於反向排列）。

```
> a[2::-1]
  array([2, 1, 0])
```

從索引為 2 的元素開始往前提取，因此提出的元素為 2, 1 和 0。

```
> a[-3:1:-2]
  array([7, 5, 3])
```

從倒數第 3 個元素開始，間距為 2，往前提取到索引為 1 的元素。

```
> a[3::2]
  array([3, 5, 7, 9])
```

從索引為 3 的元素開始，間距為 2，提取到最後一個元素。

```
> a[2:5]=0.3
```

將索引為 2 到 4 的元素都設為 0.3。

```
> a
  array([0, 1, 0, 0, 0, 5, 6, 7, 8, 9])
```

查詢陣列 a 的值，因為 a 為整數型別，所以 0.3 會被轉換成整數 0，因此可以看到索引為 2 到 4 的元素都是 0。

陣列的切片提取法不僅可以用在一維的陣列，也可以用在二維或多維陣列的軸上。也就是說，我們可以針對某個軸進行切片處理。

```
> a=np.arange(30).reshape(5,6)
```

這是一個 5 × 6 的二維陣列。

```
> a
  array([[ 0,  1,  2,  3,  4,  5],
         [ 6,  7,  8,  9, 10, 11],
         [12, 13, 14, 15, 16, 17],
         [18, 19, 20, 21, 22, 23],
         [24, 25, 26, 27, 28, 29]])
```

這是陣列 a 的內容。注意軸 0（列）的方向有 5 個元素，軸 1（行）的方向有 6 個元素。

```
> a[0,2:]
  array([2, 3, 4, 5])
```

取出列索引為 0，行索引從 2 開始之後所有的行。

```
> a[0,::-1]
  array([5, 4, 3, 2, 1, 0])
```

取出索引為 0 的列，然後將裡面的元素反向排序。

```
> a[2:,:]
  array([[12, 13, 14, 15, 16, 17],
         [18, 19, 20, 21, 22, 23],
         [24, 25, 26, 27, 28, 29]])
```

列的索引為「2:」，代表從索引為 2 的列開始提取到最後一列。行的索引只有一個冒號，代表所有的行，因此左式提取了索引為 2, 3 和 4 的列。

```
> a[::-1,::-1]
  array([[29, 28, 27, 26, 25, 24],
         [23, 22, 21, 20, 19, 18],
         [17, 16, 15, 14, 13, 12],
         [11, 10,  9,  8,  7,  6],
         [ 5,  4,  3,  2,  1,  0]])
```

列和行的索引都反向排列，因此這個語法相當於先把陣列的每一列反向排列之後，再將每一行反向排列。

```
> a[3,:]
  array([18, 19, 20, 21, 22, 23])
```

提取索引為 3 的列。

```
> a[:,2]
  array([ 2,  8, 14, 20, 26])
```

提取索引為 2 的行。注意提取的結果是一個一維的陣列。

```
> a[:,2:3]
  array([[ 2],
         [ 8],
         [14],
         [20],
         [26]])
```

這個語法一樣是提取所有的列，索引為 2 的行（不包含索引 3）。不過因為在行的方向採用了切片的語法（只是不包含索引為 3 的那行），所以回應一個直行（5 × 1 的矩陣）。

```
> a[::2,::2]
  array([[ 0,  2,  4],
         [12, 14, 16],
         [24, 26, 28]])
```

列和行的索引都是從 0 到最後，間距為 2 來提取元素。

```
> a[2:4]
  array([[12, 13, 14, 15, 16, 17],
         [18, 19, 20, 21, 22, 23]])
```

左式只給了軸 0 的索引，因此會提取陣列 a 索引為 2 和 3 的列。

9.2.3 利用布林陣列提取元素

有趣的是，Numpy 也可以利用布林陣列 B 來提取陣列 A 的元素，此時陣列 A 和 B 的維度必須相同，形狀也要一樣。在提取時，陣列 B 裡元素值為 True 的位置，在 A 中相同位置的元素會被提取出來。

```
> a=np.array([22,65,36,45,79,12,17])
```

這是一維陣列 a 。

```
> [i for i in a if i%2==0]
  [22, 36, 12]
```

利用串列生成式，我們可以提取出陣列 a 裡的所有偶數。

```
> even=(a%2==0)
```

判別陣列 a 除以 2 的餘數是否為 0，然後把結果設定給變數 $even$ 存放。注意 Python 的運算子會對 Numpy 陣列裡的每一個元素逐一進行運算（下一章會說明這種運算方式）。

```
> even
  array([ True, False,  True, False,
         False,  True, False])
```

查詢 $even$ 的值，我們可以發現索引為 0、2 和 5 的元素為 True，代表陣列 a 中，索引為 0、2 和 5 的元素可以被 2 整除。

```
> a[even]
  array([22, 36, 12])
```

以 $even$ 做為 a 的索引。因為 $even$ 裡索引為 0、2 和 5 的元素為 True，所以陣列 a 中，索引為 0、2 和 5 的元素會被提取出來。

```
> a[even]=0
```

這個式子相當於把陣列 a 中，索引為 0、2 和 5 的元素設為 0。

```
> a
array([ 0, 65,  0, 45, 79,  0, 17])
```

查詢陣列 a 的值，可以發現索引為 0、2 和 5 的元素都被設為 0 了。

```
> b=np.array([[1,2,3],[2,6,4],[8,3,2]])
```

陣列 b 是一個 3 × 3 的二維陣列。

```
> b>3
array([[False, False, False],
       [False,  True,  True],
       [ True, False, False]])
```

這個語法會把 b 的每一個元素和 3 進行比較，然後傳回一個和 b 一樣形狀的布林陣列。布林陣列中，True 的位置就是 b 的元素大於 3 的位置。

```
> b[b>3]
array([6, 4, 8])
```

於 b>3 這個陣列中，如果元素值為 True，就從 b 中取出相同位置的元素，因此可以提取出 6、4 和 8，這些都是大於 3 的元素。

```
> b[b==2].size
3
```

提取出陣列 b 中，b 的值為 2 的元素，再查詢其大小，我們得到 3，代表 b 陣列中，元素值為 2 的元素有 3 個。

```
> b[b%2==0]
array([2, 2, 6, 4, 8, 2])
```

提取出陣列 b 中所有的偶數。

```
> b[:,[True,False,True]]
array([[1, 3],
       [2, 4],
       [8, 2]])
```

陣列 b 在軸 0（列）的索引為「:」，代表提取所有的列，在軸 1（行）的索引為 [True, False, True]，因此索引為 0 和 2 的行會被提取。

9.2.4 利用整數陣列提取元素

切片是用來提取連續或等間距之索引的元素。如果被提取的元素是散列在陣列不同的位置，間距也不固定，則我們可利用整數串列做為索引，來指明哪些元素需要提取。這種提取方式稱為花式索引（Fancy indexing）:

```
> a=np.array([9,17,23,34,45,56,67,78])
```

這是一個一維陣列。

```
> a[:3]
  array([ 9, 17, 23])
```

利用切片來提取元素。左式是提取前 3 個元素（不含索引為 3 的元素）。

```
> a[np.arange(len(a))<3]
  array([ 9, 17, 23])
```

這是利用布林陣列來提取前 3 個元素。注意 np.arange(len(a))<3 運算結果的前 3 個元素都是 True，所以前 3 個元素會被提取。

```
> a[[0,1,2]]
  array([ 9, 17, 23])
```

這是以花式索引來提取索引為 0、1 和 2 的元素，也就是前 3 個元素。注意 0、1 和 2 是放在一個串列裡。

```
> a[[0,2,2,1]]
  array([ 9, 23, 23, 17])
```

採用花式索引提取時，元素可以任意提取或重複提取，也可以排列提取的順序。這個範例重複提取了索引為 2 的元素，且提取的元素按索引的順序排列。

```
> a[np.array([0,2,2,1])]
  array([ 9, 23, 23, 17])
```

花式提取法的索引不僅可以是 Python 的串列，也可以是 Numpy 的陣列。

```
> idx=np.array([[2,2,3],
                [1,5,6]])
```

這是一個二維陣列。我們將利用它做為索引來提取陣列 a 的元素。

```
> a[idx]
  array([[23, 23, 34],
         [17, 56, 67]])
```

以 idx 為索引提取陣列 a 的元素，並將它們排列成和 idx 一樣形狀的陣列。本範例會提取出 a 中索引為 2、2、3、1、5 和 6 的元素，並將它們排成一個 2×3 的陣列。

```
> a[[3,-2,-1]]=-1
```

花式索引也可以用來設定陣列的值。左式設定了索引為 3 的元素，以及倒數第 2 個和倒數第一個元素為 -1。

```
> a
  array([ 9, 17, 23, -1, 45, 56, -1, -1])
```

查看設值的結果，我們發現有 3 個元素已經被設成 -1了。

前面的範例是將花式索引應用在一維陣列的例子。我們也可以把它用在二維以上的陣列。以二維陣列而言，二維陣列需要有兩個索引（軸 0 和軸 1，即列和行），我們可以在其中一個軸採用花式索引，另一個軸採用其它的索引方式，或是兩個軸都使用花式索引來提取元素。

```
> a=np.arange(0,20).reshape(4,5)
```

這是一個二維的陣列 a。

```
> a
  array([[ 0,  1,  2,  3,  4],
         [ 5,  6,  7,  8,  9],
         [10, 11, 12, 13, 14],
         [15, 16, 17, 18, 19]])
```

顯示二維陣列 a，它是一個 4×5 的陣列。

```
> a[[0,2,3],[3,1,4]]
  array([ 3, 11, 19])
```

此處 a 的列索引和行索引都是具有 3 個元素的串列。第一個串列是提取索引為 0、2 和 3 的列，第二個串列是提取索引為 3、1 和 4 的行，因此它們的交集就是索引為 [0,3]、[2,1] 和 [3,4] 的元素。

```
> a[1:4,4]
  array([ 9, 14, 19])
```

這是切片的提取法。左式會提取索引為 1 到 3 的列，索引為 4 的行。注意提取結果是一個一維陣列。

```
> a[1:4,[4]]
  array([[ 9],
         [14],
         [19]])
```

將行的提取部分改為花式提取（在 4 的外面加一個方括號），我們一樣可以提取出 9, 14 和 19 這三個元素，不過它們被排成一個直行了（二維的 3×1 陣列）。

```
> a[1:4,[4,3]]
  array([[ 9,  8],
         [14, 13],
         [19, 18]])
```

指定提取索引為 4 和 3 的行。注意提取的結果是一個 3×2 的陣列，且行的部分會依提取的順序排列。

```
> a[[0,1,3],2:4]
  array([[ 2,  3],
         [ 7,  8],
         [17, 18]])
```

提取索引為 0、1 和 3 的列，以及索引為 2 和 3 的行，所以提取結果為一個 3×2 的陣列。

```
> a[2:4,[1,2,4]]
  array([[11, 12, 14],
         [16, 17, 19]])
```

提取索引為 2 到 3 的列，索引為 1、2 和 4 的行。

```
> a[[3,1,0],[4,3,1]]
  array([19,  8,  1])
```

提取索引為 3、1 和 0 的列，索引為 4、3 和 1 的行。這個語法相當於提取索引為 [3,4]、[1,3] 和 [0,1] 的元素。

```
> a[[3,1],::2]
  array([[15, 17, 19],
         [ 5,  7,  9]])
```

提取索引為 3 和 1 的列，且從索引從 0 開始，間隔為 2 的所有行。

```
> a[[0,1,3],:][:,[1,3]]
  array([[ 1,  3],
         [ 6,  8],
         [16, 18]])
```

如果想提取列索引為 0、1 和 3，行索引為 1 和 3 的元素，我們可以先提取索引為 0、1 和 3 的列（a[[0,1,3], :]），將所得的結果再提取索引為 1 和 3 的行。

```
> mask=np.array([1,0,1,1,0],dtype=bool)
```

這是一個 1 × 5 的布林陣列。

```
> mask
  array([True,False,True,True,False])
```

這是布林陣列的內容。注意索引為 0、2 和 3 的元素為 True。

```
> a[0,mask]
  array([0, 2, 3])
```

依布林陣列 $mask$ 提取索引為 0 的列。

```
> a[-1,mask]
  array([15, 17, 18])
```

提取 a 的倒數第一列，然後依布林陣列 $mask$ 來提取此列的元素。

```
> a[1:,mask]
  array([[ 5,  7,  8],
         [10, 12, 13],
         [15, 17, 18]])
```

提取索引從 1 開始之後所有的列，行的部分依 $mask$ 的內容來提取（也就是提取索引為 0、2 和 3 的行）。

```
> a[:,mask][[1,3],:]
  array([[ 5,  7,  8],
         [15, 17, 18]])
```

先提取索引為 0、2 和 3 的行，再從結果提取出索引為 1 和 3 的列。

```
> a[[1,3]][:,[0,2]]
  array([[ 5,  7],
         [15, 17]])
```

先提取出陣列 a 索引為 1 和 3 的列，再從結果提取出索引為 0 和 2 的行。

9.2.5 拷貝與檢視

在提取陣列的元素時，如果提取出來的元素 b 位於原本陣列 a 佔有的記憶體空間，則我們說 b 是 a 的一個檢視（View），就好比拿著放大鏡在檢視原始陣列 a 一樣，看到的結果就是 b，且修改了 b 的內容，a 會跟著修改，反之亦同。相反的，如果提取出來的陣列 c 和

陣列 a 所佔的記憶體空間不同，則我們說 c 是 a 的一個拷貝（Copy）。若是拷貝的話，修改 a 或 c 都不會改變另一個陣列的內容。我們先來看看下面的範例：

程式	說明
`> a1=np.array([0,1,2,3,4,6,7,8])`	這是一個 1×9 的一維陣列。
`> b=a1[2:5]`	利用切片的方式提取陣列 $a1$ 裡索引為 2 到 4 的元素給 b 存放。
`> b` `array([2, 3, 4])`	這是陣列 b 的內容。
`> b[0:2]=99`	將陣列 b 的前兩個元素設值為 99。
`> b` `array([99, 99,  4])`	查詢 b 的值，我們發現前兩個元素已經被設成 99。
`> a1` `array([0, 1, 99, 99, 4, 6, 7, 8])`	查詢陣列 $a1$ 的內容，我們發現修改了陣列 b 的內容，陣列 $a1$ 中索引為 2 和 3 的元素也被修改了。顯然 b 是 $a1$ 的一個 view。
`> a2=np.array([0,1,2,3,4,5,6,7,8])`	這是另一個一維陣列 $a2$。
`> c=a2[[0,3,7]]`	以花式索引提取索引為 0、3 和 7 的元素。
`> c` `array([0, 3, 7])`	這是提取出來的內容。
`> c[0:2]=99`	將 c 的前兩個元素值設成 99。
`> c` `array([99, 99,  7])`	查詢陣列 c 的值，我們可以發現 c 的前兩個元素已被修改。
`> a2` `array([0, 1, 2, 3, 4, 5, 6, 7, 8])`	查詢陣列 $a2$ 的內容，發現 $a2$ 並沒有被修改，因此我們知道 c 是 $a2$ 的一個 copy。

從上面的範例可知，如果是以切片的方式提取陣列元素，則提取出來的結果是原陣列的一個 view。如果是採花式提取的話，提取的結果是原陣列的一個 copy。這個結果其實可以理解，因為切片提取的元素是連續的，在記憶體空間的配置上也是連續的，因此採 view 的

方式來設置會比較有效率。然而如果是採花式提取的話，提取出的元素在原陣列中可以不必連續，提取的元素也可以重複，因此重新配置記憶空間（採拷貝的方式）對 Python 來說會比較有效率。

在很多情況不容易分辨提取出來的元素是 copy 還是 view，不過我們可以利用 shares_memory(a, b) 來判別 a 和 b 之間的關係是 copy 或 view。另外，如果想明確的拷貝某個陣列，而不希望它只是個 view，則我們可以利用 copy() 函數。

. shares_memory() 和 copy() 函數

函數	說明
shares_memory(a,b)	判別 a 和 b 是否共用相同的記憶體空間
arr.copy()	將 arr 拷貝一份

```
> np.shares_memory(a1,b)
  True
```

查詢陣列 $a1$ 和 b 是否共用相同的記憶體空間，結果是 True。所以改了 b 的內容，同時也會改了 $a1$ 的內容。

```
> np.shares_memory(a2,c)
  False
```

陣列 $a2$ 和 c 沒有共用記憶體空間，所以更改了 c 的內容，對 $a2$ 沒有影響。

```
> d=a2[3:].copy()
```

將陣列 $a2$ 從索引為 3 開始之後的所有元素進行拷貝，並設定給 d 存放。

```
> np.shares_memory(a2,d)
  False
```

原本 $a2[3:]$ 是 $a2$ 的一個 view，不過將它拷貝之後，自己就有獨立的記憶體空間了，因此左式回應 False。

```
> e=a2[a2<5]
```

提取出陣列 $a2$ 中，小於 5 的元素。

```
> e
  array([0, 1, 2, 3, 4])
```

這是提取之後的結果。因為小於 5 的元素可能散在陣列 $a2$ 的各處，因此存放它們的記憶體空間也不會連續，所以可以猜想 e 應該是 $a2$ 的一個 copy。

```
> np.shares_memory(a2,e)
  False
```

查詢 $a2$ 和 e 的關係，果然它們並不共用記憶體空間。

9.3 陣列的進階處理

在許多時候，我們需要改變陣列的大小、形狀或是維度，以方便後續的計算，例如在下一章將介紹的廣播（Broadcasting）或數學矩陣的運算等就常需要用到這些處理。在本節中，我們將介紹一些進階的陣列處理函數。

9.3.1 拆平與重排

拆平就是把二維以上的陣列轉成一維的陣列，而重排則是將陣列的形狀重新排列成另一種形狀。我們之前常用的 reshape() 就是一個重排函數，不過它也可以將多維陣列拆平成一維陣列。

· 與拆平和重排相關的函數

函數	說明
arr.reshape(m,n, …)	將 arr 排成 $m \times n \times \cdots$ 的形狀
arr.flatten()	將 arr 拆平成一維陣列（運算後 arr 的值不會被改變）
arr.ravel()	將 arr 拆平成一維陣列（運算後 arr 的值會被改變）
arr.T	將 arr 轉置。$m \times n \times \cdots \times p$ 的陣列轉置後變為 $p \times \cdots \times n \times m$

```
> a=np.array([1,2,3,4,5,6])
```

這是一個一維陣列，它有 6 個元素。

```
> a.reshape(3,2)
  array([[1, 2],
         [3, 4],
         [5, 6]])
```

將陣列 a 重排成 3×2 的二維陣列。

```
> a.reshape(2,-1)
  array([[1, 2, 3],
         [4, 5, 6]])
```

reshape() 允許有一個參數是 -1，它可讓 reshape() 函數自動算出這個參數的值。本例中，因為重排後元素的個數不變，而軸 0 的方向已經填入 2，因此軸 1 的方向只能是 $6/2 = 3$ 個元素。

```
> a.reshape(-1,1)
  array([[1],
         [2],
         [3],
         [4],
         [5],
         [6]])
```

陣列 a 有 6 個元素，而我們已經指明軸 1 的方向只有一個元素，因此軸 0 的方向只能是 6 個元素。這個語法就相當於把陣列垂直排列。

```
> b=a.reshape(2,3)
```

將陣列 a 排成 2×3 的二維陣列，並設定給變數 b 存放。

```
> np.shares_memory(a,b)
  True
```

查詢 a 和 b 是否共用記憶空間，結果回應 True，代表 b 是 a 的一個 view。

```
> b
  array([[1, 2, 3],
         [4, 5, 6]])
```

陣列 b 雖然和陣列 a 共用記憶空間，不過它們的排列方式不同。b 是 2×3 的二維陣列，而 a 是 6 個元素的一維陣列。

```
> a
  array([1, 2, 3, 4, 5, 6])
```

查詢陣列 a 的值，可以發現它還是一維陣列，並沒有因為先前的操作而改變。

```
> b.ravel()
  array([1, 2, 3, 4, 5, 6])
```

將陣列 b 拆平，我們得到一個一維陣列。注意拆平運算是將陣列的元素依由左而右，由上而下的順序排列。

```
> b
  array([[1, 2, 3],
         [4, 5, 6]])
```

查詢陣列 b 的值，陣列 b 還是一個 2×3 的二維陣列。

```
> b.flatten()
  array([1, 2, 3, 4, 5, 6])
```

flatten() 也可以將陣列 b 拆平。

```
> b
  array([[1, 2, 3],
         [4, 5, 6]])
```

查詢陣列 b 的值，可發現它是一個 2×3 的二維陣列。此處看起來 flatten() 和 ravel() 的效果是一樣的，不過它們還是有點不同。稍後我們將做說明。

```
> b.T
  array([[1, 4],
         [2, 5],
         [3, 6]])
```

將 b 進行轉置運算，得到一個 3×2 的二維陣列。T 為 Transpose 的縮寫，為轉置的意思。

```
> b.T.ravel()
  array([1, 4, 2, 5, 3, 6])
```

這是語法相當於先將 *b* 轉置，再將轉置後的結果拆平。注意經過轉置和拆平運算之後，*b* 還是一個二維陣列，它本身的值並沒有被改變。

```
> b[1,2]=100
```

將陣列 *b* 中，索引為 [1, 2] 的元素設為 100。

```
> a
  array([ 1,  2,  3,  4,  5, 100])
```

因為 *b* 是陣列 *a* 的一個 view，因此修改了 *b* 中索引為 [1, 2] 的元素也就相當於修改了陣列 *a* 中的最後一個元素。

在上面的範例中，我們可以看到 ravel() 和 flatten() 都是將高維的陣列拆平，其實它們還是有點不同。flatten() 傳回的是一個拷貝，而 ravel() 傳回的是一個檢視：

```
> a=np.arange(6).reshape(2,3)
```

設定陣列 *a* 為一個 2 × 3 的二維陣列。

```
> a
  array([[0, 1, 2],
         [3, 4, 5]])
```

這是陣列 *a* 的內容。

```
> b=a.flatten()
```

將陣列 *a* 利用 flatten() 拆平，並設定給變數 *b* 存放。注意 flatten() 傳回的是一個拷貝，因此陣列 *a* 和 *b* 在不同的記憶空間。

```
> b
  array([0, 1, 2, 3, 4, 5])
```

這是陣列 *b* 的內容。

```
> np.shares_memory(a,b)
  False
```

陣列 *b* 和 *a* 沒有共同的記憶體空間。

```
> b[0]=99
```

將陣列 *b* 中，索引為 0 的元素設為 99。

```
> a
  array([[0, 1, 2],
         [3, 4, 5]])
```

查詢陣列 *a* 的內容，我們發現修改了 *b* 的內容並沒有影響到陣列 *a*。

```
> c=a.ravel()
```

將陣列 *a* 利用 ravel() 拆平，並設定給變數 *c* 存放。

```
> np.shares_memory(a,c)
  True
```

shares_memory() 告訴我們 a 和 c 是共用記憶體空間，由此可證明 ravel() 傳回的是 a 的一個 view。

```
> c[0]=99
```

將陣列 c 中，索引為 0 的元素設為 99。

```
> a
  array([[99,  1,  2],
         [ 3,  4,  5]])
```

查詢陣列 a 的值，果然索引 [0,0] 的元素已經被設為 99 了。

9.3.2 調整陣列的軸與維度

某些運算需要對陣列增減維度，例如要合併兩個陣列，它們的維度必須相同。如果維度不同，就必須修改陣列的維度，或是對某些軸進行處理才能合併。下表列出了調整陣列的軸與改變陣列維度的相關函數。

. 調整陣列的軸與改變陣列維度的函數

函數	說明
np.newaxis	為陣列新增一個軸（也可以用 None 代替）
arr.squeeze()	移除 arr 中，只有一個元素的軸，例如 $3 \times 1 \times 2$ 會變成 3×2
arr.transpose($m,n,p,\ldots$)	分別將 arr 的軸 $m,n,p,\ldots$ 移到軸 $0,1,2,\ldots$ 上。如果未填參數則代表將軸反向排列
arr.swapaxes(m,n)	將 arr 的軸 m 和 n 互換，其餘的軸保持不變
arr.moveaxis(m,n)	將 arr 的軸 m 移到軸 n 的位置，其餘的軸按原序排列

```
> a=np.array([1,2,3])
```

a 是一維陣列，它只有一個軸，也就是軸 0。注意 a 的形狀為 (3,)

```
> b=a[np.newaxis,:]
```

這個語法是增加一個軸在軸 0，而原本的軸 0 則變成軸 1。注意陣列 b 的形狀為 $(1,3)$，也就是新增的軸元素數量是 1。

```
> b
  array([[1, 2, 3]])
```

查詢 b 的內容，果然 b 是一個 1×3 的二維陣列。

```
> a
  array([1, 2, 3])
```

查詢 a 的內容，可發現它還是一個一維陣列。

```
> np.shares_memory(a,b)
  True
```

陣列 b 和 a 共享儲存空間，因此 b 是 a 的一個 view。

```
> a[:,np.newaxis]
  array([[1],
         [2],
         [3]])
```

在軸 1 的位置加一個軸，因此 a 會變成 3×1 的二維陣列。注意增加一個軸後，陣列的形狀為 (3,1)。

```
> a[:,None]
  array([[1],
         [2],
         [3]])
```

np.newaxis 也可以用 None 取代（np.newaxis 的值其實就是 None）。newaxis 這個識別字比較貼近「新增一個軸」的本意，不過撰寫起來比較長。

```
> a=np.arange(6).reshape(2,-1)
```

設定 a 是一個 2×3 的二維陣列。

```
> a
  array([[0, 1, 2],
         [3, 4, 5]])
```

這是陣列 a 的內容。

```
> a[np.newaxis,:,:]
  array([[[0, 1, 2],
          [3, 4, 5]]])
```

在軸 0 的位置增加一個軸，使得原本 2×3 的陣列變成 $1 \times 2 \times 3$。

```
> a[:,np.newaxis,:]
  array([[[0, 1, 2]],

         [[3, 4, 5]]])
```

新增一個軸在軸 1，因此左式回應之陣列的維度為 $2 \times 1 \times 3$。

```
> a[:,:,np.newaxis]
  array([[[0],
          [1],
          [2]],

         [[3],
          [4],
          [5]]])
```

新增一個軸於軸 2。新增之後的陣列維度為 $2 \times 3 \times 1$。

```
> b=a.reshape(1,2,3)
```

利用 reshape() 也可以修改陣列的形狀來增加維度。這個語法相當於在軸 0 新增一個維度。我們把結果設給變數 b 存放。

```
> b
  array([[[0, 1, 2],
          [3, 4, 5]]])
```

現在 b 是一個 $1\times2\times3$ 的陣列。注意這個語法和 $a[\text{np.newaxis},:,:]$ 得到的結果相同。

```
> b.squeeze()
  array([[0, 1, 2],
         [3, 4, 5]])
```

squeeze 是擠壓的意思。squeeze() 函數可將只有一個元素的軸移除，因此原本陣列 b 的形狀為 $1\times2\times3$，擠壓後變成 2×3。

transpose() 函數可以轉置陣列的軸，使得 $m\times n\times\cdots\times p$ 的陣列轉置後變為 $p\times\cdots\times n\times m$。它的用法和上一節介紹的 $arr.\text{T}$ 類似，不過可以指定有哪些軸要轉置。

```
> a=np.array([[1,2,3],
              [4,5,6]])
```

這是一個 2×3 的二維陣列。

```
> np.transpose(a)
  array([[1, 4],
         [2, 5],
         [3, 6]])
```

將 a 轉置，得到 3×2 的二維陣列。注意在轉置之後，a 的值並不會被改變。

```
> b=a.transpose()
```

我們也可以利用陣列 a 來呼叫 transpose()，一樣可以達到轉置的效果。

```
> a[0,2]==b[2,0]
  True
```

轉置之後，位於 $[i,j]$ 的元素會被轉置到 $[j,i]$，因此 $a[0,2]$ 和 $b[2,0]$ 是同一個元素。

transpose() 函數可以指定有哪些軸需要轉置，在某些場合它可以取代 swapaxes() 和 moveaxis() 這兩個函數。「軸」的英文是 axis，複數是 axes，swapaxes() 是 swap+axes 的組合字（swap 為交換之意）。因為有兩個軸交換，所以函數名稱中的 axes 是複數。

```
> a=np.arange(24).reshape(2,4,3)
```

a 是一個 $2\times4\times3$ 的三維陣列。

注意 reshape() 會將陣列 a 裡的元素先沿軸 2（最後一個軸）一個個填上。填滿之後，沿軸 1 的方向前進一個單位，繼續沿軸 2 的方向填上元素。如果軸 1 方向已經填滿，則沿軸 0 的方向前進一個單位，再沿軸 2 的方向繼續填上元素。如此循環，直到所有的元素都填滿為止。


```
> a
  array([[[ 0,  1,  2],
          [ 3,  4,  5],
          [ 6,  7,  8],
          [ 9, 10, 11]],

         [[12, 13, 14],
          [15, 16, 17],
          [18, 19, 20],
          [21, 22, 23]]])
```

顯示陣列 a 的內容，下圖是陣列 a 的三維示意圖：

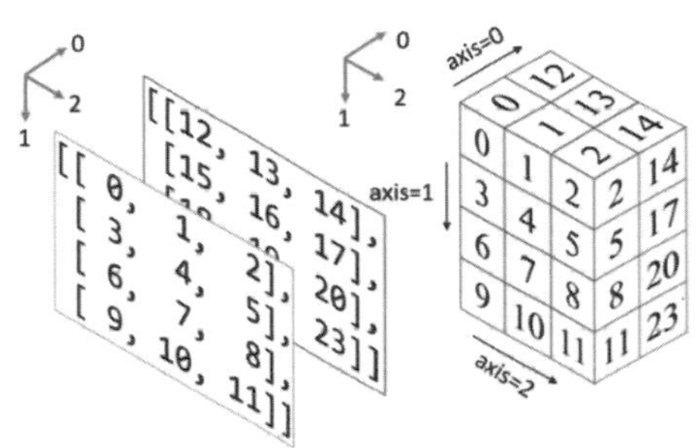


```
> a.T
  array([[[ 0, 12],
          [ 3, 15],
          [ 6, 18],
          [ 9, 21]],

         [[ 1, 13],
          [ 4, 16],
          [ 7, 19],
          [10, 22]],

         [[ 2, 14],
          [ 5, 17],
          [ 8, 20],
          [11, 23]]])
```

將陣列 a 轉置。原本 a 的形狀是 $2 \times 4 \times 3$，轉置後變成的 $3 \times 4 \times 2$，如下圖所示。注意原本元素 0, 1, 2 是排列在軸 2 上，轉置後就排列在軸 0 上，因為軸 0 和軸 2 互換了。

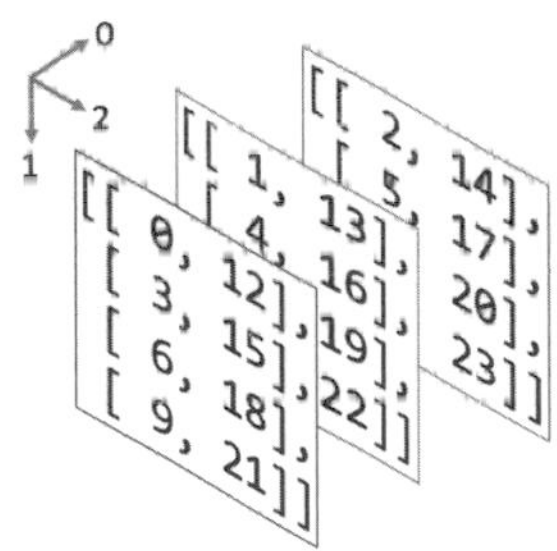

```
> a.T.shape
  (3, 4, 2)
```

查詢轉置後陣列的維度，可確定它是一個 $3 \times 4 \times 2$ 的陣列。

```
> b=a.transpose(2,1,0)
```

把原本的軸 2 移到軸 0，軸 1 不變，而原本的軸 0 移到軸 2。這個語法等同於 a.T 或 a.transpose()，您可以驗證一下它們得到的結果應該都相同。

```
> a[0,1,2]==b[2,1,0]
  True
```

查詢 a[0,1,2] 是否等於 b[2,1,0]，我們得到 True，因此可知陣列 a 已經被轉置了。

```
> a.swapaxes(2,1)
  array([[[ 0,  3,  6,  9],
          [ 1,  4,  7, 10],
          [ 2,  5,  8, 11]],

         [[12, 15, 18, 21],
          [13, 16, 19, 22],
          [14, 17, 20, 23]]])
```

這個語法可將陣列 a 的軸 2 和軸 1 互換，軸 0 不變，因此互換後可以得到 $2 \times 3 \times 4$ 的三維陣列：

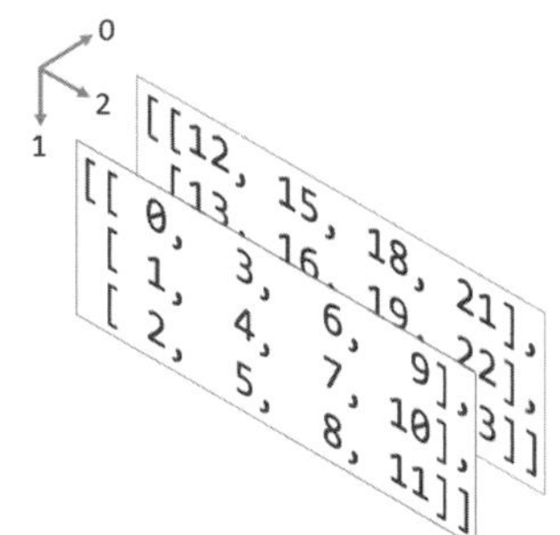

```
> np.moveaxis(a,0,2)
  array([[[ 0, 12],
          [ 1, 13],
          [ 2, 14]],

         [[ 3, 15],
          [ 4, 16],
          [ 5, 17]],

         [[ 6, 18],
          [ 7, 19],
          [ 8, 20]],

         [[ 9, 21],
          [10, 22],
          [11, 23]]])
```

這個語法是將軸 0 移到軸 2 的位置，其它的軸保持它們原本的順序，因此原本 $2 \times 4 \times 3$ 的三維陣列現在就成了 $4 \times 3 \times 2$ 的陣列，如下圖所示。利用 a.transpose(1,2,0) 也可以得到一樣的結果，讀者可以自行試試。

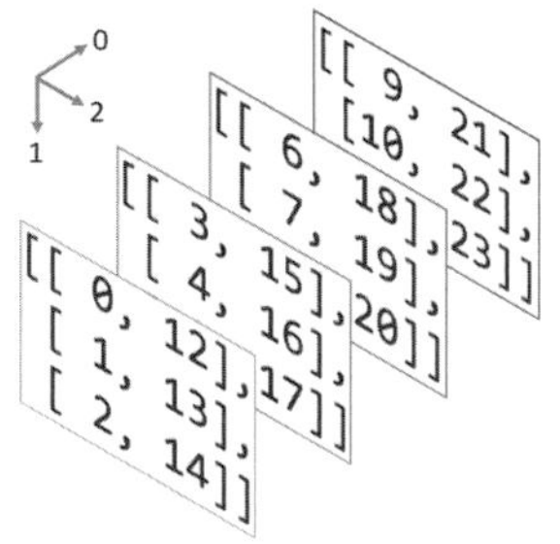

9.3.3 陣列的分割與合併

Numpy 也提供了一些相關的函數，方便我們將陣列進行分割（Split）或合併（Stack），也可以指定在垂直（Vertical）或水平（Horizontal）的方向進行。這些函數列表如下：

· 與分割和重排相關的函數

函數	說明
split(arr,n,axis=k)	將陣列 arr 沿軸 k 的方向切割成 n 個等份
split(arr,[$m,n,...$],axis=k)	將 arr 沿軸 k 的方向於索引為 $m,n,...$ 之處切割
vsplit(arr,n)	將 arr 切割成 n 個垂直（vertical）並排的子陣列
hsplit(arr,n)	將 arr 切割成 n 個水平（horizontal）並排的子陣列
stack(($a0,a1$),axis=k)	將陣列 $a0$ 和 $a1$ 於軸 k 的方向合併
vstack(($a0,a1$))	將陣列 $a0$ 和 $a1$ 於垂直的方向合併
hstack(($a0,a1$))	將陣列 $a0$ 和 $a1$ 於水平的方向合併

在 split() 和 stack() 這兩個函數中，如果不指定切割或合併的方向（axis 參數），則預設都是軸 0 的方向。下圖用幾個簡單的範例來說明不同的 axis 參數帶來的結果：

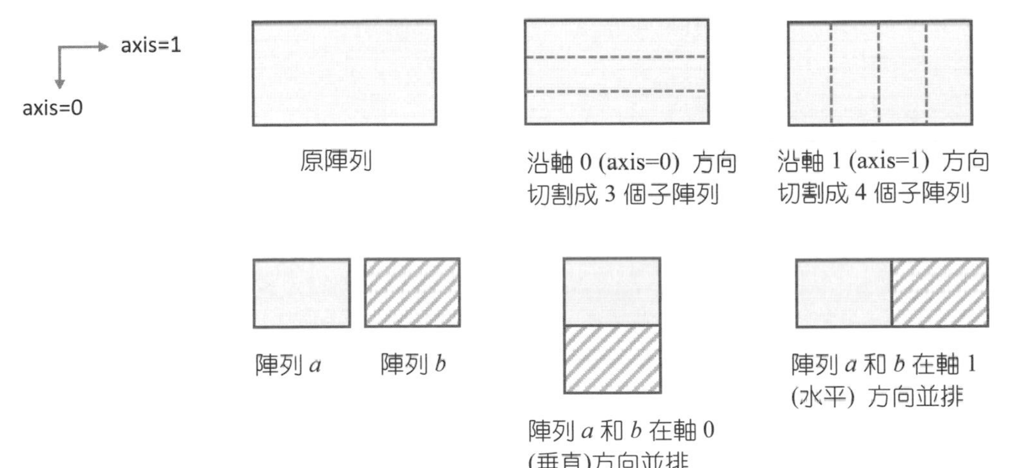


```
> a=np.array([[1,2,3,4,5,3],
              [5,6,7,8,2,0]])
```

這是一個 2 × 6 的二維陣列。

```
> np.split(a,2,axis=1)
  [array([[1, 2, 3],
          [5, 6, 7]]),
   array([[4, 5, 3],
          [8, 2, 0]])]
```

沿軸 1（水平）的方向將陣列 a 切割成兩個大小相同的子陣列（大小均為 2 × 3）。注意切割好的陣列是放在一個串列內。

```
> np.split(a,[2],axis=1)
  [array([[1, 2],
          [5, 6]]),
   array([[3, 4, 5, 3],
          [7, 8, 2, 0]])]
```

在軸 1 的方向，於索引為 2 之元素的前面分割陣列，因此我們可以得到2×2 和 2×4 兩個二維陣列。

```
> np.split(a,[2,3],axis=1)
  [array([[1, 2],
          [5, 6]]),
   array([[3],
          [7]]),
   array([[4, 5, 3],
          [8, 2, 0]])]
```

在軸 1 的方向，於索引為 2 與 3 之元素的前面分割陣列，因此我們會得到 3 個二維陣列，其維度分別為 2×2、2×1 和2×3。

```
> np.vsplit(a,2)
  [array([[1, 2, 3, 4, 5, 3]]),
   array([[5, 6, 7, 8, 2, 0]])]
```

將陣列 a 平均分割成 2 個垂直並排的子陣列。因為 a 的形狀是 2×6，因此分割後，每一個子陣列都是 1×6 的二維陣列。

```
> a=np.arange(16).reshape(4,4); a
  array([[ 0,  1,  2,  3],
         [ 4,  5,  6,  7],
         [ 8,  9, 10, 11],
         [12, 13, 14, 15]])
```

這是一個 4×4 的二維陣列。

```
> a1,a2=np.vsplit(a,2)
```

將陣列 a 平均分割成兩個垂直並排的子陣列，並將它們設定給變數 $a1$ 和 $a2$ 存放。

```
> a1
  array([[0, 1, 2, 3],
         [4, 5, 6, 7]])
```

$a1$ 是一個 2×4 的二維陣列。

```
> a2
  array([[ 8,  9, 10, 11],
         [12, 13, 14, 15]])
```

$a2$ 也是一個 2×4 的二維陣列。

```
> np.vstack((a1,a2))
  array([[ 0,  1,  2,  3],
         [ 4,  5,  6,  7],
         [ 8,  9, 10, 11],
         [12, 13, 14, 15]])
```

將 $a1$ 和 $a2$ 陣列在垂直方向合併，因此可以得到和原來的陣列 a 相同的結果。

```
> np.hstack((a1,a2))
  array([[0, 1, 2, 3, 8,  9, 10, 11],
         [4, 5, 6, 7, 12, 13, 14, 15]])
```

將 $a1$ 和 $a2$ 在水平方向合併。

```
> np.stack((a1,a2),axis=0)
  array([[[ 0,  1,  2,  3],
          [ 4,  5,  6,  7]],

         [[ 8,  9, 10, 11],
          [12, 13, 14, 15]]])
```

將 $a1$ 和 $a2$ 在軸 0 的方向合併，這種合併方式就相當於分別把 $a1$ 和 $a2$ 陣列置於軸 0 之索引為 0 和 1 的平面上，因此合併的結果是一個 $2 \times 2 \times 4$ 的三維陣列。

利用 hstack()、vstack()、hsplit() 和 vsplit()，我們也可以很容易的將一個二維的陣列切割成由 $m \times n$ 個子陣列所組成的陣列，且在提取這些子陣列時可以利用索引來提取，使用起來非常方便。例如，假設我們有一個 4×6 的陣列，想把它切割成 2×3 個子陣列，每個子陣列的形狀為 2×2，此時可以依如下的步驟進行：

```
> a=np.arange(24).reshape(4,6)
```

a 是一個 4×6 的二維陣列。

```
> a
  array([[ 0,  1,  2,  3,  4,  5],
         [ 6,  7,  8,  9, 10, 11],
         [12, 13, 14, 15, 16, 17],
         [18, 19, 20, 21, 22, 23]])
```

這是陣列 a 的內容，我們想依如下的方式將 a 切割成 2×3 個 2×2 的陣列：

```
[[ 0,  1, | 2,  3, | 4,  5],
 [ 6,  7, | 8,  9, |10, 11],
 --------------------------
 [12, 13, |14, 15, |16, 17],
 [18, 19, |20, 21, |22, 23]]
```

```
> vs=np.vsplit(a,2)
```

先將陣列 a 在垂直方向切成兩等份。

```
> vs
  [array([[ 0, 1, 2, 3, 4, 5],
          [ 6, 7, 8, 9,10,11]]),
   array([[12,13,14,15,16,17],
          [18,19,20,21,22,23]])]
```

這是切完之後的結果，它是由兩個 2×6 的 Numpy 陣列所組成的串列。

```
> b=np.array([np.hsplit(v,3)
              for v in vs])
```

接下來在每個 2×6 的陣列中，於水平方向切割成三個等份即可。我們學過的串列生成式恰好可以執行這個工作。

```
> b.shape
  (2, 3, 2, 2)
```

這是陣列 b 的形狀，它是一個 4 維的陣列。我們可以把 b 看成是由 2×3 個 2×2 的陣列所組成。

```
> b[0,0]
  array([[0, 1],
         [6, 7]])
```

提取陣列 b 中索引為 [0,0] 的子陣列，我們得到左式。讀者應該可以找到這個 2×2 的陣列是位於陣列 a 的左上角。

```
> b[1,2]
  array([[16, 17],
         [22, 23]])
```

提取陣列 b 中索引為 [1,2] 的子陣列。

```
> np.vstack([np.hstack(i) for i in b])
  array([[ 0,  1,  2,  3,  4,  5],
         [ 6,  7,  8,  9, 10, 11],
         [12, 13, 14, 15, 16, 17],
         [18, 19, 20, 21, 22, 23]])
```

先利用串列生成式將子陣列在水平方向合併，然後把所有的合併結果在垂直方向合併，我們就可以得到原來的陣列 a。

第九章 習題

9.1 認識 Numpy 的陣列

1. 試依序完成下列各題：

   (a) 試建立一個 4×1 的二維陣列 a（行向量），內容為 1.2, 4.3 , 5.4 和 6.7。並分別查詢陣列 a 的形狀（shape）、維度（ndim）和大小（size）。

   (b) 同上題，但把 4×1 的行向量改為 1×4 的列向量。

   (c) 試建立一個 1×1 的二維陣列 a，裡面只有一個元素 5，並查詢 a 的形狀、維度和大小。

   (d) 試建立一個 3×4 的二維陣列 a，其中列索引為 0 的元素全為 4，列索引為 1 的元素全為 2，列索引為 2 的元素全為 5。

2. 試建立如下的二維陣列

   (a) $\begin{pmatrix} 4 & 7 \\ 8 & 12 \end{pmatrix}$ (b) $\begin{pmatrix} 7.4 \\ 6.7 \\ 2.0 \end{pmatrix}$ (c) $\begin{pmatrix} 7 & 4 \\ 6 & 7 \\ 9 & -5 \end{pmatrix}$ (d) $\begin{pmatrix} 1 & 2 & 3 \\ 4 & 5 & 6 \\ 7 & 8 & 9 \end{pmatrix}$

3. 試建立一個 $2 \times 3 \times 4$ 的陣列，它可以看成是由 2 頁的 3×4 陣列所組成。請將頁索引為 0 的元素全設為 0，頁索引為 1 的元素全設為 1。

4. 試解釋為何 np.array(5).ndim 可以執行，且其結果是 0，而 5.ndim 這個語法則不能執行？

5. 試建立一個 0 到 1（包含 1），間距為 0.1 的一維陣列。注意此陣列應有 11 個元素。

6. 試建立一個 $2 \times 3 \times 4$ 的全 0 陣列，型別為 uint8。

7. 試建立一個 2×3 的浮點數亂數陣列，浮點數的數值介於 -1 到 1 之間。

8. 試從數字 1 到 20 中隨機挑選 10 個數字，挑選過的數字不可重複挑選。

9. 設陣列 a 的內容如下，試回答下列各題：

$$a = \begin{pmatrix} 0 & 1 & 3 & 4 & 5 \\ 6 & 7 & 8 & 9 & 10 \\ 11 & 12 & 13 & 14 & 15 \end{pmatrix}$$

   (a) 試從 a 中隨機挑選 8 個數字，挑選的數字不能重複。

   (b) 試從 a 中隨機挑選 10 個數字，挑選的數字可以重複。

   (c) 試從 a 中隨機挑選出 2 個不重複的橫列。

   (d) 將 a 的直行隨機排列。

9.2 陣列元素的提取

10. 設 a=np.array([23, 67, 54, 26, 92, 88, 53])，試回答下列各題：

   (a) 試提取陣列 a 中，索引為 0、2 和 5 的元素。

   (b) 試提取陣列 a 中，最後 3 個元素。

   (c) 試提取陣列 a 中，大於 50 的所有元素。

   (d) 試提取陣列 a 中，索引為奇數的元素。

   (e) 試提取陣列 a 中，所有的偶數。

   (f) 試將陣列 a 的元素反向排列。

   (g) 試提取索引為 2 到 4 的元素，並將它們反向排列。

11. 設 a=np.arange(20).reshape((4, 5))，試回答下列各題：

   (a) 提取陣列 a 中，列索引為 0 到 2，行索引為 1 到 3 的元素。

   (b) 提取陣列 a 中，行索引為 2 和 4 的元素。

   (c) 提取陣列 a 中，列索引為 1 到 3 的元素。

(d) 將陣列 a 的直行反向排列。

(e) 取出陣列 a 中，所有可以被 3 整除的數。

(f) 找出陣列 a 中，列與行的索引之和為偶數的所有元素，並將它們放在一個串列裡（本題可能需要撰寫迴圈）。

(g) 找出陣列 a 中，可以被 2 整除，但不能被 3 整除的元素共有幾個。

12. 設 a=np.array([38, 43, 21, 87, 92, 55, 40, 63])，試利用花式索引提取陣列 a 的元素，使其提取後的結果為如下的陣列：

(a)
```
array([21, 21, 87, 87])
```

(b)
```
array([[21, 21, 87, 87]])
```

(c)
```
array([[21],
       [21],
       [87],
       [87]])
```

(d)
```
array([[21, 92, 92],
       [87, 43, 38]])
```

(e)
```
array([[21, 92],
       [87, 43],
       [55, 87]])
```

(f)
```
array([[38, 63],
       [38, 63],
       [38, 63]])
```

13. 設 a=np.arange(10,30).reshape(4,5)，試利用花式索引提取陣列 a 的元素，使其提取後的結果為如下的陣列：

(a)
```
array([17, 23])
```

(b)
```
array([10, 16, 23])
```

(c)
```
array([[13, 14],
       [23, 24],
       [28, 29]])
```

(d)
```
array([[20, 22, 23],
       [25, 27, 28]])
```

(e)
```
array([[10, 12],
       [20, 22]])
```

(f)
```
array([[11, 13, 14],
       [16, 18, 19]])
```

14. 設 a=np.array([0,1,2,3,4,5])。在下列各題中，試說明 b 是 a 的一個 view 或是 copy，並驗證您的判斷結果。

(a) `b=a[3:]`

(b) `b=a[::-1]`

(c) `b=a.reshape(2,3)`

(d) `b=np.random.permutation(a)`

(e) `b=a[[0,3,4]]`

(f) `b=a[1:4]`

(g) `b=a`

(h) `b=a.copy()`

(i) `b=np.random.choice(a,4)`

9.3 陣列的進階處理

15. 設 a=np.arange(12)，試回答下列各題：

    (a) 查詢陣列 a 的 size, shape, 和 ndim 屬性。

    (b) 將 a 分別排成 4×3、1×12、12×1 和 $2 \times 2 \times 3$ 的陣列。

16. 設 a=np.arange(12).reshape(3,4)，試回答下列各題（每個小題陣列 a 的內容都一樣）:

    (a) 將陣列 a 拆平成一維陣列。

    (b) 將陣列 a 重排成 4×3 的二維陣列。

    (c) 利用 np.newaxis 增加一個軸給陣列 a ，使其成為 $3 \times 1 \times 4$ 的三維陣列。

    (d) 將 (c) 的結果利用 copy() 拷貝一份給變數 b 存放，然後試利用 squeeze() 將 b 變成 3×4 的二維陣列。

    (e) 將陣列 a 的軸 0 和軸 1 互換（swap），並驗證其結果是否等於 a.T？

    (f) 將陣列 a 的軸 1 移到軸 0，並驗證其結果是否等於 a.T？

    (g) 將陣列 a 切割成兩個等份且水平並排的陣列。

    (h) 將陣列 a 沿軸 0 的方向切割成兩個垂直的陣列，其大小分別為 1×4 和 2×4。

17. 設 a=np.arange(24).reshape(2,3,4)，試回答下列各題（每個小題陣列 a 的內容都一樣）:

    (a) 在陣列 a 的軸 0 位置新增一個軸，使其成為 $1 \times 2 \times 3 \times 4$ 的四維陣列。

    (b) 將陣列 a 的軸 0 和軸 2 互換，並驗證其結果是否等於 a.T。

    (c) 將陣列 a 的軸 2 移到軸 0，並說明這個和 (b) 的結果為何不同。

    (d) 將陣列 a 在軸 0 的方向切割成 2 個等份。

    (e) 將陣列 a 分割成兩個 $2 \times 3 \times 2$ 的陣列。

    (f) 將陣列 a[0]（形狀為 3×4 ）和 a[1]（形狀為 3×4 ）分別在垂直方向和水平方向合併（合併後應該分別是 6×4 和 3×8 的陣列）。

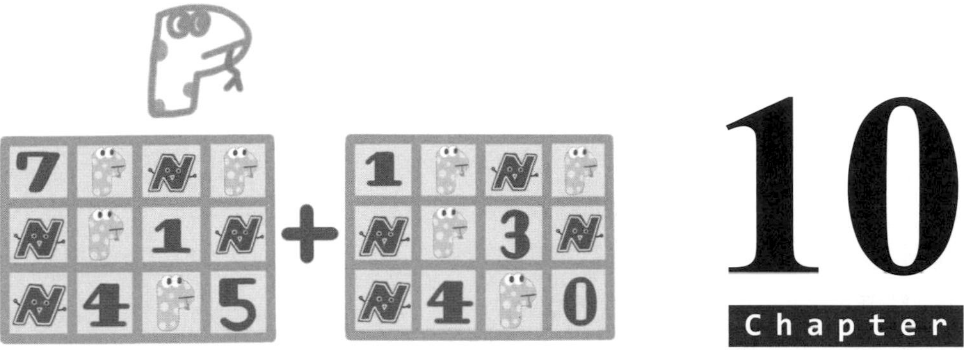

10 Chapter

Numpy 的數學運算

前一章我們介紹了 Numpy 陣列的建立與一些基本的操作，本章將介紹如何利用 Numpy 來進行常用的數學運算。過去在 Python 裡必須要透過迴圈才能完成的工作，在 Numpy 裡通常只要簡單的幾個函數就可以完成，甚至不需撰寫迴圈。事實上，許多運算利用原生的 Python 也可以寫成，不過 Numpy 的速度可能會快上十倍或百倍。因此當運算效率是一個很重要的考量時，Numpy 絕對是首選。

1. 基本運算
2. 資料的排序
3. 數學矩陣的相關運算
4. 廣播運算
5. 儲存 Numpy 陣列

10.1 基本運算

本節將介紹 Numpy 基本運算的函數，其中包含了常用的數學函數，以及用來取得陣列一些統計性質的函數等。

10.1.1 常數與數學函數

和 Python 一樣，Numpy 內建了豐富的數學函數，方便進行各種數學運算。不同的是，Numpy 提供的數學函數都可以作用到 Python 的串列或是 Numpy 的陣列裡。例如，如果將一個串列取 log，則串列裡的每個元素都會被取 log。

. Numpy 常用的常數和數學函數

函數	說明
pi	數學常數 π，其值為 3.14159265439...
e	歐拉常數（Euler's constant），其值為 2.718281828...
inf	無窮大
nan	Not a number，一般用來代表一個空值
sqrt(a)	計算陣列 a 的開根號
sin(a),cos(a),tan(a)	計算陣列 a 的正弦、餘弦和正切
arcsin(a),arccos(a),arctan(a)	反正弦、反餘弦和反正切函數
sinh(a),cosh(a),tanh(a)	雙曲線正弦、餘弦和正切函數
arcsinh(a),arccosh(a),arctanh(a)	反雙曲線正弦、餘弦和正切函數
ceil(a)	取出比 a 大的最小整數（天花板函數）
floor(a)	取出比 a 小的最大整數（地板函數）
round(a,n)	將 a 四捨五入到小數點以下第 n 位（預設 n 為 0）
degrees(a)	將弳度 a 轉換成角度
radians(a)	將角度 a 轉換成弳度
mod(a,b)	計算 a/b 的餘數
modf(a)	傳回一個 tuple，內含陣列 a 的小數與整數部分
exp(a)	自然指數函數
log2(a), log10(a), log(a)	計算以 2、10 與歐拉常數為底的對數

函數	說明
maximum(a,b)	逐一比較陣列 a 和 b 的元素，並傳回較大的數
minimum(a,b)	逐一比較陣列 a 和 b 的元素，並傳回較小的數
set_printoptions(n)	設定小數點以下的顯示位數，預設為 8 位

相同的，在執行本章的範例之前，請記得載入 numpy 模組，在稍後各節的範例將不再出現載入 numpy 的敘述。

```
> import numpy as np
```
載入 numpy 模組。

```
> np.pi
  3.141592653589793
```
這是 Numpy 提供的常數 π。

```
> np.inf+100
  inf
```
無窮大 ∞ 加 100 的結果還是無窮大。

```
> np.inf/np.inf
  nan
```
∞/∞ 的結果無法計算，所以回 nan，代表它不是一個數。

```
> np.nan*34
  nan
```
nan 與任何數進行運算的結果都是 nan。

```
> np.e
  2.718281828459045
```
這是歐拉常數。

在 Python 中，如果要將一個串列裡的元素進行相同的運算，例如加上 3 或是平方，我們必須寫一個 for 迴圈，或是利用串列生成式來完成。在 Numpy 裡，這些運算可以自動作用到串列，或是 Numpy 的陣列裡，因此可以省下一個 for 迴圈，運算速度也可以來得更快。

```
> a=np.array([0,1,2])
```
這是一個 Numpy 的一維陣列 a。

```
> b=[0,1,2]
```
這是一個 Python 的串列 b。

```
> [i+3 for i in b]
  [3, 4, 5]
```
利用串列生成式將 b 裡的每一個元素都加上 3，得到 [3, 4, 5]。

```
> a+3
  array([3, 4, 5])
```

將 Numpy 的一維陣列 a 直接加上 3，也可以得到相同的結果，但不需撰寫迴圈。這種寫法更簡單易懂。

```
> a**2
  array([0, 1, 4], dtype=int64)
```

將陣列 a 裡的每個元素平方。

```
> a*a
  array([0, 1, 4])
```

計算$a \times a$。因為兩個陣列的形狀一樣，因此相同位置的元素會相乘。這個結果等同於把每個元素平方。

```
> a**[2,2,3]
  array([ 0,  1,  8], dtype=int64)
```

把陣列 a 內，索引為 0、1 和 2 的元素分別計算 2、2 和 3 次方。

```
> np.sqrt(a)
  array([0.    , 1.    , .41421356])
```

將陣列 a 裡的每個元素開根號。

```
> np.sin(a)
  array([0.,0.84147098,0.90929743])
```

將陣列 a 裡的每個元素進行 sin 運算。

```
> np.set_printoptions(3)
```

利用 set_printoptions() 函數，我們可以控制小數點以下的顯示位數，讓輸出較易觀看。設定 3 則顯示到小數點以下 3 位。

```
> np.sin(a)
  array([0.   , 0.841, 0.909])
```

再次將陣列 a 裡的每個元素進行 sin 運算，現在輸出結果只顯示到小數點以下 3 位。

```
> np.sin([0,2,4])
  array([ 0.   ,  0.909, -0.757])
```

數學函數裡的參數不僅可以是 Numpy 的陣列，也可以是一個串列或一個數字。左式的參數是一個 Python 的串列。

```
> np.degrees(np.pi/2)
  90.0
```

將徑度 $\pi/2$ 轉換成角度。

```
> np.radians([0,90,180])
  array([0.   , 1.571, 3.142])
```

將 0 度、90 度和 180 度轉換成徑度。

```
> np.set_printoptions(8)
```

將小數點以下的顯示位數設回預設的 8 位。

```
> np.mod([78,80,93],2)
array([0, 0, 1], dtype=int32)
```

計算 78、80 和 93 除以 2 的餘數。

```
> np.mod([12,9,8],[2,2,3])
array([0, 1, 2], dtype=int32)
```

將 12、9 和 8 分別除以 2、2 和 3 後取其餘數。

```
> np.round(12.37,1)
12.4
```

將 12.37 四捨五入到小數點以下第 1 位。

```
> np.log2(1024)
10.0
```

計算以 2 為底，1024 的對數。

```
> np.log(np.exp([1,2,4]))
array([1., 2., 4.])
```

計算 e^1、e^2 和 e^4 之後再取以 e 為底的對數，我們得到 [1, 2, 4]，因為 $\ln(e^x) = x$。

```
> np.modf([6.12, 3.9, 6, 12.4])
(array([0.12, 0.9, 0., 0.4]),
array([  6.,  3., 6., 12.]))
```

modf() 以 tuple 的形式傳回浮點數的小數和整數部分。

```
> np.maximum([4,5,4],[1,2,7])
array([4, 5, 7])
```

maximum() 會分別比較兩個參數裡的每一個元素，然後傳回較大者。

```
> np.minimum([4,5,4],[1,2,7])
array([1, 2, 4])
```

相同的，minimum() 會傳回兩個參數中，數值較小的元素。

```
> np.ceil([0.1, 4.7, 3.01])
array([1., 5., 4.])
```

ceil 是 ceiling 的縮寫，也就是天花板的意思。比 0.1 大的最小整數是 1，所以運算結果是 1。其餘的數以此類推。

```
> np.floor([5.38,4.99, 3.01])
array([5., 4., 3.])
```

floor(x) 函數則是取出小於 x 的最大整數。

Numpy 也提供陣列中，元素對元素的邏輯運算。注意在 Python 裡，非 0 的元素都會被看成是 True，元素 0 則被看成是 False。

．邏輯運算函數與 array_equal() 函數

函數	說明
logical_and(a,b)	將陣列 a 和 b 進行 and 運算，兩個非 0 的元素結果為 True
logical_or(a,b)	or 運算，只要有一個元素為 True，運算結果就為 True
logical_xor(a,b)	xor 運算，兩個不同的元素運算結果為 True，否則 False
logical_not(a)	not 運算，元素 0 的運算結果為 True，其餘為 False
array_equal(a,b)	比較陣列 a 和 b 是否相等

```
> a=np.array([0,2,3,4])
```

這是陣列 a。

```
> b=np.array([0,3,0,4])
```

這是陣列 b。

```
> a>b
array([False,False,True,False])
```

關係運算子可以用在 Numpy 的陣列中。左式會逐一比較 a 裡的元素是否大於 b。

```
> a[a<=b]
array([0, 2, 4])
```

取出陣列 a 裡所有小於等於陣列 b 的元素。

```
> np.array_equal(a,b)
False
```

比較陣列 a 和 b 的內容是否相等。

```
> np.logical_and(a,b)
array([False,True,False,True])
```

在 Python 中，非 0 的元素視為 True，0 視為 False。陣列 a 和 b 只有索引為 1 和 3 的元素都是 True，因此回應的結果這兩個位置為 True。

```
> np.logical_or(a,b)
array([False,True, True, True])
```

因為陣列 a 和 b 索引為 0 的元素值都是 0，因此它們 or 的結果為 False。

```
> np.logical_xor(a,b)
array([False,False,True,False])
```

陣列 a 和 b 索引為 2 的元素分別是 True 和 False，因此 logical_xor() 回應索引為 2 的元素為 True。

```
> np.logical_not(a)
array([True,False,False,False])
```

將陣列 a 取 not 運算。

10.1.2 常用的陣列處理函數

上節介紹了常用的數學函數。有些時候我們必須找尋陣列裡，某些值位於陣列的何處；另外，我們可能也需要針對陣列在某個方向進行加總，或是去掉重復的列或行等。我們將這些函數整理成下表：

. Numpy 常用的陣列處理函數

函數	說明
sum(*arr*,axis=*i*)	沿軸 *i* 進行加總，如果沒設定軸的方向則全部加總
min(*arr*,axis=*i*)	沿軸 *i* 的方向找出元素的最小值
max(*arr*,axis=*i*)	沿軸 *i* 的方向找出元素的最大值
argmin(*arr*,axis=*i*)	沿軸 *i* 的方向找出元素最小值的所在位置
argmax(*arr*,axis=*i*)	沿軸 *i* 的方向找出元素最大值的所在位置
unravel_index(*a*,(*m*,*n*,...))	將一維索引 a 轉換成形狀為 $(m, n, \dots)$ 的索引
ravel_multi_index(*a*,(*m*,*n*,...))	將維度為 $(m, n, \dots)$ 的索引 a 轉換成一維索引
where(*condition*)	找出 *condition* 為 True 的位置
where(*condition*,*x*,*y*)	若 *condition* 成立，則傳回 x，否則傳回 y
all(*arr*,axis=*i*)	沿軸 *i* 的方向判別元素是否全為 True
any(*arr*,axis=*i*)	沿軸 *i* 的方向判別任意一個元素是否為 True
unique(*arr*,axis=*i*)	沿軸 *i* 的方向刪去重複的列（或行、頁等）

在這些函數中，如果要處理的陣列是二維，則軸 0 的方向是列（垂直）的方向，1 則是行（水平）的方向。如果是三維，則軸 0 可看成是垂直紙面的方向，軸 1 和 2 則分別是列和行的方向。如果沒有指定要沿著哪個軸進行運算，則代表針對整個陣列進行運算。

```
> a=np.array([0,1,2,3,4,5])
```

這是由 0 到 5 組成的陣列。

```
> a.sum()
  15
```

計算陣列的加總。這個語法是呼叫了陣列類別裡的 sum() 方法。

```
> np.sum(a)
  15
```

Numpy 裡也定義了相同名字的 sum() 函數，可以進行相同的加總運算。我們可以選擇任一寫法來呼叫函數。

```
> a=np.array([[1,2,3],
              [4,5,6],
              [7,8,9]])
```

這是一個 3 × 3 的陣列。

```
> a.sum()
  45
```

計算陣列的加總。因為沒有指定要加總的方向，所以 sum() 加總了整個陣列。

```
> a.sum(axis=0)
  array([12, 15, 18])
```

指定沿著軸 0 的方向加總。對二維陣列而言，軸 0 就是垂直的方向，因此這個式子會在垂直方向加總。

```
> a.sum(axis=1)
  array([ 6, 15, 24])
```

設定 axis=1 則沿著水平方向加總。

```
> a[:,-1].sum()
  18
```

$a[:,-1]$ 可以取出最後一行，因此這個式子是將最後一行加總。

```
> np.random.seed(999)
```

設定亂數種子為 999。

```
> b=np.random.randint(0,2,(2,3,4))
```

建立一個大小為 2 × 3 × 4 的整數亂數陣列 *b*，元素值為 0 和 1（不包含 2）。

```
> b
  array([[[0, 0, 1, 1],
          [0, 1, 1, 1],
          [1, 1, 0, 1]],

         [[1, 0, 0, 0],
          [1, 0, 1, 1],
          [1, 1, 0, 0]]])
```

這是陣列 *b* 的內容，它可以看成是由 2 個 3 × 4 的二維陣列所組成。

```
> b[0].sum()
  8
```

取出索引為 0 的 3 × 4 二維陣列，然後加總，得到 8。

```
> b[1].sum(axis=0)
  array([3, 1, 1, 1])
```

取出索引為 1 的 3 × 4 二維陣列，然後在列的方向（垂直）加總。

```
> b[1].sum(axis=0)[[0,-1]]
  array([3, 1])
```

同上，但加總後，提取索引為 0 的元素和最後一個元素。

```
> c=np.array([[4,3,8,1],
              [3,9,0,2],
              [6,9,7,5]])
```

這是一個 3 × 4 的陣列 *c*。

```
> np.min(c)
  0
```

由於沒有指定是哪個軸，因此 min() 會找出陣列 *c* 裡，所有元素的最小值。

```
> np.max(c)
  9
```

找出陣列 *c* 裡的最大值。

```
> np.max(c,axis=1)
  array([8, 9, 9])
```

在水平方向找出每一列的最大值（索引為 0 的列最大值是 8，另兩列都是 9）。

```
> c.argmin()
  6
```

在整個陣列中，找出最小的元素的位置。注意這邊回應的 6 代表從 0 開始數，依照由左而右，由上而下的順序數來第 6 個。

如果把陣列 *c* 拆平（ravel），我們可以發現最小的數字 0 是索引為 6 的元素。由此可知 argmin() 回應的相當於是把陣列 *c* 拆平後的索引，我們稱之為一維索引。如果需要知道最小元素之列索引和行索引，則可利用 unravel_index() 函數來進行轉換。

```
> np.unravel_index(6, c.shape)
  (1, 2)
```

查詢一維索引 6 在 3 × 4 的陣列 *c* 中，列與行的索引，得到 (1,2)，代表最小的數字是位於陣列 *c* 中 (1,2) 這個位置。

```
> c.argmax()
  5
```

查詢最大值的所在位置，得到 5。注意 argmax() 只傳回第一個最大值的位置，即使在本例中，最大值有兩個。

```
> np.unravel_index(5, c.shape)
  (1, 1)
```

這是最大值在陣列 *c* 中，列與行的位置。

```
> c.argmax(axis=0)
  array([2, 1, 0, 2])
```

沿著垂直方向找出每一個直行最大值的位置。

```
> c.argmax(axis=1)
  array([2, 1, 1])
```

沿著水平方向找出每一個橫列最大值的位置。

```
> np.where([True,False,True])
(array([0, 2],)
```

where() 可以找出陣列中，元素值為 True 的位置。

```
> row,col=np.where(c==c.max())
```

這個語法可以找出陣列 *c* 中，最大元素的位置（可以有多個）。因為 *c* 是二維，where() 會傳回列和行的索引。

```
> row
array([1, 2])
```

這是最大值於列方向的索引。

```
> col
array([1, 1])
```

這是最大值於行方向的索引。

```
> c[row,col]
array([9, 9])
```

利用花式索引，我們可以驗證由列和行的索引可以提取出陣列 *c* 的最大值。

```
> np.unravel_index([4,1,2],(2,3))
(array([1, 0, 0]),
 array([1, 1, 2]))
```

unravel_index() 也可以將多個一維陣列的索引轉成二維的索引。

```
> np.ravel_multi_index([[1, 0, 0],
                        [1, 1, 2]],(2,3))
array([4, 1, 2])
```

ravel_multi_index() 則是 unravel_index() 的反運算。輸入二維陣列之列和行的索引與形狀，我們就可以得到這個陣列拆平後的一維索引。

Numpy 的 where() 是一個很常用的函數，從前面的範例已經知道它可以傳回判斷結果為 True 的位置。where() 另一個用法是可以根據判斷結果是 True 或 False 來傳回不同值，這種寫法可以把 if 敘述迴圈化，非常好用：

```
> d=np.array([7,3,5])
```

定義 *d* 為一個 Numpy 陣列。

```
> np.where(d>4,10,20)
array([10, 20, 10])
```

where() 會逐一走訪 *d* 裡的每一個元素。如果元素值大於 4，則傳回 10，否則傳回 20。因為元素 7 和 5 都大於 4，因此這兩個位置的傳回值是 10，另一個位置是 20。

```
> np.where(d>4,[10,11,12],[20,21,22])
  array([10, 21, 12])
```

這個範例將要傳回的參數改成和 d 大小相同的串列。如果 $d[i] > 4$，則傳回串列 [10,11,12] 裡索引為 i 的元素，否則從串列 [20,21,22] 裡傳回索引為 i 的元素。

在上個範例中，因為 d 中索引為 0 和 2 的元素大於 4，因此輸出的陣列中，10 和 12 是 [10,11,12] 裡索引為 0 和 2 的元素，21 則是 [20,21,22] 裡索引為 1 的元素。如果嘗試將上面的範例改用 if 敘述來撰寫，您會發現需要配合 for 迴圈才有辦法完成相同的工作；若改用串列生成式來完成，程式碼也不太好撰寫（建議您試試）。因此善用 where() 可以避開使用 for 迴圈，使得程式碼更簡潔易懂。

另外，all()、any() 和 unique() 也是常用的函數。all() 要全部的元素都是 True，運算結果才會是 True。any() 則是只要任一個元素是 True，運算結果就為 True。unique 的英文原意是唯一的，因此 unique() 會濾掉重複的元素，只保留不重複的部分。

```
> np.all(np.array([1,4,0]))
  False
```

元素 0 會被看成是 False，而 all() 必須要全部的元素都是 True 結果才會是 True，因此這個式子回應 False。

```
> np.any(np.array([1,4,0]))
  True
```

相反的，any() 只要有一個元素是 True 就會回應 True，因此左式回應 True。

```
> np.any(np.array([1,3,-2,7,8])<0)
  True
```

這個式子可以判別陣列中，是否有任何元素小於 0。

```
> np.array([[0,1],
            [3,4]]).all(axis=0)
  array([False,  True])
```

在垂直的方向判別二維陣列的元素是否全為 True。

```
> np.array([[0,1],
            [3,4]]).any(axis=1)
  array([ True,  True])
```

在水平的方向判別二維陣列是否有任一元素為 True。

```
> a=np.array([[3,4,5,4],
              [6,0,8,0],
              [6,0,8,0]])
```

這是一個 3×4 的陣列 a。

```
> np.unique(a,axis=1)
  array([[3, 4, 5],
         [6, 0, 8],
         [6, 0, 8]])
```

刪除相同的直行。因為索引為 1 和 3 的行完全相同，因此索引為 3 的行會被刪除。

```
> np.unique(a,axis=0)
  array([[3, 4, 5, 4],
         [6, 0, 8, 0]])
```

檢查每一列是否有重複。因為索引為 1 和 2 的列重複，所以索引為 2 的列被刪除。

```
> np.unique(a)
  array([0, 3, 4, 5, 6, 8])
```

這邊沒有指定是沿著哪個軸，因此左式會剔除整個陣列中，重複的數字。

如果想找出陣列的一些基本統計性質，我們可以利用下面的函數。相同的，如果沒有指明沿著哪個軸做運算，則代表針對整個陣列進行處理。

. 常用的統計處理函數

函數	說明
mean(*arr*,axis=*i*)	沿著軸 *i* 的方向計算 *arr* 的平均值
median(*arr*,axis=*i*)	沿著軸 *i* 的方向計算 *arr* 的中位數
std(*arr*,axis=*i*)	沿著軸 *i* 的方向計算 *arr* 的標準差（standard deviation）
var(*arr*,axis=*i*)	沿著軸 *i* 的方向計算 *arr* 的變異數（variance）
percentile(*arr*,*q*,axis=*i*)	沿著軸 *i* 的方向找出 *arr* 的 *q* 個百分位數

```
> a.mean()
  5.0
```

計算整個陣列 a 的平均值，得到 5。

```
> a.mean(axis=1)
  array([4. , 5.5, 5.5])
```

沿著軸 1（水平方向）計算陣列 a 的平均值。

```
> np.median(a)
  4.0
```

這是陣列 a 的中位數。

```
> a.std()
  1.5811388300841898
```

計算陣列 a 的標準差。

```
> a.var(axis=0)
  array([2., 0., 2., 0.])
```

沿著軸 0（垂直方向）計算陣列 *a* 的變異數。

```
> np.percentile(a,50)
  4.0
```

找出 *a* 的 50 百分位數（事實上它也是中位數）

```
> np.percentile(a,25,axis=0)
  array([4.5, 4. , 6.5, 4. ])
```

沿著軸 0 找出 *a* 的 25 百分位數。

10.2 資料的排序

Numpy 常用的排序函數有 sort() 和 argsort()。我們之前已經看過 arg 開頭的函數了（如 argmin()，它可傳回陣列最小值的索引）。argsort() 可傳回排序後元素的索引，而不是排序後的元素值。

. 排序函數

函數	說明
sort(*arr*,axis=*i*)	沿著軸 *i* 的方向將 *arr* 由小到大排序
argsort(*arr*,axis=*i*)	傳回沿軸 *i* 將 *arr* 的元素由小到大排序後，元素的索引

sort() 和 argsort() 都是限定由小到大排序。如果想從大排到小，我們只要把排序的結果反向排列即可。

```
> a=np.array([17,88,12,93,32,67])
```

這是一個一維陣列。

```
> b=np.sort(a)
```

將陣列 *a* 由小到大排序。注意排序後 *a* 的內容不會被改變（已經把排序結果傳出來了，*a* 的值也沒有必要改變）。

```
> b
  array([12, 17, 32, 67, 88, 93])
```

查詢排序的結果，我們發現 *b* 的內容是由小到大排序。

```
> np.shares_memory(a,b)
  False
```

陣列 *a* 和 *b* 並沒有共享記憶體空間，因此 *b* 不是 *a* 的一個 view。

```
> c=a.sort()
```

這種寫法會把 a 就地（in-place）排序。因為 a 已就地排序，也就沒有必要有傳回值，所以 c 的值會是 None。

```
> print(c)
  None
```

查詢 c 的值，其結果為 None。

```
> a
  array([12, 17, 32, 67, 88, 93])
```

這是陣列 a 的內容。我們可發現其值已被修改成由小到大排序。

```
> a[::-1]
  array([93, 88, 67, 32, 17, 12])
```

利用這個語法可以取得將 a 由大到小排序的結果。

argsort(a) 可以用來取得元素排序後，每一個元素在陣列 a 的位置。有了排序後的結果和原本位置的訊息，我們就可以還原陣列 a 的內容。

```
> a=np.array([71,77,25,19])
```

重新定義陣列 a 。

```
> idx=np.argsort(a)
```

由小到大排序陣列 a ，並傳回排序後，元素原本的位置。

```
> idx
  array([3, 2, 0, 1], dtype=int64)
```

idx 告訴我們最小的元素是陣列 a 中索引為 3 的元素，也就是 19。次小元素位於索引 2，也就是 25，以此類推。

```
> b=np.sort(a)
```

設定 b 為 a 排序後的結果。

```
> b
  array([19, 25, 71, 77])
```

這是 b 的內容。

```
> c=np.zeros(np.shape(a),dtype=int)
```

c 是一個全 0 的陣列，大小為 2×2。

```
> c[idx]=b
```

有了 idx 和排序後的結果 b，利用這個語法可以得到原來的陣列 a 。

```
> c
  array([71, 77, 25, 19])
```

查詢 c 的內容，可發現 c 和 a 完全一樣。

排序函數也可以沿著某個軸進行運算。配合 argsort() 函數的運算結果，我們也可以先針對某一列或行來排序，然後其它列或行再依排序的結果來排序。


```
> a=np.array([[78,87,43],
              [98,12,47]])
```

這是陣列 a 的內容。

```
> np.sort(a)
  array([[43, 78, 87],
         [12, 47, 98]])
```

sort() 預設會沿著最後一個軸排序。二維陣列最後一個軸是軸 1，因此這個式子會沿著軸 1 排序。

```
> np.sort(a,axis=0)
  array([[78, 12, 43],
         [98, 87, 47]])
```

指定沿著軸 0 排序，所以每一行中，較小的數字會被排在上面。

```
> np.sort(a,axis=None)
  array([12, 43, 47, 78, 87, 98])
```

如果設定 axis=None，則將陣列的所有元素一起排序，排序結果是一個一維陣列。

```
> np.argsort(a,axis=0)
  array([[0, 1, 0],
        [1, 0, 1]], dtype=int64)
```

argsort() 也可以指定要沿著哪一個軸來排序。

```
> a[0,:]
  array([78, 87, 43])
```

這是陣列 a 索引為 0 的列。

```
> np.argsort(a[0,:])
  array([2, 0, 1])
```

這是將陣列 a 索引為 0 的列由小到大排序後，原本元素的索引。

```
> a[:,np.argsort(a[0,:])]
  array([[43, 78, 87],
         [47, 98, 12]])
```

將索引為 0 的列排序後取得的索引做為行索引來提取陣列 a 中所有的列。如此陣列 a 每一列的元素就會依索引為 0 的列排序後的結果來排序了。

10.3 數學矩陣的相關運算

Numpy 內建了一些常用的函數，用來進行矩陣的相關運算，其中包含了矩陣的乘法、行列式的求值、反矩陣的運算，以及特徵值與最小平方法的求解等。

10.3.1 矩陣常用的運算

我們可以使用 dot()，或是 matmul() 函數來計算矩陣的乘法（matmul 為 matrix multiplication 的縮寫，為矩陣乘法之意），或者也可以利用較簡便的矩陣的乘法運算子@來進行計算。

. 矩陣運算函數

函數	說明
dot(a,b)	計算 a 和 b 的點積（Dot product）
matmul($m1$,$m2$)	計算矩陣 $m1$ 與 $m2$ 相乘 （Matrix multiplication）
$m1$@$m2$	矩陣 $m1$ 與 $m2$ 相乘的運算子的表示法

dot() 函數會依其參數的不同而有不同的計算方式。如果 a 和 b 都是一維的陣列，則 dot(a, b) 計算 a 和 b 的點積。如果 a 和 b 都是二維的陣列，則 dot(a, b) 相當於計算矩陣 a 和 b 的相乘（不過一般較偏好採用 matmul(a, b) 或 a@b 來計算）。此外，當 a，b 各是純量、一維、二維或是多維陣列時，dot() 函數會有不同的計算方式，詳細的部分可以參考 Numpy 的線上說明文件。

```
> a=np.array([0,1,2])
```
a 是一個一維陣列。

```
> b=np.array([3,4,5])
```
b 也是一個一維陣列。

```
> vr=np.array([[3,4,5]])
```
vr 是一個 1×3 的二維陣列（列向量）。

```
> m=np.array([[2,3,1,1],
              [3,0,1,0],
              [1,0,3,2]])
```
m 是一個 3×4 的二維陣列（矩陣）。

```
> np.dot(a,b)
  14
```

a 和 b 都是一維陣列，因此 dot() 會計算它們的點積，也就是元素對元素相乘後加總。注意計算的結果是一個純量。

```
> np.dot(2,m)
  array([[4, 6, 2, 2],
         [6, 0, 2, 0],
         [2, 0, 6, 4]])
```

這個運算式相當於純量 2 乘上矩陣 m 裡的每一個元素。

```
> np.dot(vr,m)
  array([[23,  9, 22, 13]])
```

將 1×3 的矩陣和 3×4 的矩陣相乘。

```
> np.matmul(vr,m)
  array([[23,  9, 22, 13]])
```

利用 matmul() 函數對多數人而言，比較容易理解它是一個矩陣的乘法。

```
> vr @ m
  array([[23,  9, 22, 13]])
```

我們也可以利用矩陣乘法運算子來完成矩陣的乘法。

```
> m @ m.T
  array([[15,  7,  7],
         [ 7, 10,  6],
         [ 7,  6, 14]])
```

矩陣 m 是 3×4，它的轉置是 4×3，因此相乘的結果為 3×3 的矩陣。

10.3.2 使用 numpy.linalg 模組

Numpy 把線性代數常用的行列式與反矩陣等函數蒐錄在 numpy.linalg 模組裡（linalg 是 linear algrbra 的縮寫，線性代數的意思），下表列出了一些常用的函數：

. numpy.linalg 模組裡常用的函數

函數	說明
det(m)	計算矩陣 m 的行列式（determinate）
inv(m)	計算矩陣 m 的反矩陣（inversion）
eigvals(m)	計算矩陣 m 的特徵值（eigen values）
eig(m)	計算矩陣 m 的特徵值和特徵向量
solve(m,b)	計算矩陣方程式 $m \cdot x = b$ 中的解 x
lstsq(m,b)	計算矩陣方程式 $m \cdot x = b$ 中，具有最小誤差的解 x

```
> import numpy.linalg as la
```

載入 numpy.linalg 模組（la 是 linear algebra 的縮寫）。

```
> m=np.array([[1,4],[3,-1]])
```

這是 2×2 的矩陣 m。

```
> b=np.array([[6],[5]])
```

這是 2×1 的向量 b。

```
> la.inv(m)
  array([[0.07692308, 0.30769231],
         [0.23076923,-0.07692308]])
```

這是 m 的反矩陣。

```
> m @ la.inv(m)
  array([[1., 0.],
         [0., 1.]])
```

一個矩陣乘上它的反矩陣，結果應該等於單位矩陣。左式驗證了這個定理。

```
> la.inv(m) @ b
  array([[2.],
         [1.]])
```

如果 $m \cdot x = b$，則 $x = m^{-1} \cdot b$。從這個公式我們可以解得 $x = [2,1]^T$。

```
> la.solve(m,b)
  array([[2.],
         [1.]])
```

利用 solve() 函數，我們也可以解出相同的結果。

```
> la.eig(m)
  (array([3.60555128,-3.60555128]),
   array([[0.83791185,-0.65572799],
          [0.54580557,0.75499722]]))
```

eig() 會回應一個 tuple，內含兩個元素，分別為矩陣 m 的特徵值和特徵向量。

```
> la.eigvals(m)
  array([3.60555128, -3.60555128])
```

如果只想要知道特徵值，可以利用 eigvals() 函數。

如果方程式的數目多於未知數的數目，則我們可以求得最小平方解，也就是如果把最小平方解帶入方程式中，則誤差的平方和（稱為殘差，Residuals）為最小。

```
> m=np.array([[ 1, 2],
              [ 3, 5],
              [-1, 1]])
```

這是 3×2 的矩陣 m。

```
> b=np.array([[4,8,5]]).T
```

這是 3×1 的向量 b。現在我們要求解 $m \cdot x = b$ 的最小平方解。

```
> la.inv(m.T@m)@m.T@b
  array([[-2.13513514],
         [ 2.90540541]])
```

要求最小平方解，我們可以利用數學公式 $x = (m^T \cdot m)^{-1} \cdot m^T \cdot b$ 來求解。於左式中，我們解得 $x = [-2.135, 2.905]^{\mathrm{T}}$。

```
> ls.lstsq(m,b,rcond=None)
  (array([[-2.13514514],
         [ 2.90540541]]),
   array([0.12162162]),
   2,
   array([6.25362248, 1.37557476]))
```

利用 lstsq() 函數，我們也可以求得最小平方解。lstsq() 會回應具有 4 個元素的 tuple。索引為 0 的元素是最小平方解，接著是殘差，再來是矩陣 m 的秩（Rank），而最後一個元素是 m 的奇異值（Singular value）。從左邊的回應可以看出殘差為 0.1216。

```
> np.sum(m@np.array(
         [[-2.135],[2.905]])-b)**2)
  0.12162499999999987
```

利用殘差的定義（誤差的平方和），我們也可以求得與 lstsq() 求得的殘差相同的結果。

10.4 廣播運算

廣播（Broadcasting）在 Numpy 裡是一個很重要的技術。這個技術可以讓兩個維度不同的陣列彼此進行數學上的運算。為了達成這個目的，較小的陣列會被廣播，使得廣播後的陣列與較大的陣列有著相同的形狀，以方便數學上的運算。在多數情況下，Numpy 會自動幫我們處理陣列的廣播，不過有時後我們要先把兩個陣列做一些預處理，使得它們有相容的形狀可以廣播。我們來看看下面簡單的範例。

```
> a=np.arange(6).reshape(2,3)
```

這是陣列 a。

```
> a
  array([[0, 1, 2],
         [3, 4, 5]])
```

a 是一個 2×3 的陣列。

```
> b=np.ones((2,3),dtype=int)
```

這是陣列 b。

```
> b
  array([[1, 1, 1],
         [1, 1, 1]])
```

b 也是一個 2×3 的陣列。

```
> a+b
  array([[1, 2, 3],
         [4, 5, 6]])
```

陣列 a 的形狀 (2×3) 和陣列 b 的形狀 (2×3) 完全一樣，所以它們可以直接相加。此時 Numpy 並沒有用到廣播技術。

```
> a+1
  array([[1, 2, 3],
         [4, 5, 6]])
```

將陣列 a 加上 1。因為 1 是 0 維，Numpy 會自動將 0 維的陣列廣播成二維，即內容全是 1 的 2×3 陣列，然後再和陣列 a 相加。

```
> a+np.array([[0,1,3]])
  array([[0, 2, 5],
         [3, 5, 8]])
```

a 是 2×3，現在把它加上 1×3 的陣列。因為軸 1 的大小一樣（都是 3），因此陣列 [[0,1,3]] 會在軸 0 的方向廣播，使其成為 [[0,1,3],[0,1,3]]（2×3 陣列），再與 a 相加。

```
> a+np.array([0,1,3])
  array([[0, 2, 5],
         [3, 5, 8]])
```

[0,1,3] 是一維，Numpy 會自動先加一個軸給它，使它成為 1×3 的二維陣列 [[0,1,3]]，再利用廣播技術和陣列 a 相加，所以我們得到與上式相同的結果。

```
> a+np.array([[1],[4]])
  array([[1, 2, 3],
         [7, 8, 9]])
```

[[1], [4]] 是 2×1 的陣列，a 是 2×3，因此 Numpy 會把 [[1], [4]] 在軸 1 的方向廣播，使其成為 2×3 的陣列，再與陣列 a 相加。

我們簡單的利用下圖來說明在上面的範例中，Numpy 如何利用廣播技術來相加兩個維度不同的陣列：

```
a+np.array([[0,1,3]])

[[0, 1, 2],  + [[0, 1, 3]] = [[0, 1, 2],  + [[0, 1, 3],  = [[0, 2, 5],
 [3, 4, 5]]        |          [3, 4, 5]]     [0, 1, 3]]     [3, 5, 8]]
                   | 廣播                          ^
                   v                               |
              [[0, 1, 3],  ------------------------+
               [0, 1, 3]]
```

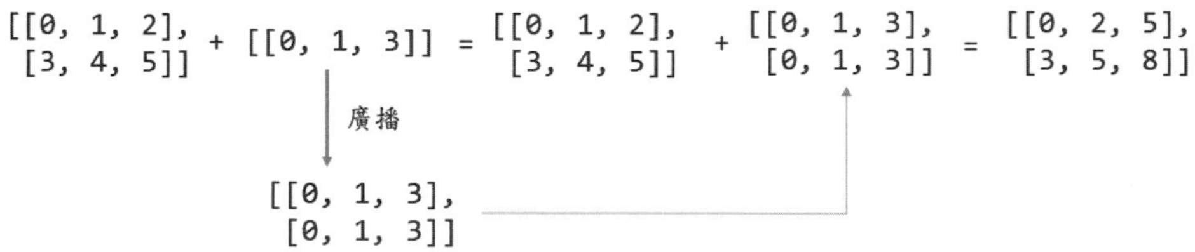

```
a+np.array([[1],[4]])

[[0, 1, 2],  + [[1],  = [[0, 1, 2],  + [[1, 1, 1],  = [[1, 2, 3],
 [3, 4, 5]]     [4]]     [3, 4, 5]]     [4, 4, 4]]     [7, 8, 9]]
                 |                           ^
                 | 廣播                       |
                 v                           |
            [[1, 1, 1],  --------------------+
             [4, 4, 4]]
```

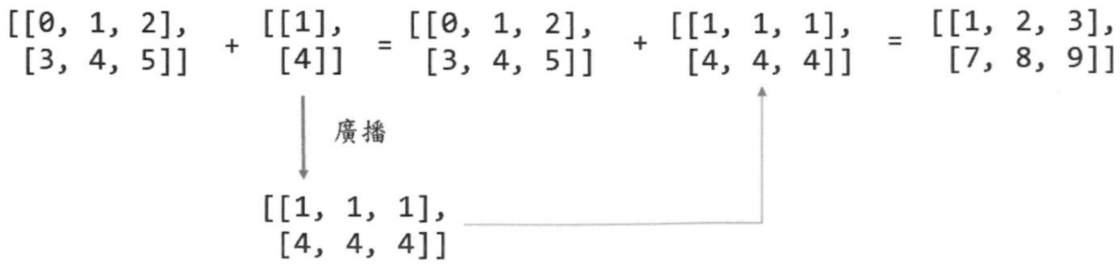

前面的例子是一個陣列在某個軸做廣播，以符合另一個陣列的維度，下面是一個稍微複雜的例子。在這個例子中，兩個二維陣列的每個軸的大小都不一樣，因此每個陣列會各自在一個軸進行廣播，然後再進行運算：


```
> c=np.array([[0],
              [1],
              [2]])
```

c 是一個 3×1 的陣列。我們刻意把 c 裡的元素排成一個直行，如此更容易看出它是 3×1 的陣列。

```
> d=np.array([[3,4,5,6]])
```

d 是一個 1×4 的陣列。注意 c 和 d 都是二維，但兩個軸的長度都不一樣，不過各自都有一個軸的長度是 1。

```
> c+d
  array([[3, 4, 5, 6],
         [4, 5, 6, 7],
         [5, 6, 7, 8]])
```

計算 $c + d$。因為陣列 d 在軸 1 的長度為 4，所以陣列 c 會在軸 1 的方向廣播成 3×4 的陣列。另外，因為陣列 c 在軸 0 的長度為 3，所以陣列 d 會在軸 0 的方向廣播成 3×4 陣列，然後再將兩個廣播後的陣列相加。

在上面的範例中，c 和 d 會在不同的軸被廣播成相同形狀的陣列，然後加總。這個廣播的過程我們以下圖來說明（注意廣播會沿著長度為 1 之軸的方向進行）：

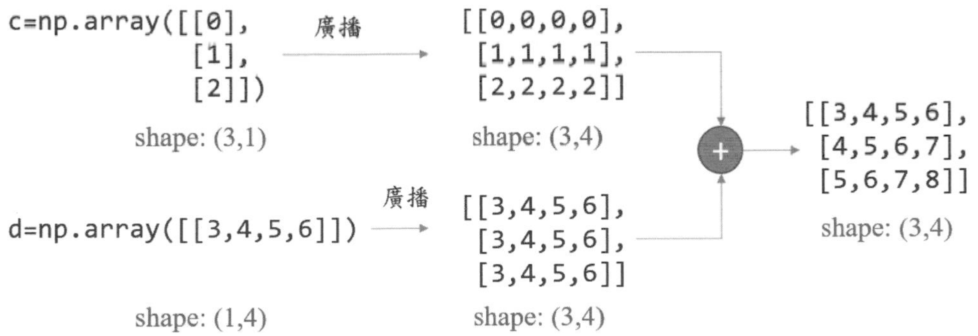

有了上面的概念，將廣播技術應用在三維或以上的陣列的時候就比較好理解了。然而有些時候，我們必須告訴 Numpy 如何對陣列廣播，以符合需要。例如，假設群組 a 有 3 個點，群組 b 有 4 個點，現在想知道 a 裡是哪一個點離 b 裡的哪一個點最近，此時我們就必須計算 a 裡的每一個點到 b 裡每一個點的距離，因此總共需要算 12 次。兩個點 (x_0, y_0) 和 (x_1, y_1) 之間，距離 $dist$ 的計算公式為

$$dist = \sqrt{(x_0 - x_1)^2 + (y_0 - y_1)^2}\,.$$

因為較小的數開根號之後也較小，而且我們只想知道是哪兩個點的距離最近，真實的距離並不關心，因此我們可以簡單的計算兩點之間距離的平方 $(x_0 - x_1)^2 + (y_0 - y_1)^2$，再依此來找出距離最近的兩點即可。假設群組 a 中編號 0、1 和 2 的三個點坐標分別為 (2,3), (4,3) 和 (5,4)，而群組 b 中編號 0~3 的四個點坐標分別為 (3,0), (4,7), (5,2) 和 (6,1)。我們可以把群組 a 和 b 中，點的坐標分別定義成 2×3 的陣列 pa 和 2×4 的陣列 pb：

```
> pa=np.array([[2,4,5],
               [3,3,4]])
```

這是群組 a 所有點的坐標，其中索引為 i 的行代表編號 i 之點的坐標。

```
> pb=np.array([[3,4,5,6],
               [0,7,2,1]])
```

這是群組 b 裡，所有點的坐標，其中索引為 j 的行代表編號 j 之點的坐標。

我們以 3×4 的陣列 s_dist 來儲存兩個群組點和點之間距離的平方（squared distance），其中 $s\_dist[i, j]$ 代表群組 a 中編號 i 的點和群組 b 中編號 j 的點之距離的平方。陣列 s_dist 的計算我們可以很簡單的利用兩個 for 迴圈來完成：

```
> s_dist=np.zeros((3,4),dtype=int)   # 定義陣列 s_dist
  for i in range(3):
      for j in range(4):
          s_dist[i,j]=((pa[:,i]-pb[:,j])**2).sum()  # 計算距離的平方
```

計算好了之後，查詢一下陣列 s_dist 的值，我們可以發現 $s\_dist[1,2]$ 的值最小，代表群組 a 編號 1 的點 (4,3) 和群組 b 編號 2 的點 (5,2) 距離是最短的：

```
> s_dist
  array([[10, 20, 10, 20],
         [10, 16,  2,  8],
         [20, 10,  4, 10]])
```

現在我們已經利用兩個 for 迴圈找出哪兩個點有最短的距離，這是傳統程式語言的計算方式。在 Numpy 中，我們可以利用陣列廣播的特性，使得不用撰寫迴圈，依然可以求出距離平方的陣列 s_dist。

因為 pa 是 2×3 的陣列，而 pb 是 2×4 的陣列，我們最終希望的計算結果是 3×4 的陣列。在 Numpy 中，如果兩個陣列的形狀一樣，則一個陣列中，長度為 1 的軸會向另一個陣列相同的軸廣播，長度相同的軸則不廣播。因此我們可以分別新增一個軸給 pa 和 pb，使得新增的軸的長度為 1，如此就可以在新增的軸上進行廣播了。因此可以利用下圖來規劃整個計算的流程：

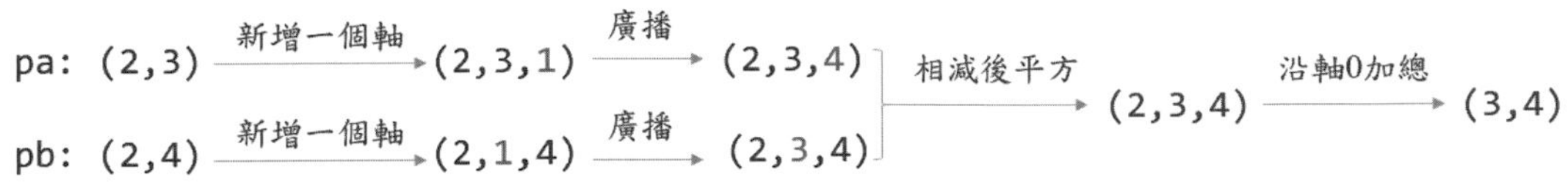

```
pa: (2,3) --新增一個軸--> (2,3,1) --廣播--> (2,3,4) ┐
                                                   ├--相減後平方--> (2,3,4) --沿軸0加總--> (3,4)
pb: (2,4) --新增一個軸--> (2,1,4) --廣播--> (2,3,4) ┘
```

規劃好了之後，撰寫程式起來就容易多了。我們可以發現在整個過程中，在每一個環節去追蹤陣列的形狀是非常重要的。下面的式子是將 pa 和 pb 依上圖廣播之後，將它們相減，然後平方，再沿著軸 0 的方向加總的結果：

```
> d=(pa[:,:,None]-pb[:,None,:])
```

在軸 2 新增一個軸給 pa，在軸 1 新增一個軸給 pb ，然後相減。

```
> d
  array([[[-1, -2, -3, -4],
          [ 1,  0, -1, -2],
          [ 2,  1,  0, -1]],

         [[ 3, -4,  1,  2],
          [ 3, -4,  1,  2],
          [ 4, -3,  2,  3]]])
```

這是兩個陣列在新增一個軸後，相減的結果。我們可以發現在相減之前，Numpy 會自動進行廣播，然後相減。注意相減後的形狀是 (2,3,4)。

```
> np.sum(d**2,axis=0)
  array([[10, 20, 10, 20],
         [10, 16,  2,  8],
         [20, 10,  4, 10]])
```

將相減後的陣列 d 平方後，沿著軸 0 的方向進行加總，我們可以得到和兩個 for 迴圈計算而得的結果完全相同。

將 pa 和 pb 新增一個軸後，再利用廣播的特性來計算每個點之間距離平方的流程，我們以下圖來表示。從這個圖中可以很清楚的理解 Numpy 的廣播是如何運作的：

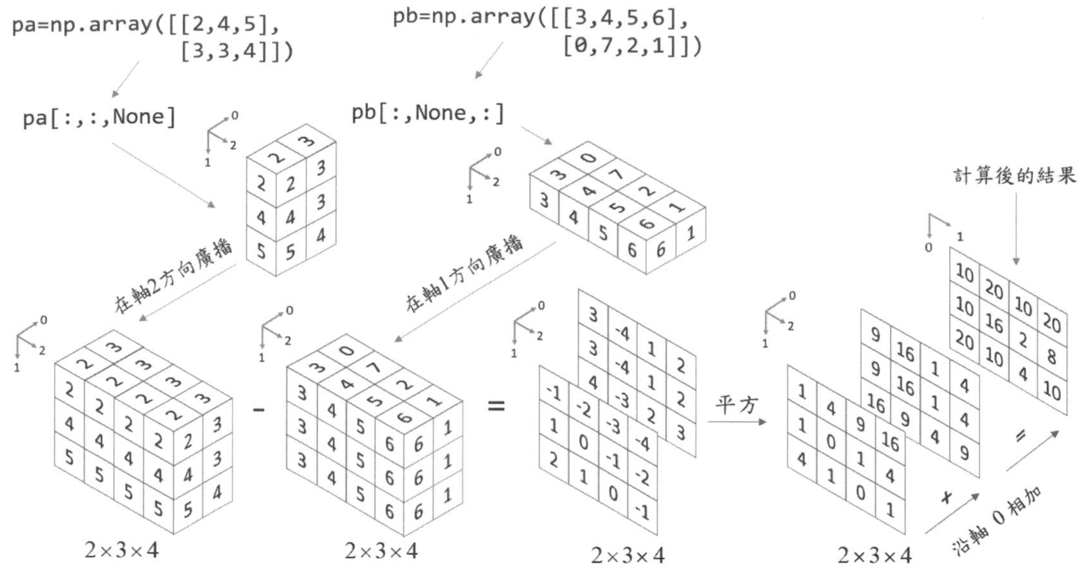

廣播技術帶來最大的好處是運算速度。以上面的例子為例，以 for 迴圈計算距離時必須從陣列裡提取每一個元素再做運算，而廣播則是一次將兩個陣列進行運算，因此在運算時間上相對會快上許多，當 pa 和 pb 裡的點數變多時，廣播技術帶來運算速度的提升更是明顯。下面的實驗簡單的比較這兩者運算速度的區別。首先我們把兩種計算方式寫成函數：

```
> def dist_for(pa,pb):
      r,c=pa.shape[1],pb.shape[1]
      dist=np.zeros((r,c),dtype=int)
      for i in range(r):
          for j in range(c):
              dist[i,j]=((pa[:,i]-pb[:,j])**2).sum()
      return dist
```

```
> def dist_brocast(pa,pb):
      return np.sum((pa[:,:,None]-pb[:,None,:])**2,axis=0)
```

在上面的兩個函數中，dist_for() 是使用 for 迴圈的版本，dist_brocast() 是使用廣播技術的版本。這兩個函數的寫法和之前在計算距離時幾乎一樣，我們就不再介紹它們。不過從程式碼撰寫的角度來看，使用廣播技術的寫法比較簡潔。接下來我們利用魔術指令 %timeit 來估算這兩種寫法在計算 12 個距離時要花費的時間（timeit 是 time it 的連體字，就是計算它要花費多少時間的意思）。下面是在 Colab 裡執行的結果：

```
> %timeit dist_for(pa,pb)
  10000 loops, best of 5: 52.5 µs per loop
```

```
> %timeit dist_brocast(pa,pb)
  100000 loops, best of 5: 8.84 µs per loop
```


在計算 dist_for() 時花了 52.5×10^{-6} 秒，而 dist_brocast() 則花了 8.84×10^{-6}秒，採用廣播計算的運算速度大概快了 6 倍。這僅是計算 pa 和 pb 分別有 3 個和 4 個點的情況。如果 pa 有 400 個點，pb 有 1600 個點，那麼差距可能會來得更大：

```
> pa=np.random.randint(0,10,size=(2,400))

> pb=np.random.randint(0,10,size=(2,1600))

> %timeit dist_for(pa,pb)
  1 loop, best of 5: 2.59 s per loop

> %timeit dist_brocast(pa,pb)
  100 loops, best of 5: 6.66 ms per loop
```

從上面的數據可以看出，dist_for() 花了 2.59 秒，而 dist_brocast() 則花了 6.66×10^{-3} 秒，採用廣播計算的運算速度大概快了 388 倍。由此可知，當我們在 Numpy 裡撰寫迴圈時，可以先規劃一下是否有可能把迴圈以廣播的方式來取代。

10.5 儲存 Numpy 陣列

大型的計算需要耗費掉許多時間，因此有時我們會希望將運算結果（Numpy 陣列）儲存起來，以方便需要時載入。下表列出了有關 Numpy 陣列存取的函數：

. 有關 Numpy 陣列存取的函數

函數	說明
tobytes(*arr*)	將 Numpy 的陣列 *arr* 轉成 bytes 物件
frombuffer(*b_str*)	將 bytes 物件 *b_str* 轉成 Numpy 的陣列
save(*f_name*,*arr*)	將陣列 *arr* 存到檔案 *f_name* 中，格式為 npy

函數	說明
savez(f_name,$v1$=$arr1$,$v2$=$arr2$,...)	將陣列 $arr1$, $arr2$, ... 以名稱 $v1$, $v2$, ... 存到檔案 f_name 中。檔案格式為 npz
load(f_name,allow_pickle=True)	讀取 f_name 所儲存的 Numpy 陣列

Numpy 的 save() 一次可以儲存一個陣列（檔案格式為 npy 檔），而 savez() 則可以存儲多個陣列（檔案格式為 npz 檔）。這兩個函數可儲存任何型別的 Numpy 陣列。不過由於版本的關係，如果陣列的型別是 object 的話，則要加上一個 allow_pickle=True 的選項，否則會有錯誤的訊息發生。

```
> import pickle
```

載入 pickle 模組。這個模組我們在檔案處理那章曾介紹過。

```
> arr=np.array([1,2,3])
```

這是一個 Numpy 的陣列。

```
> z=pickle.dumps(arr)
```

利用 pickle 模組的 dumps() 函數將 *arr* 轉成 bytes 物件，並設給變數 *z* 存放。

```
> pickle.loads(z)
  array([1, 2, 3])
```

利用 loads() 函數，我們可以讀取 bytes 物件的內容。

```
> len(z)
  177
```

查詢 *z* 的長度，我們發現 dumps() 函數用了 177 個位元組來記錄陣列 *arr*（Windows 版本的 Jupyter lab 為 159）。用這麼多個位元組來記錄僅有 3 個元素的小陣列顯然不太經濟。

```
> z2=arr.tobytes()
```

利用陣列的 tobytes() 方法將 *arr* 轉換成 bytes 物件。

```
> len(z2)
  24
```

查詢 *z2* 的長度，得到 24（Jupyter lab 為 12）。顯然 tobytes() 對於 Numpy 陣列的轉換會比 dumps() 來的有效率。

```
> np.frombuffer(z2,dtype=int)
  array([1, 2, 3])
```

利用 frombuffer() 函數，我們可以讀取存於 *z2* 的內容（記得要指明陣列的型別）。

```
> z3=arr.astype(float).tobytes()
```

將 *arr* 轉成浮點數之後，再轉成 bytes 物件。

```
> np.frombuffer(z3)
  array([1., 2., 3.])
```

讀取 *z3*，我們可以得到寫入的浮點數陣列。

```
> len(z3)
  24
```

三個元素的浮點數陣列轉成的 bytes 物件佔了 24 個位元組。

```
> np.save('test',arr)
```

將陣列 *arr* 寫入 test.npy 檔案中。注意 save() 函數會自動幫我們加上 npy 這個副檔名。

```
> np.load('test.npy')
  array([1, 2, 3])
```

讀取 test.npy，我們可以得到存入 test.npy 的陣列。

```
> arr2=np.array(['Python'],
                dtype=object)
```

這是型別為 object 的陣列 *arr2*。

```
> np.save('test2',arr2)
```

將 *arr2* 寫入 test2.npy 中。

```
> np.load('test2.npy',
          allow_pickle=True)
  array(['Python'], dtype=object)
```

test2.npy 是 object 型別的陣列，因此我們要加上 allow_pickle=True 選項來讀取它。

save() 一次只能寫入一個陣列。如果要寫入多個陣列在同一個檔案中，可以改用 savez() 函數。savez() 可以指定陣列的名稱來寫入，將來可以利用這些名稱來提取特定的陣列。

```
> age=np.array([21,20,20])
```

這是一個 *age* 陣列。

```
> height=np.array([172,183,176])
```

這是一個 *height* 陣列。

```
> np.savez('example',
           age_v=age,height_v=height)
```

將 *age* 和 *height* 寫入 example 中，並分別指定將來要讀取的變數名稱為 *age_v* 和 *height_v*。注意 savez() 建立的檔案其副檔名為 npz。

```
> npz_file=np.load('example.npz')
```

讀取 example.npz，並將結果設定給變數 *npz_file* 存放。

```
> npz_file['age_v']
  array([21, 20, 20])
```

提取變數 *age_v* 的內容。這種提取方式很像是在 Python 的字典中，由某個鍵來提取值一樣。

```
> npz_file['height_v']
  array([172, 183, 176])
```

提取變數 *height_v* 的內容。

第十章 習題

10.1 基本運算

1. 設 a=np.array([67.4, 76.1, 73.7, 84.9])，試依序完成下列各題：

    (a) 將 a 裡的每個元素開根號。

    (b) 取出 a 中的小數部分。

    (c) 取出 a 的元素中，整數部分是偶數的元素（本例應提取出 76.1 和 84.9）。

    (d) 取出 a 的元素中，最小之數的索引。

    (e) 提取陣列 a 中，大於 70 的數，並將它們平均。

2. 設 $a=\begin{pmatrix} 5 & 12 & 8 & 14 \\ 6 & 1 & 8 & 14 \\ 21 & 17 & 3 & 0 \end{pmatrix}$，試依序作答下列各題：

    (a) 計算 a 的平均值，並設之為 m。

    (b) 提取 a 中，大於 m 之元素，並將它們平均。

    (c) 提取 a 中，小於等於 m 之元素，並將它們平均。

    (d) 建立一個陣列 b，形狀與 a 相同，且如果 a 裡的元素值大於 m 的話，陣列 b 裡相對應的元素值就為 1，否則 b 的元素值就為 0。

3. 設 $a=\begin{pmatrix} 12 & 10 & 0 & 9 & 12 \\ 3 & 17 & 18 & -3 & 3 \\ 0 & 7 & 8 & 5 & 0 \end{pmatrix}$，試依序作答下列各題：

    (a) 找出 a 中，每一個橫列的最大值。

    (b) 找出 a 中，每一個直行的最小值的索引。

    (c) 將陣列 a 的每一個橫列加總。

(d) 將陣列 a 的每一個直行平均。

(e) 找出陣列 a 的元素值為 0 之列和行的索引。

(f) 找出陣列 a 的元素中，大於 0 之元素的總和。

(g) 找出陣列 a 的最大值之列和行的索引。

(h) 提取陣列 a 中，元素值不包含 0 的直行。

(i) 陣列 a 中有兩個直行的元素都相同，試去掉其中一個直行。

(j) 從 a 中分別提取不包含元素 5 的橫列和直行。

(k) 找出陣列 a 中，絕對值為 3 之元素的個數。

4. 若 a 為一個 6×4 的陣列，試回答下列問題：

(a) 在 a 中，如果一維索引為分別為 7, 9, 14，則在陣列 a 中，列和行的索引為何？

(b) 若元素的列和行的索引分別為 [0,3,4,2] 和 [1,3,2,0]，則這些元素的一維索引分別為何？

5. 設 $a = \begin{pmatrix} 0 & 1 & 2 & 3 & 4 \\ 2 & 3 & 4 & 0 & 1 \\ 4 & 0 & 1 & 2 & 3 \\ 1 & 2 & 3 & 4 & 0 \\ 3 & 4 & 0 & 1 & 2 \end{pmatrix}$，如果把列和行的索引看成是坐標 (r, c)，試作答下列各題：

(a) 試找出離坐標 (2,2) 最近，且元素值為 4 的坐標（答案為 (1,2)）。

(b) 試找出離坐標 (4,3) 最近，且元素值為 0 的坐標（答案為 (4,2)）。

(c) 試找出離坐標 (4,0) 最近，且元素值為 2 的坐標（答案為 (3,1)）。

(d) 找出相距最遠的兩個 4 的坐標（答案應為 (0,4) 和 (4,1)）。

(e) 找出陣列 a 中，值為 0 的元素共有幾個。

6. 試設計一函數 prime_list(n)，可以找出小於 n 的所有質數。

7. 試以下面的方程式定義函數 find_pi(n)，用來計算 π 的近似值，並計算當 $n = 2$ 和 $n = 10$ 時，π 的近似值為多少：

$$\pi = \sum_{k=0}^{n} \frac{1}{16^k} \left(\frac{4}{8k+1} - \frac{2}{8k+4} - \frac{1}{8k+5} - \frac{1}{8k+6} \right)$$

10.2 資料的排序

8. 設 $a = (12, 7, 23, 76, 23, 77, 54, 33, 98)$，試取出 a 裡的偶數，然後將它們從小到大排序。

9. 設有 5 個點的坐標，分別為 (6,4), (7,1), (7,4), (3,8), (6,9)。試計算這 5 個點離原點的距離，並依距離來排序這 5 個點（從小排到大）。

10. 設 $a = \begin{pmatrix} 5 & 16 & 12 & 1 \\ 6 & 11 & 18 & 13 \\ 2 & 7 & 3 & 8 \end{pmatrix}$，試依序作答下列各題：

    (a) 將 a 裡的元素從小排到大，排成一個一維陣列。

    (b) 將 a 裡的元素在軸 1（水平）的方向由小到大排序。

    (c) 將陣列 a 的每一列依該列的第一個元素值由小到大排序。排序完的陣列應如下所示：

    $$\begin{pmatrix} 2 & 7 & 3 & 8 \\ 5 & 16 & 12 & 1 \\ 6 & 11 & 18 & 13 \end{pmatrix}$$

10.3 數學矩陣的相關運算

11. 試求解下列的方程式：

    (a) $\begin{pmatrix} -1 & 2 \\ 1 & 6 \end{pmatrix}\begin{pmatrix} x_1 \\ x_2 \end{pmatrix} = \begin{pmatrix} 4 \\ 0 \end{pmatrix}$

    (b) $\begin{pmatrix} 3 & 2 & 4 \\ 5 & 7 & 3 \\ 1 & 6 & 0 \end{pmatrix}\begin{pmatrix} x_1 \\ x_2 \\ x_3 \end{pmatrix} = \begin{pmatrix} -6 \\ 2 \\ 1 \end{pmatrix}$

    (c) $\begin{pmatrix} 0 & 2 & -2 \\ 7 & 4 & 3 \\ 8 & -4 & -5 \end{pmatrix}\begin{pmatrix} x_1 \\ x_2 \\ x_3 \end{pmatrix} = \begin{pmatrix} 17 \\ 12 \\ 16 \end{pmatrix}$

12. 試求下列方程式的最小平方解以及殘差：

    (a) $\begin{pmatrix} 1 & 2 \\ 1 & 2 \\ 1 & 3 \end{pmatrix} \begin{pmatrix} x_1 \\ x_2 \end{pmatrix} = \begin{pmatrix} 0 \\ 1 \\ 3 \end{pmatrix}$

    (b) $\begin{pmatrix} 2 & 1 \\ 1 & 2 \\ 1 & 1 \end{pmatrix} \begin{pmatrix} x_1 \\ x_2 \end{pmatrix} = \begin{pmatrix} 2 \\ 0 \\ -3 \end{pmatrix}$

10.4 廣播運算

13. 設 $a = (78, 22, 65, 87, 12, 98, 63, 79)$ 且 $x = 57$，試在 a 中找出離 x 最近的數（請寫兩個版本，一個使用 for 迴圈，另一個不要使用 for 迴圈）。

14. 設 c 是由 0 到 255 之間的整數亂數所組成的陣列，形狀為 (3,10)，陣列的每一個直行代表紅、綠藍三個顏色。現有一個顏色 $a = (37, 65, 182)$，試找出 c 中，與 a 最相近的顏色（即距離為最短）。

15. 設陣列 a 和 b 的每個直行代表三維空間中，每一個點的坐標，其內容如下（ a 有 7 個點，b 有 4 個點）：

$$a = \begin{pmatrix} 3 & 4 & 8 & 3 & 8 & 9 & 7 \\ 8 & 3 & 5 & 0 & 3 & 2 & 3 \\ 9 & 2 & 4 & 4 & 3 & 6 & 2 \end{pmatrix}，b = \begin{pmatrix} 8 & 7 & 3 & 1 \\ 5 & 4 & 4 & 2 \\ 4 & 9 & 0 & 6 \end{pmatrix}$$

(a) 試建立一個 7×4 的距離平方表 D（squared distance），其中 $D[i, j]$ 代表 a 裡行索引為 i 的點到 b 裡行索引為 j 的點之距離的平方。請利用 for 迴圈撰寫。

(b) 同習題 (a)，但請利用 Numpy 的廣播來撰寫。

(c) 同習題 (b)，但是距離平方表 D 為一個 4×7 的陣列，其中 $D[i, j]$ 代表為 b 裡行索引為 i 的點到 a 裡行索引為 j 的點之距離的平方。

16. 設一個 4×5 的陣列 R 在索引為 (r, c) 的位置之值為 $2r + c$，即 $R[r, c] = 2r + c$。陣列 R 的內容如下：

$$R = \begin{pmatrix} 0 & 1 & 2 & 3 & 4 \\ 2 & 3 & 4 & 5 & 6 \\ 4 & 5 & 6 & 7 & 8 \\ 6 & 7 & 8 & 9 & 10 \end{pmatrix}$$

(a) 試以 for 迴圈建立陣列 R（可能需要兩個 for 迴圈）。

(b) 試以串列生成式來建立陣列 R。

(c) 試以 Numpy 的廣播運算來建立 R。

10.5 儲存 Numpy 陣列

17. 設 a=np.array([1,4,5,7,8])，試依序作答下列各題：

(a) 試將 a 利用 tobytes() 轉成 bytes 物件，並將結果設定給變數 z。

(b) 利用 frombuffer() 讀取變數 z 的內容，並驗證結果是否與 a 相同。

(c) 將陣列 a 的內容利用 save() 存成 example.npy，然後以 load() 讀取檔案 example.npy，驗證看看是否能取回 a 的內容。

18. 設 a、b 和 c 為下面 3 個陣列，並依序作答接續的問題：

$$a = \begin{pmatrix} 0 & 2 \\ 1 & 6 \end{pmatrix}, \quad b = \begin{pmatrix} 7 \\ 2 \\ 1 \end{pmatrix}, \quad c = \begin{pmatrix} 0 & 2 & 0 \\ 6 & 4 & 2 \\ 8 & 3 & 4 \end{pmatrix}$$

(a) 分別將陣列 a、b 和 c 利用 savez() 存到檔案 variables.npz 中，變數的名稱分別使用 ar、br 和 cr。

(b) 讀取 variables.npz，並從中提取出變數 ar、 br 和 cr的內容。

11
Chapter

使用 Matplotlib 繪圖套件

Matplotlib（Matrix plotting library）是專門用來繪製圖形的套件。搭配 Numpy 的數值運算，Matplotlib 可以繪製非常精美的圖形，其中包含了二維與三維的函數圖、極坐標繪圖、統計圖、等高線圖，或者是動畫等等。這些繪圖函數提供了相當豐富的選項，方便我們針對圖形進行調整，以符合所需。本章將從基本的繪圖元件開始介紹，引導讀者熟悉 Matlibplot 的繪圖語法，進而可以繪製出自己想要的圖形。

1. Matplotlib 繪圖的基本認識
2. 二維繪圖
3. 統計繪圖
4. 等高線圖與三維繪圖
5. 動畫的製作

11.1 Matplotlib 繪圖的基本認識

Colab 已經提供了 Matplotlib 套件，如果您是使用 Jupyter lab，其安裝的方式和 Numpy 一樣，請在 Jupyter lab 的輸入區內鍵入

```
pip install matplotlib
```

即可進行安裝。安裝好後，我們就可以使用 Matplotlib 套件來繪圖了。在 matplotlib 裡有非常多的模組，我們常用的模組是 pyplot（Python plot），一般會把它縮寫成 plt（plot）。和 Numpy 模組一樣，記得在繪圖前先把 pyplot 模組載入：

```
import matplotlib.pyplot as plt
```

Matplotlib 提供多種語法來繪製一張圖。雖然很有彈性，但也增加了學習的困難，因為這些語法都很類似，容易混淆一些繪圖函數的用法。不過如果釐清 Matplotlib 的繪圖元件之後，學習起來就容易得多，因此本節先從認識 Matplotlib 的繪圖元件開始介紹。

11.1.1 繪圖元件的介紹

假設要繪製一張數學函數圖，我們可以把 Matplotlib 的繪圖步驟想像成必須先為這張圖準備一個畫布（Figure ①），然後在這張畫布上添加一個 x-y 的坐標系統（Axes ②），我們可以把坐標系統理解為一個繪圖區，然後就可以開始在這個繪圖區裡繪製線條（Line ③）或資料點（Markers ④）。畫好之後，我們可能會想增加圖的標題（Title ⑤），加上 x 軸和 y 軸的標籤（Label ⑥⑦），這樣我們就初步完成一張函數圖了。

另外，我們可能會想把另一個函數的圖形添加到同一個坐標系統裡，並採用不同的顏色來區分，因此就需要有圖例（Legend ⑧）來表示兩個函數，同時我們也希望在圖形裡加上網格線（Grid ⑨），並細部指定坐標軸線（Spline ⑩）的位置，軸線的刻度（Ticks ⑪）和刻度的標籤（Tick label ⑫）要如何安排，最後再把圖形輸出。上面所述的繪圖流程應該非常的直覺，我們在 Matplotlib 裡，也是依此思路來繪製一張圖的。

下圖是一張經典的 Matplotlib 圖形元件的解說圖（Anatomy），它取自 Matplotlib 的官網，我們特意在元件的旁邊加上數字編號，以方便和上面的文字對照。這些元件的英文名稱相對重要，因為在設定元件的選項時，就是以它們的名稱來設定元件的屬性的。

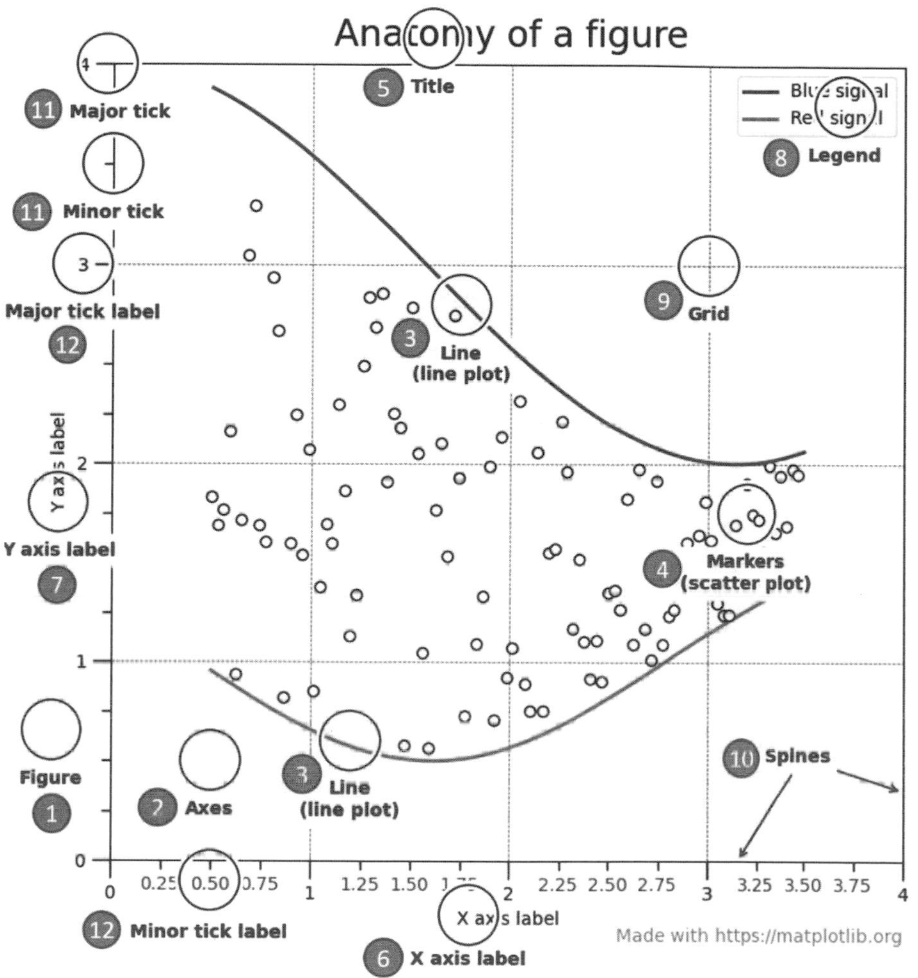

https://matplotlib.org/stable/gallery/showcase/anatomy.html

在繪圖之前，我們會先決定要把多少張圖畫在一張畫布上。畫在畫布上的圖稱為子圖（Subplot），一般而言，每個子圖會被一個坐標系統佔滿，因此我們也可以把一張子圖想像成是一個坐標系統。不同的子圖可以有不同的坐標系統（如二維直角坐標、極坐標或三維直角坐標）。子圖於畫布上是呈 m 列 n 行的排列，也就是形成 $m \times n$ 的子圖陣列。下面的圖是將子圖分別排成 1×1、2×1、1×2 和 2×3 的例子。

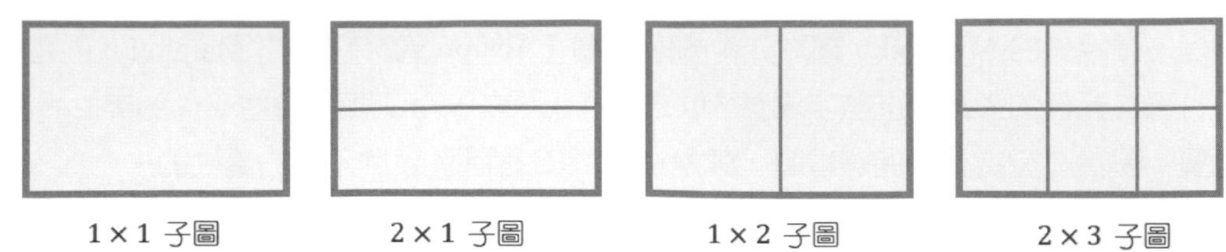

要畫一張圖，我們必須先建立一個畫布（Figure）物件 fig，然後在畫布裡添加子圖。添加子圖可利用 fig.add_subplot() 或 plt.subplots() 函數來完成。下表整理了本節使用到的繪圖函數。

· 添加子圖的函數與其它常用的函數

函數	說明
fig=figure(figsize=(w,h))	建立一個畫布 fig，寬為 w，高為 h 個單位
ax_i=fig.add_subplot(r,c,i)	配置 $r \times c$ 個子圖到 fig，並傳回編號 i 的子圖
fig, ax=subplots(r,c)	建立畫布 fig，並添加 $r \times c$ 個子圖 ax 到 fig 中
plot(x,y)	以 x 為橫坐標，y 為縱坐標繪製曲線圖
savefig($fname$)	將繪圖存到檔名為 $fname$ 的圖檔中
show()	顯示繪圖

上表中，plot() 函數是 matplotlib 套件裡最常用的一個函數，它本身提供了相當多的選項，其中最常用的選項應該是顏色、線條形狀和資料點的符號了。這三個選項可以用 3 或 4 個字元的字串來表達，這些字元的含義如下：

. plot() 顏色、線條和資料點選項

字元	顏色	字元	資料點形狀	字元	線條樣式
r	紅色 (red)	.	點	-	實線
g	綠色 (green)	o	圓	--	虛線
b	藍色 (blue)	^	三角形	-.	點實線
c	青色 (cyan)	s	正方形	:	點虛線
m	洋紅 (magenta)	d	菱形		
y	黃色 (yellow)	+	加號		

字元	顏色	字元	資料點形狀	字元	線條樣式
k	黑色 (black)	x	交叉		
w	白色 (white)	*	星號		

選項的前後順序無所謂，也可以只挑選其中一個或兩個選項。例如，'r.-' 代表線條是紅色實線、資料點為圓形；'*k-.' 代表線條是黑色點實線、資料點以星號表示。

11.1.2 利用 add_subplot() 繪圖

這一小節我們先介紹利用 add_subplot() 來添加子圖。因為這個函數必須利用畫布物件 fig 呼叫，因此必須先建立畫布 fig，然後利用 fig.add_subplot() 在畫布上添加子圖。我們以一個簡單的範例來說明如何使用 add_subplot() 函數。

假設想繪製 $y=x^2,\ -2 \le x \le 2$ 的圖形。在繪製 $y=x^2$ 這個圖形之前，我們先利用 Numpy 來產生數據。所有資料點的 x 坐標可以利用 np.linspace() 來產生，然後將所有點的 x 坐標平方，就得到所有點的 y 坐標了：

```
> x=np.linspace(-2,2,32)
```

建立一筆從 −2 到 2 的資料，共 32 個點，並設定給陣列 x 存放。

```
> y=x**2
```

將陣列 x 裡的每一個元素都平方，然後設定給陣列 y 存放。

接下來要開始繪製函數的圖形了。因為在 Colab 或 Jupyter lab 中，繪圖的程式碼必須寫在同一個 cell（輸入區）裡才能順利繪圖，因此後續的繪圖語法我們會把它們寫在一起，並附上行號以方便解說。在這個範例中，畫布裡只需要一個子圖，因此程式碼較為簡單：

```
# 利用 add_subplot() 繪製一個圖形
fig=plt.figure()
ax=fig.add_subplot()   # 沒有給任何參數，代表添加一個子圖
ax.plot(x, y, 'r')
plt.show()
```

在這個範例中，第 2 行利用 figure() 建立一張畫布 fig，第 3 行利用 add_subplot() 添加了一個子圖 ax 到畫布 fig 中。因為一個子圖就是一個坐標系統，所以我們把子圖命名為 ax（Axes 的縮寫）。add_subplot() 中沒有任何引數，代表整個畫布就只有一個子圖。add_subplot() 建立的子圖預設是直角坐標系統（稍後會介紹如何更改坐標系統）。第 4 行繪出了 $y = x^2$ 的圖形。第 5 行的 plt.show() 則是將所繪的圖形顯示出來。在 Colab 或 Jupyter lab 中，不需寫上 plt.show() 也可以顯示，但是在其它的 Python 編譯環境還是需要利用 plt.show() 將圖形顯示出來。下圖為本例繪圖的輸出：

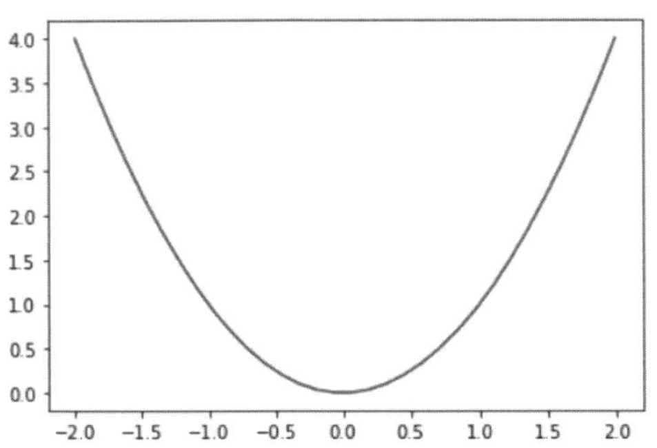

❖

我們也可以利用 add_subplot() 函數添加子圖到畫布，並以 3 個參數來指明子圖的排列方式，以及要添加的子圖。例如，add_subplot(2,3,1) 代表畫布將配置 2 × 3 個子圖，且目前要添加編號 1（左上角）的子圖在畫布上。注意子圖的編號是從 1 開始（不是從 0），按由左而右，由上而下的順序來編排。下面是在畫布裡配置 1 × 2 個子圖，並於每一個子圖上繪圖的範例：

```
# 利用 add_subplot() 同時繪製兩個圖形
x=np.linspace(0,2*np.pi,128)
fig=plt.figure(figsize=(12,4)) # 設定畫布的寬和高
ax1=fig.add_subplot(1,2,1)      # 建立 1 × 2 的繪圖區，並取得編號 1 的子圖
ax1.plot(x, np.sin(x), 'r')
ax1.set_title('y=sin(x)')

ax2=fig.add_subplot(1,2,2)      # 取得畫布fig中，編號 2 的子圖
ax2.plot(x, np.cos(x), 'b')
ax2.set_title('y=cos(x)')
plt.show()
```

這個範例第 3 行呼叫 figure() 建立一個畫布 fig，並設定畫布的大小（figsize，figure size 的縮寫）寬為 12，高為 4 個單位。第 4 行指定 fig 要配置 1×2 個子圖，並取得編號 1 的子圖。第 5 行則以紅色（red）畫出了 $y=\sin(x)$ 的圖形，並在第 6 行加上子圖的標題。第 8 行取得畫布 fig 中，編號 2 的子圖，並於第 9 行在這個子圖內裡以藍色（blue）線條畫出 $y=\cos(x)$ 的圖形，然後在第 10 行加上標題。

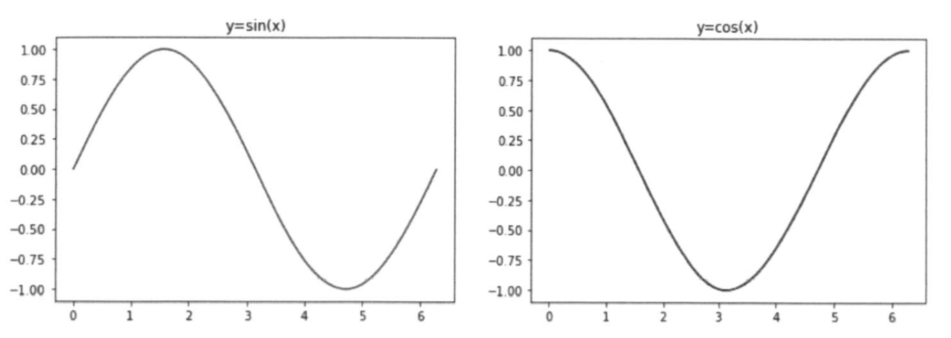

注意在添加子圖時，我們可以使用三個參數，或是一個三位數的整數來指明是幾列幾行的繪圖區，以及目前要繪製的繪圖區。例如

```
fig.add_subplot(1,2,1)
```

和

```
fig.add_subplot(121)
```

兩者語法是一樣的，第一種寫法方便我們在迴圈裡指明要畫哪一張圖，而第二種寫法則方便我們一般的輸入。也許是因為第二種寫法的關係，使得子圖編號必須從 1 開始。否則由 0 開始的三位數整數（例如 021）會被 Python 解讀成只有兩個位數的整數（21）。

11.1.3 利用 subplots() 繪圖

除了利用 add_subplot() 來繪圖之外，我們也可以利用 subplots() 來完成相同的工作。注意 add_subplot() 是由畫布物件 fig 呼叫，而 subplots() 則是呼叫了 plt 模組裡的 subplots() 函數。subplots() 可同時傳回一張畫布和多個子圖（所以 subplots() 後面接了一個 s，而 add_subplot() 一次只傳回一個子圖，所以後面不接 s）。如果需要 n 個子圖，則利用 subplots() 會比 add_subplot() 少寫 n 行的程式碼，因此子圖較多時採用 subplots() 繪圖會比較方便。下面是利用 subplots() 繪製 $y=\sin(x)\cos(2x)$ 的範例：

```
01 # 利用 plt.subplot() 繪製 y = sin(x) cos(2x) 的圖形
02 x=np.linspace(0,2*np.pi,128)
03 fig,ax=plt.subplots()    # 同時建立一個畫布和一個子圖
04 ax.plot(x, np.sin(x)*np.cos(2*x), 'r')
05 plt.show()
```

在這個範例中，第 3 行利用 plt 呼叫 subplots() 函數，它可同時傳回畫布 fig 和一個子圖 ax（subplots() 沒有指定要建立幾乘幾的子圖，因此預設就一個）。第 4 行則在子圖 ax 裡利用 plot() 繪出函數的圖形。和前兩個例子相比，plt.subplots() 可以同時建立畫布和子圖，因此可以少寫一行程式。

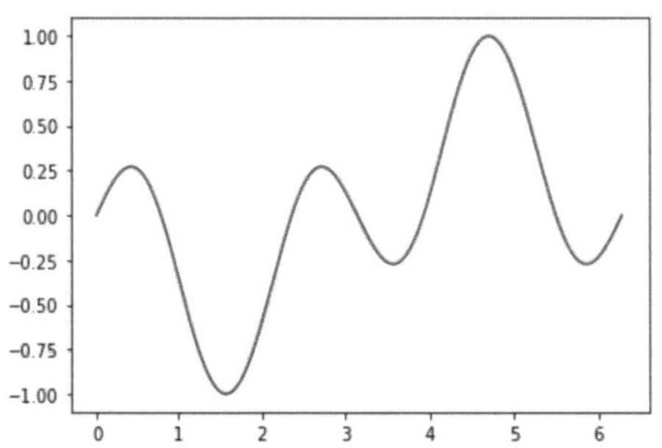

❖

下面是利用 subplots() 繪製 6 個 $y = \sin(x)\cos(x)^2$ 函數圖形的範例。我們把它們它排成 2 列 3 行的子圖，每個子圖以不同顏色、線條和標記符號來顯示：

```
01 # 利用 plt.subplot() 繪製一個 2×3 的圖形
02 x=np.linspace(0,2*np.pi,64)
03 y=np.sin(x)*np.cos(x)**2
04 fig,ax=plt.subplots(2,3,figsize=(12,6))
05 ax[0,0].plot(x,y)
06 ax[0,1].plot(x,y,'ro-')
07 ax[0,2].plot(x,y,'xk')
08 ax[1,0].plot(x,y,'g^:')
09 ax[1,1].plot(x,y,'o')
10 ax[1,2].plot(x,y,'ms')
11 plt.show()
```

在本例中，第 4 行建立了 2×3 的子圖，並指定畫布 fig 寬為 12，高為 6。因為 subplots() 中指明子圖有 2 列 3 行，因此 ax 會是一個 2×3 的子圖陣列。5 到 10 行則分別在每一個

子圖上以不同的選項來繪出函數的圖形，其中 $ax[0,0]$ 是以預設值來繪製，其餘的圖則是以一個字串參數來指定要如何呈現函數圖形的顏色、線條形狀和資料點符號。字串參數裡每個字元的意義可以參考 11.1.1 節的附表。注意每個字元的位置可以互換或省略。例如 'ro-' 和 '-or' 一樣都是繪出紅色、實線，資料點為圓形的線條。

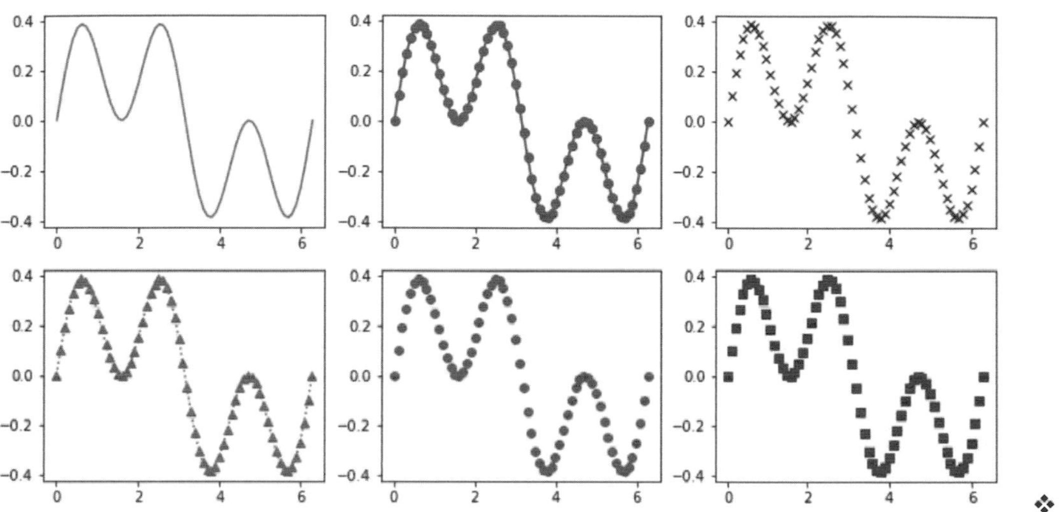

11.1.4 簡易的繪圖指令

在許多場合，如果只是要簡單的畫個函數圖形，我們可以直接以 plt.plot() 函數來繪圖，如此就可以不必建立畫布和子圖。不過如果畫布裡想要有兩個或以上的子圖，或是想加入比較複雜的選項，建議還是採用 add_subplot() 或 subplots() 函數。下面的範例是利用 plt.plot() 來繪出 $y = x^3 - 4x^2 + 6$ 的範例。

```
01  # 利用 plt.plot() 繪製一個3次多項式的圖形
02  x=np.linspace(-2,5,32)
03  y=x**3-4*x**2+6
04  plt.plot(x,y)                # 直接以plt.plot()繪圖
05  plt.title('Cubic poly')      # 加上圖形的標題
06  plt.show()
```

於本例中，第 4 行直接呼叫 plt 裡的 plot() 函數來繪圖，並於第 5 行為圖形加上標題 'Cubic poly'。您可以注意到這個語法可以在不建立畫布和子圖的情況下繪圖。繪出的圖形如下：

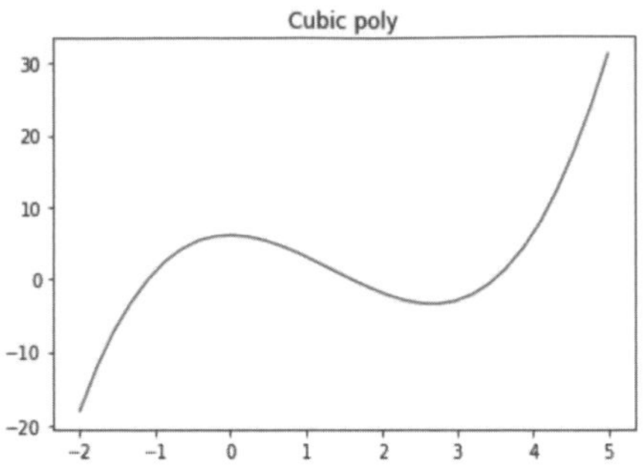

❖

plot() 函數也可以同時繪製兩個函數在同一張圖。下面的範例是將 $\sin(x)$ 和 $\cos(x)$的圖形一起繪於同一張圖（第 3 行），同時為圖形添加 x 和 y 軸的標籤：

```
01 # 利用 plt.plot() 同時繪製兩個函數的圖形
02 x=np.linspace(0,2*np.pi,48)
03 plt.plot(x,np.sin(x),'r-',x,np.cos(x),'b.')  # 同時繪製兩個函數圖形
04 plt.xlabel('x-axix')   # x 軸標籤
05 plt.ylabel('y-axix')   # y 軸標籤
06 plt.show()
```

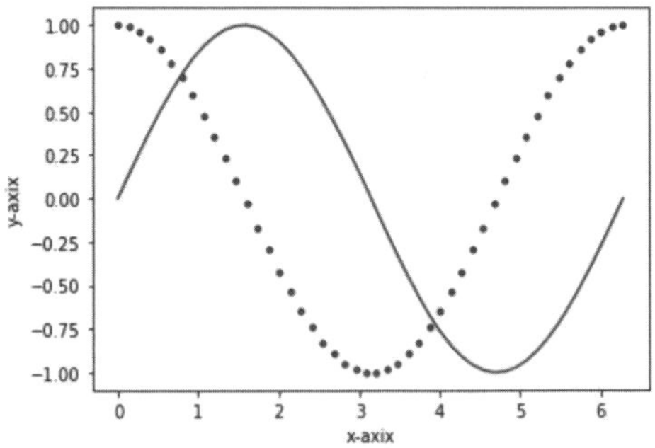

注意在本例中如果把第 3 行拆成下面兩行，我們也可以得到相同的結果。有興趣的讀者可以試試：

```
plt.plot(x,np.sin(x),'r-')
plt.plot(x,np.cos(x),'b.')
```

Matplotlib 也為簡易繪圖提供了一些函數，用以修飾函數的圖形，例如前兩例提到的 plt.title() 和 plt.xlabel() 即是。限於篇幅的關係，這個部分本書不再介紹，有興趣的讀者可以查詢網路上相關的資源。 ❖

11.1.5 儲存繪製的圖形

如果想把繪製的圖形儲存成圖檔，可以利用 savefig() 函數。savefig() 可以將圖形存成多種格式，如 jpg、png、bmp 或是 tif 等。有趣的是，有些格式支援透明的通道（如 png），此時我們就可以指定圖形的背景是否透明（預設不透明）。

下面的範例繪出了 $y = \sin(x)\, e^{-0.2x}$ 的圖形，並加入了一些選項，使得圖形看起來更加美觀，這些選項在後面的小節裡會再度提到。注意 savefig() 函數一定要在 plt.show() 函數之前呼叫，否則會得到一張空白的圖，因為 show() 會把當前的畫布清空。

```
01 # 利用 plt.savefig() 儲存繪製的圖形
02 x=np.linspace(0,6*np.pi,120)
03 y=np.sin(x)*np.exp(-0.2*x)
04
05 fig=plt.figure(figsize=(8,6))
06 ax=fig.add_subplot()
07 ax.plot(x,y,linewidth=3)      # 指定線條寬度為3個點
08 ax.grid()      # 加上網格線
09 plt.savefig("function_plot.png", dpi=300, transparent=True)
10 plt.show()     # 注意這一行要放在plt.savefig()的後面
```

在上面的範例中，前 6 行程式碼我們都很熟悉了。第 7 行是利用 plot() 繪出函數圖，並設定線條的寬度為 3。第 8 行是在圖形裡畫上網格線，第 9 行則是將繪出來的圖形存到檔案 function_plot.png 裡，解析度設定為 300 dip，並設定圖形的背景為透明。執行完這個範例，我們應該可以看到如下面的圖形，同時在工作目錄裡也可以看到 function_plot.png 這個檔案。如果把這個檔案貼到 power point 或是其它修圖軟體裡，我們可以看到圖形的背景呈現透明的效果：

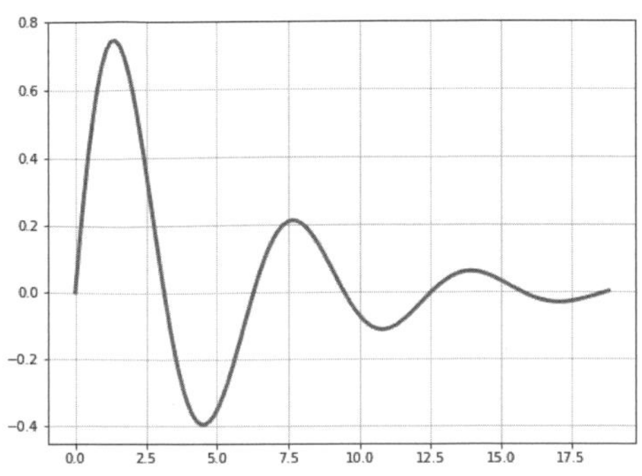

11.2 二維繪圖的修飾

上一節已經介紹了如何建立畫布、添加子圖，並利用 plot() 繪出一張函數圖。我們也學會了如何對圖形做一些簡單的修飾，如加入圖名、坐標軸名稱，或是改變線條顏色或標記符號等。在本節中，我們將介紹一些二維繪圖的修飾方法，使得繪出來的圖形更符合所需。

11.2.1 繪圖內容的修飾

有些時候，我們需要在圖形內加上坐標軸名稱、網格線和圖例，或是為畫布添加標題等。在 Matplotlib 裡，只要簡單的使用幾個函數，就可以達成這些修飾。下圖列出了本節使用到的相關函數。

・修飾繪圖內容的函數

函數	說明
suptitle(*title*)	添加畫布的標題為 *title*，並可指定字型與字體等
annotate(*txt*,xy=(x,y),*pos*)	於位置 *pos* 加上註解 *txt*，註解箭頭起點為 (x,y)
text(x,y,*txt*)	於位置 (x,y) 之處加上文字 *txt*
grid()	參數設定 True 則繪製網格線，False 則不繪製
tight_layout()	將畫布中的子圖緊密排列（可避免刻度重疊）
set_xlabel(*xlabel*)	設定 x 軸的標籤為 *xlabel*
set_ylabel(*ylabel*)	設定 y 軸的標籤為 *ylabel*
set_zlabel(*zlabel*)	設定 z 軸的標籤為 *zlabel*
set_title(*str*)	設定圖形的標題為 *str*
legend(loc=n)	顯示圖例，並設定顯示的位置為 n
fig.subplots_adjust(hspace=n)	設定子圖之間的垂直距離為子圖高度的 n 倍
fig.subplots_adjust(wspace=n)	設定子圖之間的水平距離為子圖寬度的 n 倍

如果要在同一個繪圖區裡繪製兩個函數圖，我們只要把函數圖形畫在同一個子圖就可以了。不過為了要區分兩個函數，一般我們會採用不同的樣式來繪製兩條函數曲線，並加上圖例（legend），如下面的範例：

```
01  # 同時畫兩張圖，並加入圖例(legend)
02  x=np.linspace(0,2*np.pi,48)
03  fig,ax=plt.subplots()
04  ax.plot(x,np.sin(x),label='sin(x)')     # 圖例的標籤為 sin(x)
05  ax.plot(x,np.cos(x),label='cos(x)',linewidth=5)
06  ax.legend(loc=3)     # 加入圖例，並置於圖形的左下方
07  plt.show()
```

於本例中，第 3 行利用 subplots() 同時建立了一個畫布 fig 和子圖 ax，第 4 和 5 行則在這個子圖中繪製 $\sin(x)$ 和 $\cos(x)$ 的圖形。在 plot() 裡我們設定了 label 選項，用來標識顯示在圖例上的標籤。第 5 行還加入了一個 linewidth 選項，用來設定線條的寬度。第 6 行則在子圖內加入圖例，並設定位置在左下角（loc=3，如未設定則代表最佳位置）。我們可以注意到在圖例中，細線是 $\sin(x)$，粗線是 $\cos(x)$，與在 plot() 中的設定相符。

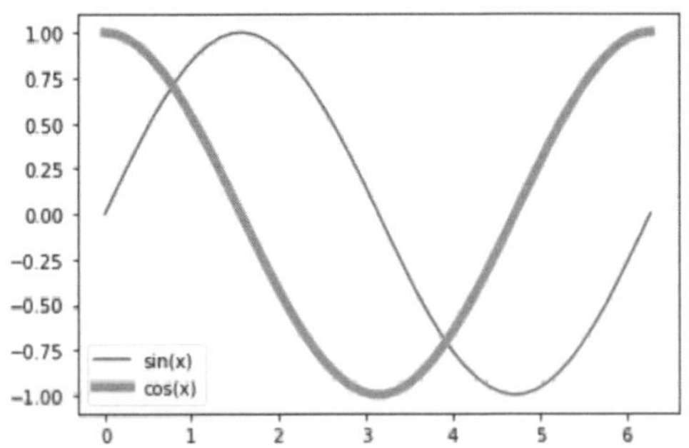

❖

在繪製函數圖形時，我們希望可以得到一條平滑的曲線。如果取樣點數目太少，則曲線會有鋸齒狀；如果取樣點數目過多，則加大了計算的負擔。一般來說，我們可以適度的增加取樣點的數目，讓曲線看起來平滑，如下面的範例：

```
# 更改取樣點的數目並加入畫布名
x1=np.linspace(0,2*np.pi,36)
x2=np.linspace(0,2*np.pi,128)

fig,ax=plt.subplots(2,1,figsize=(12,4))
fig.suptitle('Different sampling points',fontsize=16)  # 加入畫布名
ax[0].plot(x1,np.sin(x1**2))
ax[1].plot(x2,np.sin(x2**2),'r')
fig.subplots_adjust(hspace=0.4)  # 調整子圖垂直方向的距離
plt.show()
```

在這個範例中，第 5 行建立 2 × 1 的子圖，並於其中繪製 $y = \sin(x^2)$ 的圖形。第 6 行加入畫布的名稱，並設定字體大小為 16 個點。這個圖形在 x 較大時轉折較多，從輸出中可以看出，上圖的取樣點只有 36 個（第 2 行），因此有明顯的鋸齒狀，而下圖的取樣點有 128 個（第 3 行），圖形的輸出明顯平滑很多。注意第 9 行設定了兩個子圖垂直的距離為子圖高度的 0.4（40%），如果沒有設定這行的話，兩個子圖的垂直方向會貼的較近。

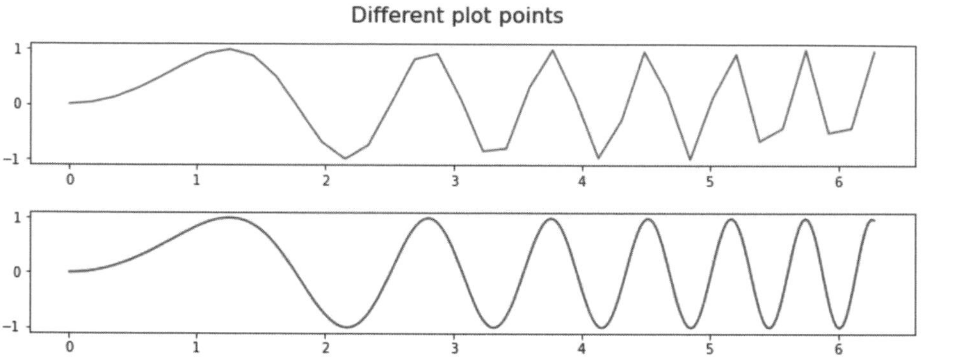

在前幾個例子中，我們看到 plot() 函數可以利用字串選項（如 'ro-'）來設定顏色、形狀和線條這三個屬性。如果要設定更多的屬性，可以利用 plot() 的選項進行細部設定，如下面的範例：

```
01  # plot()選項的細部設定，並加入坐標軸名稱
02  x=np.linspace(0,6,24)
03  fig,ax=plt.subplots(1,2,figsize=(12,4))
04  ax[0].plot(x, x*np.sin(x), 'mo-')
05  ax[1].plot(x, x*np.sin(x),color='blue',marker='s',linestyle='--',
06                linewidth=3, markersize=10, markerfacecolor='yellow',
07                alpha=0.7)
08  for i in range(2):     # 利用for迴圈設定坐標軸名稱
09      ax[i].set_xlabel('x-axis')
10      ax[i].set_ylabel('y-axis')
11  plt.show()
```

這個範例第 4 行繪出了 $y = x\sin(x)$ 的圖形，線條顏色為紫色實線，資料點以圓圈表示。5 到 7 行一樣畫出 $y = x\sin(x)$，但以指名參數的方式設定顏色為藍色，資料點符號為正方形，線條為虛線（事實上，這三個選項也可以透過字串 'bs--' 來設定）。我們還額外設定線條的寬度（linewidth）為 3，標記符號大小（markersize）為 10，標記符號的填滿顏色

（markerfacecolor）為黃色，且圖形的透明度（alpha）為 0.7。另外，因為兩個子圖 *x* 軸的軸名相同，*y* 軸的軸名也一樣，因此 8~10 行利用一個 for 迴圈來設定它們的軸名。

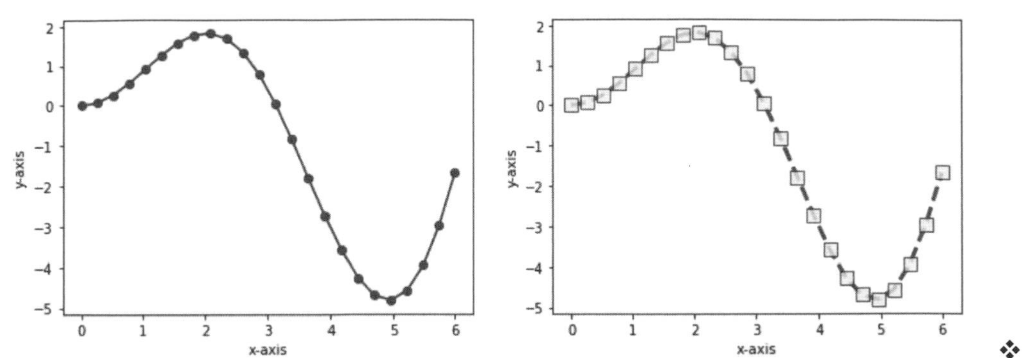

有些時候，我們需要在圖形內畫上網格線，以輔助我們讀取函數的值，此時就需要用到 grid() 函數。我們可以單純的利用預設值來畫網格線，也可以細部設定網格線的畫法，如下面的範例：

```
01  # 設定網格線與坐標軸刻度
02  x=np.linspace(0,8,32)
03  y=x*np.sin(x)
04  fig,ax=plt.subplots(1,2,figsize=(12,4))
05  ax[0].plot(x,y)
06  ax[0].grid()  # 設定網格線，或 ax[0].grid(True)
07
08  ax[1].plot(x,y,'r')
09  ax[1].set_yticks([-4,0,4,8])   # 設定坐標軸刻度
10  ax[1].grid(color='b', alpha=0.5, linestyle=':', linewidth=1)
11  plt.show()
```

在這個範例中，左圖只是單純的將網格線打開（第 6 行），因此網格線會用預設值畫在主要刻度（Major ticks）上。在右圖中，我們設定了 *y* 軸的主要刻度為 −4、0、4 和 8（第 9 行，這個函數下一節將會介紹），因此第 10 行繪製 *y* 軸的網格線會落在這些主要刻度上。另外，第 10 行也設定了網格線的顏色為藍色，透明度 50%，線條樣式為點組成的虛線，且線條的寬度為 1。

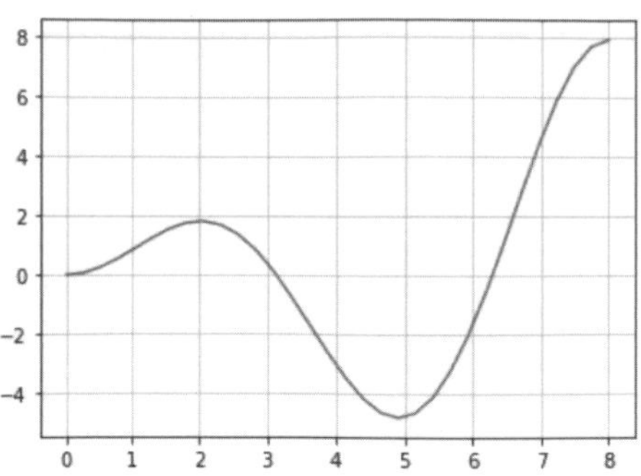

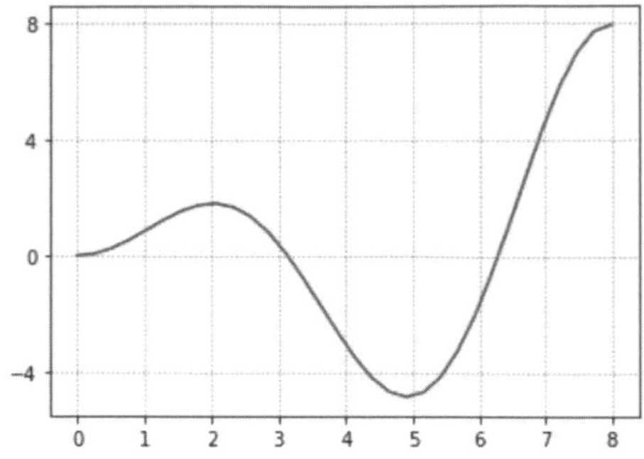

❖

有時候，我們會希望在圖形裡加入註解（Annotation）或一般的文字（Text）。在 Matplotlib 裡，我們可以利用 annotate() 加入註解並可以繪出一個箭號指向註解之處，而 text() 只是單純地在圖形裡標上文字。下面是一個簡單的範例：

```
01 # 在圖形上加上註解文字和箭號
02 x=np.linspace(0,4*np.pi,200)
03 fig,ax=plt.subplots()
04 ax.plot(x,x*np.sin(x),x,x*np.cos(x))
05 ax.annotate('x sin(x)', xy=(2.5, 2.5), xytext=(2.5, 6), fontsize=12,
06              arrowprops=dict(arrowstyle='->',facecolor='black'))
07 ax.annotate('x cos(x)', xy=(8, -5), xytext=(6, -9),fontsize=12,
08              arrowprops=dict(arrowstyle='-',facecolor='black'))
09 ax.text(4,11,'Annotaion',fontsize=18,color='r')
10 ax.grid()
11 plt.show()
```

這個範例繪出了 $y = x\sin(x)$ 和 $y = x\cos(x)$ 的圖形。在第 5 行中，我們利用 annotate() 添加一個註解，註解文字為 '$x\sin(x)$'，欲註解的位置（箭頭處的坐標）為 (2.5, 2.5)，註解文字的位置在 (2.5,6)，字體大小為 12。第 6 行則是以一個字典來設定箭號的樣式（Arrow style）為 '->'，且顏色為黑色。相同的，第 7~8 行是對 $y = x\cos(x)$ 進行註解的程式碼，欲註解的位置位於 $(8, -5)$，註解文字的位置在 $(6, -9)$，而箭號的樣式設為 '-' 代表從註解位置拉出來的是不帶箭頭的直線。第 9 行是單純利用 text() 在圖形內坐標為 (4,11) 的地方填上文字 'Annotation'，字體大小為 18，紅色。

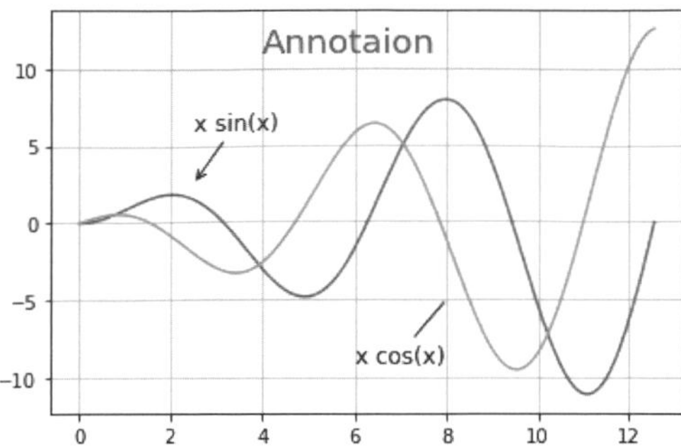

11.2.2 坐標軸的修飾

二維圖形有兩個坐標軸，我們可以對坐標軸進行一些設計，以便修飾圖形。例如，我們可以改用對數坐標、修改坐標軸的刻度、限制坐標軸的繪圖範圍，或是將坐標軸的比例設成相同等等。下表是關於修飾坐標軸函數的整理：

· 修飾坐標軸的函數

函數	說明
set_xscale('log')	設定 x 軸為對數坐標
set_yscale('log')	設定 y 軸為對數坐標
set_xticks([$x_1, x_2, \ldots, x_n$])	設定 x 軸的刻度為 $x_1, x_2, \ldots, x_n$
set_yticks([$y_1, y_2, \ldots, y_n$])	設定 y 軸的刻度為 $y_1, y_2, \ldots, y_n$
minorticks_on()	顯示次要刻度
set_xlim([$xmin$, $xmax$])	設定 x 軸的繪圖範圍為 $xmin$ 到 $xmax$
set_ylim([$ymin$, $ymax$])	設定 y 軸的繪圖範圍為 $ymin$ 到 $ymax$
ticklabel_format()	設定刻度的顯示方式（例如以科學記號顯示）
set_aspect('equal')	設定坐標軸等比
spines[pos]	提取軸線，pos 可以為 top，bottom，left 和 right，可以利用 set_position() 設定軸線的位置，set_visible() 設定軸線是否可見

在繪製一個二維的函數圖形時，x 軸的範圍比較容易控制，然而 y 軸的範圍是由 plot() 函數根據 y 軸的值來推估出一個適當的範圍(一般是把 y 的最大和最小值當成是 y 軸的上下

限）。然而有些場合我們可能需要調整這個範圍，讓圖形局部可以更清楚的呈現，此時可以呼叫 set_ylim() 函數來設定繪圖區 y 軸的範圍（y-limit）。下面的範例是設定 y 軸範圍的例子，我們也加入了畫布和子圖的標題，也嘗試在同一個 plot() 函數內畫出 $y=x^2$ 和 $y=x^3$ 兩條曲線：

```
01  # 設定繪圖的範圍
02  x=np.linspace(0,6,64)
03  fig,ax=plt.subplots(1,2,figsize=(10,4))
04  ax[0].plot(x,x**2,x,x**3)    # 繪出兩條曲線
05  ax[0].set_title('default')
06
07  ax[1].plot(x,x**2,'r-', x,x**3,'b--',linewidth=3)
08  ax[1].set_title('custom range')
09  ax[1].set_ylim([0,30])  # 設定 y 軸的顯示範圍
10  fig.suptitle(r'Setting y-limit', fontsize=16)   # 設定畫布標題
11  plt.show()
```

在這個範例中，第 4 行在一個 plot() 函數內繪出兩條函數曲線，並在第 5 行呼叫 set_title() 來設定左邊子圖的標題。第 7 行則是在另一個子圖上繪出兩條函數曲線，注意 plot() 裡面的參數 'r-' 和 'b--' 分別控制了 $y=x^2$ 和 $y=x^3$ 的顯示方式，而最後的 linewidth 選項則是同時設定兩條曲線的寬度（注意 'r-' 和 'b--' 是位置參數，而 linewidth=3 是指名參數，指名參數必須放在位置參數的後面）。第 9 行呼叫 set_ylim() 來設定 y 軸的顯示範圍是從 0 到 30，並於第 10 行設定畫布的標題（因為是利用 fig 去呼叫 suptitle() 的，suptitle 是 <u>super title</u> 的縮寫，也就是最上層標題的意思）。

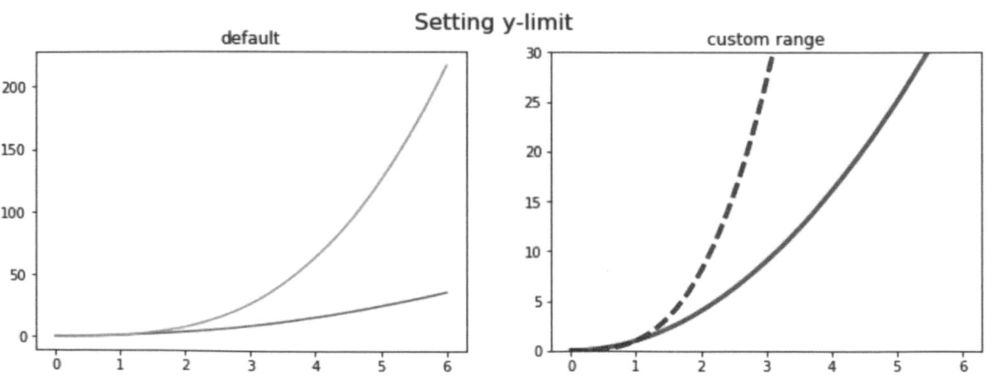

從這個範例可知，我們可以在同一個 plot() 函數內繪製兩條曲線。不過如果想要細部設定每一條曲線的話，一個 plot() 函數只畫一條曲線比較方便。 ❖

二維繪圖的坐標軸預設是線性的，也就是在 x 或 y 坐標軸內，等距的刻度代表相同的距離。有些時候，我們可能會希望把坐標軸設定為對數坐標，以方便觀察函數的一些性質，此時可以利用 set_xscale('log') 和 set_yscale('log')，將坐標軸設為對數坐標：

```
01  # 對數坐標
02  x=np.linspace(0,6,64)
03  fig,ax=plt.subplots(1,2,figsize=(12,4))
04  ax[0].plot(x,x**2,x,x**3)
05  ax[0].set_title('x, log-y')
06  ax[0].set_yscale('log')     # 設定 y 軸為對數坐標
07
08  ax[1].plot(x,x**2,x,x**3)
09  ax[1].set_title('log-x, log-y')
10  ax[1].set_xscale('log')     # 設定 x 軸為對數坐標
11  ax[1].set_yscale('log')     # 設定 y 軸為對數坐標
12  plt.show()
```

在這個範例中，我們建立了兩張子圖，並於第 6 行設定左邊子圖的 y 軸為對數坐標，第 10 和 11 行設定右邊子圖的 x 軸和 y 軸均為對數坐標。我們可以看到若坐標軸是對數坐標的話，坐標軸的刻度是以 10 的次方倍數成長。

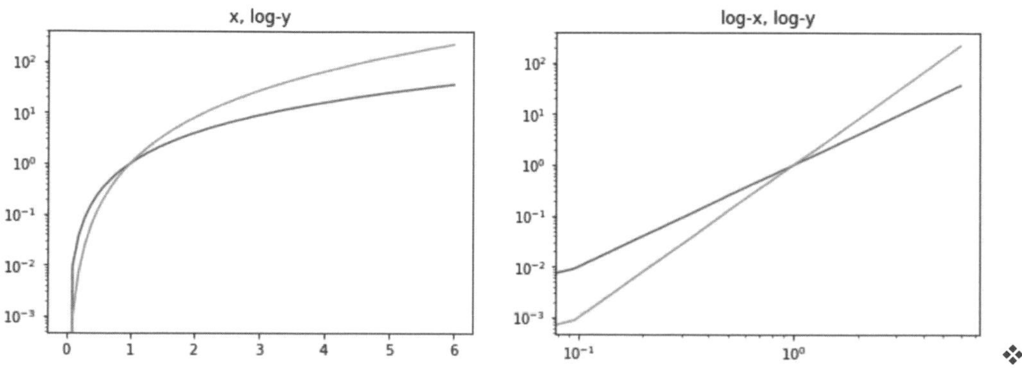

❖

在某些時候，plot() 繪製出來之圖形的刻度（ticks）可能會太密集，或是我們希望在某些刻度標上特殊的符號（ticks label），此時可以利用 set_xticks() 和 set_xticklabels() 設定 x 軸的刻度和標籤。在 y 軸和 z 軸的方向也有相對應的函數來設定：

```
01 # 設定刻度和標籤
02 x=np.linspace(0,6,64)
03 fig,ax=plt.subplots()
04 ax.plot(x,np.sin(x),x,np.cos(x))
05 ax.set_yticks([-1,0,1])        # 設定 y 軸的刻度
06 ax.set_xticks([0,3.14,6.28])   # 設定 x 軸的刻度
07 ax.set_xticklabels([0,r'$\pi$',r'2$\pi$'],fontsize=12)
08 
09 ax.minorticks_on()          # 顯示次要刻度
10 plt.show()
```

這個範例分別繪出了 $y=\sin(x)$ 和 $y=\cos(x)$ 的圖形，並在第 5 行設定 y 軸只顯示 -1、0 和 1 三個刻度。第 6 行則是設定 x 軸在 0、3.14 和 6.28 的地方顯示刻度，並於第 7 行設定刻度的標籤為 0、π 和 2π。要顯示 π 這個特殊字元，我們必須以 LaTex 的語法來標上它。在 LaTex 的語法裡，π 代表一個字元 π，在第 7 行中我們把它放在一個字串裡，前面加上一個 r（r'π'）來避免 LaTex 字串被解讀成其它意思。第 9 行的 minorticks_on() 則是設定要顯示次要刻度（您可以嘗試把這行註解掉，看看次要刻度是在哪裡）。至於 Latex 的語法說明已經超出本書的範圍，有需要的讀者可以在網路上自行查詢。

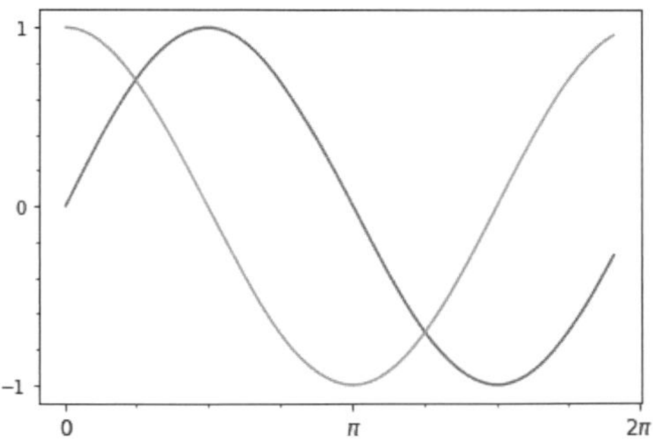

❖

如果圖形坐標軸的刻度過大，顯示起來可能會不太美觀，此時可以改用科學記號來顯示刻度。我們可以利用 ticklabel_format() 來完成這個功能，如下面的範例：

```
01 # 以科學記號顯示坐標軸的刻度
02 x=np.linspace(0,6,64)
03 fig,ax=plt.subplots(1,2,figsize=(12,4))
04 ax[0].plot(x,np.exp(2*x))
05 ax[0].set_title('default')
06
07 ax[1].plot(x,np.exp(2*x))
08 ax[1].set_title('scientific')
09 ax[1].ticklabel_format(axis='y', style='sci', scilimits=(-3,3))
10 plt.show()
```

這個範例繪出了 $y = e^{2x}$ 的圖形。因為指數函數的值成長的很快，因此 y 軸的刻度顯得較大，在視覺效果上比較不美觀（左圖）。在第 10 行我們利用 ticklabel_format() 將 y 軸刻度（axis='y'）改為只要刻度小於 10^{-3} 或大於 10^{3}（scilimits=(-3,3)），就以科學記號的方式來表示（style='sci'）。和左圖相比，右圖的坐標刻度比較簡潔，也較易閱讀。

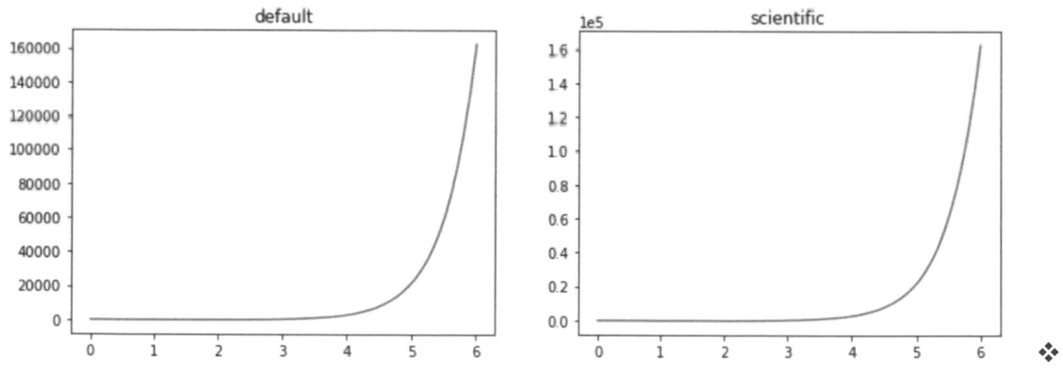

許多數學函數的圖形，其 x 軸和 y 軸坐標的比例（aspect）可能會不一樣（例如前一個範例就是）。然而在某些場合，我們會希望 x 軸和 y 軸有一樣的比例，例如不同的比例可能會造成對於斜率的誤判，或是誤解圓形為橢圓形。在 Matplotlib 中，我們可以設定 set_aspect('equal') 來強制讓坐標軸等比例，如下面的範例：

```
# 設定坐標軸的比例
x=np.linspace(-1,1,200)
y=np.sqrt(1-x**2)
fig,ax=plt.subplots(1,2)
ax[0].plot(x,y,'b',x,-y,'b')
ax[0].set_title('aspect: default')

ax[1].plot(x,y,'b',x,-y,'b')
ax[1].set_aspect('equal')    # 設定坐標軸等比
ax[1].set_title('aspect: equal')
fig.tight_layout()
plt.show()
```

在這個範例中，我們要繪出方程式為 $x^2+y^2=1$ 的圓。因為 plot() 只能畫出 $y=f(x)$ 的函數圖，所以只要畫出 $y=\pm\sqrt{1-x^2}$ 就可以得到圓的圖形。左圖沒有設定坐標軸的比例，於是圓形就被畫成橢圓形了。右圖我們利用 set_aspect('equal') 來設定坐標軸等比，因此可以得到一個完美的圓形。

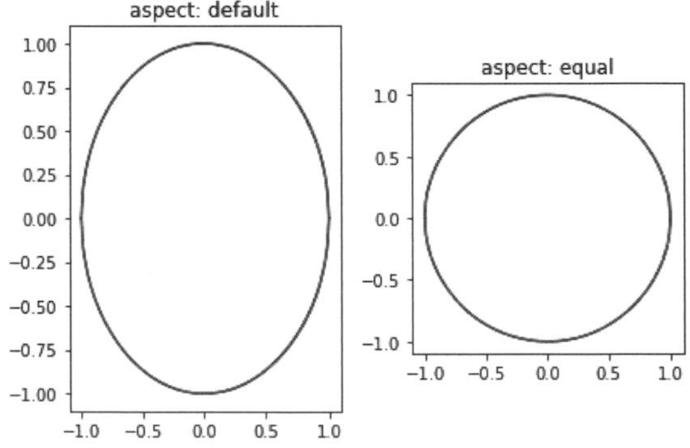

❖

另外，我們可以發現上面圖形中，刻度的坐標軸線都不在原點，而是在圖形的左邊和下面。Matplotlib 把坐標軸線稱為 Spline，一張圖預設會有上下左右 4 個軸線。我們可以針對每一個軸線利用 set_visible() 函數設定顯示或不顯示，或是利用 set_position() 來設定其位置。下面是一個簡單的範例。

```
01 # 設定坐標軸的顯示位置
02 x=np.linspace(-1.7,6,32)
03 y=x**3-6*x**2+3*x+2
04 fig,ax=plt.subplots(1,2,figsize=(12,4))
05 ax[0].plot(x,y)
06 ax[0].spines['right'].set_visible(False)    # 設右邊軸線不可見
07 ax[0].spines['top'].set_visible(False)      # 設上面軸線不可見
08 
09 ax[1].plot(x,y,'r:')
10 ax[1].spines['right'].set_visible(False)
11 ax[1].spines['top'].set_visible(False)
12 ax[1].spines['bottom'].set_position(('data',0)) # 設定下面軸線的位置
13 ax[1].spines['left'].set_position(('data',0))   # 設定左邊軸線的位置
14 plt.show()
```

在這個範例中，第 4 行建立了兩個子圖 $ax[0]$ 和 $ax[1]$，第 5 行繪製了 $y = x^3 - 6x^2 + 3x + 2$ 的圖形。注意 $ax[0]$ 和 $ax[1]$ 物件均包含有 spines 這個屬性，它類似於 Python 裡的字典，裡面有 top、bottom、left 和 right 四個鍵。只要利用這四個鍵，就可以提取出圖形的上下左右四個軸線，然後就可以利用它們來呼叫特定的函數了。例如，第 6 和第 7 行分別將左圖右邊和上面的軸線設為不可見（set_visible(False)），因此左圖看不到這兩個軸線。另外，在右圖中，我們也把右邊和上面的軸線設為不可見，然後把下面軸線移到 y 軸坐標為 0 之處（第 12 行的 set_position(('data',0))）；相同的，第 13 行把左邊的軸線移到 x 軸坐標為 0 之處，如此這個圖形看起來就比較像是我們常看到的數學函數圖了。

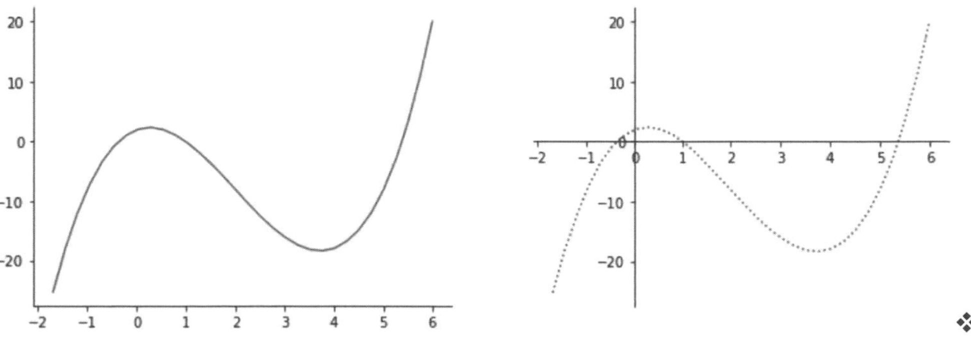

❖

11.3 填滿繪圖與極坐標繪圖

本節介紹兩個較特殊的繪圖，包括填滿繪圖和極坐標繪圖。填滿繪圖可以用來填滿兩個曲線之間的面積，而繪製極坐標圖則需要設定不同的坐標系統，本節也將學習到如何在一張畫布內建立兩個不同坐標系統的子圖。

· 與填滿繪圖和極坐標繪圖相關的函數

函數	說明
fill_between(x, y_1, y_2)	在 y_1 和 y_2 之間的區域填上顏色
add_subplot(projection='polar')	利用 add_subplot() 建立極坐標子圖
subplots(subplot_kw={'projection':'polar'})	利用 subplots() 建立極坐標子圖
set_rticks([$r_1, r_2, \ldots, r_n$])	設定極坐標的刻度為 $r_1, r_2, \ldots, r_n$
set_rmax()	設定極坐標 r 方向的顯示範圍
set_rlabel_position(d)	設定極坐標刻度的顯示角度為 d

11.3.1 填滿兩曲線之間的面積

若 $y_1 = f(x)$, $y_2 = g(x)$，則 fill_between(x, y_1, y_2) 可在 $f(x)$ 和 $g(x)$ 之間圍起來的區域填上顏色，並可指定透明度。如果 y_2 未給，則預設為 0，此時會變成填滿 $f(x)$ 和 x 軸之間的區域。

```
01  # 將兩條曲線之間的區域填滿
02  x=np.linspace(0,2*np.pi,200)
03  fig,ax=plt.subplots()
04  ax.plot(x,np.sin(x),'r')
05  ax.plot(x,np.cos(2*x),'b')
06  ax.fill_between(x,np.cos(2*x),np.sin(x),alpha=0.5,color='yellow')
07  plt.show()
```

在這個範例中，我們在第 4 和第 5 行分別畫上 $y = \sin(x)$ 和 $y = \cos(2x)$ 兩條曲線，並於第 6 行在這兩條曲線之間填滿黃色，並設定透明度為 0.5。您可以試著改變填滿的顏色或透明度，並觀察其變化。

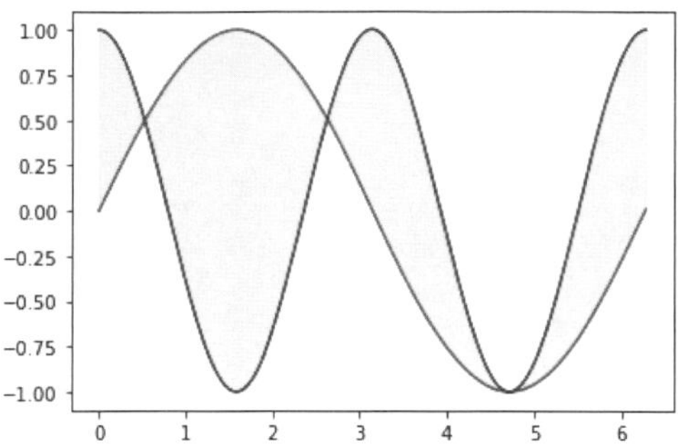

11.3.2 極坐標繪圖

到目前為止，本章提到的繪圖函數都是在直角坐標系統裡進行的，這也是 subplots() 或 add_subplot() 在建立子圖時預設的坐標系統。我們也可以將子圖改為極坐標系統，然後就可以在這個子圖裡繪製極坐標函數 $r = f(t)$ 的圖形了。下面是一個簡單的例子：

```
01 # 極坐標繪圖
02 t=np.linspace(0,2*np.pi,64)
03 fig,ax=plt.subplots(subplot_kw={'projection':'polar'}) # 極坐標系統
04 ax.plot(t,np.sqrt(t),'r',linewidth=4)
05 ax.set_rticks([0,1,2])
06 ax.set_rmax(3)
07 ax.set_rlabel_position(-45)
08 plt.show()
```

在這個範例中，第 3 行利用 subplots() 建立一個子圖，並利用 subplot_kw 參數指定採用極坐標系統（subplot_kw={'projection':'polar'}）。第 4 行一樣是利用 plot() 進行極坐標繪圖，其中角度 t 是從 0 到 2π，共 64 個點，而繪圖的函數為 $r = \sqrt{t}$，同時我們也指定了繪圖顏色為紅色，線條寬度為 4。第 5 行設定了 r 方向坐標軸的刻度（rticks）為 0，1 和 2，第 6 行則是設定 r 方向的最大繪圖範圍（rmax）為 3。第 7 行設定 r 方向坐標軸的刻度在 $-45°$ 的方向顯示（也就是 315°）。注意我們也可以把第 3 行改寫成下面兩行，也就是利用 add_subplot(projection='polar') 來建立子圖，一樣可以畫出相同的極坐標圖：

```
fig=plt.figure()
ax=fig.add_subplot(projection='polar')   # 指定建立的子圖為極坐標系統
```

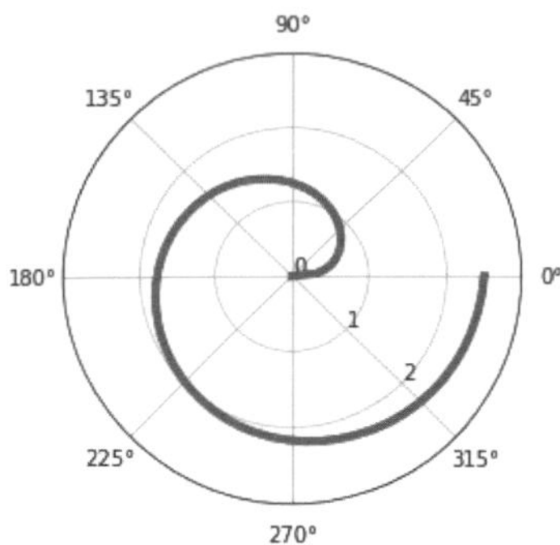

❖

有趣的是，subplots() 是一次建立數個子圖，因此這些子圖只能具有相同的坐標系統。相反的，add_subplot() 是一次建立一個子圖，所以允許每個子圖有不同的坐標系統。因此一個畫布裡如果需要不同坐標系統的子圖時，則只能使用 add_subplot() 來建立。我們來看看下面的例子：

```
# 同時繪製極坐標圖與直角坐標圖
t=np.linspace(0,2*np.pi,64)
fig=plt.figure(figsize=(10,4))
ax1=fig.add_subplot(121, projection='polar')   # 極坐標系統
ax1.set_title('polar coordinate')
ax1.set_rticks([-0.5,0,0.5,1])
ax1.plot(t, np.sin(t),'-',linewidth=3)

ax2=fig.add_subplot(122)    # 直角坐標
ax2.plot(t, np.sin(t),'r')
ax2.set_title('x-y coordinate')
ax2.set_aspect(2)
plt.show()
```

在這個範例中，我們利用 add_subplot() 建立兩個子圖，左邊的子圖是在極坐標系統裡繪製 $r = \sin(t)$ 的圖形，而右邊的子圖則是在直角坐標系統裡繪製 $r = \sin(t)$ 的圖形。注意在極坐標繪圖中，r 的值可以是負數，因此我們可以看到在圓心的 r 值為 -1。另外，這個範例沒有指定 r 坐標軸刻度的方向，因此預設為 30°。如果覺得曲線擋住了刻度，可以利用 set_rlabel_position() 來調整顯示的角度。

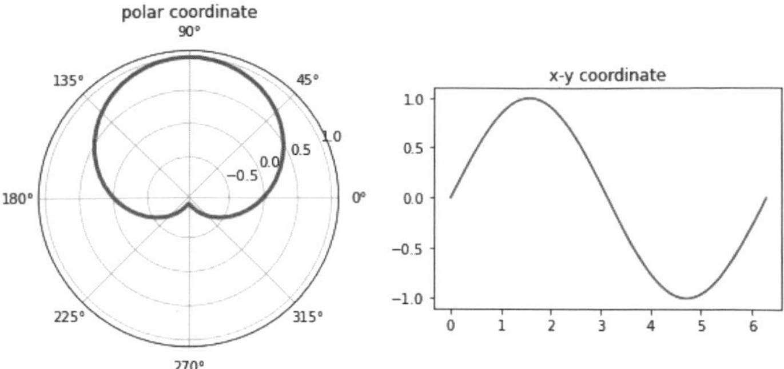

11.4 統計繪圖

常見的統計繪圖有資料點的散佈圖（scatter plot）、長條圖（bar chart）、圓餅圖（pie chart）和直方圖（histogram）等。這些圖形的屬性和 plot() 所繪圖形的屬性有些不同，因此繪圖的選項也不太一樣。本節我們來探討這些圖形的繪製函數。

· 統計繪圖常用的函數

函數	說明
`scatter(`x,y`)`	以 x 為橫坐標，以 y 為縱坐標繪製散佈圖
`bar(`x,y`)`	繪製長條圖
`pie(`*sizes*`)`	依 *sizes* 裡的比例繪製圓餅圖
`hist(`x`)`	繪製數據資料 x 的直方圖

11.4.1 散佈圖

散佈圖可以用來呈現資料點的分佈，從中可以知道資料的趨勢。散佈圖的繪製可以利用 scatter(x,y) 來完成，其中 x 和 y 分別為資料點的 x 坐標和 y 坐標組合而成的向量。

```
# 散佈圖
x=np.linspace(-1,1,30)
y=x+np.random.rand(len(x))
fig,ax=plt.subplots(1,2,figsize=(12,4))
ax[0].scatter(x,y)   # 散佈圖
ax[1].scatter(x,y,marker='^',color='red')   # 修改標記符號和顏色
plt.show()
```

在這個範例中，第 2 行是資料點的 x 坐標，第 3 行是資料點的 y 坐標，它是由 x 坐標加上一個 0 到 1 之間的隨機亂數所組成。第 5 行用 scatter() 函數的預設值繪製了 x 和 y 的散佈圖，我們可以看到預設的資料點是由藍色的實心圓所組成。第 6 行則是指定了以紅色的三角形來繪製資料點。

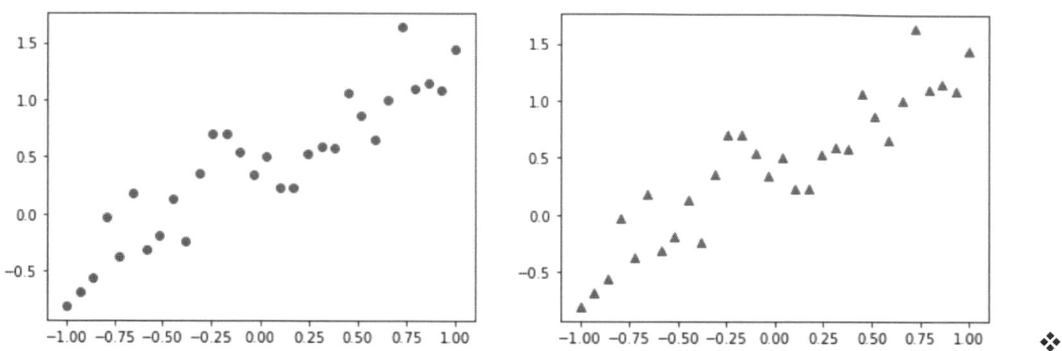

在繪製散佈圖時，我們可能會希望每個資料點的大小與顏色會不一樣，用以呈現資料點的重要性或權重，此時可以加入 color 和 size 兩個陣列，來標記每一個資料點的顏色和大小，如下面的範例：

```
01  # 細部設定散佈圖資料點的呈現方式
02  rng=np.random.default_rng(999)
03  x = rng.random(60)              # x 軸坐標隨機
04  y = rng.random(60)              # y 軸坐標隨機
05  colors = rng.random(60)         # 顏色隨機
06  sizes = 500 * rng.random(60)    # 標記符號大小隨機
07  fig,ax=plt.subplots()
08  sc=ax.scatter(x, y, c=colors, s=sizes, alpha=0.3, cmap='viridis')
09  plt.colorbar(sc,ax=ax)      # 加入色條
10  plt.show()
```

這個範例的第 2 行以種子 999 建立一個亂數產生器 rng，並於 2 到 6 行用它來產生具有 60 個元素的亂數 x、y、colors 和 sizes。x 和 y 是 60 個資料點的 x 坐標和 y 坐標，範圍為 0 到 1。colors 是這 60 個資料點的顏色，範圍也是 0 到 1。sizes 是每一個資料點在圖形裡呈現的大小，其值是介於 0 到 500 之間（因為第 6 行乘上了 500）。第 8 行利用 scatter() 畫出了 60 個資料點的散佈圖，其中的 c=colors 和 s=sizes 參數設定了資料點要呈現的顏色

和大小，並設定透明度為 0.3。注意 colors 和 sizes 的長度必須和 x 與 y 一樣。最後一個參數 cmap 則是指定 colors 裡的顏色中，要使用的色表（color map）為 'viridis'。

注意在第 8 行我們用變數 sc 來接收 scatter() 傳回的物件，裡面就包含了繪圖時使用的色表訊息。因此在第 9 行我們把 sc 和子圖 ax 傳給 colorbar()，此時在子圖的右側就可以顯示出色表的色條（color bar）。色表裡的顏色都有對應的數字，對應的關係可以從色條與旁邊的數字來觀察。在第 5 行中，我們設定 colors 為 0 到 1 之間的數字，因此色條旁邊的數字也是 0 到 1。這個數字範圍可以自行更改，Matplotlib 會將數字範圍內的最小和最大值分別設為色條最下面和最上面的顏色，其餘的值會依比例取出適當的顏色來填上。

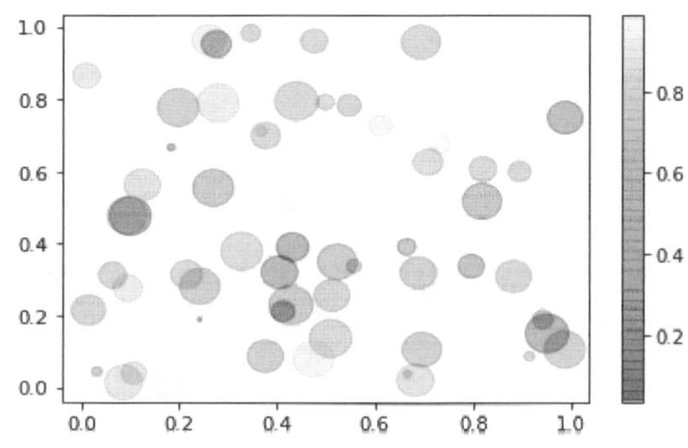

❖

11.4.2 長條圖和圓餅圖

長條圖（Bar chart）是以條狀的圖表來顯示某些變量大小的統計圖表，通常適用於較小的數據集。我們可以利用 bar() 來繪製長條圖。例如在下面的程式中，第 4 行繪製了一個長條圖，x 軸的坐標是 1 到 9（不包含 10），高度是其正弦的值。長條用黃色填滿，長條的寬度為數據間隔的 80%（width 設 1 則長條之間沒有間隙），長條的邊緣為藍色。

```
01  # 長條圖
02  x=np.arange(1,10)
03  fig,ax=plt.subplots()
04  ax.bar(x,np.sin(x),color='yellow', width=0.8, edgecolor = 'blue')
05  plt.show()
```

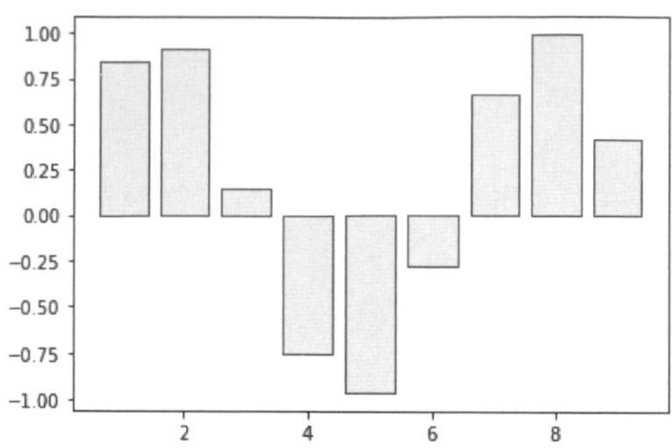

❖

另一種常見的統計圖表是圓餅圖（Pie chart），它很適合用來表示數據之間的比例關係。Matplotlib 是利用 pie() 來繪製圓餅圖，如下面的範例：

```
01  # 圓餅圖
02  labels = ['pony', 'kitten', 'puppy', 'piggy']
03  sizes = [15, 30, 45, 10]
04  colors = ['yellow', 'gold', 'lightblue', 'pink']
05  explode = [0, 0.1, 0, 0]  # 設定分離的比例
06
07  fig,ax=plt.subplots()
08  ax.pie(sizes, explode=explode, labels=labels, colors=colors,
09          autopct='%1.1f%%', shadow=True, startangle=90)
10  ax.set_aspect('equal')
11  plt.show()
```

在這個範例中，要畫的數據一共有 pony、kitten、puppy 和 piggy 這四個類別，我們在第 2 行用一個 labels 變數來存放它們，方便在圓餅圖裡做為標籤來顯示。這四個類別的佔比分別為 15%、30%、45% 和 10%（存放在第 3 行的 sizes 變數），要顯示的顏色分別為黃色、金色、淺藍色和粉紅色（存放在第 4 行的 colors 變數），且指定 kitten 這一塊餅要和圓餅分離，分離的大小為 0.1（分離的訊息存於 explode 變數，explode 原意為爆炸之意）。

在繪圖時，於第 8 行呼叫 pie()，並傳入 sizes、explode、labels 和 colors 這 4 個變數，並以字串 '%1.1f%%' 控制百分比的顯示格式，其中 %1.1f 代表百分比要顯示到小數點以下 1 位，而 %% 則顯示一個百分比符號（autopct 是 auto percentage 的縮寫，自動填上百分比的意思）。shadow=True 設定了圓餅圖要加上陰影，startangle=90 則是設定開始繪製的類別（pony）從 90 度開始逆時針旋轉。

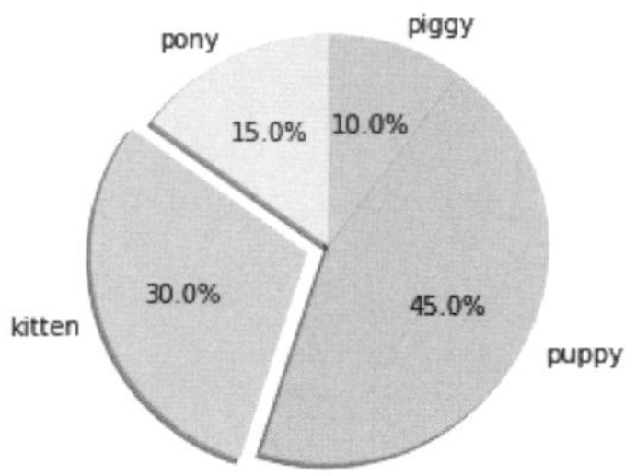

11.4.3 直方圖

直方圖（Histogram）是一種用來顯示數據分佈情況的統計圖，一般它是用在數據是連續的時候。Matplotlib 以 hist() 函數來繪製直方圖，下面是一個簡單的範例：

```
01  # 直方圖繪製
02  x=np.random.normal(0,1,4096)
03  fig,ax=plt.subplots(1,2,figsize=(12,4))
04  ax[0].hist(x,bins=20,edgecolor='black',alpha=0.5)   # 繪製直方圖
05  ax[0].set_title('Normal distribution')
06
07  ax[1].hist(x,rwidth=0.8,cumulative=True,bins=20,alpha=0.5)
08  ax[1].set_title('Cumulative distribution')
09  plt.show()
```

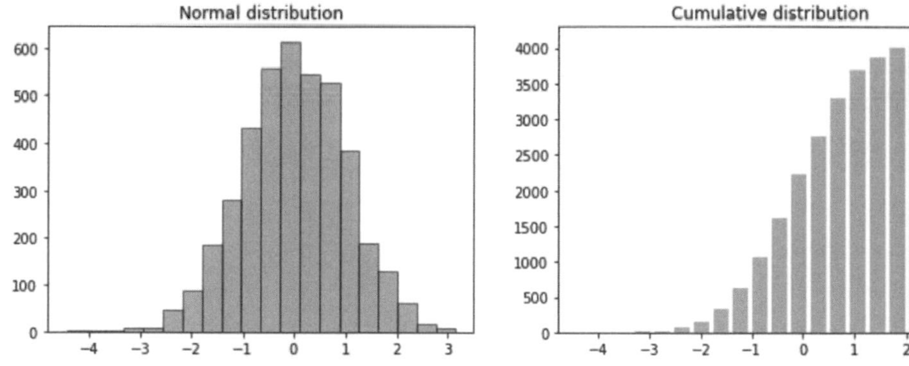

在這個範例中，第 2 行產生 4096 個常態分佈的亂數，並於第 4 行利用 hist() 繪出亂數分佈的直方圖（左圖），其中設定有 20 個 bin（組界），邊框的顏色為黑色，透明度為 0.5。於右圖中，我們繪製的是亂數的累積分佈圖（於 hist() 內設定 cumulative=True），且設定

直方圖中，長條的寬度為組界寬度的 0.8（rwidth=0.8）。由於亂數一共有 4096 個，因此累積分佈圖的最高點坐標大概也是這個值。 ❖

11.5 等高線圖與三維繪圖

前面三節介紹的都是二維的繪圖，本節將介紹等高線圖（Contour plot），以及三維的等高線圖、函數圖與散佈圖等。相關的函數列表如下：

· 等高線圖與三維繪圖常用的函數

函數	說明
contour(*XX*,*YY*,*ZZ*)	繪製等高線圖
contour3D(*XX*,*YY*,*ZZ*)	繪製三維等高線圖
plot_surface(*XX*,*YY*,*ZZ*)	繪製三維曲面圖
clabel(*cs*)	標註等高線的值，*cs* 為等高線的物件
ax.elev, *ax*.azim	取得坐標系統 *ax* 的仰角和方位角
view_init(*elev*,*azim*)	設定坐標系統的仰角為 *elev*，方位角為 *azim*
colorbar()	顯示色條

在繪製三維繪圖時，先根據 x-y 平面上每一個點的 x 和 y 坐標計算出 $z = f(x,y)$ 的值，然後將所有點的 x、y 和 z 坐標送到三維函數裡繪圖。因此在繪圖之前，我們必須建立平面上每一個點的 x 坐標和 y 坐標，這個工作可以藉由 Numpy 的 meshgrid() 來完成。

假設要繪製一個三維的圖 $z = 2x + y$，x 坐標從 0 到 3，y 坐標從 5 到 7，間距均為 1，則我們可以先建立 x 和 y 這兩個串列，再利用 meshgrid() 建立平面上所有點的 x 坐標 XX，和所有點的 y 坐標 YY，因此每個點在 z 軸的值 ZZ 就會是 $ZZ = 2XX + YY$。

```
> x=[0,1,2,3]
  y=[5,6,7]
```

建立由 x 坐標和 y 坐標所組成的串列。

```
> XX,YY=np.meshgrid(x, y)
```

建立平面上所有點的 x 坐標 XX，和所有點的 y 坐標 YY。

```
> XX
  array([[0, 1, 2, 3],
         [0, 1, 2, 3],
         [0, 1, 2, 3]])
```

查詢 XX 的內容，可以發現它是一個 3×4 的陣列，每一列的值都是 0 到 3。這個陣列代表了 x-y 平面上，每一個點的 x 坐標（所以 y 軸方向的值都相等）。

```
> YY
  array([[5, 5, 5, 5],
         [6, 6, 6, 6],
         [7, 7, 7, 7]])
```

這是 YY 的內容。您可以注意到它的每一個直行的值都是 5 到 7，從這邊可以看出它是 x-y 平面上，每一個點的 y 坐標（所以 x 軸方向的值都相等）。

```
> 2*XX+YY
  array([[ 5,  7,  9, 11],
         [ 6,  8, 10, 12],
         [ 7,  9, 11, 13]])
```

計算 $2XX + YY$，我們就可以計算出每一個坐標 (x, y) 的 z 值了。

11.5.1 等高線圖

等高線圖是由三維圖形中，高度相等的曲線連接而成。我們可以利用 contour() 來繪製等高線圖，也可以利用 contourf() 搭配色表將等高線圖之間的區域填滿（contourf() 裡的 f 為 fill 之意），或是利用 clabel() 為等高線圖標上等高線的值。本節我們以

$$z(x, y) = (1 - x^3 + y^3)\, e^{-x^2-y^2}, \quad -3 \le x \le 3,\ -3 \le y \le 3$$

為例，來說明等高線圖的繪製。下面的程式碼先建立具有 128 個元素的 x 和 y 兩個陣列，然後把它們傳入 meshgrid() 建立一個由 x 坐標和 y 坐標組成的矩陣 XX 和 YY，再計算出 ZZ，如此就可以取得繪製等高線圖必要的資訊，最後利用 contour() 來畫圖就可以了。

```
# 繪製等高線圖
x = np.linspace(-3, 3, 128)
y = np.linspace(-3, 3, 128)
XX, YY = np.meshgrid(x, y)
ZZ = (1-XX**3+YY**3)*np.exp(-XX**2-YY**2)

fig,ax=plt.subplots(1,2,figsize=(12,4))
cs=ax[0].contour(XX, YY, ZZ, [-0.1,0,0.1,0.3,0.7,0.9])
ax[0].clabel(cs, inline=1, fontsize=8)

ax[1].contour(XX, YY, ZZ, 8, colors='black')
ax[1].contourf(XX, YY, ZZ, 8, alpha=.75, cmap='jet')
plt.show()
```

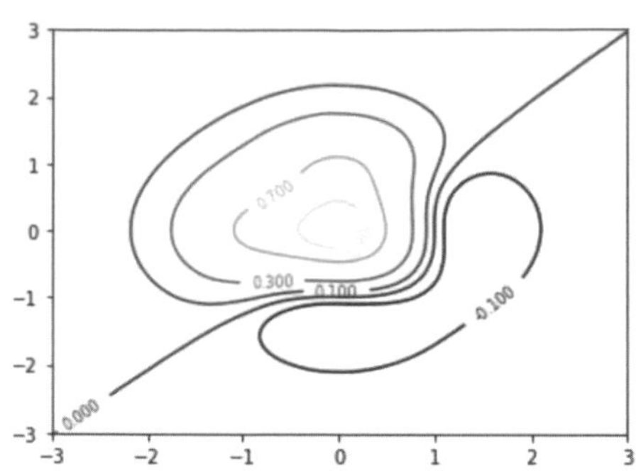

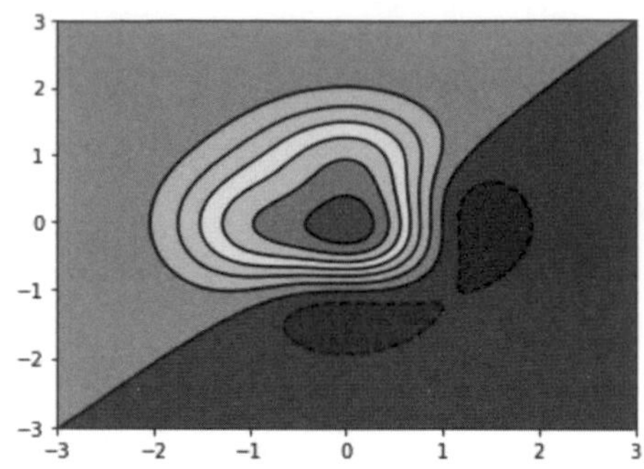

於本例中，2~5 行先取得繪製等高線圖必要的資訊，第 8 行利用 contour() 繪製一個等高線圖，且指定要繪製 $-0.1, 0, 0.1, 0.3, 0.7$ 和 0.9 這 6 條等高線，並由 cs 來接收這個等高線的物件。cs 裡已經包含有等高線的一些訊息，因此於第 9 行中，我們把 cs 傳給 clabel()，為圖形標上等高線的值（如果不寫第 9 行，則只會畫出等高線，而不標上其值）。您可以觀察一下左圖標上的等高線的值正是我們指定要繪製的等高線。

第 11 行利用 contour() 再繪製一個等高線圖，裡面的參數 8 代表要最多繪製 $8+1=9$ 條等高線，顏色為黑色，等高線的值則由 contour() 自己決定。注意這邊的參數 8 不需要加上方括號，否則會畫出值為 8 的等高線。第 12 行會在右邊的子圖裡繪製了一個填滿顏色的等高線圖，並指定透明度為 0.75，採用 jet 色表。您可以把 11 行或第 12 行的註解拿掉，看看圖形的輸出會有什麼變化。 ❖

11.5.2 三維等高線圖與曲面圖

前一節的等高線圖是二維的，如果想從三維的空間中觀察等高線圖，可以利用 contour3D() 函數。另外，函數 $z(x,y)=(1-x^3+y^3)\,e^{-x^2-y^2}$ 是一個三維的曲面，它可以利用 plt.plot_surface() 來繪製。

注意在建立子圖來畫三維的圖形時，如果是利用 subplots() 來建立子圖，記得在 subplots() 裡要設定 subplot_kw 參數為 {'projection' : '3d'}。如果是以 fig.add_subplot() 來建立子圖，則要設定 projection 參數為 '3d'。

```
01 # 三維等高線圖與三維曲面圖
02 x = np.linspace(-3, 3, 128)
03 y = np.linspace(-3, 3, 128)
04 XX, YY = np.meshgrid(x, y)
05 ZZ = (1-XX**3+YY**3)*np.exp(-XX**2-YY**2)
06
07 fig,ax= plt.subplots(1,2,figsize=(9,4),subplot_kw={'projection':'3d'})
08 colors=['red','blue','black']
09 ax[0].contour3D(XX,YY,ZZ,[-.1,.1,.7],linewidths=[2,3,4],colors=colors)
10
11 ax[1].contour3D(XX,YY,ZZ,[-.1,.1,.7],linewidths=[2,3,4],colors=colors)
12 ax[1].plot_surface(XX, YY, ZZ, cmap='jet',alpha=0.7)
13 plt.show()
```


這個範例我們要在一張畫布畫兩張三維圖，因此第 7 行設定了 subplot_kw 參數的值為 {'projection': '3d'}，我們要在左邊的子圖畫上三條等高線，因此於第 8 行先指定繪製的顏色為紅色、藍色和黑色。第 9 行是呼叫 contour3D() 來繪製值為 $-0.1,\ 0.1$ 和 0.7 的三維等高線圖，並分別指定這三條等高線的寬度為 2, 3 和 4。在右邊的子圖中，我們希望把三維的等高線圖和曲面圖畫在同一個子圖裡，因此除了第 11 行要繪製三維的等高線之外，於第 12 行還需要利用 plot_surface() 函數畫上三維的曲面圖。在這個曲面圖中，我們設定色表為 jet，透明度為 0.7。

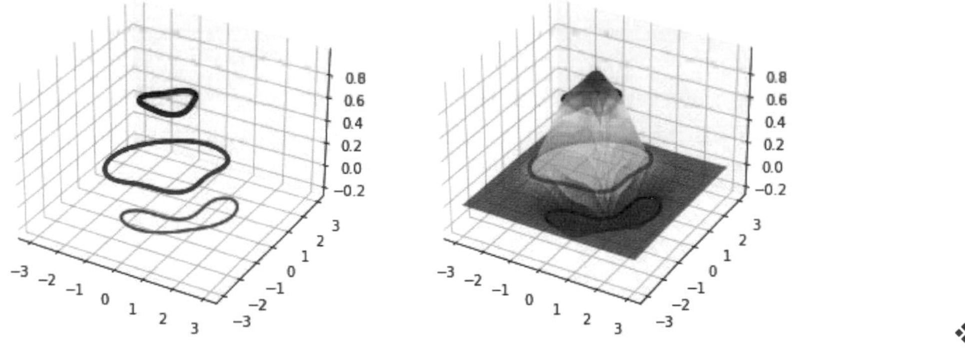

❖

11.5.3 調整三維圖形的仰角和方位角

三維圖形預設的仰角（elevation）為 30°，方位角（azimuth）為 −60°。利用 ax.elev 和 ax.azim 可提取三維子圖 ax 的仰角和方位角。利用 view_init($elev$, $azim$) 可設定仰角和方位角。下面以函數 $z(x,y)=\sin(\sqrt{x^2+y^2})/\sqrt{x^2+y^2}$ 為例來說明這兩個角度的設定：

```
01 # 仰角和方位角的設定
02 x = np.linspace(-10, 10, 36)
03 y = np.linspace(-10, 10, 36)
04 XX, YY = np.meshgrid(x, y)
05 ZZ = np.sin((XX**2+YY**2)**0.5)/(XX**2+YY**2)**0.5
06
07 fig,ax= plt.subplots(1,2,figsize=(12,4),subplot_kw={'projection':'3d'})
08 p=ax[0].plot_surface(XX, YY, ZZ, cmap='hsv')
09 ax[0].set_yticks([-10,0,10])
10 ax[0].set_zticks([0,0.5,1])
11 ax[0].set_title(f'elev={ax[0].elev}, azim={ax[0].azim}')
12 plt.colorbar(p, ax=ax[0],orientation='vertical', pad=0.05)
13
14 ax[1].set_axis_off()
15 ax[1].plot_surface(XX, YY, ZZ, cmap='jet')
16 ax[1].view_init(60,-40)
17 ax[1].set_title(f'elev={ax[1].elev}, azim={ax[1].azim}')
18 plt.show()
```

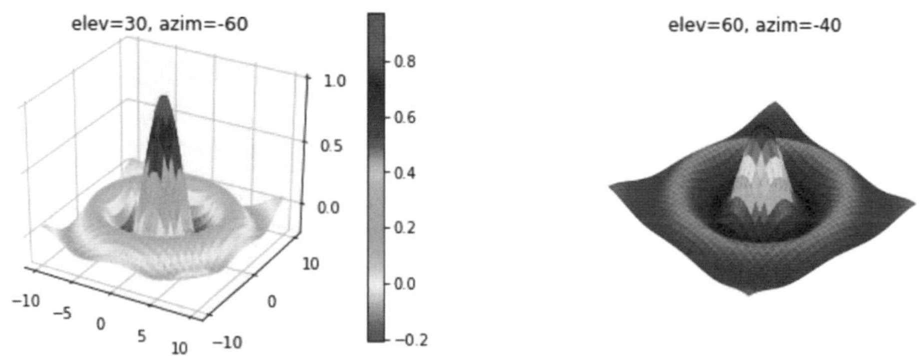

在這個範例中，2 到 5 行建立了繪圖時必要的 XX，YY 和 ZZ 矩陣，第 8 行以色表 hsv 繪製三維的曲面圖，並將生成的繪圖物件設給變數 p。9 和 10 行設定了 y 軸和 z 軸的要顯示的刻度，第 11 行則利用 ax[0].elev 和 ax[0].azim 提取子圖的仰角和方位角，並於圖形的標題上呈現。第 12 行指定在子圖 ax[0] 於在垂直方向（orientation='vertical'）畫出色條，並調整色條和圖形的距離為子圖寬度的 5%（pad=0.05）。第 15 行是以不同的色表（jet）來繪製相同的三維圖，且於第 16 行指定仰角為 60°，方位角為 −40°。 ❖

11.5.4 三維的散佈圖

稍早我們已經學過二維散佈圖的畫法。三維的畫法也相同，只要給出每個點的 x、y 和 z 坐標，就可以利用 scatter() 或 plot() 來繪出三維的散佈圖。下面的範例是利用這兩個函數來繪出參數方程式 $x = \cos(t)/\sqrt{t}$，$y = \sin(t)/\sqrt{t}$，$z = t$，$0 \le t \le 15$ 的圖形：

```
01  # 三維的散佈圖
02  t = np.linspace(1, 15, 120)
03  x = np.cos(t)/np.sqrt(t)
04  y = np.sin(t)/np.sqrt(t)
05
06  fig,ax= plt.subplots(1,2,figsize=(10,4),subplot_kw={'projection':'3d'})
07  p=ax[0].scatter(x, y, t, c=t, cmap='jet')
08  plt.colorbar(p,ax=ax[0],orientation='vertical',fraction=0.035,pad=0.05)
09
10  ax[1].plot(x, y, t,'-')
11  ax[1].grid(False)
12  plt.show()
```

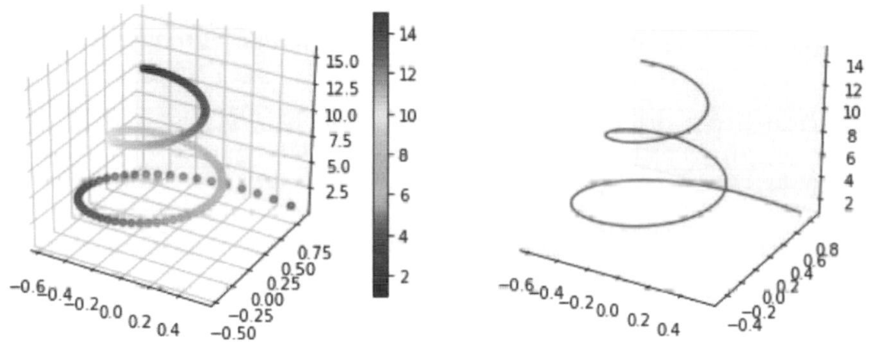

在這個範例中，第 2 行為參數 t 的設定，我們將把 t 的值做為 z 坐標來繪製。3 到 4 行則是計算參數方程式的 x 坐標和 y 坐標。第 7 行利用 scatter() 函數來繪製 (x, y, z) 的散佈圖，其中 $z = t$。另外，設定 $c = t$ 代表我們以 z 軸的值做為上色的依據，也就是 z 越大，就會使用色條越上邊的顏色為資料點上色。第 8 行在子圖 $ax[0]$ 加上一個垂直的色條，並設定色條寬度為子圖寬度的 3.5%(fraction=0.035)，色條和三維圖形的距離為子圖寬度的 5%。第 10 行則是以我們熟悉的 plot() 於右邊的子圖中繪出資料點的分佈，並以實線連接。 ❖

11.6 動畫的製作

在 Colab 或 Jupyter Lab 裡，我們可以利用 matplotlib.animation 模組裡的 FuncAnimation() 來製作動畫。Func Animation 是 Function+Animation 的合體字，顧名思義，它是利用更新資料點坐標的方式來呈現動畫的效果。本節的範例在 Colab 裡都可以順利執行；如果是使用 Jupyter lab，則還需要一個 ffmpeg.exe 檔才能執行，詳情請看附錄 B.5 的說明。

在我們利用 plot() 繪製資料點或曲線時，plot() 會傳回一個 Line2D 的物件，這個物件內建有 get_data() 與 set_data() 等函數，可以用來取得或設定 Line2D 物件裡資料點的坐標。因此在製作動畫時，我們只要利用 set_data() 等函數來更新資料點即可生成動畫的效果。下表列出製作動畫時常用的函數：

・製作動畫採用的函數

函數	說明
ani=FuncAnimation(*fig*,*func*, *frames*, *init_func*,*interval*)	繪製動畫於畫布 *fig*，並傳回動畫物件 *ani*，其中 *func* 為動畫的更新函數，*frames* 為幀數，*init_func* 為初始化函數，*interval* 為每幀之間的時間，單位為毫秒，預設值為 100
HTML(*ani*.to_html5_video())	將動畫物件 *ani* 轉成影片檔，並於 Colab 或 Jupyter lab 裡播放
ρ.get_data(*x*,*y*); ρ.set_data(*x*,*y*)	取得/設定繪圖物件 ρ 的 x 和 y 坐標

上表中，FuncAnimation() 和 HTML() 分別定義在 matplotlib.animation 和 IPython.display 這兩個模組內，在使用它們之前，必須利用下面的語法載入這兩個模組：

```
from matplotlib.animation import FuncAnimation
from IPython.display import HTML
```

一般在製作動畫時，我們會先把動畫應有資訊先計算好，然後在 FuncAnimation() 的 *func* 參數指定要利用哪個函數裡來獲取這些計算好的訊息並繪製動畫。下面的例子是繪製一個圓球沿著軌跡 $y=\sin(2x)$ 移動的範例：

```
01 # 圓球沿著 y = sin(2x) 的軌跡移動
02 x=np.linspace(0,2*np.pi,100)
03 y=x*np.sin(2*x)
04 fig, ax =plt.subplots()
05 dot,=ax.plot([],[],'ro',markersize=12)  # 注意 dot 後面有一個逗號
06 plt.close()
07 
08 def init():       # 初始化函數
09     ax.plot(x,y)
10 def animate(i):   # 動畫函數
11     dot.set_data(x[i],y[i])
12 
13 ani=FuncAnimation(fig=fig, func=animate, frames=100,
14                   init_func=init, interval=50)
15 HTML(ani.to_html5_video())
```

這個程式可分為四個部分，即 2~6 行的資料準備，8~11 行的函數定義，13~14 行的 ani 動畫物件建立，還有最後一行的動畫輸出。程式一開始在 2~3 行先把 x 和 $y = \sin(2x)$ 兩個陣列建立好，注意這兩個陣列各有 100 個元素，x 裡的第 i 個元素和 y 裡的第 i 個元素值是第 i 幀動畫中，圓球的位置。

第 4 行建立一個子圖 ax，第 5 行則是利用 plot() 取得一個 dot 物件（它是 Line2D 型別），目前 dot 物件裡並沒有任何資料點。注意第 5 行的 dot 後面有一個逗號，這是因為 plot() 會傳回一個串列，裡面只有一個 Line2D 型別的物件。如果只要接收這個物件（而不是整個串列），必須在 dot 之後加上一個逗號。第 6 行的 close() 則是把第 5 行繪出的圖關掉，否則會有一張多餘的圖出現。

第 8~9 行的 init() 是在繪製動畫之初會被呼叫的函數，它通常是用來對動畫的場景預先進行佈置。第 10~11 行的函數 animate(i) 是這個程式的核心。animate() 可以接受一個參數 i，然後把 dot 物件裡的資料（坐標）設成 x 和 y 裡的第 i 個元素。隨著 i 值的變化，dot 物件裡的資料（只有一個點的坐標）也一直被更新，因此給予不同的參數 i，即可達成動畫的效果。注意因為我們在第 2、3 和 5 行已經定義過 dot、x 和 y 這三個變數。因此在第 11 行可以取用它們（第 9 行亦同）。

第 13~14 行則是利用 FuncAnimation() 建立一個動畫物件 ani。第一個參數 fig 用來指定製作動畫的畫布。第二個參數 func 是用來指明產生動畫的函數，在此我們設它為 animate，

也就是 10~11 行的函數。第三個參數 frames=100 代表這個動畫一共有 100 幀，因此它會自動產生 0 到 99 共 100 個整數，然後分別代入 animate(i) 中的參數 i 來生成動畫。第 4 個參數 init_func=init 則指明了動畫的初始化函數為 init，在這個範例中它會幫我們繪製一個 $y = \sin(2x)$ 的圖形。最後一個參數 interval=50 是設定每一幀要隔多少時間放映，單位為毫秒，因此本例會以 0.05 秒的間隔來放映。

FuncAnimation() 會傳回一個物件，我們以 *ani* 變數來接收它。15 行利用 *ani* 變數呼叫 to_html5_video() 將 *ani* 轉成視頻，再將結果放在 HTML() 裡，即可在 Colab 或 Jupyter lab 裡看到如下的動畫了（取其中三幀）:

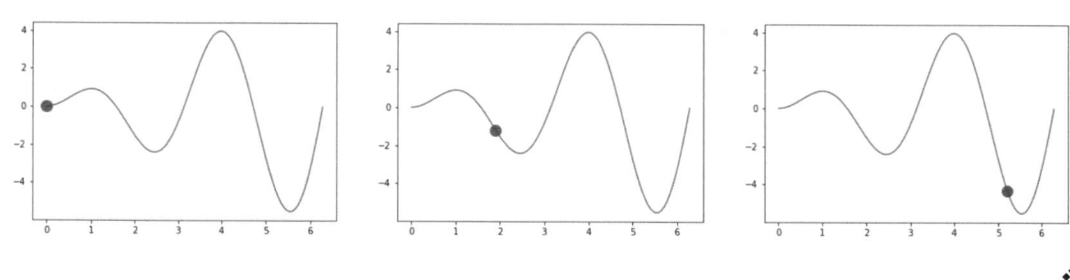

❖

在上面的範例中，函數的曲線是在 init() 裡畫上去的。如果希望函數的曲線能夠隨著圓球一起勾勒出來，那麼我們就必須把描繪曲線的程式寫在 animate() 函數內，如下面的範例:

```
# 一起繪出圓球和函數 y = sin(2x) 的軌跡
x=np.linspace(0,2*np.pi,100)
y=x*np.sin(2*x)
fig, ax =plt.subplots()
ax.set_xlim(-0.3,6.5)  # 設定 x 軸範圍
ax.set_ylim(-5.8,5.8)  # 設定 y 軸範圍
dot,=ax.plot([],[],'ro',markersize=12)   # 注意 dot 後面有一個逗號
line,=ax.plot([],[])   # 注意 line 後面有一個逗號
plt.close()

def animate(i):
    dot.set_data(x[i], y[i])
    line.set_data(x[:i], y[:i])

ani=FuncAnimation(fig=fig, func=animate, frames=100, interval=25)
HTML(ani.to_html5_video())
```

在這個範例中，我們希望函數曲線隨著圓球一起繪出，因此和前例相比，繪出 $y = \sin(2x)$ 的 init() 函數就不需要了。不過在前例的第 9 行，ax.plot(x, y) 會自動給出坐標系統 ax 的 x 和 y 軸的界限，因此後續的動畫會以此界限來繪圖。在本例中，因為我們取消了 init() 函數，所以 x 和 y 軸的界限就必須要自己給定（5~6 行）。另外，我們要更新的有圓球和線條這兩個物件，因此在 7~8 行我們分別利用 plot() 建立 dot 和 $line$ 這兩個 Line2D 物件。在 animate(i) 函數中，我們只要專心更新 dot 和 $line$ 這兩個物件的內容就可以了。

在 animate(i) 函數內，第 12 行和前例一樣，用來更新 dot 物件的資料為 x 和 y 的第 i 個點。不同的是，第 13 行我們把 $line$ 物件的資料設為 $x[:i]$ 和 $y[:i]$，也就是分別設定為 x 和 y 的前 i 個點的坐標。因為 $line$ 物件會以線條連接所有的資料點（參考第 8 行），所以在更新 i 值時，$line$ 物件就會拖出長長的尾巴。第 15 行和前例相同，差別只在少了 init_func 這個參數，同時我們也把每幀放映的間隔改為 0.025 秒。執行結果其中的三幀如下所示：

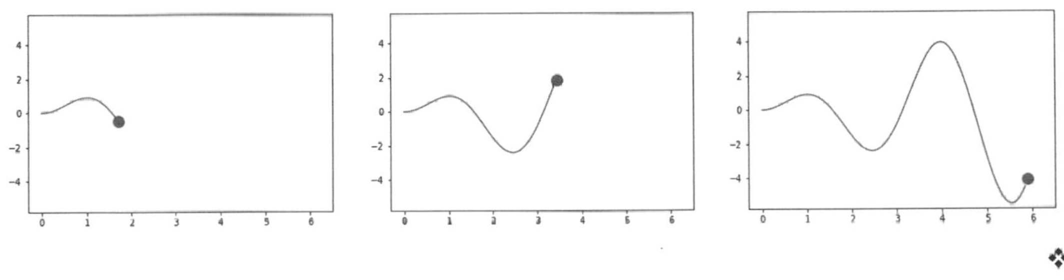

❖

知道二維動畫的繪製之後，畫上三維的動畫就比較簡單了。我們知道在三維的坐標軸中觀看角度由仰角和方位角控制。下面的範例是把仰角控制在 60°，然後讓方位角從 0° 旋轉到 360°，間隔 3° 來觀察 $z(x, y) = \sin(\sqrt{x^2 + y^2})$ 圖形的旋轉情形。

在下面範例中，2 到 5 行先計算好需要繪圖的 XX，YY 和 ZZ 矩陣，然後於第 6~8 行繪出 $(x, y) = \sin(\sqrt{x^2 + y^2})$ 圖形。因為物件 ax 已經包含了三維圖形的所有資訊，因此我們只要在 animate(i) 函數內更動方位角的值即可，也就是利用 ax.view_init(60, i) 來設定方位角為 i 。方位角的 i 值是由第 14 行的 frames=np.arange(0, 360, 3) 來提供，因此 i 的值會從 0，間距為 3 變化到 360。

```
# 三維的動畫
x=np.linspace(-6,6,128)
y=np.linspace(-6,6,128)
XX,YY=np.meshgrid(x,y)
ZZ=np.sin(np.sqrt(XX**2+YY**2))
fig,ax= plt.subplots(subplot_kw={'projection':'3d'})
ax.plot_surface(XX,YY,ZZ,cmap='jet',alpha=0.7)
ax.set_axis_off()
plt.close()

def animate(i):
    ax.view_init(60,i)

ani=FuncAnimation(fig=fig,func=animate,frames=np.arange(0,360,3),
                  interval=60)
HTML(ani.to_html5_video())
```

執行本範例時，我們將可見到一個繞著 z 軸旋轉的圖形，下圖是其中的三幀。您可以嘗試固定方位角，以變動仰角的方式來生成動畫，或者是讓仰角和方位角同時變化來生成動畫看看。

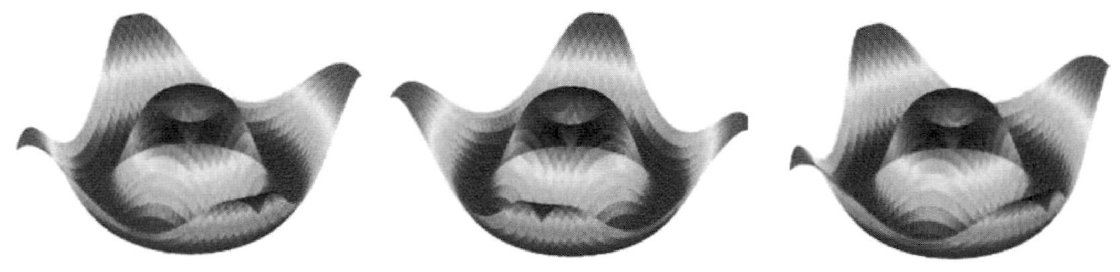

第十一章 習題

11.1 Matplotlib 繪圖的基本認識

1. 於下面各小題中，試利用 add_subplot() 添加一個子圖到畫布中，然後繪製函數的圖形（繪出來的圖形應盡可能平滑）：

   (a) $f(x) = x^4 + 6x^3 + 7x + 3,\ -7 \le x \le 4$

   (b) $f(x) = 6\sin(x+3)\cos(x),\ -\pi \le x \le 2\pi$

   (c) $f(x) = \frac{x+3}{x^2+1}$ ，$-3 \le x \le 6$

2. 試利用 subplots() 添加一個子圖到畫布中，然後繪製下列各函數的圖形：

   (a) $f(x) = x^4 + 6x^3 + 7x + 3,\ -7 \le x \le 4$

   (b) $f(x) = \sin(x^2)\cos(x),\ -\pi \le x \le \pi$

   (c) $f(x) = e^{-0.5x}\sin(x),\ 0 \le x \le 4\pi$

   (d) $y(t) = e^{-t}\sin(3t+2),\ 0 \le t \le 2\pi$

3. 試繪出 $f(x) = \sin(x)/(x+1)$ 的圖形，範圍為 $0 \le x \le 4\pi$，並利用 savefig() 函數儲存繪出來的圖形，檔名為 myplot.png，dpi 為 72，背景設為不透明。

11.2 二維圖形的修飾

4. 試將 $f(x) = \sin(x^2)$ 與 $f(x) = \sin^2(x)$ 繪於同一張圖，範圍為 $0 \le x \le \pi$，並在繪圖區的左下角加上圖例。

5. 試繪出 $f_1(x) = \sin(x)$、$f_2(x) = \sin(2x)$、$f_3(x) = \sin(3x)$ 與 $f_4(x) = \sin(4x)$ 的圖形，繪圖範圍請用 $0 \le x \le 2\pi$，每個子圖請用不同顏色的線條，並將它們排成如下 2×2 的子圖：

$\sin x$	$\sin(2x)$
$\sin(3x)$	$\sin(4x)$

6. 試分別利用紅綠藍三種顏色繪出 $f_1(x) = \sin(x)$ 、 $f_2(x) = \cos(2x)$ 與 $f_3(x) = \sin(x) + \cos(2x)$ 的圖形，繪圖範圍 $0 \le x \le 2\pi$，畫布大小設為 figsize = (5,10)，並將它們排成如下 3×1 的圖形：

$\sin x$
$\cos(2x)$
$\sin(x) + \cos(2x)$

7. 試繪出 $y = x\log_{10}(3x)\sin(\sqrt{x})$，$1 \le x \le 1000$ 的圖形，其中 x 軸為對數坐標，並加上網格線。

8. 試繪出 $y = x^x$，$0 \le x \le 16$ 的圖形，其中 y 軸為對數坐標，並加上網格線。

9. 試繪出 $y = \frac{x\,e^x}{x^2+1}$，$1 \le x \le 100$ 的圖形，其中 x 與 y 軸均為對數坐標。

10. 設 $f(n)$ 為小於等於 n 之質數的個數（n 為整數），例如 2, 3, 5, 7,11, 13, 17, 19 皆為質數，因此 $f(2) = 1$，$f(7) = 4$，$f(19) = f(20) = 8$。試繪出 $f(n)$，$2 \le n \le 100$ 的圖形。在此題中，因為 n 為整數時，$f(n)$ 才有定義，所以點和點之間不要以線條連接。

11.3 填滿繪圖與極坐標繪圖

11. 試利用 plot() 函數繪製 $f(x) = e^{-0.5x}\cos(3x),\ 0 \le x \le \pi$，繪圖點數取 32 個，線條為紅色的虛線，資料點以大小為 8 的小圓來呈現，並以黃色填滿。繪圖區的標題為 'My plot'，字體大小為 18，並加上網格線。

12. 試繪出 $r = \sin(6x)$ 的極坐標圖，$0 \le x \le 2\pi$，坐標軸 r 的刻度為 $-1, -0.5, 0, 0.5, 1$，資料點數取 120 點。

13. 試將 $r = \sin(3x)$ 與 $r = \cos(\sin(6x))$，$0 \le x \le 2\pi$ 的圖形繪於同一張極坐標圖上，坐標軸 r 的刻度為 $-1, 0, 1$，資料點數取 120。

11.4 統計繪圖

14. 設某個地區春天的降雨量為 138 公厘，夏天為 187 公厘，秋天為 92 公厘，冬天為 63 公厘。試以圓餅圖表示每一季降雨量所佔的百分比。

15. 試產生 3600 個平均值為 1，標準差為 5 的常態分佈亂數，並以 20 個組界的直方圖來繪製這筆資料，並以組界寬度的 80% 做為直方圖中，每個長條的寬度。

16. 設 x 和 y 均是由 1200 個平均值為 170，標準差為 16 的常態分佈亂數所組成的向量，試分別以 plot() 和 scatter() 函數繪出資料點 (x, y) 的分佈圖於同一張畫布上，圖像左右排列，x-y 坐標軸的比為 $1:1$。

17. 試以長條圖繪製執骰子 10000 次，每一個點數出現的次數。

11.5 等高線圖與三維繪圖

18. 試繪出下列各函數的二維、三維等高線圖與 3 維的曲面圖，並將它們顯示在一個 1×3 的子圖中。二維的等高線需顯示等高線的值，figsize 參數的值設為 (10, 3)。

(a) $\sin(x)\sin(y), 0 \le x \le 2\pi, 0 \le y \le 2\pi$，等高線為 $-0.7, -0.3, 0, 0.3, 0.7$。

(b) $1/\sqrt{x^2+y^2+1}, -\pi \le x \le \pi, -\pi \le y \le \pi$，5 條等高線。

(c) $y/(x^2+y^2+1)^{4/5}, -4 \le x \le 4, -4 \le y \le 4$，6 條等高線。

(d) $(x^2+y)e^{-x^2-y^2}, -3 \le x \le 3, -3 \le y \le 3$，6 條等高線。

19. 設 x 和 y 為平均分佈的浮點數亂數，$0 \le x \le 6$, $0 \le y \le 6$，而 z 為平均值為 5，標準差為 8 的常態分佈亂數。試利用 scatter() 繪出 1000 個這樣的亂數，並使用 jet 色表，顏色依 z 軸的值來上色。

20. 試繪出 $(x+y)e^{-x^2-y^2}, -2 \le x \le 2, -2 \le y \le 2$ 的三維曲面圖，並設定仰角為 40 度，水平角為 160 度。

21. 試分別繪出 $\log_{10}(1+x^2+y^2)$ 的三維等高線圖（等高線為 0.1、0.3 與 0.5）與三維曲面圖（色表為 jet）於同一張畫布上，圖形左右排列，$-2 \le x \le 2$，$-2 \le y \le 2$。

11.6 動畫的製作

22. 試製作一個紅球（大小為 10，markersize=10）在二維函數 $f(x) = \tan(\sin(x)) - \sin(\tan(x))$ 上方移動的動畫，$0 \le x \le \pi$，幀數為 240，每幀播放的間隔為 0.05 秒。下圖為其中的三幀動畫：

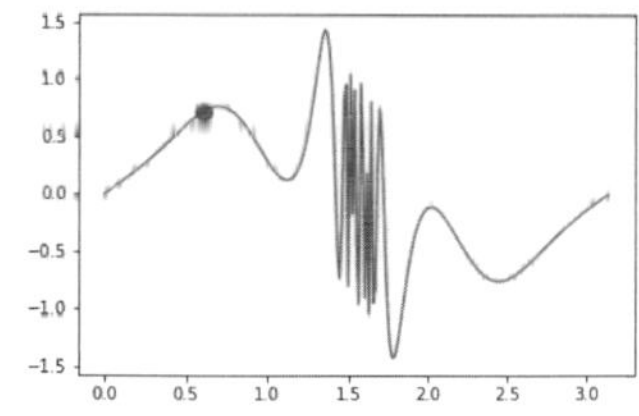
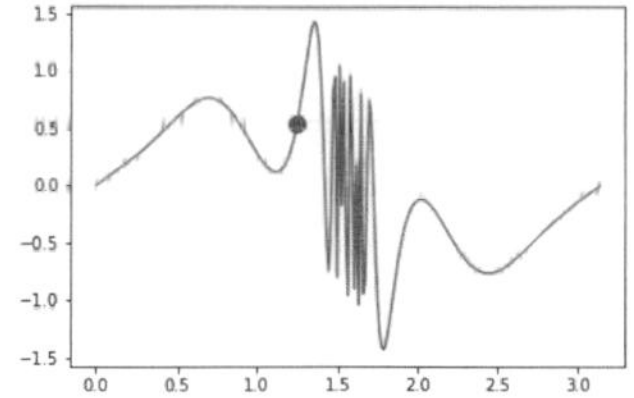
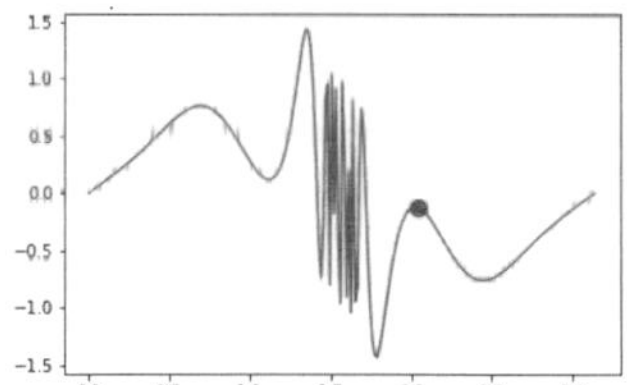

23. 試製作一個紅球（大小為 10，markersize=10）在極坐標函數 $r = \sin(6t)$, $0 \le t \le 2\pi$ 上方移動的軌跡，移動時 $r = \sin(6t)$ 的圖形會一起繪出。幀數取 256，每幀播放間隔為 0.05 秒。下圖為其中三幀動畫（提示：可利用 set_data(t, r) 來設定 t 和 $r = \sin(6t)$ 的坐標）：

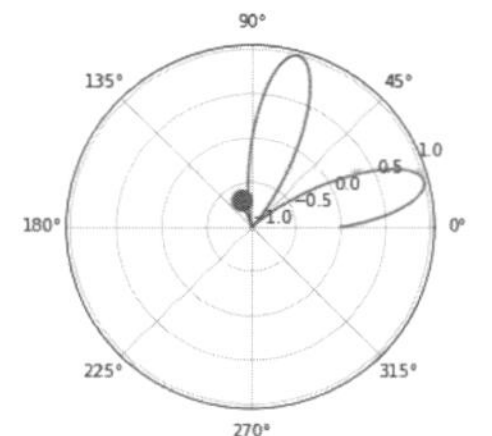
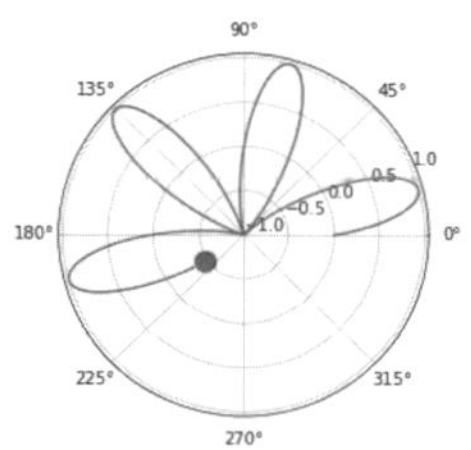
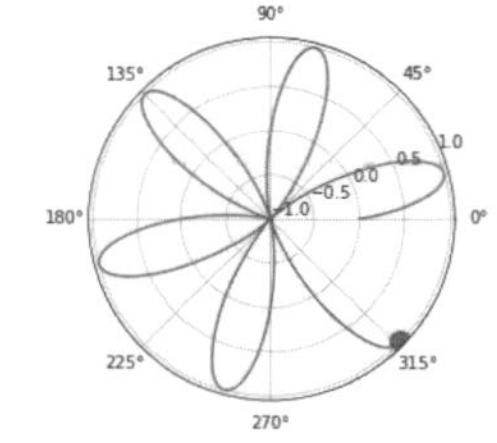

12

Chapter

使用 Pandas 處理數據資料

Pandas 可用來處理與分析資料，是資料科學領域裡很常用的一個套件，有著 Python 裡的 Excel 之稱。Pandas 這名稱起源於 Panel data sets，從其名稱可以看出它擅長處理表格數據，就像是 Excel 專精於處理資料表一樣。Pandas 補足了 Python 在資料分析上的不足，可以在 Python 的環境裡進行類似試算表的處理。Pandas 也提供了一些繪圖的函數，可以直接將數據視覺化，使用起來非常方便。

1. Pandas 的基本認識
2. Series 和 DataFrame 的運算
3. 排序與統計函數
4. Pandas 的繪圖
5. 存取 csv 檔與 pickle 檔

12.1 Pandas 的基本認識

Pandas 提供了 Series、DataFrame 和 Panel 三種型別，分別用來處理一維、二維和多維的資料。不過 DataFrame 也具備了處理多維資料的功能，使得 Panel 這種型別較為少用。本節將介紹 Series 和 DataFrame 這兩種型別的建立方式，以及它們的相關運算等。

Google Colab 已經預先安裝好 Pandas。如果您是使用 Jupyter lab，必須先安裝它。請於 Jupyter lab 的輸入區裡鍵入

```
pip install pandas
```

來安裝，約一分鐘內可以安裝完成。我們可以利用下面的指令將 Pandas 載入：

```
import pandas as pd
```

pd 是 pandas 的縮寫，一般我們習慣以 pd 來縮寫 Pandas。

12.1.1 一維的 Series 資料型別

Series 可以用來儲存一維的數據資料，有點類似 Numpy 的單軸陣列。這些資料可以是整數、浮點數、字串，或是 Python 的物件等。下表是一些 Series 常用的函數。

. 與 Series 物件相關的函數

函數	說明
`pd.Series()`	建立 Series 物件，可以利用串列或字典來建立
s`.ndim;` *s*`.shape;` *s*`.size`	查詢 Series 物件 *s* 的維度、形狀和元素個數
s`.dtype` 或 *s*`.dtypes`	查詢 Series 物件 *s* 元素的型別
s`.values`	提取 Series 物件 *s* 的值
s`.index`	提取 Series 物件 *s* 的索引名稱
s`.where(`*list*`)`	若 *list* 裡的元素為 True，則提取該元素，否則回應 NaN
s`.isna()`	判別 *s* 裡的元素是否為缺失值（Missing value）
s`.notna()`	判別 *s* 裡的元素是否不是缺失值
s`.fillna(`*n*`)`	將 *s* 裡的缺失值填上 *n*
s`.dropna()`	刪除 *s* 裡的缺失值

我們可以注意到 Pandas 在查詢 Series 物件的維度、形狀、和元素個數的語法和 Numpy 都一樣，不過在查詢型別時，Numpy 是用 dtype，而 Pandas 的 Series 可以用 dtype，或是多了一個 s 的 dtypes 來查詢。另外 isna()、notna()、fillna() 和 dropna() 這四個函數都帶有後綴 na，它是 not available 的縮寫，為無法取得之意，此處用來代表缺失值。


```
> import pandas as pd
  import numpy as np
```

載入 pandas 和 numpy 套件。

```
> s0=pd.Series([4.3, 7.24, 8.5])
```

利用串列來建立一個 Series 物件 *s*0。注意 Series 裡有三筆資料。

```
> s0
  0    4.30
  1    7.24
  2    8.50
  dtype: float64
```

顯示 *s*0 的內容，Python 顯示了兩欄。左欄是 Series 元素的索引（index），右欄是元素值。在這個範例中，因為沒有設定索引的內容，因此預設以流水編號做為索引。

從上面的輸出可以看到 Pandas 把 Series 物件 *s*0 裡的元素排成 3 列，每一列的元素前面都有一個索引，因此我們也可以把 Series 的索引稱為「列索引」。Series 的索引只有一個列索引，下節將提到二維的 DataFrame 物件則有「列」和「欄」兩個索引。

```
> s0.ndim
  1
```

這是 *s*0 的維度，它等同於 Numpy 的一維的陣列。

```
> s0.shape
  (3,)
```

這是 *s*0 的形狀，注意 *s*0 只有一個維度，所以左式回應只有一個元素的序對。

```
> s0.size
  3
```

查詢 *s*0 的元素個數，可知它有 3 個元素。

```
> s0.dtype
  dtype('float64')
```

查詢 *s*0 的型別。

```
> pd.Series([4,'a',12]).dtype
  dtype('O')
```

在這個 Series 裡有兩種不同的型別（整數和字串），因此 dtype 回應型大寫的 O，代表 Object 之意。

```
> s0.values
  array([4.3, 7.24, 8.5 ])
```

values 是 *s*0 的一個屬性。*s*0.values 可以提取出 *s*0 的值（為一個 NumPy 的陣列）。

```
> s0.index
  RangeIndex(start=0,stop=3,step=1)
```

index 是另一個屬性，它可以提取 Series 物件的索引。注意提取出來的 index 是一個 RangeIndex 物件，它告訴我們索引從 0 到 3（不含），間距為 1。

從上面的分析可知，一個 Series 物件包含 index 與 value 兩個屬性。如果沒有賦予 index 屬性，則預設是從 0 開始的流水編號作為索引（和 Numpy 陣列的索引相同）。利用索引，我們可以提取出 Series 物件裡的元素值。

```
> s0[0],s0[1]
  (4.3, 7.24)
```

提取 *s*0 索引為 0 和 1 的元素。

```
> s0[1:]
  1    7.24
  2    8.50
  dtype: float64
```

提取 *s*0 索引從 1 開始之後的所有元素。這種寫法和 Numpy 的切片法相同。

```
> s0[[0,2]]
  0    4.3
  2    8.5
  dtype: float64
```

提取 *s*0 索引為 0 和 2 的元素。這個語法和 Numpy 的花式提取法相同。

```
> s0[4]=7; s0
  0    4.30
  1    7.24
  2    8.50
  4    7.00
  dtype: float64
```

將索引為 4 的元素設為 7。因為 *s*0 並沒有 4 這個索引，因此 Pandas 會新增一個索引 4，然後將其值設為 7。

```
> s0['candy']=12; s0
  0          4.30
  1          7.24
  2          8.50
  4          7.00
  Candy     12.00
  dtype: float64
```

相同的，左式會新增一個索引 candy，然後將其值設為 12。我們可以觀察到 Series 的索引可以是數字或是字串。

```
> s0.index
  Index([0, 1, 2, 4, 'candy'],
  dtype='object')
```

查詢 $s0$ 的索引，我們可以觀察到 4 和 candy 現在已經是 $s0$ 的索引，而且索引的型別也變成 object 了。

我們也可以在建立 Series 物件時就賦予特定的索引，如此在提取元素的時候就可以利用這些索引來提取。

```
> s1=pd.Series([4,7,8],
               index=['a','b','c'])
```

建立一個 Series 物件 $s1$，並指定索引為 a、b 和 c。

```
> s1
  a    4
  b    7
  c    8
  dtype: int64
```

這是 $s1$ 的內容，我們可以發現左側的索引欄已經變成 a、b 和 c 了。注意此時 4、7 和 8 的索引分別為 a、b 和 c。

```
> s1['a']
  4
```

利用索引 a 來提取 $s1$ 的元素，得到 4。

```
> s1['b']=-5; s1
  a    4
  b   -5
  c    8
  dtype: int64
```

將索引為 b 的元素設為 -5，然後重新查詢 $s1$ 的內容，我們可以發現索引為 b 的元素果然已經被設為 -5。

```
> s1[0]
  4
```

我們依然可以採用元素的位置來提取元素的內容。左式是提取索引為 0 的元素。

我們可以利用 in 運算子來查詢某個 Series 物件是否包含某個索引，也可以利用 where() 函數對 Series 物件裡的元素進行處理。

```
> s1.index
  Index(['a','b','c'],dtype='object')
```

查詢 $s1$ 的 index 屬性，我們得到一個 Index 物件。

```
> 'a' in s1
  True
```

查詢 a 是否為 $s1$ 的索引，結果回應 True。

```
> 0 in s1
  False
```

雖然可以利用 0 做為索引來提取 *s*1 的元素，不過它並沒有記錄在 *s*1 的 index 屬性裡，所以回應 False。

```
> 8 in s1
  False
```

雖然 *s*1 裡有 8 這個值，不過 in 判別的是 index 屬性，而不是 value 屬性，所以回應 False。

```
> s1.where(s1>0)
  a    4.0
  b    NaN
  c    8.0
  dtype: float64
```

在這個語法中，如果 where() 裡的元素值是 True，則回應 *s*1 中相對應元素的值，否則回應 NaN。因為 *s*1 中，索引為 *b* 的元素為 −5，所以左式中，相對應的位置顯示 NaN，其餘顯示原值。

```
> s1.where(s1>0,0)
  a    4
  b    0
  c    8
  dtype: int64
```

這是帶有兩個參數的 where()，如果不滿足判斷式 *s*1>0，則不再回應 NaN，而是回應 0。因此左式索引為 *b* 的元素值為 0。

我們也可以利用字典來建立 Series 物件，此時字典的鍵（Key）會做為 Series 的索引，字典的值（Value）會做為 Series 的值來建立物件。

```
> d0={'coffee':50,'tea':30,'juice':60}
```

這是一個字典，它有三個鍵值對。

```
> s2=pd.Series(d0)
```

利用字典建立一個 Series 物件 *s*2 。

```
> s2
  coffee    50
  tea       30
  juice     60
  dtype: int64
```

查詢 *s*2 的內容。我們可以發現字典裡的鍵現在都變成 *s*2 裡的索引，字典裡的值也變成 *s*2 裡的值了。

```
> s3=pd.Series(d0,
      index=['tea','cola','coffee'])
```

利用字典 *d*0 來建立一個 Series，並指定索引使用 tea，cola 和 coffee。注意 tea 和 coffee 在原本字典 *d*0 裡就有了，而 cola 是新加入的索引。

```
> s3
  tea       30.0
  cola       NaN
  coffee   50.0
  dtype: float64
```

查詢 *s*3 的值，發現 cola 的值為 NaN，而 tea 和 coffee 則保留了原本字典裡的值。我們稱 Series 裡的 NaN 為缺失值（Missing value）。注意 NaN 是 not a number 的縮寫。

```
> s3.isna()
  tea       False
  cola       True
  coffee   False
  dtype: bool
```

利用 isna() 函數可以判斷 *s*3 裡是否有缺失值，其中 cola 的值為 True，代表它的值缺失了。注意 isna() 為 is null 的連體字。

```
> s3.notna()
  tea        True
  cola      False
  coffee     True
  dtype: bool
```

notna() 和 isna() 相反，它用來找出有哪些值不是缺失值，因此 tea 和 coffee 的值為 True。

如果原先 Series 物件的索引名稱想要修改，我們也可以直接對 index 屬性重新設值，如下面的範例：

```
> s3.index=['tea','juice','candy']
```

將 *s*3 的索引改為 tea，juice 和 candy。

```
> s3
  tea       30.0
  juice      NaN
  candy     50.0
  dtype: float64
```

查詢 *s*3，我們發現其索引已經被修改。

```
> s3.fillna(0)
  tea       30.0
  juice      0.0
  candy     50.0
  dtype: float64
```

將 *s*3 的缺失值填上 0，因此 juice 的值變為 0。注意 *s*3 的內容不會被改變，因為 fillna(0) 只是傳回把缺失值設為 0 的結果。

```
> s3.dropna()
  tea       30.0
  candy     50.0
  dtype: float64
```

dropna() 則可直接將缺失值捨棄（drop 為捨棄的意思）。我們可以觀察到左式的索引 juice 已經不見了。注意 *s*3 的內容也不會被改變。

12.1.2 二維的 DataFrame

Series 是用來記錄一維的資料，而 DataFrame 則是用來記錄二維的資料表。Series 物件只有一個列索引，而 DataFrame 則有列（row）和欄（column）兩個索引。

. 與 DataFrame 物件相關的函數

函數	說明
`pd.DataFrame()`	建立 DataFrame 物件，可以利用串列或字典來建立
d`.dtypes`	查詢 DataFrame 物件 *d* 的型別（注意 dtypes 要加 s）
d`.index`	提取或設定 DataFrame 物件 *d* 的列索引
d`.columns`	提取或設定 DataFrame 物件 *d* 的欄索引（或稱行索引）
d`.head(`*n*`)`	提取 DataFrame 物件 *d* 的前 *n* 筆資料
d`.tail(`*n*`)`	提取 DataFrame 物件 *d* 的後 *n* 筆資料
d`.T`	將 DataFrame 物件 *d* 轉置，也就是欄與列互換

在 Excel 的資料表中，一個直行也稱為一個欄位。因此在 Pandas 裡，我們把行索引也稱為欄索引，以方便描述。

```
> ar=np.arange(6).reshape((2,3))
```

建立一個 2 × 3 的 Numpy 陣列 *ar*。

```
> pd.DataFrame(ar)
```

	0	1	2
0	0	1	2
1	3	4	5

以 *ar* 建立一個 DataFrame。在 Colab 或 Jupyter lab 中，DataFrame 會顯示成一個資料表，這個資料表的列索引預設為 0 到 1（因為有兩列），而欄索引為 0 到 2。

```
> pd.DataFrame(ar,columns=['a','b','c'])
```

	a	b	c
0	0	1	2
1	3	4	5

利用 columns 參數來指明欄索引為 *a*，*b* 和 *c*。注意資料表上方顯示的欄索引已從預設的 0、1 和 2 改為 *a*，*b* 和 *c*。

```
> pd.DataFrame(ar,index=['Java','C++'])
```

	0	1	2
Java	0	1	2
C++	3	4	5

利用 index 參數可以修改預設的列索引。左式是以 Java 和 C++ 為列索引來建立一個 DataFrame 物件。

```
> data={'Math':    [98,99,38,97],
        'Biology': [78,89,45,67],
        'English': [87,98,86,98]}
```

這是一個字典，內含 3 個鍵值對。

```
> d0=pd.DataFrame(data); d0
```

	Math	Biology	English
0	98	78	87
1	99	89	98
2	38	45	86
3	97	67	98

利用字典來建立一個 DataFrame 物件。注意字典裡的 key 在 DataFrame 裡會轉變為欄索引，而字典裡的 value 則轉變為每一欄的值。

```
> d0.head(3)
```

	Math	Biology	English
0	98	78	87
1	99	89	98
2	38	45	86

有時 DataFrame 裡面資料的筆數非常多，而我們只是想看一下前幾筆的內容，此時可以利用 head(n) 來顯示前 n 筆資料。如果 head() 裡不填參數，則顯示前 5 筆。

```
> d0.tail(2)
```

	Math	Biology	English
2	38	45	86
3	97	67	98

$d0$.tail(2) 可顯示資料表 $d0$ 的後面兩筆資料。如果參數不填，則顯示後 5 筆。

```
> d0.dtypes
Math       int64
Biology    int64
English    int64
dtype: object
```

查詢 $d0$ 的型別，可知其型別為 object，而每欄的型別為 int64。

```
> d0.shape
(4, 3)
```

查詢 $d0$ 的形狀，得到 4 × 3，可知它有 4 列 3 欄（行）的資料。

```
> pd.DataFrame(data,
    columns=['English','Math','Biology'])
```

	English	Math	Biology
0	87	98	78
1	98	99	89
2	86	38	45
3	98	97	67

以字典 data 建立一個資料表，並依 columns 參數指定的欄索引依序建立資料表裡的每一欄。因此在左邊的資料表中，English 欄位會最先出現，再來是 Math，最後是 Biology。

```
> d1=pd.DataFrame(data,
  columns=['English','Math','Python'],
  index=['Tom','Jerry','Mary','Bob'])
```

同時指定欄和列的索引來建立資料表 $d1$。

```
> d1
```

	English	Math	Python
Tom	87	98	NaN
Jerry	98	99	NaN
Mary	86	38	NaN
Bob	98	97	NaN

因為字典 data 裡並沒有 Python 這個鍵，所以 Python 這一欄的值都被填上 NaN。注意現在的列索引顯示的是 index 參數裡的字串。

```
> d1.columns
  Index(['English', 'Math',
  'Python'], dtype='object')
```

查詢 $d1$ 的 columns 屬性，我們得到一個 Index 物件，且欄索引是以串列的型式放在 Index() 裡。

```
> d1.index
  Index(['Tom', 'Jerry', 'Mary',
  'Bob'], dtype='object')
```

這是 $d1$ 的 index 屬性，從輸出中我們也可以看到列索引的內容也是被放在 Index() 裡面。

DataFrame 的許多操作都和欄與列的索引有關，因此只要熟悉它們的操作，從 DataFrame 裡提取特定的元素就很容易了。

```
> d1.columns[2]
  'Python'
```

提取 $d1$ 之 columns 屬性中，索引為 2 的元素。

```
> d1.index[0]
  'Tom'
```

提取 index 屬性中，索引為 0 的元素。

```
> d1['Math']
  Tom      98
  Jerry    99
  Mary     38
  Bob      97
  Name: Math, dtype: int64
```

提取 Math 欄位的值。注意左式回應的是一個 Series 物件。如果想再提取某個列索引的值，只要在 $d1$['Math'] 之後，再接上列索引即可。例如 $d1$['Math']['Bob'] 可以提取出 97。

```
> d1.English
```

```
Tom      87
Jerry    98
Mary     86
Bob      98
Name: English, dtype: int64
```

這個語法可以提取出 English 欄位的值。利用 $d1$['English'] 語法也可以取得相同的結果。

```
> d1['Python']=[78,99,43,78]; d1
```

	English	Math	Python
Tom	87	98	78
Jerry	98	99	99
Mary	86	38	43
Bob	98	97	78

將 $d1$ 的 Python 欄位設值為 78, 99, 43 和 78。從輸出中可以看出 Python 欄位內已經有值了。

```
> s=pd.Series([77,44],
              index=['Bob','Mary'])
```

建立一個 Series 物件 s，並設定值為 77 和 44，列索引為 Bob 和 Mary。

```
> d1['Math']=s; d1
```

	English	Math	Python
Tom	87	NaN	78
Jerry	98	NaN	99
Mary	86	44.0	43
Bob	98	77.0	78

設定欄索引為 Math 的值為 s。由於 s 裡有 Mary 和 Bob 這兩個索引，因此 $d1$ 的 Math 欄位內，Mary 和 Bob 的值會被設為 44.0 和 77.0，而 Tom 和 Jerry 的值則被填上 NaN。注意 Math 這欄因為有 NaN 存在，所以這欄的數值全部會被設為浮點數。

```
> d1['Missing']=d1.Math.isna(); d1
```

	English	Math	Python	Missing
Tom	87	NaN	78	True
Jerry	98	NaN	99	True
Mary	86	44.0	43	False
Bob	98	77.0	78	False

在 $d1$ 中新增一個欄位 Missing，並將判斷 Math 欄位是否為 NaN 的結果設給 Missing。從輸出可看出在 Missing 欄位中，Tom 和 Jerry 的值都為 True，因為它在 Math 欄位中都是缺失值。

```
> del d1['Missing']; d1
```

	English	Math	Python
Tom	87	NaN	78
Jerry	98	NaN	99
Mary	86	44.0	43
Bob	98	77.0	78

利用 del 指令刪除 $d1$ 的 Missing 欄位，然後重新查詢 $d1$ 的內容，我們發現 Missing 欄位已經被刪除。

注意在 Numpy 中，包含有 np.nan 的陣列都會被視為浮點數，即使其它元素都是整數。由於 Pandas 是以 Numpy 為基底來運作，因此當 Math 這欄有 NaN 時，同一欄的數字也會被看成是浮點數。這也就解釋了為什麼 Math 欄位裡的 Mary 和 Bob 會是浮點數：


```
> a=np.array([np.nan,12,40]); a
  array([nan, 12., 40.])
```

將 np.nan、12 和 40 轉成 Numpy 陣列，可看到整數 12 和 40 會被轉成浮點數。

```
> a.dtype
  dtype('float64')
```

陣列 a 的型別是 float64，即使陣列裡面有一個 np.nan。

```
> d1.values
  array([[87., nan, 78.],
         [98., nan, 99.],
         [86., 44., 43.],
         [98., 77., 78.]])
```

如果只需要提取資料表裡的值，而不需要列和欄的索引，我們可以直接提取資料表的 values 屬性即可。注意二維陣列裡有元素值是 np.nan，因此其它的整數也會轉成浮點數。

```
> d1.T
```

	Tom	Jerry	Mary	Bob
English	87.0	98.0	86.0	98.0
Math	NaN	NaN	44.0	77.0
Python	78.0	99.0	43.0	78.0

就像是 Numpy 的陣列一樣，DataFrame 物件也可以進行轉置運算，此時欄與列會對調，因此欄索引和列索引也會互換。注意 Math 這欄是浮點數，轉置後變成 Math 這列是浮點數，因此每一欄都有一個浮點數，所以整個資料表都會轉成浮點數。

從上面的範例可知，從 DataFrame 物件提取出一欄，得到的是一個 Series 物件，因此如果想從 DataFrame 物件提取出某一欄某一列的值，只要先提取出該欄，再從得到的 Series 物件中利用列索引提取出該元素即可。另外，上一節介紹的 where()、isna()、notna()、fillna() 和 dropna() 等函數也可以作用在 DataFrame 物件。

```
> d=pd.DataFrame(
      [[63,65,77],[63,None,39]],
      columns=['Java','C++','VB']); d
```

	Java	C++	VB
0	63	65.0	77
1	63	NaN	39

這是一個 DataFrame 物件 d。注意 d 裡有一個缺失值。

```
> d['C++']
  0    65.0
  1     NaN
  Name: C++, dtype: float64
```

提取出索引為 'C++' 的欄，我們得到一個 Series 物件。

```
> d['C++'][1]
  nan
```

先提取出索引為 'C++' 的欄，再從得到的 Series 物件中提取出索引為 1 的列。

```
> d.isna()
```

	Java	C++	VB
0	False	False	False
1	False	True	False

查詢 d 的缺失值，得到一個 DataFrame 物件。在這個物件裡，顯示 True 的位置代表 d 中的缺失值。

```
> d.fillna(0)
```

	Java	C++	VB
0	63	65.0	77
1	63	0.0	39

fillna() 可將缺失值以某個數值填上。本例是將缺失值填上 0。注意 fillna(0) 只是傳回將缺失值填上 0 之後的結果，d 的內容並不會被改變。

```
> d.where(d<60)
```

	Java	C++	VB
0	NaN	NaN	NaN
1	NaN	NaN	39.0

查詢 d 中，小於 60 的元素。where() 會回應一個 DataFrame 物件，其中 d 小於 60 的位置會顯示原值，其餘的位置則顯示 NaN。

12.2 Series 和 DataFrame 的運算

在前一節中我們已經看過關於 Series 和 DataFrame 物件的建立方式，以及它們的一些操作。本節將探討其它的運算，包括索引的重排、元素的插入與刪除，篩選、提取和其它運算等。

· 與 Series 和 DataFrame 物件相關的運算函數

函數	說明
d.reindex($alist$)	將物件 d 的列索引依 $alist$ 重新排列
d.drop(n)	刪除物件 d 索引為 n 的元素
d.insert(i,v,$data$)	在欄索引 i 以索引 v 添加資料 $data$（僅適用於 DataFrame）

函數	說明
$d1$.append($d2$)	將資料 $d2$ 附加在 $d1$ 之後
d.loc[row,col]	依列索引 row 和欄索引 col 來提取元素
d.iloc[$irow,icol$]	依列和欄之索引來提取元素（$irow$ 和 $icol$ 為整數）
$d1$.add($d2$)	將 $d1$ 物件與 $d2$ 物件相加，同 $d1+d2$
$d1$.sub($d2$)	將 $d1$ 物件與 $d2$ 物件相減，同 $d1-d2$
$d1$.mul($d2$)	將 $d1$ 物件與 $d2$ 物件相乘，同 $d1\times d2$
$d1$.div($d2$)	將 $d1$ 物件與 $d2$ 物件相除，同 $d1\,/\,d2$
d.index.duplicated()	判別物件 d 的列索引是否重複

12.2.1 元素的選取

loc 和 iloc 都可以用來提取 Series 物件 s 裡的元素。loc 是以索引名稱來提取元素，使用起來比較直覺。iloc（可以把它看成是 integer location）則是以元素的所在位置（從 0 算起的）來提取，使用起來比較靈活。另外我們也可以採用 $s[n]$ 這種語法來提取索引為 n 的元素。不過如果當 s 的索引是整數時，$s[n]$ 裡的 n 必須是 s 的其中一個索引，而不能是其它的值（如 $s[-1]$，因為在這種情況下，我們無法分辨是 n 是代表索引，還是代表最後一個元素）。

```
> s0=pd.Series([6,7,8],
               index=['a','b','c']); s0
  a    6
  b    7
  c    8
  dtype: int64
```

建立一個 Series 物件 $s0$，並指定索引為 a、b 和 c。

```
> s0[2], s0[-1], s0['c']
  (8, 8, 8)
```

利用 $s0$[2]、$s0[-1]$ 或 $s0$['c']，我們都可以提取出 s0 的最後一個元素。

```
> s0[1:]
  b    7
  c    8
  dtype: int64
```

這個語法可以提取索引從 1 開始之後的所有元素。

```
> s0[[2,0,1]]
  c    8
  a    6
  b    7
  dtype: int64
```

提取索引為 2、0 和 1 的元素。注意 2、0 和 1 必須以串列括號括起來。

```
> s0.iloc[0],s0.iloc[-1]
  (6, 8)
```

Iloc 是採用位置訊息來提取元素。左式提取了索引為 0 的元素和最後一個元素。

```
> s0.iloc[::-1]
  c    8
  b    7
  a    6
  dtype: int641
```

從最後一個元素提取到最開頭的元素，這種提取法相當於將 $s0$ 裡的元素反排。

```
> s0.loc['c']
  8
```

如果是以 loc 來提取，loc 的方括號內必須填上元素的索引，而不是元素的位置。

```
> s1=pd.Series([6,7,8])
```

建立 Series 物件 s1，因為沒有給予索引，所以預設為 0、1 和 2。

```
> s1[0]
  6
```

提取索引為 0 的元素。

```
> s1[1:]
  1    7
  2    8
  dtype: int64
```

提取索引從 1 開始之後的所有元素。

```
> s1[-1]
  ValueError: -1 is not in range
  # 錯誤訊息省略
```

這種寫法會讓 Pandas 不知道 −1 是索引，還是用來表示最後一個位置，因此會有錯誤訊息發生。

我們可以利用方括號 [] 來提取 DataFrame 裡某些欄位的元素，也可以利用花式索引提取數個欄位，並可將這些欄位的順序重排。

```
> d=pd.DataFrame(
       np.arange(12).reshape(3,4),
       index=['a','b','c'],
       columns=['w','x','y','z'])
```

建立一個 DataFrame 物件 d。

```
> d
```

	w	x	y	z
a	0	1	2	3
b	4	5	6	7
c	8	9	10	11

這是 DataFrame 物件 d 的內容。我們可以觀察到 d 有 3 個列索引 a、b 和 c，有 4 個欄索引 w、x、y 和 z。

```
> d['w']
a    0
b    4
c    8
Name: w, dtype: int64
```

利用方括號提取索引為 w 的欄。

```
> d[['w','y','x']]
```

	w	y	x
a	0	2	1
b	4	6	5
c	8	10	9

利用類似 Numpy 的花式索引提取出索引為 w、y 和 x 的欄。

```
> d[1:]
```

	w	x	y	z
b	4	5	6	7
c	8	9	10	11

如果方括號裡是切片表示法，則是以切片產生的數值做為列的位置來提取相對應的列。左式提取了列索引從 1 開始之後所有的列。

```
> d[0:2]
```

	w	x	y	z
a	0	1	2	3
b	4	5	6	7

提取列索引為 0 和 1 的元素（注意不包含索引為 2 的列）。

```
> d[0:2]['x']
a    1
b    5
Name: x, dtype: int64
```

先提取索引為 0 和 1 的列，然後再提取欄索引為 x 的元素，我們得到一個 Series 物件。

```
> d[0:2][['x','w','z']]
```

	x	w	z
a	1	0	3
b	5	4	7

先提取前兩列，再以花式提取法提取索引為 x、 w 和 z 的欄。

我們也可以利用 loc 和 iloc 來提取 DataFrame 物件的某些列或欄，或是列或欄裡的某些元素。loc 是以列或欄的索引來提取元素，而 iloc 則是利用列和欄的位置訊息來提取。因為 iloc 可以利用位置訊息來提取連續的欄位，有時使用起來會較為方便。

```
> d.loc['a','x']
  1
```

利用 loc 提取列索引為 a，欄索引為 x 的元素。注意 loc 後面接的括號是方括號。

```
> d.iloc[0,2]
  2
```

利用 iloc 提取列索引為 0，欄索引為 2 的元素。

```
> d.loc['a',['w','x']]
  w    0
  x    1
  Name: a, dtype: int64
```

提取列索引為 a，欄索引為 w 和 x 的元素。因為我們提取了兩個元素，因此左式回應的是一個 Series 物件。

```
> d.loc[['a','c'],['w','x']]
```

	w	x
a	0	1
c	8	9

提取列索引為 a 和 c，欄索引為 w 和 x 的元素。因為提取的結果為兩列兩欄，所以提取的結果以一個 DataFrame 物件來呈現。

```
> d.loc[:,['w','x']]
```

	w	x
a	0	1
b	4	5
c	8	9

提取出所有的列，且欄索引為 w 和 x 的元素。

```
> d.loc[['a','b']]
```

	w	x	y	z
a	0	1	2	3
b	4	5	6	7

提取出列索引為 a 和 b 的元素。

```
> d.iloc[:2,1:]
```

	x	y	z
a	1	2	3
b	5	6	7

提取前兩列，索引為 1 開始之後所有的欄。我們可以發現 iloc 提取元素的方法和 Numpy 提取的方法很類似。

```
> d.iloc[[1,2],[2,3,1]]
```

	y	z	x
b	6	7	5
c	10	11	9

提取列索引為 1 和 2，欄索引為 2、3 和 1 的元素。

```
> d.iloc[-1,2:]
  y    10
  z    11
  Name: c, dtype: int64
```

提取最後一列，欄索引從 2 開始之後所有的元素。

12.2.2 提取符合特定條件的元素

利用布林運算，我們可以很容易的提取 Series 或 DataFram 物件中，符合特定條件的元素，我們來看看下面的範例：

```
> s=pd.Series([23,55,32])
```

建立一個 Series 物件 *s*。

```
> s<40
  0     True
  1    False
  2     True
  dtype: bool
```

判別 *s* 裡，有哪些元素的值小於 40。小於 40 的元素會顯示 True，否則顯示 False。注意判別的結果也是一個 Series 物件，其型別為 bool。

```
> s[s<40]
  0    23
  2    32
  dtype: int64
```

由於 $s < 40$ 的結果是索引為 0 和 2 的元素為 True，因此這個式子會提取出索引為 0 和 2 的元素。

DataFrame 具有兩個索引，提取符合特定條件的元素較 Series 來的複雜些。我們可以加上限制條件來提取整欄、整列或是個別的元素。

```
> score=[[37,65,54],[38,87,77],[65,77,90]]
  name=['Tom','Jerry','Mary'];
  course=['Math','English','Biology']
```

設定 *score*、*name* 和 *course* 三個變數，其中 *score* 代表成績，*name* 為學生姓名，而 *course* 為科目名稱。

```
> d=pd.DataFrame(score,
                 index=name,
                 columns=course)
```

利用 *score*、*name* 和 *course* 建立一個 DataFrame 物件，並設定給變數 *d* 存放。

```
> d
```

	Math	English	Biology
Tom	37	65	54
Jerry	38	87	77
Mary	65	77	90

這是我們建立的 DataFrame 物件 *d*。

```
> d['Math']>=60
Tom      False
Jerry    False
Mary      True
Name: Math, dtype: bool
```

判別 Math 那一欄中，大於等於 60 的元素，也就是判別有哪些學生的數學成績及格。結果顯示只有 Mary 的成績及格。

```
> d[d['Math']>=60]
```

	Math	English	Biology
Mary	65	77	90

因為 *d*['Math']>=60 中只有 Mary 是 True，因此這個語法可以提取出值為 True 的列，也就是 Mary 所有科目的成績。

```
> d>=60
```

	Math	English	Biology
Tom	False	True	False
Jerry	False	True	True
Mary	True	True	True

查詢 *d* 中，大於等於 60 的元素，也就是查詢所有學生中，有哪些科目及格了。注意這個語法和 Numpy 很像，只不過是以 DataFrame 來顯示最終的判別結果。

```
> d.loc['Jerry']
Math       38
English    87
Biology    77
Name: Jerry, dtype: int64
```

d.loc['Jerry'] 可以提取出列索引為 Jerry 的列，並以一個 Series 物件來呈現。於這個式子中，我們提取出來的是 Jerry 所有科目的成績。

```
> d.loc['Jerry']>=60
Math       False
English     True
Biology     True
Name: Jerry, dtype: bool
```

查詢 Jerry 所修的科目中，大於等於 60 分的科目，結果顯示英文和生物都及格了。

```
> d.columns
  Index(['Math', 'English',
  'Biology'], dtype='object')
```

利用 d.columns 提取 d 的欄索引，可得一個 Index() 物件。columns 是 DataFrame 的一個屬性，稍早我們已經有介紹過。

```
> list(d.columns)
  ['Math', 'English', 'Biology']
```

利用 list() 可以將 Index() 物件轉成由欄索引組成的串列。

```
> d.columns[0]
  'Math'
```

提取 d 的索引為 0 的欄索引，我們得到 Math。

```
> d.columns[[True,True,False]]
  Index(['Math', 'English'],
  dtype='object')
```

利用布林串列 [True, True, False] 提取欄索引。因為串列索引為 0 和 1 的元素為 True，所以我們得到 Math 和 English。

```
> d.columns[d.loc['Jerry']>=60]
  Index(['English', 'Biology'],
  dtype='object')
```

提取 Jerry 所修的科目中，及格科目的名稱。

於上例中，d.loc['Jerry']>=60 可判別 Jerry 那一列中，大於等於 60 的元素，我們得到 False、True 和 True，將它們代入 d.columns 中，提取到的即是 d 的欄索引為 1 和 2 的元素，也就是 English 和 Biology。這個語法相當於查詢 Jerry 所修的科目中，所有及格的科目名稱。

```
> d.index[d['Math']<60]
  Index(['Tom', 'Jerry'],
  dtype='object')
```

相同的，利用這個語法可以提取出數學分數不及格的學生名稱。注意 d.index 可提取出 d 的列索引。

```
> (d>=60).all(axis=0)
  Math       False
  English     True
  Biology    False
  dtype: bool
```

沿著列的方向（axis=0），判別 $d \ge 60$ 的結果是否全為 True。這個語法相當於查詢全部學生都及格的科目。左式顯示所有學生的英文都及格。注意 axis=0 也可以寫成 axis='index'，代表沿著列索引的方向。

```
> (d>=60).all(axis=1)
  Tom      False
  Jerry    False
  Mary      True
  dtype: bool
```

沿著欄的方向（也可寫成 axis='columns'），判別 $d \ge 60$ 的結果是否全為 True。相同的，這個語法相當於判別有哪些學生所有的科目都及格（結果顯示只有 Mary 都及格）。

```
> (d.Math<60) | (d.Biology<60)
  Tom        True
  Jerry      True
  Mary      False
  dtype: bool
```

查詢數學或生物有任一科少於 60 分的學生，結果顯示 Tom 和 Jerry 都滿足這個條件。注意「|」在 Pandas 裡是元素對元素的 or 運算（& 是 and 運算）。

```
> d[d<60]=60; d
```

	Math	English	Biology
Tom	60	65	60
Jerry	60	87	77
Mary	65	77	90

提取出不及格的元素（元素值小於 60），並將它們都設為 60 分。

12.2.3 索引的重排

如果要把 Series 或 DataFrame 的列索引重排，可以利用 reindex() 函數。如果在 DataFrame 裡要重排欄索引，則必須指明要重排的索引為 columns。

```
> s=pd.Series([8,12],index=['c','a'])
```

建立一個 Series 物件，並命名為 *s* 。

```
> s
  c     8
  a    12
  dtype: int64
```

這是 *s* 的內容。注意 *s* 是依 index=['c', 'a'] 的順序來排列。

```
> s.reindex(['a','b','c'])
  a    12.0
  b     NaN
  c     8.0
  dtype: float64
```

利用 reindex() 將 *s* 的索引依 *a*，*b* 和 *c* 的順序重排。注意原本 *s* 裡並沒有索引 *b*，因此它的值被填上 NaN。

```
> d=pd.DataFrame([[1,2,3],[4,5,6]],
                 index=['a','b'],
                 columns=['x','y','z'])
```

建立一個 DataFrame 物件 *d*，並指定列索引為 *a* 和 *b*，欄索引為 *x*、 *y* 和 *z*。

```
> d
```

	x	y	z
a	1	2	3
b	4	5	6

這是 DataFrame 物件 *d* 的內容。

```
> d.reindex(list('abc'))
```

	x	y	z
a	1.0	2.0	3.0
b	4.0	5.0	6.0
c	NaN	NaN	NaN

將 d 的列索引重排。注意 list('*abc*') 會得到串列 ['*a*', '*b*', '*c*']，因此這個式子相當於將列索引依 a、b 和 c 的順序重排。注意 reindex() 只是傳回重排後的結果，d 的值並不會被改變。

```
> d.reindex(columns=['x','y','w'])
```

	x	y	w
a	1	2	NaN
b	4	5	NaN

如果給予參數 columns，則 d 的欄索引會依 columns 的值來排列。因為 columns 的值為 ['*x*', '*y*', '*w*']，所以原本 d 的欄索引 '*z*' 就不見了，但多了欄索引 '*w*'，且 '*w*' 那一欄的值被填上 NaN。

```
> d.reindex(list('abc'),
            columns=['w','x','y'])
```

	w	x	y
a	NaN	1.0	2.0
b	NaN	4.0	5.0
c	NaN	NaN	NaN

同時指定列索引和欄索引來重排 d。注意 c 那一列和 w 那一欄的值都是 NaN。

12.2.4 刪除與插入列或欄

在上一節中，我們可以利用 reindex() 將索引重排，也可以藉此插入或刪除列或欄。針對 Series 和 DataFrame 物件，Pandas 也提供了相關的函數，方便我們刪除 Series 裡的某個元素、合併兩個 Series 或 DataFrame，或是在 DataFrame 裡插入或刪除特定的列或欄等。

```
> s=pd.Series([12,4,6,11])
```

建立一個 Series 物件 s 。

```
> s.drop(2)
0    12
1     4
3    11
dtype: int64
```

刪除 s 中索引為 2 的元素。我們可以注意到索引 2 不見了（即元素 6 被刪除）。注意 drop() 只是傳回被刪除的結果，s 的值本身並不會被改變。

```
> s.drop([1,3])
0    12
2     6
dtype: int64
```

刪除 s 中，索引為 1 和 3 的元素。

```
> s.append(pd.Series([90,100]))
0     12
1      4
2      6
3     11
0     90
1    100
dtype: int64
```

將 pd.Series([90,100]) 添加到 *s* 的後面。注意因為添加的 Series 本身並沒有附帶索引，所以預設是流水編號 0 到 1，因此這兩個索引會與 *s* 的索引重複。注意 append() 也不會改變 *s* 的內容。

```
> s.append(pd.Series([90,100]),
           ignore_index=True)
0     12
1      4
2      6
3     11
4     90
5    100
dtype: int64
```

如果設定 ignore_index=True（ignore 是忽略的意思），則會 "忽略" 添加之 Series 物件的索引，而是以流水號的方式，延續 *s* 物件的索引做為添加物件的索引。

```
> d=pd.DataFrame([[1,2,3,4],
                  [4,5,6,7]])
```

建立一個 DataFrame 物件 *d*。

```
> d
```

	0	1	2	3
0	1	2	3	4
1	4	5	6	7

這是 *d* 的內容。注意 *d* 是一個 2 列 4 欄的 DataFrame 物件。

```
> d.drop([0])
```

	0	1	2	3
1	4	5	6	7

刪除索引為 0 的列。

```
> d.drop([0,1],axis=1)
```

	2	3
0	3	4
1	6	7

如果指定 axis=1，則代表刪除欄，因此這個語法會刪除索引為 0 和 1 的欄。注意我們也可以使用 axis='columns' 來取代 axis=1。

```
> d
```

	0	1	2	3
0	1	2	3	4
1	4	5	6	7

注意 drop() 只是傳回刪除後的結果，*d* 本身的內容不會被改變。

```
> d.append(pd.DataFrame([[9,9,9,9]]))
```

	0	1	2	3
0	1	2	3	4
1	4	5	6	7
0	9	9	9	9

append() 可以將另一個 DataFrame 物件沿著列的方向添加到 d 的後面。注意添加後，列索引會從 0 開始編號。如果設定 ignore_index=True 則會延續 d 的列索引繼續編號。

```
> d.drop([0,1],axis=1,inplace=True)
```

如果刪除欄或列之後，希望 d 的內容也會被改變，可以設定 inplace=True。我們發現左式並沒有顯示運算的結果，因此可猜想 d 的內容已經被改變了。

```
> d
```

	2	3
0	3	4
1	6	7

查詢 d 的值。從輸出可以發現索引為 0 和 1 的欄已經被刪除了。

append() 可以添加新的列到 DataFrame 裡，如果要插入一欄資料到一個 DataFrame，可以利用 insert()：

```
> d=pd.DataFrame([[1,2],[3,4]],
                 index=['a','b'],
                 columns=['x','y'])
```

建立一個 DataFrame 物件 d。

```
> d.insert(1,'v',[9,8])
```

在 d 中索引為 1 的欄以欄索引為 'v' 添加資料 9 和 8。左式沒有回應運算結果，可以猜想 d 的值應該是直接被更改了。

```
> d
```

	x	v	y
a	1	9	2
b	3	8	4

查詢 d 的內容，我們可以發現 d 多了一個欄索引 'v'，且這一欄的值為 9 和 8。

12.2.5 四則運算與其它函數的運算

兩個 Series 或 DataFrame 物件之間可以進行四則運算，我們也可以把這些物件做為 Numpy 函數的參數，對物件裡的元素進行特定的計算。

```
> s1=pd.Series([2,9,1],
             index=['a','c','d'])
```

定義 $s1$ 為一個 Series 物件。

```
> s2=pd.Series([3,2],index=['a','d'])
```

定義另一個 Series 物件 $s2$。

```
> s1+s2
 a    5.0
 c    NaN
 d    3.0
 dtype: float64
```

將 $s1$ 和 $s2$ 相加。注意 a 和 d 是共有的索引，因此相加結果分別為 5 和 3。索引 c 只存在於 $s1$，而 $s2$ 沒有，因此無法相加，所以運算結果為 NaN。

```
> s1.add(s2)
 a    5.0
 c    NaN
 d    3.0
 dtype: float64
```

Series 物件也提供了 add() 函數，一樣可以將兩個 Series 物件相加。我們可以注意到左式的計算結果和上面的結果完全相同。

```
> s1.add(s2,fill_value=0)
 a    5.0
 c    9.0
 d    3.0
 dtype: float64
```

與加法運算子相比，add() 可以加入選項，方便進行特定的操作。左式我們加入了 fill_value=0 選項，用來設定 NaN 的值都以 0 填上，然後再進行運算，因此索引 c 的值為 9。

```
> s1.mul(s2)
 a    6.0
 c    NaN
 d    2.0
 dtype: float64
```

將 $s1$ 和 $s2$ 相乘（mul 為 multiply 的縮寫，為乘法的意思）。注意索引 c 的值還是 NaN。

```
> s3=s1.append(s2); s3
 a    2
 c    9
 d    1
 a    3
 d    2
 dtype: int64
```

append() 可以將一個 Series 物件裡的元素添加到另一個 Series 物件之後。於左式中，我們將 $s2$ 添加到 $s1$ 之後，並將結果設給變數 $s3$ 存放。我們可以注意到索引 a 和 d 都重複了。

```
> s3['a']
 a    2
 a    3
 dtype: int64
```

提取索引 a 的內容，我們得到兩個值。

```
> s3.index.duplicated()
  array([False,False,False,True,True])
```

s3.index 可以取得 *s3* 的索引物件，利用索引物件呼叫 duplicated()，可以知道是否有索引重複了。左式顯示了 *s3* 的最後兩個索引和前面的索引有重複。

```
> s3[~s3.index.duplicated()]
  a    2
  c    9
  d    1
  dtype: int64
```

將 *s3* .index.duplicated() 的運算結果取 not，前面三個不重複的索引就會變成 True。因此利用左式的語法，我們就可以取出第一次出現的索引與其內容。

```
> np.sqrt(s1)
  a    1.414214
  c    3.000000
  d    1.000000
  dtype: float64
```

Numpy 的函數也可以作用到 Series 物件裡。左式是將 *s1* 物件裡的每一個元素都開根號。

相同的，可以對 Series 物件進行運算的函數也可以作用在 DataFrame 物件裡，只不過 DataFrame 有兩個軸，有時候我們必須指定是對哪一個軸進行操作。

```
> d1=pd.DataFrame([[10,15],[20,30]],
                  columns=['a','b'],
                  index=['x','y'])
```

定義 DataFrame 物件 *d1*。

```
> d1
```

	a	b
x	10	15
y	20	30

這是 *d1* 的內容。

```
> d2=pd.DataFrame(
            [[25,40,55],[25,50,40]],
            columns=['a','b','c'],
            index=['x','y'])
```

定義 DataFrame 物件 *d2*。

```
> d2
```

	a	b	c
x	25	40	55
y	25	50	40

這是 *d2* 的內容，它的形狀是 2×3。

```
> d1+d2
```

	a	b	c
x	35	55	NaN
y	45	80	NaN

將兩個 DataFrame 物件相加。因為 $d1$ 並沒有欄索引 c，因此這一欄的運算結果顯示 NaN。

```
> d1.add(d2,fill_value=0)
```

	a	b	c
x	35	55	55.0
y	45	80	40.0

相同的，我們也可以利用 DataFrame 的 add() 將兩個物件相加。左式設定了缺失值以 0 填上，因此 $d1$ 欄索引 c 的值會被視為 0 來進行相加。

```
> d1.sub(d2)
```

	a	b	c
x	-15	-25	NaN
y	-5	-20	NaN

sub 是 subtract 的縮寫，為減法之意。左式是計算 $d1$ 減去 $d2$ 的結果。

```
> np.max(d2)
a    25
b    50
c    55
dtype: int64
```

Numpy 的函數也可以作用到 DataFrame 物件中。左式是計算 $d2$ 中每一欄的最大值。

```
> np.max(d2.T)
x    55
y    50
dtype: int64
```

如果想計算 $d2$ 中，每一列的最大值，先將 $d2$ 轉置，再取 max() 即可。

```
> np.average(d2,axis=0)
array([25. , 45. , 47.5])
```

沿著軸 0（列的方向，即垂直方向）計算平均。如果選項 axis=0 不填，則計算全部元素的平均。

```
> np.sum(d2,axis=1)
x    120
y    115
dtype: int64
```

這是沿著軸 1 對 $d2$ 進行加總的結果，注意其結果為一個 Series 物件。

12.3 排序與統計函數

與 Numpy 一樣，Pandas 也內建了一些排序和統計相關的函數，方便我們利用 Series 或 DataFrame 物件直接呼叫。我們分兩個小節來介紹它們。

12.3.1 排序函數

Series 提供了 sort_index() 和 sort_values() 函數，可以依照索引的編碼或是依照數值的大小來排序。如果要排序的是一個 DataFrame 物件，我們還可以依某一欄的數值對每一列進行排序。

· 與排序相關的函數

函數	說明
s.sort_index()	將 *s* 依索引的編碼大小排序
s.sort_values()	將 *s* 的值由小到大排序。設定 ascending=False 則由大到小排序

```
> s=pd.Series([4,3,8],
          index=['c','a','b'])
```

這是具有 3 個元素的 Series 物件。

```
> s
  c    4
  a    3
  b    8
  dtype: int64
```

這是 *s* 的內容，其中索引 *c*、*a* 和 *b* 的值分別為 4、3 和 8。

```
> s.sort_index()
  a    3
  b    8
  c    4
  dtype: int64
```

sort_index() 可以依索引的編碼大小將 *s* 排序。注意索引的順序在排序後被更改為 *a*、*b* 和 *c* 了。

```
> s.sort_values()
  a    3
  c    4
  b    8
  dtype: int64
```

sort_values() 則可依值（value）的大小將元素由小到大排序。

```
> d=pd.DataFrame(
          [[40,60,50],[50,70,62]],
          columns=['S','L','M'],
          index=['tea','coffee'])
```

這是一個 DataFrame 物件 d。

```
> d
```

	S	L	M
tea	40	60	50
coffee	50	70	62

這是物件 d 的內容，它的索引為 tea 和 coffee，欄索引為 S、L 和 M。

```
> d.sort_index()
```

	S	L	M
coffee	50	70	62
tea	40	60	50

將 d 的索引依字元的編碼排序，因此 coffee 會被排在 tea 前面。

```
> d.sort_index(axis=1)
```

	L	M	S
tea	60	50	40
coffee	70	62	50

如果在 sort_index() 裡指定 axis=1（沿著欄的方向），則對欄索引由小到大排序。因為字元 L 的編碼較 M 和 S 都來得小，因此排序後會被排在最前面。

```
> d.sort_index(axis=1,ascending=False)
```

	S	M	L
tea	40	50	60
coffee	50	62	70

設定 ascending=False 則由大到小排序（ascending 為上升的意思）。

```
> d.sort_values(by='L',ascending=False)
```

	S	L	M
coffee	50	70	62
tea	40	60	50

將欄索引為 L 的元素值由大到小排序，並以此結果來排序 d 的每一列。因為欄索引 L 的 tea 為 60，coffee 為 70，因此 coffee 會被排到 tea 的上面。

```
> d.sort_values(by='coffee',axis=1)
```

	S	M	L
tea	40	50	60
coffee	50	62	70

將索引為 coffee 的元素由小到大排序，然後依此結果來排序 d 的每一欄。我們可以看到欄索引被排列成 S、M 和 L，因為在 coffee 這列中，S 的值最小，L 的值最大。

12.3.2 統計函數

Pandas 也提供了豐富的函數可以進行統計相關的運算。限於篇幅的關係，此處只列舉了部分常用的統計函數。如果需要完整的資訊，可以到 Pandas 的官網進行查詢。

· 與統計相關的函數

函數	說明
d.count()	計算行或列之元素的個數
d.describe()	顯示 *d* 的一些常用的統計性質
d.sum()	計算 *d* 之元素的加總
d.mean()	計算 *d* 之元素的平均
d.median()	計算 *d* 之元素的中位數
d.std()	計算 *d* 之元素的標準差
d.var()	計算 *d* 之元素的變異數

```
> d=pd.DataFrame(
           [[3,5,7],[8,9,12]],
           index=['x','y'],
           columns=['a','b','c'])
```

這是一個 DataFrame 物件 *d*。

```
> d
```

	a	b	c
x	3	5	7
y	8	9	12

這是 *d* 的內容。

```
> d.count()
a    2
b    2
c    2
dtype: int64
```

count() 可以用來計算每一個欄索引中，元素的個數（預設是沿著列的方向，也就是 axis=0 的方向，計算出來的結果為每一欄元素的個數）。

```
> d.count(axis=1)
x    3
y    3
dtype: int64
```

沿著 axis=1（欄）的方向來計算元素的個數。因為 *d* 裡沒有缺失值，因此每一列都有三個元素。

```
> d.describe()
```

	a	b	c
count	2.000000	2.000000	2.000000
mean	5.500000	7.000000	9.500000
std	3.535534	2.828427	3.535534
min	3.000000	5.000000	7.000000
25%	4.250000	6.000000	8.250000
50%	5.500000	7.000000	9.500000
75%	6.750000	8.000000	10.750000
max	8.000000	9.000000	12.000000

describe() 函數可以顯示一些常用的統計數據，如元素的個數、平均值，標準差、最小值、最大值，和百分位數等。預設是計算每一欄的統計數據。如果加上參數 axis=1 則計算每一列的統計數據。

```
> d.sum()
a    11
b    14
c    19
dtype: int64
```

sum() 可以計算每一欄的加總。

```
> d.sum(axis=1)
x    15
y    29
dtype: int64
```

設定 axis=1（沿著欄的方向）則計算每一列的加總。

```
> d.values.sum()
44
```

d.values 會將 *d* 轉換成 Numpy 的陣列，再呼叫 Numpy 的 sum() 即可求出所有元素的總和。

```
> d.mean()
a    5.5
b    7.0
c    9.5
dtype: float64
```

求出每一欄的平均值。如果要計算全部元素的平均值，可用 *d*.mean().mean()。

```
> d.median(axis=1)
x    5.0
y    9.0
dtype: float64
```

求出每一列的中位數（median）。

```
> d.std()
  a    3.535534
  b    2.828427
  c    3.535534
  dtype: float64
```

計算每一欄的標準差。

```
> d.var()
  a     6.333333
  b    16.000000
  c     4.500000
  dtype: float64
```

計算每一欄的變異數。

上面的範例是在 DataFrame 沒有缺失值的情況下進行的。下面的範例說明了包含有缺失值的情況：

```
> d=pd.DataFrame([[3,5,None],[8,6,3]],
                 index=['x','y'],
                 columns=['a','b','c'])
```

這是 DataFrame 物件的 d，它包含一個缺失值（以 None 或 np.nan 表示）。

```
> d
```

	a	b	c
x	3	5	NaN
y	8	6	3.0

這是 d 的內容，我們可以看到列索引為 0，欄索引為 2 的元素顯示 NaN，代表它是一個缺失值。

```
> d.count(axis=1)
  x    2
  y    3
  dtype: int64
```

計算每列元素的個數。因為索引為 x 的列有一個缺失值，因此它只有兩個元素，而索引為 y 的列有 3 個元素。

```
> d.sum()
  a    11.0
  b    11.0
  c     3.0
  dtype: float64
```

利用 sum() 計算加總時，缺失值會被跳掉（skipped）不處理，也就是將缺失值視為 0 來加總。

```
> d.sum(axis=1)
  x     8.0
  y    17.0
  dtype: float64
```

相同的，沿著欄的方向來進行加總時，缺失值也被跳掉，不會拿來進行加總。

```
> d.sum(skipna=False,axis=1)
  x     NaN
  y    17.0
  dtype: float64
```

設定 skipna=False 則不會跳掉缺失值，因此包含有缺失值的運算結果會出現 NaN。

12.4 Pandas 的繪圖

Pandas 的 Series 和 DataFrame 也提供了許多繪圖函數，可以直接取用這些物件的資料來繪圖，如此就不必將 Pandas 的資料轉成 Numpy 的陣列，再利用 Matplotlib 函數庫繪圖。不過 Pandas 的繪圖已經超出本書的範例，本節僅就基本的語法做一個簡單的解說，有需要的讀者可以參考專門介紹 Pandas 繪圖的相關書籍。

```
> s=pd.Series([55,30,45],
     index=['coffee','tea','juice'])
```

這是一個 Series 物件，它有三筆資料，索引為 coffee、tea 和 juice。

```
> s.plot(kind='pie', autopct='%1.1f%%',
       title='Sales',label='June')
```

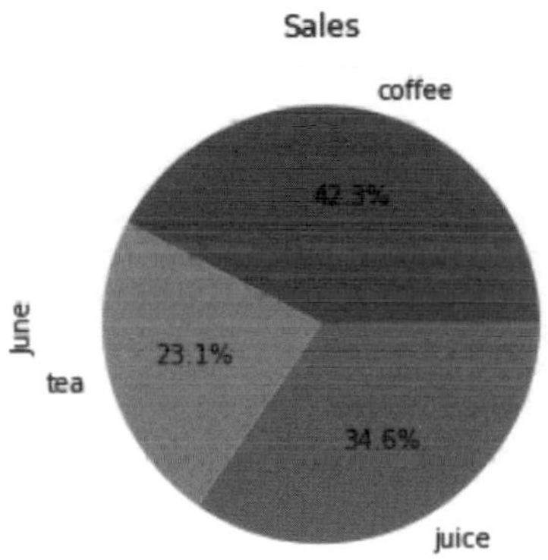

Sales

coffee 42.3%
tea 23.1%
juice 34.6%
June

利用 Series 物件 *s* 呼叫 plot() 來繪圖，其中參數 kind='pie' 代表繪製圓餅圖，autopct='%1.1f%%' 代表在圓餅圖的每一個份額標上百分比到小數點以下一位。title='Sales' 設定了標題為 Sales，而 label='June' 則在圖的左邊標上 June。

```
> d=pd.DataFrame([[50,60,80],[45,70,85]],
             columns=['S','M','L'],
             index=['red','green'])
```

建立一個 DataFrame 物件 *d*。

```
> d
```

	S	M	L
red	50	60	80
green	45	70	85

這是物件 *d* 的內容。

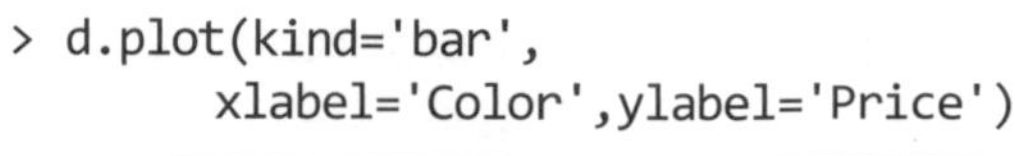

```
> d.plot(kind='bar',
      xlabel='Color',ylabel='Price')
```

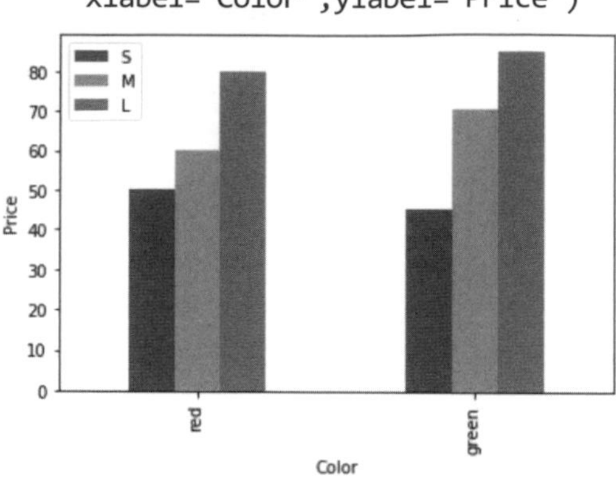

利用 d 的 plot() 函數來繪圖。kind='bar' 代表繪製長條圖，並設定 x 軸和 y 軸的標題分別為 Color 和 Price。注意在繪圖時，同一列的資料會畫在一起，並在 x 軸標上列索引，而欄索引則是以圖例（Legend）的方式來呈現。

12.5 存取 csv 檔與 pickle 檔

Pandas 可以讀取已經存在的檔案資料，也可以把 Series 或 DataFrame 寫入檔案儲存。我們以最常用的 csv 檔和 pickle 檔來做說明，這兩種檔案格式在第八章介紹檔案存取時已經接觸過它們了。

· 存取 csv 檔與 pickle 檔相關的函數

函數	說明
d.to_csv($fname$)	將 d 以 csv 的檔案格式存儲到 $fname$ 中
read_csv($fname$)	從 $fname$ 讀取 csv 檔案
d.to_pickle($fname$)	將 d 以二進位檔的格式寫入檔案 $fname$ 中
read_pickle($fname$)	從 $fname$ 中讀取二進位檔

```
> d=pd.DataFrame([[50,60,80],[45,70,85]],
                 columns=['S','M','L'],
                 index=['red','greed'])
```

建立一個 DataFrame 物件 d。

```
> d
```

	S	M	L
red	50	60	80
greed	45	70	85

這是物件 d 顯示成資料表的樣子。

```
> d.to_csv('price.csv')
```

利用 to_csv() 將 *d* 以 csv 的格式寫入 price.csv 檔案中。

```
> !more price.csv
,S,M,L
red,50,60,80
greed,45,70,85
```

讀取 price.csv 的內容。如果是在 Windows 裡執行 Jupyter lab 的話，請採用

```
!type price.csv
```

這語法來顯示檔案的內容。

如果我們把 price.csv 的內容看成是一個 3 列 4 欄的資料表（每一欄由逗號隔開），那就比較好解釋在讀取它時，read_csv() 所使用的參數了。於上面的輸出中，我們發現 price.csv 索引為 0 的列一開頭是一個逗號，這是因為寫入的 DataFrame *d* 僅帶有 3 個欄索引（S, M, L），但列索引寫入 price.csv 後也會佔了一欄，因此共有 4 欄，所以將 *d* 寫入檔案時，會在 price.csv 索引為 0 的列開頭加上一個逗號。

```
> pd.read_csv('price.csv')
```

	Unnamed: 0	S	M	L
0	red	50	60	80
1	greed	45	70	85

利用 read_csv() 讀取 price.csv 的內容。read_csv() 會把 price.csv 索引為 0 的列（, S, M, L）解釋為欄索引，由於這一列第 1 個逗號之前沒有任何文字，因此欄索引的名稱採用預設值 Unnamed: 0。我們可以發現 read_csv() 把 price.csv 的內容解讀的不對。

```
> pd.read_csv('price.csv',index_col=0)
```

	S	M	L
red	50	60	80
greed	45	70	85

要避開上述的問題，我們可以填上選項 index_col=0，告訴 read_csv() 在 price.csv 檔中，索引為 0 的欄為列索引的名稱，如此 read_csv() 就不會讀取錯誤了。

```
> pd.read_csv('price.csv',
              index_col=0,nrows=1)
```

	S	M	L
red	50	60	80

如果 csv 檔很大，而我們只想讀取前面的幾列，則可以利用 nrows 選項來達成。左式設定了只從 price.csv 檔讀取一列的資料。

```
> d.to_csv('price2.csv',header=None)
```

如果不想將欄索引寫到 csv 檔的話，可以設定 header=None。

```
> !more price2.csv
  red,50,60,80
  greed,45,70,85
```

查看 price2.csv，可以發現欄索引已經沒有被寫到檔案裡了（不過列索引還是有被寫進去）。

```
> pd.read_csv('price2.csv',
        header=None, usecols=[1,2,3])
```

	1	2	3
0	50	60	80
1	45	70	85

要讀取 price2.csv，因為它沒有欄索引，所以必須設定 header=None 來讀取。另外也因為沒有欄索引，原本的列索引會被當成資料來讀取，因此必須設定 usecols=[1,2,3] 來告訴 read_csv() 只讀取 price2.csv 裡索引為 1、2 和 3 的行。

```
> d.to_csv('price3.csv',index=None)
```

將 *d* 寫入 csv 檔，設定 index=None 代表不將列索引寫入。

```
> ! more price3.csv
  S,M,L
  50,60,80
  45,70,85
```

查詢price3.csv的內容，我們發現列索引沒有被寫在 csv 檔裡面。

```
> pd.read_csv('price3.csv')
```

	S	M	L
0	50	60	80
1	45	70	85

讀取 price3.csv，因為列索引沒有被寫入 csv 檔，所以 Pandas 以預設的流水號來取代。

```
> d.to_pickle('price4')
```

to_pickle() 可將 *d* 寫入 pickle 檔。

```
> d2=pd.read_pickle('price4')
```

read_pickle() 則可以讀取 pickle 檔。我們將讀取的結果設定給變數 *d*2 存放。

```
> d2
```

	S	M	L
red	50	60	80
greed	45	70	85

查詢 *d*2 的內容，我們可以得到和原本寫入的 *d* 完全相同的內容。

```
> d2.eq(d)
```

	S	M	L
red	True	True	True
greed	True	True	True

利用 eq() 比較 d 和 $d2$ 裡的元素值是否相等。結果在每一個位置都回應 True，代表其值都相等。

```
> d2.eq(d).all(axis=None)
  True
```

在 all() 裡設定 axis=None 代表不指定軸，也就是包含所有的列和欄。因為 $d2$.eq(d) 裡的每一個元素都是 True，所以取 all() 的結果也是 True。

❖

第十二章 習題

12.1 Pandas 的基本認識

1. 設 $lst = [95,77,98,65]$，試以 lst 建立一個 Series 物件 s，然後依序完成下列各題：

   (a) 試查詢 s 的型別、形狀和元素的個數。

   (b) 提取 s 中，索引為 0 和 2 的元素。

   (c) 提取 s 中，除了第一個元素以外的所有元素。

   (d) 將 s 的索引從流水編號改為字元 a, b, c 和 d。

   (e) 提取 s 中，奇數的元素。

   (f) 將 s 裡的偶數設為 100。

2. 設字典 $dic0$ 的鍵分別為 'Apple'，'Orange' 和 'Pinapple'，值分別為 25, 36, 62，其中鍵代表品項，值代表價錢。試以 $dic0$ 建立一個 Series 物件 s，然後依序完成下列各題：

   (a) 提取價格大於 50 的品項。

   (b) 計算 s 中，Apple 和 Orange 價錢的和。

   (c) 試由字典 $dic0$ 建立一個 Series $s2$，並指定索引為 'Orange'、'Kiwi' 和 'Apple'。

   (d) 試找出 $s2$ 中，值有缺失的品項，並將它們的值設為 30，然後設定給 $s3$ 存放。

   (e) 將 $s2$ 中的缺失值捨棄。

   (f) 試計算 $s3$ 與 s 的加總。有哪些品項的值為 NaN？為什麼會得到 NaN 這個結果？

3. 設 $arr = [[78,34,29,76], [12,40,12,90], [33,10,65,20]]$，試依序作答下列問題：

(a) 以 arr 建立一個 DataFrame 物件 d。

(b) 顯示 d 的後兩筆資料。

(c) 設定 d 的列索引為 a, b 和 c，欄索引為 w, x, y 和 z。

(d) 提取 d 的前 3 個欄索引（即 w, x 和 y），並將它們轉換為串列。

(e) 提取列索引為 b，欄索引為 y 的元素。

12.2 Series 和 DataFrame 的運算

4. 設 $s = \text{pd.Series}([77, 34, 78, 20, 12, 35])$，試依序作答下列各題：

   (a) 提取 s 中，索引為 0、2 和 3 的元素。

   (b) 提取 s 的後 3 個元素。

   (c) 提取 s 中，大於 60 的元素。

   (d) 提取 s 中的偶數，並將它們平均。

   (e) 計算 $s + s^2$ 、$s \times s^2$ 和 $s^2/(2 \times s)$

5. 設 $dic0$={'Java': [87,65,26,89,67], 'C++': [63,98,66,89,80], 'Python': [78,25,76,43,69]}，試依序作答下列各題：

   (a) 試以字典 $dic0$ 建立一個 DataFrame 物件 d。

   (b) 以字串串列 ['Tom', 'Bob', 'Tim', 'Wien', 'Lily'] 做為 d 的列索引。

   完成 (a) 與 (b) 之後，資料表裡 d 已經有 5 個人的 Java、C++ 和 Python 成績了。

6. 接續習題 5 建立的 DataFrame 物件 d，試依序作答下列各題：

   (a) 提取 Tim 和 Wien 的所有成績。

   (b) 提取所有學生的 Python 成績。

   (c) 提取 Lily 的 Python 成績。

   (d) 提取 Tom 的 Python 和 C++ 的成績。

   (e) 提取所有學生的 Python 和 Java 成績。

7. 接續習題 5 建立的 DataFrame 物件 d，試依序作答下列各題：

   (a) 列出 Python 大於等於 60 分的學生。

   (b) 列出所有科目都大於等於 60 分的學生。

   (c) 列出 Python 小於 60 分之同學所有科目的成績。

   (d) 列出 Tim 所有大於等於 60 分的科目。

(e) 列出所有學生都及格的科目。

8. 接續習題 5 建立的 DataFrame 物件 d，試依序作答下列各題：

(a) 將 d 的欄索引順序改為 Python、Java 和 C++，並把結果設給 $d2$ 存放。

(b) 將 $d2$ 的列索引按學生名字之英文字母的次序排序，並把結果設給 $d3$ 存放。

(c) 使用 copy() 函數將 $d3$ 拷貝一份給 $d4$。於 $d4$ 中，將 Wien 的 Python 成績設為 60。

(d) 將 $d3$ 拷貝一份給 $d5$。於 $d5$ 中，將每位同學的成績加 10 分，超過 99 分以 99 分計。

(e) 將 $d3$ 拷貝一份給 $d6$。於 $d6$ 中，將每位同學的成績開根號乘以 10 之後四捨五入到整數，然後列出任一科目少於 60 分的學生。

12.3 排序與統計函數

9. 設 $s=$ pd.Series([34, 35, 12, 88, 99, 16], index=list('abcdef'))，試依序作答下列各題：

(a) 試將 s 由大到小排序。

(b) 試將 s 依其索引從 f 到 a 來排序。

10. 設 d=pd.DataFrame([[4,5,3], [3,9,1]], columns=['M', 'L', 'XL'], index=['a', 'b'])，試依序作答下列各題：

(a) 將索引為 a 之列的元素值由大到小排序，然後依以此結果排序 d 的每一欄。

(b) 將 d 以欄索引的字元編碼順序來排序（編碼小的排在前面）。

(c) 將 d 的列索引依字元編碼的順序反向排序（編碼大的排在前面）。

11. 設 d=pd.DataFrame([[40, 50, 36], [12, 19, 21]], columns=['a', 'b', 'c'])，試依序作答下列各題：

(a) 分別計算 d 的每一列和每一欄的平均值。

(b) 計算 d 中，所有元素的加總。

(c) 計算 d 每一欄之元素的標準差。

12.4 Pandas 的繪圖函數

12. 設 $s=$ pd.Series([28, 88, 12, 76, 89], index=list('abcde'))，試利用 Series 物件 s 呼叫 plot() 來繪出圓餅圖，在圓餅圖的每一個份額標上百分比到小數點以下一位。

13. 試將上題改以長條圖來繪製，圖形的標題為 'Bar chart'，

12.5 存取 csv 檔與 pickle 檔

14. 設 $s=$ pd.Series([34, 76, 33, 78], index = list('abcd')) 試依序作答下列各題：

(a) 試將 s 寫入一個 csv 檔，檔名為 test.csv。寫入之後，試讀取 test.csv 的內容。

(b) 試將 s 寫入一個 pickle 檔，檔名為 test_pck。寫入之後，試讀取 test_pck 的內容。

15. 設 d=pd.DataFrame([[4, 5, 3, 2], [3, 9, 1, 8]], columns=['S', 'M', 'L', 'XL'], index=['a', 'b'])，試依序作答下列各題：

(a) 試將 d 寫入一個 csv 檔（包含列索引和欄索引），檔名為 size.csv。寫入之後，試讀取 size.csv 的內容以驗證寫入的正確性。

(b) 試將 d 寫入一個 csv 檔，但不包含列索引和欄索引，檔名為 size2.csv。寫入之後，試讀取 size2.csv 的內容，將讀取的內容設為 g，並為 g 添加上列索引 a、b 和欄索引 S、M、L 和 XL。

(c) 試將 d 寫入一個 pickle 檔，檔名為 size_pck，寫入之後試讀 size_pck 這個檔案，看看得到的結果是否與 d 相同。

使用 Sympy 進行符號運算

Sympy（Symbolic python）是專門用來進行符號運算的一個套件。過去在求解方程式、計算多項式的根，或是找尋一個函數的最小值時，我們得到的結果都是數值解（Numerical solution），然而有時我們更想要取得一個符號解（例如 $x^2 - 2 = 0$ 的解為 $\pm\sqrt{2}$，而非其數值解 $\pm 1.414 \ldots$）。符號解有助於理解數學的本質，也方便從符號式進行下一步的推導（例如微分或積分等）。事實上，我們在高中和大學時學習的數學課程，多數的求解（例如將多項式因式分解）也都是符號解。本章將介紹 Sympy 常用的數學運算，其中包含方程式的求解、線性代數與微積分等。

1. Sympy 套件與符號物件
2. 代數運算
3. 解方程式
4. 微積分
5. 線性代數
6. 解微分方程式

13.1 Sympy 套件與符號物件

Colab 已經幫我們預先安裝好 Sympy 套件。如果是使用 Jupyter lab，請在 Jupyter lab 的輸入區裡鍵入

```
pip install sympy
```

即可安裝 sympy 套件。在使用時，本書習慣以 sp 來簡稱 sympy，因此要載入 sympy，請利用下面的語法：

```
import sympy as sp
```

13.1.1 建立符號物件

在執行符號運算之前，我們必須先建立符號物件。建立符號物件之後，在運算式裡就可以使用這些符號，它們用起來就如同我們在解數學時，所使用的變數一樣。下表是本節將使用到一些函數整理：

· 與符號運算相關的函數

函數	說明
xv=Symbol('x')	建立一個符號物件 x，並設定給變數 xv 存放
iv=S(i)	建立一個整數物件 i，並設定給變數 iv 存放
xv,yv=symbols('x,y,…')	建立符號物件 $x,y,\ldots$，並設定給變數 $xv,yv,\ldots$ 存放
ex.subs(x,v)	將 ex 裡的變數 x 代換成 v
ex.subs({x_0:y_0, x_1:y_1,…})	將 ex 裡的 x_0 代換成 y_0，x_1 代換成 y_1，⋯
ex.subs([(x_0,y_0),(x_1,y_1),…])	將 ex 裡的 x_0 代換成 y_0，x_1 代換成 y_1，⋯
r=Rational(x,y)	建立分數物件 x/y。r.p 與 r.q 可分別提取分子與分母
ex.evalf(n) 或 N(ex,n)	對 ex 求值，取 n 個位數的有效數字
init_printing()	初始化數學式的顯示環境

在 Colab 或 Jupyter lab 裡，建議使用 Sympy 裡的 init_printing() 函數來初始化數學式的顯示環境，如此可以輸出更美觀的數學式。如果沒有執行上面的指令，部分帶有下標的變數名稱（例如 a_1, a_2）可能會以非下標的方式輸出（例如 $a1, a2$）。

```
> import sympy as sp
  import numpy as np
```

載入 Sympy 和 Numpy 套件。

```
> sp.init_printing()
```

初始化顯示數學式的環境。這個設定在某些情況下會以較佳的效果來顯示數學式。

```
> x=sp.Symbol('x')
```

建立符號物件 x，並把它設定給相同名稱的變數 x 存放。注意 Symbol() 的 S 是大寫，因為它是一個類別。

```
> type(x)
  sympy.core.symbol.Symbol
```

查詢變數 x，我們發現它是一個由 Symbol 類別建立的物件。

```
> y=sp.Symbol('y')
```

建立符號物件 y，並設定給變數 y 存放。建立好符號物件 x 與 y 之後，我們就可以利用它們來建立數學式。

```
> 2*x**2+x*y+y
```

$2x^2 + xy + y$

這是數學式 $2x^2 + xy + y$。我們可以注意到 Colab 或 Jupyter lab 可以輸出很漂亮的數學式，就如同我們手寫的一樣。

```
> x+3*y-(6*y-5*x)
```

$6x - 3y$

這是數學式 $x + 3y - (6y - 5x)$。注意 Sympy 會自動幫我們化簡這個式子。

```
> x,y,z=sp.symbols('x,y,z')
```

一次建立多個符號。注意 sp.symbols() 的 s 是小寫（因為 symbols() 是一個函數）。

```
> ex=x**2+z**3-2*x*y*z; ex
```

$x^2 - 2xyz + z^3$

這是另一個數學式 $x^2 + z^3 - 2xyz$，並將它設定給變數 *ex* 存放。注意 Sympy 會自動整理一下數學式（把 z^3 項拉到最後）。

代換（Substitution）可將一個變數取代為另一個變數或數值。Sympy 是利用 subs() 函數來進行代換運算。另外，在本章常會看到把運算結果設給變數 *ex* 存放，*ex* 是 expression 的縮寫，為數學表示式的意思。

```
> ex.subs(x,2)
```

$-4yz + z^3 + 4$

將 $x = 2$ 代入 *ex* 中，可得左式。注意 subs 為 substitute 的縮寫，為取代的意思。

```
> ex.subs(x,2).subs(y,5)
```
$z^3 - 20z + 4$

先將 $x = 2$ 代入 ex，再代入 $y = 5$。

```
> ex.subs({x:2,y:5})
```
$z^3 - 20z + 4$

利用字典也可執行代換運算。左式是將 $x = 2,\ y = 5$ 代入 ex 中。

```
> ex.subs([(x,2),(y,5),(z,0)])
```
4

我們也可以利用由 tuple 組成的串列將變數代入數值。左式是將 $x = 2,\ y = 5, z = 0$ 代入 ex 中。

Sympy 也內建了一些常用的希臘字母，可以做為數學符號之用。我們只要將希臘字母的英文放入 symbols() 函數中，即可建立相對應的符號物件。下表是 24 個希臘字母的大小寫，以及它們的英文全拼。

· 希臘字母與它們的英文全拼

alpha	beta	gamma	delta	epsilon	zeta	eta	theta
Α, α	Β, β	Γ, γ	Δ, δ	Ε, ε	Ζ, ζ	Η, η	Θ, θ
iota	kappa	lambda	mu	nu	xi	omicron	pi
Ι, ι	Κ, κ	Λ, λ	Μ, μ	Ν, ν	Ξ, ξ	Ο, ο	Π, π
rho	sigma	tau	upsilon	phi	chi	psi	omega
Ρ, ρ	Σ, σ	Τ, τ	Υ, υ	Φ, φ	Χ, χ	Ψ, ψ	Ω, ω

```
> alp,eps,dlt=sp.symbols(
                 'alpha,epsilon,Delta')
```

建立 α, ϵ, Δ 三個符號物件，並分別設定給變數 alp、eps 和 dlt 存放。注意 Delta 為大寫開頭，所以建立的希臘字母是大寫。

```
> alp**2+eps*dlt**2+dlt**4
```
$\Delta^4 + \Delta^2\epsilon + \alpha^2$

現在 alp、eps 和 dlt 分別代表 α、ϵ 和 Δ，使用起來相當方便。

如果要建立一系列的符號物件，可以利用冒號「:」來建立，其語法有點類似 Numpy 在提取陣列裡的元素一樣：

```
> sp.symbols('a1')
```
a_1

建立符號物件 $a1$。注意 Sympy 會把數字 1 做為變數的下標，如此看起來比較貼近一般數學式的寫法。

```
> sp.symbols('a:5')
```
$(a_0,\ a_1,\ a_2,\ a_3,\ a_4)$

同時建立 a_0~a_4 共 5 個符號物件。

```
> b1,b2,b3=sp.symbols('b(1:4)')
```

同時建立 b_1~b_3 共 3 個符號物件，並把它們設定給變數 $b1$、$b2$ 和 $b3$ 存放。

```
> b1**2+b2-b3/4
```
$$b_1^2 + b_2 - \frac{b_3}{4}$$

計算 $b1^2 + b2 - b3/4$，此時 Sympy 會用 b_1~b_3 來代替 $b1$~$b3$，數學式顯得非常好看。

除了可以建立符號物件之外，我們也可以建立整數物件。整數物件可以保留計算的精確度，如果運算後得不到一個精確的數字（如整數或分數），則該整數會一直被保留下來。

```
> u=sp.S(24); u
```
24

建立一個整數物件 24，並把它設定給變數 u 存放。

```
> 2*u+4
```
52

計算 $2 \times u + 4$，得到 52。注意 52 是一個精確的數字。

```
> u/8, u/7
```
$$\left(3,\ \frac{24}{7}\right)$$

計算 $u/8$ 和 $u/7$。$u/8$ 可以得到 3，但 $u/7$ 無法給出一個精確的數字（會有小數點），所以保留原分數。

```
> type(u)
sympy.core.numbers.Integer
```

查詢 u 的型別，可以發現它是一個 Integer 類別的物件。

```
> v=24
```

設定 $v = 24$。

```
> type(v)
int
```

變數 v 的型別是我們熟悉的 int。

```
> v/7
```
3.42857142857143

計算 $v/7$，得到帶有小數的浮點數，而不是 24/7，這是因為 v 不是整數物件。

```
> (u/7).evalf()
```
3.42857142857143

利用 evalf() 可以對分數求值，預設是以 15 個位數的有效數字來顯示計算結果。

```
> (u/7).evalf(20)
```
3.4285714285714285714

用 20 個位數的有效數字來顯示計算結果，我們可以得到更精確的數字。

```
> sp.N(u/7,30)
```
3.42857142857142857142857142857

利用 N() 對 $u/7$ 求值，並取 30 個位數的有效數字。

如果想建立一個分數物件，可以使用 Rational 類別。分數物件在進行運算時可以保留精確的數值（沒有小數點），除非它和帶有小數點的數字進行運算。

```
> 11/14
```
0.785714285714286

計算11/14，我們得到一個浮點數。浮點數不是一個精確的數字。

```
> sp.Rational(11,14)+1
```
$\frac{25}{14}$

先建立分數物件 11/14，再計算 11/14 + 1，我們得到一個分數。注意 Rational 是一個類別，因為它是大寫開頭。

```
> 11/sp.S('14')
```
$\frac{11}{14}$

將 11 除上一個整數物件 14，我們一樣可以得到一個分數物件 11/14。

```
> sp.Rational(11,14)+sp.Rational(9,13)
```
$\frac{269}{182}$

將兩個分數物件相加，我們得到另一個分數物件。

```
> sp.Rational(11,14)+0.5
```
1.28571428571429

將分數物件加上一個浮點數，結果就是一個浮點數了。

```
> r=sp.Rational(0.25); r
```
$\frac{1}{4}$

將 0.25 轉換為分數物件，得到 1/4。我們將結果設定給變數 r 存放。

```
> type(r)
  sympy.core.numbers.Rational
```

查詢 r 的型別，可知它是由 Rational 類別所建立的物件。

```
> r.p, r.q
  (1, 4)
```

分別提取分數物件 r 的分子和分母。

13.1.2 常數物件

Sympy 提供了一些常數物件，以方便進行符號運算。例如圓周率 π，Sympy 可以保留 π^2，而不會計算出 $\pi^2 = 9.8696 ....$。下表列出了常用的常數物件：

· Sympy 提供的符號常數

函數	說明
pi	圓周率 π
E	歐拉常數 e
oo	無窮大 ∞
I	虛數
UnevaluatedExpr(*ex*)	暫不執行 *ex*，即保留 *ex* 的原式
ex.doit()	對 *ex* 求值

有趣的是，Sympy 以兩個連在一起的小寫字母 o 來代表無窮大（Infinity），看起來很像是手寫的無窮大符號 ∞，非常形象，也不容易忘記。

```
> sp.pi**2+1
```
$1 + \pi^2$

計算 $\pi^2 + 1$。注意 Sympy 還是保留原式，因為它不能再化簡成更簡單的式子。

```
> sp.exp(1)**sp.pi
```
e^π

計算 e^π。exp() 是 Sympy 提供的自然指數函數，exp(1) 就等於歐拉常數 e。

```
> sp.E**2+6
```
$6 + e^2$

計算 $e^2 + 6$。

```
> sp.oo+5
```
∞

$\infty + 5$ 的結果還是 ∞。

```
> 5+7*sp.I
```
$5+7i$

Sympy 以大寫的英文字母 I 代表虛數。左式表達了 $5+7i$ 這個複數。

```
> sp.E**(sp.I*sp.pi)+1
```
0

用 Sympy 驗證著名的歐拉公式 $e^{i\pi}+1=0$。

於上例中，Sympy 知道 $e^{i\pi}+1=0$，所以直接回應 0 這個結果。如果不想讓 Sympy 求出其結果，我們只要將其中一個變數或常數“鎖住”（也就是讓 Sympy 不知道它的意思，亦即保持它在未求解的狀態，unevaluated expression）。因為不知道變數或常數的意思，這樣 Sympy 就不會對它求解了。

```
> z=sp.UnevaluatedExpr(sp.E)
```

將 e 的未求解狀態設給變數 z。

```
> ex=z**(sp.I*sp.pi)+1; ex
```
$1+e^{i\pi}$

計算 $z^{i\pi}+1$，然後把結果設給 ex 存放。因為 z 是代表 e 的未求解狀態，所以查詢 ex 時，還是顯示 $1+e^{i\pi}$，並不會求值為 0。

```
> ex.doit()
```
0

利用 doit() 函數，可以將未求解的表示式求值，因此得到 0。

```
> ex=sp.E**(sp.I*sp.symbols('pi'))+1
  ex
```
$e^{i\pi}+1$

我們也可以利用符號物件來 '欺騙' Sympy，使其無法求值。 因為 sp.symbols('pi') 只是一個符號物件，不是 sp.pi，所以無法求值。

```
> ex.subs(sp.symbols('pi'),
           sp.pi).doit()
```
0

將 sp.symbols('pi') 代換成 sp.pi，然後再執行 doit() 求值，我們就可以得到 0。

13.1.3 變數的性質

某些運算對於變數會有特定性質的要求，例如它必須是一個正數、偶數或實數等（如 $\sqrt{x^2}=x$ 僅在 $x\geq 0$ 時成立）。我們可以在建立變數的時候就賦予這些性質，後續的運算就會跟著這些性質來給出結果。

```
> alp=sp.symbols('alpha')
```

建立符號物件 α，並設定給 alp 存放。

```
> sp.sqrt(alp**2)
```
$\sqrt{\alpha^2}$

因為 Sympy 不知道 α 的正負，所以計算 $\sqrt{\alpha^2}$ 時只回應原式。

```
> sp.sqrt(sp.pi**2)
```
π

計算$\sqrt{\pi^2}$，因為 Sympy 知道 π 是正數，所以回應 π。

```
> alp=sp.symbols('alpha',
                 positive=True)
```

重新建立一個符號物件 α，並指定它是正數（Positive）。

```
> sp.sqrt(alp**2)
```
α

現在 Sympy 可以計算出 $\sqrt{\alpha^2} = \alpha$ 了。

Sympy 的符號物件都有一個 is_ 開頭的屬性，可以用來查詢該物件的一些性質，例如是否為奇數、偶數，或是整數、正數等等。如果是的話，就回應 True，否則回應 False。如果無法判斷，則回應 None（不顯示結果）。

```
> x=sp.Symbol('x',even=True)
```

用 Symbol() 建立物件時也可以指定符號物件的性質。左式指定了 x 是一個偶數。

```
> x.is_integer
  True
```

查詢 x 是否為整數，結果回應 True（奇數或偶數都是整數）。

```
> x.is_positive
```

因為負數也可能是偶數，因此查詢 x 是否為正數時無法判定，Sympy 回應 None，因此左式沒有輸出。

```
> y=x+0.3
```

將 x 加上 0.3，再設定給 y 存放，此時 y 就不是整數了。

```
> y.is_integer
  False
```

查詢 y 是否為整數，結果回應 False。

```
> a=sp.Symbol('a',real=True)
```

建立符號物件 a，並指明它是實數。

```
> sp.sqrt(a**2)
```
$|a|$

計算 $\sqrt{a^2}$，得到 $|a|$。

13.1.4 將數學式轉成 Latex

如果想在圖形的標題上寫上一個數學式，或是在 Colab 或 Jupyter lab 中的文字區裡寫上數學公式，我們就必須知道它的 Latex 語法。利用 latex(ex) 即可取得 ex 的 Latex 語法（以字串包圍）。

· 取得數學式的 latex 語法

函數	說明
latex(ex)	取得數學式 ex 的 Latex 語法

```
> ex=sp.E**2/(1+sp.pi)+3; ex
```

$$\frac{e^2}{1+\pi}+3$$

這是一個數學式 $e^2/(1+\pi)+3$，我們把它設給 ex 存放。

```
> print(sp.latex(ex))
\frac{e^{2}}{1 + \pi} + 3
```

將 ex 轉成 Latex，其結果為一個字串，然後利用 print() 將 Latex 的語法列印出來。

如果想在 Colab 的儲存格裡顯示 $\frac{e^2}{1+\pi}+3$ 這個數學式，只要在將 print() 函數顯示的 Latex 語法拷貝起來，貼到 Colab 的文字窗格裡，Latex 語法的前後再以錢號 $ 包圍起來就可以了（Jupyter lab 的操作方式亦同），如下面的範例：

如果是用連續兩個 $$ 將 Latex 的語法括起來，則被括起來的方程式會單獨出現在新的一行，如下面的範例：

13.2 基本代數運算

Sympy 提供了豐富的代數運算，方便我們對數學式進行各種操作，例如對數學式化簡、通分、展開、因式分解，或是定義自己的函數等。

13.2.1 Sympy 提供的數學函數

在符號運算裡，數學函數必須能接納符號物件作為它的參數，因此 Sympy 也提供了許多數學函數，方便進行各種運算。常用的函數列表如下：

· Sympy 常用的數學函數 （https://docs.sympy.org/latest/modules/functions/elementary.html）

函數	說明
sin(x),cos(x),tan(x)等	三角函數
asin(x),acos(x),atan(x)等	反三角函數
Abs(x)	計算 x 的絕對值（注意 Abs 是一個類別）
sqrt(x)	計算 $\sqrt{x}$
root(x,n)	計算 $\sqrt[n]{x}$，即將 x 開 n 次方
Max($x,y,z,...$), Min($x,y,z,...$)	找出 $x,y,z,...$ 的最大/最小值（Max 和 Min 是類別）
log(x,b)	計算以 b 為底，x 的對數。若 b 省略，則取自然對數
exp(x)	計算 e^x
factorial(x)	計算 x 的階乘

有趣的是，上表中的 Abs()、Max() 和 Min() 都是大寫開頭，因此它們都是以呼叫類別的方式來完成特定的計算。

```
> a,b,x=sp.symbols('a,b,x')
```
建立符號物件 a, b 和 x。

```
> a+sp.sin(a**2)+sp.cos(b)**2
```
$a+\sin\left(a^2\right)+\cos^2(b)$

計算 $a+\sin(a^2)+\cos^2(b)$。

```
> sp.Abs(a)+sp.sqrt(sp.tan(b))
```
$\sqrt{\tan(b)}+|a|$

計算 $|a|+\sqrt{\tan(b)}$。

```
> abs(a**2+5)
```
$\left|a^2+5\right|$

利用 Python 內建的 abs() 函數也可以進行符號運算（在此例中 Python 會自動將 abs() 轉成 Abs() 來執行運算）。

```
> d=sp.symbols('d',negative=True)
```

建立符號物件 d，並設定它是負數。

```
> sp.Abs(d)
```
$-d$

計算 d 的絕對值，得到 $-d$。

```
> sp.Max(d,sp.pi,sp.E)
```
π

找出 d，π 和 e 這三個數裡最大的數。因為 d 是負數，$\pi \cong 3.14$，$e \cong 2.72$，所以 π 最大，因此回應 π。

```
> sp.Min(sp.pi**sp.E,sp.E**sp.pi)
```
π^e

比較 π^e 和 e^π 何者較小，結果回應 π^e。您可以驗證一下 Sympy 回應的是否正確。

```
> sp.log(a,b)
```
$\frac{\log(a)}{\log(b)}$

計算以 b 為底，a 的對數。因為$\log_b a = \log a/\log b$，因此我們得到左式。

```
> sp.log(512,2)
```
9

計算以 2 為底，512 的對數，得到 9。

```
> sp.root(24,3)
```
$2\sqrt[3]{3}$

將 24 開 3 次方。

```
> sp.factorial(x)
```
$x!$

計算 x 的階乘。

13.2.2 多項式與分式的運算

本節介紹一些基本的代數處理函數，其中包含了因式分解、展開、化簡、分式的約分與分解成部分分式等，它們都是符號運算時常用的函數之一。

・與展開、因式分解與化簡相關的函數

函數	說明
expand(ex)	將 ex 展開
factor(ex)	將 ex 因式分解
simplify(ex)	將 ex 化簡
trigsimp(ex)	將三角函數 ex 化簡（trigonometric simplify 的縮寫）
collect(ex,x)	將 ex 組成 x 的多項式
cancel(ex)	將分式 ex 約分
apart(ex)	將分式 ex 拆解成部分分式

上面的幾個函數名稱都是取自英文的原名，非常好記。這些函數不僅可以用在多項式，也可以用在包含有分式或三角函數的式子中。

```
> a,b,x=sp.symbols('a,b,x')
```

建立符號物件 a,b 和 x。

```
> ex=sp.expand((a+b)**3); ex
```

$a^3 + 3a^2b + 3ab^2 + b^3$

將 $(a+b)^3$ 展開，並將結果設給 ex 存放。

```
> sp.factor(ex)
```

$(a+b)^3$

因式分解 ex，得到原來的 $(a+b)^3$。

```
> ex=sp.expand(sp.sin(a+b),trig=True)
  ex
```

$\sin(a)\cos(b) + \sin(b)\cos(a)$

將 $\sin(a+b)$ 展開，並設定給變數 ex 存放。設定 trig=True 是告訴 Sympy 要對三角函數（Trigonometric function）展開。

```
> sp.factor(ex)
```

$\sin(a)\cos(b) + \sin(b)\cos(a)$

factor() 並沒有辦法對展開的三角函數 ex 化簡。

```
> sp.simplify(ex)
```

$\sin(a+b)$

simplify() 則可以將 ex 化簡為更簡單的三角函數 $\sin(a+b)$。

```
> sp.expand(sp.sin(2*a),trig=True)
```

$2\sin(a)\cos(a)$

這是三角函數的 2 倍角公式。

```
> sp.factor(a**3-2*a**2-3*a)
```

$a(a-3)(a+1)$

將 a^3-2a^2-3a 因式分解。

```
> sp.simplify(sp.sin(2*x)*sp.cos(2*x))
```

$\frac{\sin(4x)}{2}$

simplify() 也可以化簡三角函數。左式是將 $\sin(2x)\cos(2x)$ 化簡。

```
> sp.trigsimp(2*sp.sin(x)*sp.cos(x))
```

$\sin(2x)$

將三角函數 $2\sin(x)\cos(x)$ 化簡。

```
> sp.collect(x**2+x*a**2+a*x+3,x)
```

$x^2+x\left(a^2+a\right)+3$

將 x^2+xa^2+ax+3 排成 x 的多項式，即變數 x 以降冪排列（x 的次方由大到小）。

```
> sp.collect(x**2+x*a**2+a*x+3,a)
```

$a^2x+ax+x^2+3$

將 x^2+xa^2+ax+3 排成 a 的多項式，您可以注意到變數 a 是以降冪排列。

另外兩個常見的代數處理函數是 cancel() 和 apart()。cancel() 可以將分式進行約分，而 apart() 可以將分式拆解成部分分式：

```
> ex=(a-2)/(a**3+6*a**2-a-30); ex
```

$\frac{a-2}{a^3+6a^2-a-30}$

ex 是一個分式。

```
> sp.cancel(ex)
```

$\frac{1}{a^2+8a+15}$

將 ex 進行約分，得到 $1/(a^2+8a+15)$。您可以驗證一下 a^3+6a^2-a-30 應該有 $a-2$ 這個因式。

```
> sp.apart(ex)
```

$-\frac{1}{2(a+5)}+\frac{1}{2(a+3)}$

將 ex 拆解成兩個分式的加總，即拆解成兩個部分分式。

```
> sp.apart(1/(a**3-8))
```

$-\frac{a+4}{12\left(a^2+2a+4\right)}+\frac{1}{12(a-2)}$

將 $1/(a^3-8)$ 拆解成部分分式。

13.2.3 定義函數與建立函數物件

在 Sympy 裡也可以定義函數。如果要定義的函數很短（一行就可以寫完那種），可以利用 lambdify() 來定義，其語法類似 Python 的 lambda。如果需要多行才能寫完的函數，一般會利用關鍵字 def 來定義。另外，Sympy 也提供了一個 Function 類別，可以用來建立一個函數物件。函數物件沒有明確定義函數的內容，僅用來泛指一般的函數（如 $f(x)$, $g(x)$, ... 等）。

· 定義函數與建立符號函數

函數	說明
f=lambdify([x,y,…],ex)	定義函數 $f(x,y,\ldots)=ex$。若只有一個變數，方括號可省略
f=Function('$fname$')	建立函數物件 f，函數名稱以 $fname$ 顯示

一般而言，如果需要將不同的數值帶入運算式，利用先前介紹的 subs() 函數就可以完成。不過如果這個運算式需要用到很多次時，把它定義成一個函數會比較方便：

```
> a,b,x=sp.symbols('a,b,x')
```

建立符號物件 a,b 和 x。

```
> (a**2+3).subs({a:b**2})
```

b^4+3

將 a^2+3 裡的變數 a 代換成 b^2，得到 b^4+3。這是利用代換的方式來求 a=b^2 時，a^2+3 的值。

```
> f=sp.lambdify(a,a**2+3)
```

在 Sympy 裡定義函數 $f(a)=a^2+3$。

```
  f(b**2)
```

b^4+3

將 b^2 傳入函數 f，我們也可以求得當 a=b^2 時，a^2+3 的值。

```
> f(a),f(3.2),f(sp.sin(a)+sp.E)
```

$\left(a^2+3,\ 13.24,\ (\sin(a)+e)^2+3\right)$

分別計算 $f(a)$, $f(3.2)$, $f(\sin(a)+e)$。函數在定義之後可以重複呼叫，使用起來非常方便。

```
> f(np.array([-1,0,3,6]))
  array([ 4,  3, 12, 39])
```

如果函數 f 裡的參數是一個 Numpy 的陣列，則陣列裡的每一個元素會被提取出來代入函數中計算。

```
> f=sp.lambdify([a,b],a**2+b**2)
```

定義兩個變數的函數 $f(a,b)=a^2+b^2$。

```
> f(3,4)
```

25

計算 $f(3,4)$ 得到 25。

```
> f(sp.sin(x),sp.cos(x))
```

$\sin^2(x)+\cos^2(x)$

計算 $f(\sin(x),\cos(x))$。

當函數需要多行來定義完成時，我們可以把函數的內容寫在 def區塊內，再把運算結果用 return 傳出去就可以了，如下面的範例：

```
> def g(x):
      t=4*x-1
      return sp.cos(t)**2+2
```

定義 $g(x)$，我們在函數主體內先算出 $t=4x-1$，再傳回 $\cos^2(t)+2$。

```
> g(x)
```

$\cos^2(4x-1)+2$

計算 $g(x)$，得到 $\cos^2(4x-1)+2$。

```
> g(x+sp.pi/3)
```

$$\cos^2\left(4x-1+\frac{\pi}{3}\right)+2$$

計算 $g(x+\frac{\pi}{3})$，得到 $\cos^2\left(4x-1+\frac{\pi}{3}\right)+2$。

```
> g(3.14)
```

2.28615084419082

我們也可以代入數值，得到一個浮點數的結果。

上面定義的 $f(x)$ 和 $g(x)$ 都有明確的函數內容。如果只是想定義一個函數物件而不需明確內容的話，我們可以利用 Function 類別來建立函數物件。

```
> f=sp.Function('f')
```

定義一個函數物件 $f(x)$，它的內容沒有明確的定義，用來泛指任意函數。

```
> f(x)**2+4*x
```

$4x+f^2(x)$

將 $f(x)$ 平方再加上 4。注意輸出時，平方是寫在 f 的右上方，而不是寫成 $f(x)^2$，如此是為了避免和 $f(x^2)$ 混淆。

```
> f(sp.sin(x)+2*x)
```
$f(2x + \sin(x))$

計算 $f(\sin(x) + 2x)$。因為 $f(x)$ 沒有明確定義，所以 Sympy 回應了原式。

```
> f(x).diff(x)
```
$\frac{d}{dx} f(x)$

將 $f(x)$ 對 x 微分，我們得到一個標準微分的寫法。diff() 是微分函數，稍後的小節將會介紹到它。

```
> f(x).diff(x,2).subs(x,0)
```
$\left.\frac{d^2}{dx^2} f(x)\right|_{x=0}$

將 $f(x)$ 對 x 微分兩次，再代 $x = 0$，我們可以得到一個微積分裡，對 $f(x)$ 二次微分的標準寫法。

13.3 解方程式

Sympy 提供了 solve()、nroots() 和 nsolve() 三個函數用來求解方程式。一般我們會以 solve() 來解得方程式的精確解（或稱為封閉解，Closed-form solution）。如果無法求得精確解，則可轉求其數值解（Numerical solution）。

· 與求解方程式相關的函數

函數	說明
solve(eq,x)	解方程式 eq 裡的變數 x
nroots($poly$,n=k)	求解多項式 $poly$ 的根到有效數字 k 位
nsolve(eq,x,x_0,prec=k)	從 $x = x_0$ 為起點，求解 eq 到有效數字 k 位
Eq(lhs,rhs)	建立方程式物件 $lhs = rhs$
plot(f,(x,x_0,x_1))	x 從 x_0 到 x_1 畫出函數 $f(x)$ 的圖形
plot_implicit(eq,(x,x_0,x_1),(y,y_0,y_1))	畫出隱函數 eq 的圖形

在上表中，nroot() 和 nsolve() 這兩個函數都是 n 開頭，代表 numerical 的意思，英文的原意為數值。在 Sympy 中，n 開頭的函數求出來的結果都是一個數值，而不是符號式。

```
> a,b,c,x,y=sp.symbols('a,b,c,x,y')
```
建立符號物件。

```
> sp.solve(x**2+3*x-a, x)
```

$$\left[-\frac{\sqrt{4a+9}}{2} - \frac{3}{2}, \frac{\sqrt{4a+9}}{2} - \frac{3}{2} \right]$$

解 $x^2 + 3x - a = 0$。注意 solve() 可以求得一個類似手寫的數學式，它是一個精確的數字，而不是浮點數（數值解）。

```
> sp.solve([x+4*y-1,2*x-2*y-1],[x,y])
```

$$\left\{ x : \frac{3}{5}, y : \frac{1}{10} \right\}$$

解二元一次的聯立方程式 $x + 4y - 1 = 0$ 和 $2x - 2y - 1 = 0$。

```
> sp.solve([x**2+y-1,x-2*y+1],[x,y])
```

$$\left[(-1, 0), \left(\frac{1}{2}, \frac{3}{4} \right) \right]$$

解二元二次的聯立方程式 $x^2 + y - 1 = 0$ 和 $x - 2y + 1 = 0$，我們得到兩組解 $x_0 = -1, y_0 = 0$ 和 $x_1 = \frac{1}{2}, y_1 = \frac{3}{4}$。

```
> (x**2+y-1).subs({x:-1,y:0})
```

$$0$$

將第一組解代入第一個方程式中，得到 0，代表我們求的解是正確的。

```
> (x-2*y+1).subs({x:-1,y:0})
```

$$0$$

將第一組解代入第二個方程式中，也可以得到 0。

```
> sp.solve(a*x**2+b*x+c,x)
```

$$\left[\frac{-b + \sqrt{-4ac + b^2}}{2a}, -\frac{b + \sqrt{-4ac + b^2}}{2a} \right]$$

解一元二次方程式 $ax^2 + bx + c = 0$。

```
> sp.solve(sp.exp(x**2)-9,x)
```

$$\left[-\sqrt{\log(9)}, \sqrt{\log(9)} \right]$$

解方程式 $e^{x^2} - 9 = 0$。

```
> sp.solve(a**3+2*a**2-1,a)
```

$$\left[-1, -\frac{1}{2} + \frac{\sqrt{5}}{2}, -\frac{\sqrt{5}}{2} - \frac{1}{2} \right]$$

解三次多項式 $a^3 + 2a^2 - 1 = 0$ 的根。注意 solve() 會解出 a 的精確解。

```
> sp.nroots(a**3+2*a**2-1,n=4)
```

$$[-1.618, -1.0, 0.618]$$

利用 nroots() 解三次多項式 $a^3 + 2a^2 - 1 = 0$，我們得到 3 個實數根。

Sympy 也提供了畫出函數圖形的指令（如 plot() 和 plot_implicit()），我們可以利用它來驗證解的正確性。有別於第 11 章所繪的函數圖，Sympy 在繪圖時可以直接給一個函數或方程式物件，使用起來更為方便。

```
> f=4*sp.cos(3*x)-x**3
```

定義 $f = 4\cos(3x) - x^3$。

```
> sp.solve(f,x)
```

No algorithms are implemented to solve equation -x**3 + 4*cos(3*x)

求解 $4\cos(3x) - x^3 = 0$ 的解，但 solve() 無法求得其精確解。事實上，這個方程式並沒有精確解，我們只能轉求其數值解。

```
> sp.plot(f,(x,-2,2),line_color='red')
```

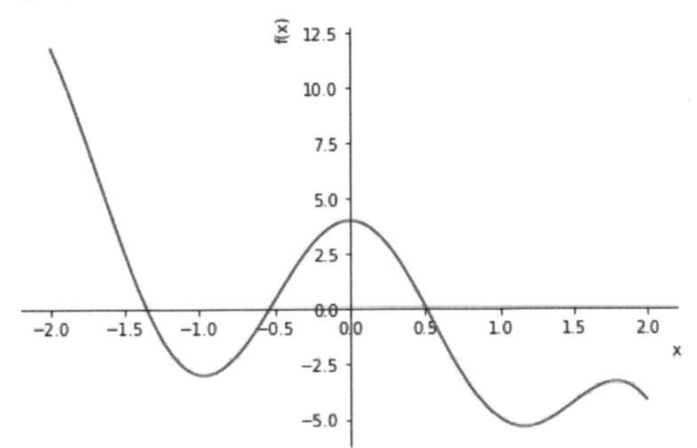

繪出 $f(x)$ 的圖形，我們發現它有 3 個解，約略位於 $x = -1.4, -0.5$ 和 0.5 之處。

我們可以注意到 Sympy 提供的 plot() 繪出來的圖形兩軸交點是在原點，類似數學課本裡慣用的畫法。

```
> sp.nsolve(f,x,1)
```

0.512386501814505

以 $x = 1$ 為初始點求解。注意得到的解是三個解中，較靠近 $x = 1$ 的數值解。

```
> sp.nsolve(f,x,-2)
```

−1.34997551856788

以 $x = -2$ 為初始點求解，我們得到的解是三個解中，較靠近 $x = -2$ 的數值解。

一個完整的方程式應包含等號左邊（left hand side，簡稱 lhs）和右邊（right hand side，簡稱 rhs）兩個式子。上面的範例在求解方式時，我們都只給了等號左邊的式子 lhs，因此 Sympy 會自動假設 rhs 為 0。Sympy 提供了一個 Eq 類別，可以讓我們建立一個完整的方程式物件，在求解時會更為直覺，方程式顯示起來也更為美觀。

```
> eq=sp.Eq(sp.sin(x)+sp.cos(x),1);eq
```

$\sin(x) + \cos(x) = 1$

建立方程式物件 *eq*，其內容為 $\sin(x) + \cos(x) = 1$。注意這個方程式包含了等號左邊和右邊兩個式子。

```
> sp.solve(eq,x)
```

$\left[0, \frac{\pi}{2}\right]$

求解方程式 *eq*，得到兩個解。

```
> sp.nsolve(eq,x,2)
```

1.5707963267949

用 nsolve() 也可以對方程式物件求數值解。這個式子是以 $x = 2$ 為初值來求解。

```
> eq1=sp.Eq(x**2+y**2,1); eq1
```

$x^2 + y^2 = 1$

建立方程式物件 $eq1$。我們知道這是一個圓心在 (0,0)，半徑為 1 之圓的方程式。

```
> eq2=sp.Eq((x-2)**2+(y-1)**2,4); eq2
```

$(x-2)^2 + (y-1)^2 = 4$

建立方程式物件 $eq2$，它是一個圓心在 (2,1)，半徑為 2 之圓的方程式。

```
> sp.solve([eq1,eq2],[x,y])
```

$\left[(0,\ 1),\ \left(\frac{4}{5},\ -\frac{3}{5}\right)\right]$

解方程式 $eq1$ 和 $eq2$，我們得到 $x_0 = 0, y_0 = 1$ 和 $x_1 = \frac{4}{5}, y_1 = \frac{-3}{5}$ 兩組解。

```
> p1=sp.plot_implicit(eq1,
                      (x,-1,4),(y,-2,3),
                      line_color='r',
                      aspect_ratio=(1,1),
                      show=False)
```

利用隱函數繪圖繪出 $eq1$ 的圖形，x 範圍從 -1 到 4，y 從 -2 到 3，紅色線條，x 和 y 坐標軸的比例為 1:1，且暫不顯示圖形。

```
> p2=sp.plot_implicit(eq2,
                      (x,-1,4),(y,-2,3),
                      line_color='g',
                      aspect_ratio=(1,1),
                      show=False)
```

畫出 $eq2$ 的圖形，選項和上圖都一樣，除了是用綠色線條來繪圖。

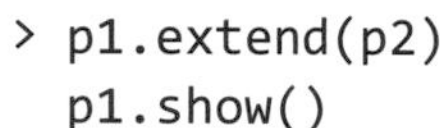

```
> p1.extend(p2)
  p1.show()
```

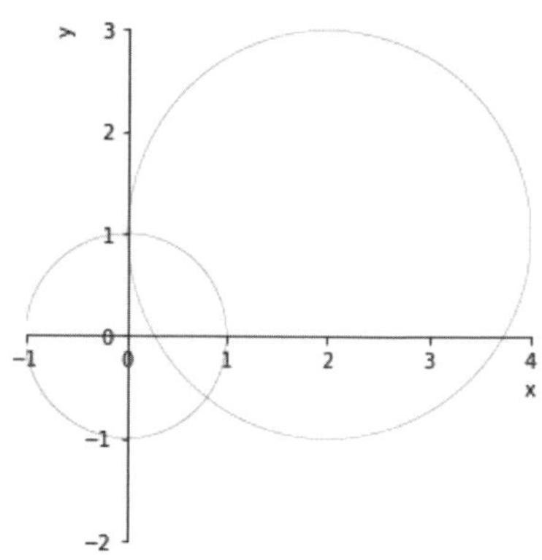

將 $eq1$ 和 $eq2$ 的圖形繪於同一張圖。圖形顯示兩個圓交於兩個點，這兩個交點正是我們解出的 $x_0 = 0, y_0 = 1$ 和 $x_1 = \frac{4}{5}, y_1 = \frac{-3}{5}$ 兩組解。

注意左式用的 extend(p2) 函數可以將 $p2$ 的繪圖資訊添加到 $p1$ 中，因此 $p1$.show() 即可繪出兩個函數的圖形。

13.4 微積分

Sympy 提供了一些函數可以進行與微積分相關的運算，其中包含了極限、微分、積分、數列加總與連乘，以及泰勒展開式等。本節我們將介紹這些相關的函數。

13.4.1 極限、微分與積分

Sympy 分別以 limit()、diff() 和 integrate() 來計算函數的極限、微分與積分。另外，如果只是想顯示出一個極限、微分或積分式，而不想執行它的話，則可以利用大寫開頭的 Limit、Derivative 和 Integrate 三個類別來建立相對應的數學式。

· 極限、微分與積分函數

函數	說明
Limit($f(x)$,x,x_0,dir='d')	x 從方向 d 逼近 x_0 建立函數 $f(x)$ 的極限式
limit($f(x)$,x,x_0,dir='d')	x 從方向 d 逼近 x_0 求函數 $f(x)$ 的極限
Derivative($f(x)$,x,n)	建立 $f(x)$ 對 x 微分 n 次的微分式
diff($f(x)$,x,n)	求 $f(x)$ 對 x 微分 n 次
Integral($f(x)$,x)	建立$f(x)$ 的積分式
integrate($f(x)$,x)	求$f(x)$ 的積分

極限的 dir 參數可以用來指定逼近的方向，從左邊逼近是 dir='-'，右邊是 dir='+'，雙邊是 dir='+-'，預設是從右邊逼近。若極限不存在，則回應 False。利用類別建立極限、微分與積分式只是方便觀察數學式。如果想要將它求值，只要呼叫 doit() 函數就可以了。

```
> x,y=sp.symbols('x,y')
```

建立符號物件。

```
> lim=sp.Limit(sp.sin(x)/x,
               x,0,dir='+-'); lim
```

$$\lim_{x\to 0}\left(\frac{\sin(x)}{x}\right)$$

建立 $\sin(x)/x$ 的極限式，並讓 x 從 0 的左右兩個方向逼近（如果沒有設定 dir 參數的值，則預設是從右邊逼近）。

```
> lim.doit()
  1
```

對上式求值，得到 1。

```
> lim=sp.Limit((1+1/x)**x,x,sp.oo);lim
```

$$\lim_{x\to\infty}\left(1+\frac{1}{x}\right)^x$$

建立 $(1+1/x)^x$ 的極限式，並讓 x 逼近 ∞。

```
> lim.doit()
```

$$e$$

對上式求值，得到歐拉常數 e。

```
> sp.Eq(lim, lim.doit())
```

$$\lim_{x\to\infty}\left(1+\frac{1}{x}\right)^x = e$$

利用這個語法可以建立出一個類似手寫的數學方程式。

```
> sp.limit(1/x,x,0,dir='-')
```

$$-\infty$$

limit() 可以直接對函數求極限。左式的 dir='−' 代表極限是從 0^- 的方向逼近。

```
> sp.limit(1/x,x,0,dir='+')
```

$$\infty$$

從 0^+ 的方向逼近，我們得到 ∞。

下面的範例是建立函數的微分式（利用 Derivative 類別），以及直接對函數微分（利用 diff() 函數）的範例：

```
> ex=x*sp.sin(x**2)+1
```

將 $x\sin(x^2)+1$ 設定給 ex。

```
> d=sp.Derivative(ex,x); d
```

$$\frac{d}{dx}\left(x\sin\left(x^2\right)+1\right)$$

建立 ex 對 x 的微分式，並把結果設給變數 d 存放。

```
> d.doit()
```

$$2x^2\cos\left(x^2\right)+\sin\left(x^2\right)$$

對 d 進行運算，我們得到對 $x\sin(x^2)+1$ 微分的結果。

```
> sp.diff(ex,x)
```

$$2x^2\cos\left(x^2\right)+\sin\left(x^2\right)$$

直接對 ex 微分，我們可以得到和上式完全相同的結果。

```
> sp.diff(ex,x,2)
```

$$2x\left(-2x^2\sin\left(x^2\right)+3\cos\left(x^2\right)\right)$$

將 ex 對 x 微分 2 次。

```
> d=sp.Derivative(ex,x).subs(x,0); d
```

$$\frac{d}{dx}\left(x\sin\left(x^{2}\right)+1\right)\Big|_{x=0}$$

建立 ex 對 x 的微分式，並求 $x=0$ 時的微分。注意左式只列出式子，並不求值。

```
> d.doit()
```

$$0$$

對上式求值，得到 0。

```
> sp.diff(x**x, x)
```

$$x^{x}\left(\log\left(x\right)+1\right)$$

求 x^x 的導函數。

積分是微分的反運算。一般在數學上，積分後會得到一個積分常數，不過 Sympy 並沒有附上它，因此我們應該理解還有一個積分常數存在。

```
> ex=x*sp.sin(x**2)+1
```

設定 ex 為 $x\sin(x^2)+1$。

```
> sp.integrate(ex,x)
```

$$x-\frac{\cos\left(x^{2}\right)}{2}$$

積分 ex ，得到左式。注意積分結果沒有顯示出積分常數。

```
> i=sp.Integral(ex,(x,0,sp.pi)); i
```

$$\int\limits_{0}^{\pi}\left(x\sin\left(x^{2}\right)+1\right)\,dx$$

這是 ex 的定積分式，變數 x 的積分範圍從 0 到 π。

```
> i.doit()
```

$$-\frac{\cos\left(\pi^{2}\right)}{2}+\frac{1}{2}+\pi$$

將上式求值，我們求得定積分的結果。

```
> i=sp.Integral(1/(1+x**2),
                (x,0,sp.oo)); i
```

$$\int\limits_{0}^{\infty}\frac{1}{x^{2}+1}\,dx$$

顯示 $1/(1+x^2)$，積分變數 x 從 0 積分到 ∞ 的定積分式。

```
> i.doit()
```

$$\frac{\pi}{2}$$

執行上面的積分式，得到 $\pi/2$。

```
> i=sp.Integral(y/(1+x**2),
              (x,0,sp.oo),(y,0,1)); i
```

這是 $y/(1+x^2)$ 的二重積分式，x 從 0 積分到 ∞，y 從 0 積分到 1。

$$\int_0^1\int_0^\infty \frac{y}{x^2+1}\,dx\,dy$$

```
> i.doit()
```

這是上式積分的結果。

$$\frac{\pi}{4}$$

13.4.2 數列的加總與連乘

給予一個函數 $f(n)$，如要計算 n 從 n_0 到 n_1 時 $f(n)$ 的加總或連乘，則分別可以使用 summation() 和 product() 函數。

· 數列的加總與連乘

函數	說明
Sum($f(n)$,(n,n_0,n_1))	建立 $f(n)$ 的加總符號式，n 從 n_0 加總到 n_1
summation($f(n)$,(n,n_0,n_1))	n 從 n_0 到 n_1 加總 $f(n)$
Product($f(n)$,(n,n_0,n_1))	建立 $f(n)$ 的連乘符號式，n 從 n_0 連乘到 n_1
product($f(n)$,(n,n_0,n_1))	n 從 n_0 到 n_1 連乘 $f(n)$

和前一節一樣，加總和連乘都有一個未求值的版本，可以用來顯示加總或連乘的符號式，它們分別是由 Sum 和 Product 類別所建立的物件。

```
> i,n,x=sp.symbols('i,n,x')
```

建立符號物件。

```
> s1= sp.Sum(x**3, (x, 1, n)); s1
```

建立 x 從 1 到 n，加總 x^3 的符號式。

$$\sum_{x=1}^{n} x^3$$

```
> s1.doit().simplify()
```

對上面的符號式求解再化簡，我們得到左邊的結果。

$$\frac{n^2\left(n^2+2n+1\right)}{4}$$

```
> s2=sp.Sum((-1)**n*x**(2*n+1)/
            sp.factorial(2*n+1),
            (n, 1, sp.oo)); s2
```

$$\sum_{n=1}^{\infty} \frac{(-1)^n x^{2n+1}}{(2n+1)!}$$

建立一個較複雜的加總符號式，其中 n 從 1 到 ∞。

```
> s2.doit().simplify()
```

$$-x + \sin(x)$$

對上式求值，得到 $-x + \sin(x)$。

```
> sp.summation(1/3**n,(n,1,sp.oo))
```

$$\frac{1}{2}$$

n 從 1 到 ∞ 計算 $1/3^n$，得到 $1/2$。

```
> sp.Product(n, (n, 1, 10))
```

$$\prod_{n=1}^{10} n$$

這是 n 從 1 連乘到 10 的數學式。事實上它就等於 10 的階乘（10! =3628800）。您可以利用 doit() 來計算左式，看看結果和 sp.factorial(10) 的結果是不是相同。

```
> sp.product(i/n**2,(i,1,n))
```

$$\left(\frac{1}{n^2}\right)^n n!$$

計算 i/n^2，i 從 1 到 n 的連乘，我們得到左式。

13.4.3 泰勒級數

如果想把函數針對某個點展開成泰勒級數（Taylor series），可以使用 series() 函數。series() 可以把一個函數展開到特定的項次，然後再加上一個高次項。

· 泰勒級數運算

函數	說明
ex.series(x,x_0,n)	將 ex 從 $x = x_0$ 展開到 $x - x_0$ 的 $n - 1$ 次方項
ser.removeO()	將泰勒級數 ser 的高次項捨棄（remove 後面接的是大寫的 O）

若函數對 $x = 0$ 展開，展開後的級數稱為馬克勞林級數（Maclaurin series）。馬克勞林級數可以視為泰勒級數的一個特例。

```
> x=sp.symbols('x')
```

建立符號物件 x。

```
> s1=sp.sin(x).series(x, 0, 10); s1
```

$$x-\frac{x^3}{6}+\frac{x^5}{120}-\frac{x^7}{5040}+\frac{x^9}{362880}+O\left(x^{10}\right)$$

將 $\sin(x)$ 對 0 展開到 x^9 項。注意輸出中的 $O(x^{10})$ 代表高次項。

```
> s2=sp.cos(x).series(x, 0, 10); s2
```

$$1-\frac{x^2}{2}+\frac{x^4}{24}-\frac{x^6}{720}+\frac{x^8}{40320}+O\left(x^{10}\right)$$

將 $\cos(x)$ 對 0 展開到 x^9 項。因為 x^9 項的係數為 0，因此最高項只得到 x^8 項。

```
> sp.expand(s1*s2)
```

$$x-\frac{2x^3}{3}+\frac{2x^5}{15}-\frac{4x^7}{315}+\frac{2x^9}{2835}+O\left(x^{10}\right)$$

兩個級數也可以進行四則運算。左式是將 $s1$ 和 $s2$ 乘開的結果。

```
> sp.exp(x).series(x,1,3).removeO()
```

$$\frac{e\left(x-1\right)^2}{2}+e\left(x-1\right)+e$$

將 e^x 對 $x=1$ 展開到 $(x-1)^2$ 項。

```
> p0 = sp.plot(sp.sin(x), (x,0,6),
               show=False,ylim=(-2,2),
               line_color='black')
```

繪出 $\sin(x)$ 的圖形，先不顯示。並把結果設定給 $p0$ 存放。注意 ylim 參數指定了 y 方向的繪圖範圍為 $-2\le y\le 2$。

```
> for t,c in zip([2,4,6],['r','g','b']):
    s=sp.sin(x).series(x,0,t).removeO()
    p=sp.plot(s,(x,0,6),show=False,
              line_color=c)
    p0.extend(p)
```

繪出 $\sin(x)$（黑色），以及將 $\sin(x)$ 對 0 展開到 x^1、x^3 和 x^5 的泰勒級數之圖形，繪圖顏色分別為紅、綠和藍，並將所繪的圖形加入 $p0$ 中。

```
> p0.show()
```

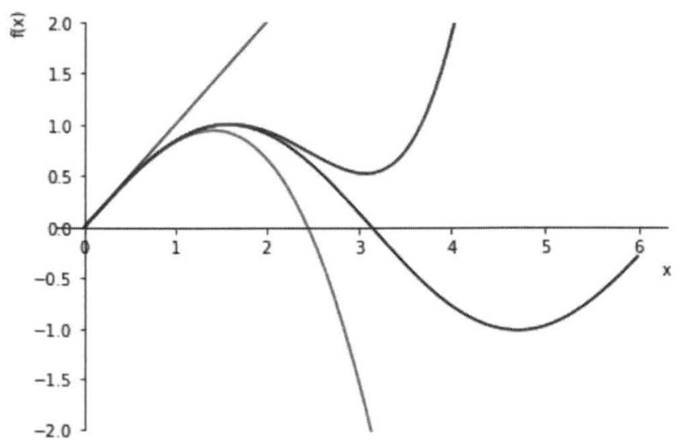

顯示 $p0$ 的圖形，其中共有 4 條函數曲線。圖中顯示展開的階數越高，曲線也就越貼近 $\sin(x)$ 的圖形。您可以試著修改一下展開的次方數，看看要展開到幾次方時，在 0 到 6 的區間內泰勒級數才會完全貼合 $\sin(x)$ 的圖形。

13.5 線性代數

在 Numpy 裡我們也學過線性代數的相關運算，不過它只能進行數值運算。Sympy 則可以進行符號運算，包括矩陣的處理、行列式、反矩陣，以及特徵值的計算等。

· 矩陣運算的相關函數

函數	說明
Matrix(arr)	以 arr 建立一個矩陣
zeros(m,n); ones(m,n)	建立 $m \times n$ 的全 0 矩陣或全 1 矩陣
eyes(m)	建立 $m \times m$ 的單位矩陣
diag($a,b,c,\ldots$)	以 $a,b,c,\ldots$ 為對角線元素建立一個對角矩陣
$m_1 * m_2$	計算矩陣 m_1 與 m_2 相乘
m_1.T	計算 m_1 的轉置矩陣
m_1.multiply_elementwise(m_2)	將 m_1 和 m_2 相同位置的元素相乘
m_1.row(r); m_1.col(c)	取出矩陣 m_1 索引為 r 的列/索引為 c 的行
m_1.row_del(r); m_1.col_del(c)	刪除矩陣 m_1 索引為 r 的列/索引為 c 的行
m_1.row_insert(r, m_2)	將 m_2 插入 m_1 索引為 r 的列
m_1.col_insert(c, m_2)	將 m_2 插入 m_1 索引為 c 的行
m_1.det()	計算 m_1 的行列式
m_1.inv()	計算 m_1 的反矩陣
m_1.rank()	計算 m_1 的秩
m_1.eigenvals()	計算 m_1 的特徵值
m_1.eigenvects()	計算 m_1 的特徵向量
linsolve([m_1,v])	求解矩陣方程式 $m_1 * x = v$ 的 x

Sympy 提供了多樣的方式來建立矩陣。我們可以從現有的串列或 Numpy 的陣列來建立，也可以呼叫 Sympy 提供的函數來建立一些特殊的矩陣。

```
> a,b,c,x,y,z=sp.symbols('a,b,c,x,y,z')
```
建立符號物件。

```
> sp.Matrix([[a,b,c]])
```

$$\begin{bmatrix} a & b & c \end{bmatrix}$$

建立一個 1×3 的矩陣(列向量)。注意 Matrix() 裡的參數是一個兩層的串列。

```
> sp.Matrix([a,b,c])
```

$$\begin{bmatrix} a \\ b \\ c \end{bmatrix}$$

若參數是一個單層的串列，則 Matrix() 會建立一個行向量。左式建立了一個 3×1 的矩陣。

```
> sp.Matrix(np.array([[0,1,2],[3,4,5]]))
```

$$\begin{bmatrix} 0 & 1 & 2 \\ 3 & 4 & 5 \end{bmatrix}$$

利用 Numpy 陣列建立一個 2×3 的矩陣。

```
> sp.ones(2,3)
```

$$\begin{bmatrix} 1 & 1 & 1 \\ 1 & 1 & 1 \end{bmatrix}$$

建立一個 2×3 的全 1 矩陣。

```
> sp.eye(3)
```

$$\begin{bmatrix} 1 & 0 & 0 \\ 0 & 1 & 0 \\ 0 & 0 & 1 \end{bmatrix}$$

建立一個 3×3 的單位矩陣。

```
> sp.diag(a,b,c)
```

$$\begin{bmatrix} a & 0 & 0 \\ 0 & b & 0 \\ 0 & 0 & c \end{bmatrix}$$

以 a、b 和 c 為對角線建立一個對角矩陣。

Sympy 也提供了一些函數，可以進行矩陣的處理，例如兩個矩陣之間的基本運算，以及矩陣行（Column）或列（Row）的提取與刪除等等。

```
> m1=sp.Matrix([[a,b,c],[x,y,z]]); m1
```

$$\begin{bmatrix} a & b & c \\ x & y & z \end{bmatrix}$$

建立一個 2×3 的矩陣 $m1$，裡面的元素是符號物件。

```
> m1.T
```

$$\begin{bmatrix} a & x \\ b & y \\ c & z \end{bmatrix}$$

將 $m1$ 轉置，得到 3×2 的矩陣。

```
> m2=sp.Matrix(3,2,[a,b,c,x,y,z]); m2
```

$$\begin{bmatrix} a & b \\ c & x \\ y & z \end{bmatrix}$$

我們也可以利用這個語法，利用一個單層的串列建立一個 3×2 的矩陣。

```
> m1*m2
```

$$\begin{bmatrix} a^2+bc+cy & ab+bx+cz \\ ax+cy+yz & bx+xy+z^2 \end{bmatrix}$$

這是矩陣的乘法。

```
> m1+m2.T
```

$$\begin{bmatrix} 2a & b+c & c+y \\ b+x & x+y & 2z \end{bmatrix}$$

將 $m1$ 和 $m2$ 的轉置矩陣相加。

```
> m1.multiply_elementwise(m2.T)
```

$$\begin{bmatrix} a^2 & bc & cy \\ bx & xy & z^2 \end{bmatrix}$$

這是元素對元素乘法，也就是將 $m1$ 裡的每一個元素乘上 $m2.\mathrm{T}$ 中，相同位置的元素。

```
> m2*3
```

$$\begin{bmatrix} 3a & 3b \\ 3c & 3x \\ 3y & 3z \end{bmatrix}$$

將 $m2$ 乘上一個常數 3。

```
> m1.shape
```

$(2,\ 3)$

利用 $m1.\mathrm{shape}$ 可以得知 $m1$ 是一個 2 列 3 行的矩陣。

```
> m1.row(0)
```

$$\begin{bmatrix} a & b & c \end{bmatrix}$$

提取 $m1$ 索引為 0 的列。

```
> m1.col(-1)
```

$$\begin{bmatrix} c \\ z \end{bmatrix}$$

提取 $m1$ 的最後一行。

```
> m1.col_del(0); m1
```

$$\begin{bmatrix} b & c \\ y & z \end{bmatrix}$$

刪除 $m1$ 索引為 0 的列，注意刪除後 $m1$ 的內容會改變。

```
> m1.row_insert(2,sp.Matrix([[a,a**2]]))
```

$$\begin{bmatrix} b & c \\ y & z \\ a & a^2 \end{bmatrix}$$

將 $[a, a^2]$ 插入 $m1$ 索引為的 2 列中。

Sympy 也可以計算反矩陣的符號式，或者是計算特徵值（Eigenvalues）和特徵向量（Eigenvectors）等。有別於 Numpy 的計算，Sympy 可以給出這些運算結果的符號式。

```
> m=sp.Matrix([[0,a],[4,0]]); m
```

$$\begin{bmatrix} 0 & a \\ 4 & 0 \end{bmatrix}$$

這是一個 2×2 的陣列 m。

```
> m**2
```

$$\begin{bmatrix} 4a & 0 \\ 0 & 4a \end{bmatrix}$$

計算 $m*m$，即矩陣 m 相乘兩次。

```
> m.inv()
```

$$\begin{bmatrix} 0 & \frac{1}{4} \\ \frac{1}{a} & 0 \end{bmatrix}$$

計算矩陣 m 的反矩陣。

```
> m.eigenvals()
```

$$\left\{-2\sqrt{a} : 1,\ 2\sqrt{a} : 1\right\}$$

計算矩陣 m 的特徵值。注意 $-2\sqrt{a}$ 和 $2\sqrt{a}$ 為特徵值，後面接的 1 為特徵值的重根數 (algebraic multiplicity)。

```
> m.eigenvects()
```

$$\left[\left(-2\sqrt{a},\ 1,\ \left[\begin{bmatrix} -\frac{\sqrt{a}}{2} \\ 1 \end{bmatrix}\right]\right),\ \left(2\sqrt{a},\ 1,\ \left[\begin{bmatrix} \frac{\sqrt{a}}{2} \\ 1 \end{bmatrix}\right]\right)\right]$$

這是矩陣 m 的特徵值和特徵向量。

```
> m=sp.Matrix([[a,b],[0,c]])
  v=sp.Matrix([4,9])
```

定義矩陣 m 和 v。注意 v 為一個行向量。

```
> sp.linsolve([m,v])
```

$$\left\{\left(\frac{-9b+4c}{ac},\ \frac{9}{c}\right)\right\}$$

求解矩陣方程式 $m \cdot x = v$ 的 x。

13.6 解微分方程式

本節將介紹微分方程式的符號解，內容包含了一階與二階微分方程式，以及聯立微分方程式的求解等。Sympy 是以 dsolve() 函數（dsolve 是 differential equation + solve 的合體字）來求解微分方程式，其語法如下：

· 求解微分方程式

函數	說明
`dsolve(`eq`)`	解微分方程式 eq
`dsolve([`eq_1`,`eq_2`,…],ics)`	以 ics 為初值條件求解聯立微分方程式 $eq_1, eq_2, \ldots$

在解微分方程式時，我們可以先建立符號物件 x 和函數物件 f，然後以它們來建立一個 Eq 類別的物件，物件的內容就是一個微分方程式。一次微分項 $f'(x)$ 可以寫成 $f(x).\mathrm{diff}(x)$，二次微分項 $f''(x)$ 可以寫成 $f(x).\mathrm{diff}(x,2)$，以此類推。如果需要給予初值條件或邊界條件時，一次微分項 $f'(x_0)$ 可以寫成 $f(x).\mathrm{diff}(x).\mathrm{subs}(x,x_0)$，相同的，二次微分項 $f''(x_0)$ 可以寫成 $f(x).\mathrm{diff}(x,2).\mathrm{subs}(x,x_0)$。

```
> a,b,c,x,y=sp.symbols('a,b,c,x,y')
```

建立符號物件。

```
> f=sp.Function('f')
```

建立函數物件 f。

```
> eqn=sp.Eq(f(x).diff(x)-f(x),sp.cos(x))
  eqn
```

$$-f(x)+\frac{d}{dx}f(x)=\cos(x)$$

建立一個 Eq 物件 eqn，內含一個一階微分方程式。

```
> sp.dsolve(eqn)
```

$$f(x)=\left(C_1+\frac{e^{-x}\sin(x)}{2}-\frac{e^{-x}\cos(x)}{2}\right)e^{x}$$

解微分方程式 eqn。因為 eqn 是一階常微分方程式，所以其解有一個積分常數 C_1。

```
> sp.dsolve(eqn,ics={f(0): 3})
```

$$f(x)=\left(\frac{7}{2}+\frac{e^{-x}\sin(x)}{2}-\frac{e^{-x}\cos(x)}{2}\right)e^{x}$$

加入初值條件 $f(0)=3$ 來解微分方程式。注意 ics 是 initial conditions 的縮寫，且初值條件是寫在一個字典裡。

```
> eqn=sp.Eq(f(x).diff(x,2)+2*f(x),
            sp.sin(x)); eqn
```

$$2f(x)+\frac{d^2}{dx^2}f(x)=\sin(x)$$

建立一個二階微分方程式物件 eqn。

```
> fp=sp.diff(f(x), x).subs(x,0); fp
```

$$\left.\frac{d}{dx}f(x)\right|_{x=0}$$

這是 $f'(0)$ 的表達方法，等一下我們會把 $f'(0)=0$ 作為微分方程式的其中一個初值條件。

```
> sol=sp.dsolve(eqn,ics={f(0):3,fp:0})
  sol
```

$$f(x) = \sin(x) - \frac{\sqrt{2}\sin\left(\sqrt{2}x\right)}{2} + 3\cos\left(\sqrt{2}x\right)$$

解微分方程式 *eqn*，並設定初值條件為 $f(0)=3,\ f'(0)=0$，我們可以求得一個解。注意 dsolve() 回應的是一個 Eq 物件。

```
> sp.plot(sol.rhs,(x,0,20))
```

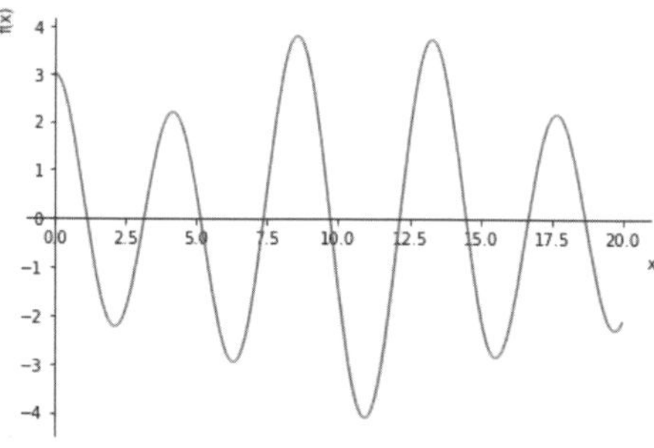

提取 Eq 物件右手邊的式子，然後對它作圖，我們即可得到此微分方程式的解。

上面的範例是解一個微分方程式的例子。如果要解一組聯立微分方程式，我們可以分別先建立包含微分方程式的 Eq 物件，然後再把這些 Eq 物件代入 dsolve() 就可以了。

```
> u=sp.Function('u')
  v=sp.Function('v')
  t=sp.symbols('t')
```

建立函數物件 u、v 和符號物件 t。

```
> eq1=sp.Eq(u(t).diff(t),5*u(t)-3*v(t))
  eq1
```

$$\frac{d}{dt}u(t) = 5u(t) - 3v(t)$$

建立方程式物件 *eq1*。

```
> eq2=sp.Eq(v(t).diff(t),-6*u(t)+2*v(t))
  eq2
```

$$\frac{d}{dt}v(t) = -6u(t) + 2v(t)$$

建立方程式物件 *eq2*。

```
> sp.dsolve([eq1,eq2])
```

$$\left[u(t) = \frac{C_1 e^{-t}}{2} - C_2 e^{8t},\ v(t) = C_1 e^{-t} + C_2 e^{8t}\right]$$

求解聯立微分方程式，注意我們得到兩個積分常數。如果給予初值條件，這兩個積分常數可以被解出。

```
> sol=sp.dsolve([eq1,eq2],
               ics={u(0):3,v(0):7}); sol
```

$$\left[u(t) = -\frac{e^{8t}}{3} + \frac{10e^{-t}}{3},\ v(t) = \frac{e^{8t}}{3} + \frac{20e^{-t}}{3}\right]$$

給予初值條件 $u(0) = 3, v(0) = 7$，我們即可解出兩個積分常數。

第十三章 習題

13.1 Sympy 套件與符號物件

1. 試計算下列各式，所求得的結果必須是符號式：

   (a) $\log_2 12^4 + \ln(e^3)$　(b) $\sin\left(\frac{2\pi}{3}\right) + \cos\left(\frac{4\pi}{5}\right)$　(c) $\sin^2\left(\frac{\pi}{6}\right) + \cos^2\left(\frac{5\pi}{6}\right)$

   (d) $\frac{1}{4} + \frac{5}{13}$　(e) $\sqrt[3]{7/64}$　(f) $e^{i\pi} + 1$

2. 試建立下面的多項式，並將給予的變數值利用 subs() 代入多項式求其值：

   (a) $3x^2 + 6x - 2;\ x = 5$

   (b) $6x^2y^3 + xy - 2y^2;\ x = \pi,\ y = \frac{4}{5}$

   (c) $x^2yz + 9(x+z)^3 + y;\ x = 1,\ y = 2,\ z = \sqrt{2}$

3. 試以 100 個位數的有效數字計算 $\sqrt{2} + \sqrt{3}$。

4. 試以 subs() 函數驗證 1, 2, 3 這三個數字中，哪一個是 $x^3 - 16x^2 + 51x - 36 = 0$ 的解。

13.2 基本代數運算

5. 試將 $\sqrt{x} - x^{5/2}$ 因式分解。

6. 試用 expand() 函數將 $\sin(4x)\cos(5x)$ 展開（提示：expand() 必須加上參數 trig=True 才能展開三角函數）。

7. 試將 $\frac{1}{x+1} - \frac{1}{x^2+1}$ 通分，化簡成一個分式（提示：可以利用 simplify() 函數）。

13.3 解方程式

8. 試求解下列各多項式的解，並繪圖驗證所求得的結果：

   (a) $x^3 + 6x + 4 = 0$

(b) $2x^3 - 6x^2 - x + 7 = 0$

(c) $7x^2 - 6x = 4x^3 + 2$

9. 設 $f(x) = x^4 - 4x^3 - \cos(3x) - 3$，試回答下面的問題：

(a) 繪出 $f(x)$ 的圖形，請自訂圖形的範圍使得所有的解均能於圖形中呈現。

(b) 試求出 $f(x)$ 所有的解。

10. 試找出 $f(x) = 20 - x^3$ 與 $g(x) = 6x^2 \times 1.12^x$ 的所有交點，並繪圖驗證所求得的結果。

13.4 微積分

11. 試計算各極限式：

(a) $\lim\limits_{x\to 0}\sqrt{x^2+3x+2}$　(b) $\lim\limits_{x\to -2^+}\dfrac{x^2-7x+10}{x+2}$　(c) $\lim\limits_{x\to\infty}\dfrac{\sin(x)}{2x-1}$

(d) $\lim\limits_{x\to\infty}\dfrac{(x+3)(x-4)(2x+6)}{x^3-3}$　(e) $\lim\limits_{x\to 0}x^x$　(f) $\lim\limits_{x\to 2^-}\dfrac{1}{x-2}$

12. 試求下列各式的微分：

(a) $\dfrac{1}{\sqrt{x^3}+1}$　(b) $\dfrac{4x-3}{\sin(x+1)}$　(c) $x^{\sqrt{x}}$　(d) $(x+3)^{\sqrt{x}}$

(e) $\sin(x^2)\cos(x)$　(f) $x^{4/5}+\sin(\sqrt{x})$　(g) $\mathrm{e}^x\sin(x)$　(h) $\log(x^x)$

13. 試求下列各積分式：

(a) $\int x^2+6x-2\,dx$　(b) $\int \dfrac{2x^2-6x+12}{x}\,dx$　(c) $\int_0^{2\pi}\sin(x+a)\,dx$

(d) $\int_{-1}^{1}\pi\cos(x+3)\,dx$　(e) $\int_0^1\int_0^{3x}\left(\sqrt{y}-x^2\right)dydx$　(f) $\int_0^{\pi}\int_0^{\sqrt{x}}y\sin(x)\,dydx$

14. 試以泰勒級數表達下列各式至 $(x-a)^6$ 項：

(a) $f(x)=e^{x^2},\ a=1$　(b) $\sin(x)+\cos^2(x),\ a=\pi/2$

15. 試計算 $f(x)=e^{\tan^{-1}x}$ 對 $x=1$ 展開的泰勒級數至 $(x-1)^9$ 項，並繪圖驗證所得的結果。繪圖範圍取 $-3\le x\le 4,\ -6\le y\le 6$（提示：$y$ 方向的繪圖範圍可以用 ylim 參數指定）。

16. 試計算下列各式：

(a) $\sum_{i=1}^{\infty}\frac{1}{2^i}$ (b) $\sum_{i=1}^{n}\left(i+\frac{2}{3}\right)^2$ (c) $\prod_{k=1}^{n}\frac{1}{k^2\pi^2}$ (d) $\prod_{k=1}^{n}\left(1+\frac{1}{k^2}\right)$

13.5 線性代數

17. 試求解下列各矩陣方程式：

(a) $\begin{pmatrix}\beta & 2\\ 1 & 6\end{pmatrix}\begin{pmatrix}x_1\\ x_2\end{pmatrix}=\begin{pmatrix}4\\ 0\end{pmatrix}$ (b) $\begin{pmatrix}3 & 2 & 4\\ 5 & 7 & 3\\ 1 & 6 & 0\end{pmatrix}\begin{pmatrix}x_1\\ x_2\\ x_3\end{pmatrix}=\begin{pmatrix}0\\ \alpha\\ \alpha^2\end{pmatrix}$

18. 試計算下列各矩陣的行列式與反矩陣：

(a) $\begin{pmatrix}a & b\\ 1 & 1\end{pmatrix}$ (b) $\begin{pmatrix}x & x^2\\ 2x & x+1\end{pmatrix}$ (c) $\begin{pmatrix}\alpha & \beta & 1\\ 3 & 5 & 2\\ 1 & 2 & 6\end{pmatrix}$

13.6 解微分方程式

19. 於下列各題中，試以 dsolve() 求解各微分方程式，並嘗試以任何方法驗證所求得的解：

(a) $y''-5y=e^{5x}\sin(x)$

(b) $y''+\frac{1}{x}y'=x$

(c) $y'''+2y''-y'=4e^x-3\cos(2x)$

20. 試解下列各初值問題：

(a) $y'=8xy+16x;\quad y(0)=6$

(b) $y''+6y'+4y=0;\quad y(0)=1, y'(0)=0$

(c) $y''+y'+4y=\sin(x);\quad y(0)=0,\ y'(0)=1$

21. 試以初值條件 $x(0)=1,\ y(0)=2$ 解聯立微分方程式：

$$\begin{cases} x'+2x+y'+6y=2e^t\\ 2x'+3x+3y'+8y=-1\end{cases}$$

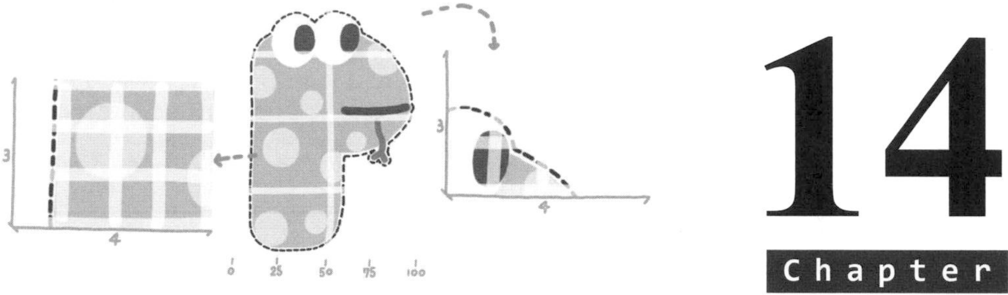

14

Chapter

使用 Skimage 進行圖像處理

Python 有許多套件可用來進行圖像處理，例如 Pillow、OpenCV 和 Scikit-image 等，其中 Pillow 只提供基礎的圖像處理功能，OpenCV 是一個基於 C++ 的函數庫，不過提供了介面可供 Python 呼叫。Scikit-image（簡稱 Skimage）則是 Scikit 的圖像處理套件，其中圖像的像素是以 Numpy 的陣列來表達，處理起來非常方便。本章將以 Skimage 套件介紹在 Python 裡如何進行圖像處理，內容包含了圖像的基本概念、色表的處理、圖像的邊緣檢測、柔化與銳利化以及圖像修復等。

1. 圖像的基本概念
2. 認識色表
3. 基礎圖像處理
4. 進階圖像處理
5. 圖像修復

14.1 圖像的基本概念

本章我們將利用 Scikit-image（簡稱 Skimage）來進行圖像處理。在 Colab 裡已經預安裝了 Skimage，如果是使用 Jupyter lab，請於輸入區內鍵入

```
pip install scikit-image
```

即可安裝。安裝好後，我們即可使用 Scikit-image 套件來進行圖像處理。Skimage 提供了豐富的圖像處理模組，下表列出了本節將使用到的相關函數。

· 圖像處理相關的函數

函數	說明
imshow(*img*,cmap=*map*)	以色表 *map* 繪出圖像 *img*
data.*img_name*()	讀取內建的 *img_name* 圖檔
io.show(*img*)	顯示圖像 *img*
io.imsave(*fname*,*img*)	將圖像 *img* 寫入圖檔 *fname* 中
io.imread(*fname*)	讀取圖檔 *fname*
freq,*bin* = histogram(*img*)	傳回 *img* 的灰階值 *bin* 和出現的次數 *freq*

在本章中，我們會使用到 Numpy、Matplotlib 和 Skimage 套件，以及 Skimage 裡的 io 和 data 模組，因此在執行本章的範例時，記得將它們一起載入：

```
> import matplotlib.pyplot as plt
  import numpy as np
  import skimage
  from skimage import data, io
```

載入本章需要的套件和模組。在稍後的小節中，我們會假設您已經載入它們。

14.1.1 灰階圖像

在 Skimage 中，灰階（Gray）圖像是以 Numpy 的陣列儲存，型別可以是浮點數或 uint8（8 個位元）的整數。陣列裡的每一個元素即代表圖像裡的一個像素。如果型別是浮點數，則像素的值會介於 0 到 1 之間，越靠近 0 越黑，越靠近 1 越白。如果是採用 uint8 的型別來儲存的話，則像素值會介於 0 到 255 之間，數字越小越黑，數字越大越白。

```
> man=data.camera()
```

讀取一張 Skimage 內建的圖像 camera，並且將它命名為 *man*。

```
> type(man)
  numpy.ndarray
```

利用 type() 查詢 *man*，我們發現它是 Numpy 的陣列。

```
> man.dtype
  dtype('uint8')
```

man 的型別為 uint8，也就是裡面的數字介於 0 到 255 之間。

```
> man.shape
  (512, 512)
```

man 的形狀為 512 × 512，也就是這張圖像有 512 × 512 個像素。

```
> man[:4,:3]
  array([[200,200,200],
         [200,199,199],
         [199,199,199],
         [200,200,199]],dtype=uint8)
```

我們可以利用陣列的索引來提取圖像的像素。左式提取了圖像前 4 列和前 3 行的像素值。

```
> plt.imshow(man,cmap='gray')
  plt.show()
```

利用 plt.imshow() 來顯示 *man*，並指定色表為 gray（灰階）。因為這張圖像中，最小值為 0，最大值為 255，因此 imshow() 會以 256 個灰階來顯示這張圖像。注意在 Colab 或是 Jupyter lab 中，即使沒有呼叫 show() 也會顯示圖像。

```
> io.imshow(man)
  io.show()
```

我們也可以利用 io 模組裡的 imshow() 來顯示 *man*。以這種方式來顯示圖像的話，我們不需指定色表。左式的結果和前例相同，因此我們省略了圖像的輸出。

```
> io.imshow(man/255)
  io.show()
```

像素值也可以是介於 0 到 1 之間的浮點數。因此將 *man* 除以 255 再顯示它，也可以得到相同的結果（此處我們也省略了輸出）。

上面的例子我們可以看到利用 Matplotlib 的 plt.imshow() 或 Skimage 的 io.imshow() 都可以顯示一張圖像。不過如果想把圖像並排在同一張畫布內，則必須使用第 11 章介紹過的方法，先建立兩張子圖，再於子圖上顯示圖像。此時的 imshow() 是呼叫 plt 裡的 imshow()，因此必須指定色表，否則 Matplotlib 的 imshow() 會使用它自己預設的色表：

```
01  # 預設色表與指定色表
02  fig,ax=plt.subplots(1,2,figsize=(8,4))
03  ax[0].imshow(man)   # 不指定色表
04  ax[1].imshow(man,cmap='gray')   # 指定色表
05  plt.show()
```

在這個範例中，由第 3 行顯示的左圖採用預設的色表，因此呈現的顏色有別於我們常見的灰階。第 4 行由於指定了色表為 gray，因此圖像可以正常顯示。

❖

在分析灰階圖像時，我們常利用直方圖來繪製像素值的分佈。利用第 11 章介紹過的 plt.hist() 即可繪製圖像的直方圖：

```
> bins = np.arange(-0.5, 255+1,1)
  plt.hist(man.flatten(), bins=bins)
  plt.show()
```

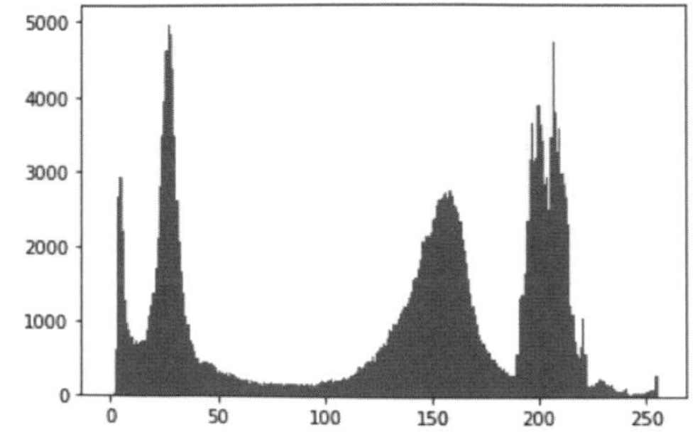

因為 uint8 的範圍是 0~255 的整數，因此我們建立 bins 為 −0.5 到 254.5，間距為 1 的陣列，使得每一個整數都會落在特定的區間，最後利用 plt.hist() 就可以繪製 *man* 的像素值的分佈了。

從直方圖可以看到區間（也就是灰階值）20~40 的像素較多，這些像素多半是位於攝影師衣服的位置（因為這部分的像素偏暗）。另一個高峰在 120~180，這個區域的像素多半位於圖像中的草皮。另外在 190~220 也是個高峰，天空的像素值多半是落在這個區間。

除了以 plt.hist() 來繪製直方圖之外，我們也可以利用 Skimage 提供的 histogram() 函數（從 skimage.exposure 載入）來繪圖。histogram() 會傳回每一個灰階值（bin）出現的次數（freq），利用這兩個數據，我們就可以繪製直方圖了：

```
> from skimage.exposure import histogram
```

從 skimage.exposure 載入 histogram() 函數。

```
> freq, bin = histogram(man)
  plt.plot(bin, freq, lw=2)
  plt.show()
```

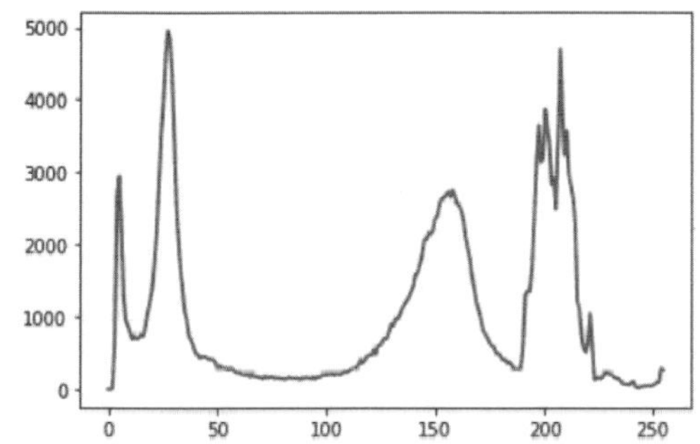

先利用 histogram(*man*) 取得每一個灰階值（相當於 x 坐標）與其出現的次數（相當於 y 坐標），再利用 plot() 來繪圖（lw=2 代表設定線條的寬度為 2）。

有別於上一個範例，plot() 並不會將曲線下方的區域填滿，不過圖形的趨勢和 plt.hist() 繪製出來的圖形是一樣的。

imshow() 裡有 vmin 和 vmax 兩個參數，可以用來控制灰階值的顯示範圍。小於 vmin 和大於 vmax 的灰階值會分別以純黑和純白來顯示，介於 vmin 和 vmax 之間的灰階值則依比例來顯示圖像的明暗。我們來看看下面的範例：

```
# vmin 和 vmax 對於圖像顯示的影響
v=np.array([[-100,300],[0,120],[120,180]])
fig,ax=plt.subplots(1,3,figsize=(11,3))
for i in range(3):
    im=ax[i].imshow(man,cmap='gray',vmin=v[i,0],vmax=v[i,1])
    plt.colorbar(im,ax=ax[i])  # 在圖像右邊顯示色條
    ax[i].set_xticks([])  # 不顯示 x 軸的刻度
    ax[i].set_yticks([])  # 不顯示 y 軸的刻度
fig.tight_layout()
plt.show()
```

在這個範例中，於迴圈內的第 5 行我們把 vmin 和 vmax 分別設為 $(-100,300)$、$(0,120)$ 和 $(120,220)$ 來顯示圖像。我們也特地在第 6 行將色條（Color bar）顯示在圖像的右邊，以方便對照。在左邊這張圖中，像素值分別小於 -100 和大於 300 時才會顯示為純黑和純白，在這之間的數值則依比例來上色。由於圖像 man 的最小和最大值分別為 0 和 255，所以顯示的圖像其對比度較為不足（因為 $-100\sim-1$ 和 $256\sim300$ 這幾個顏色都沒有用到）。

相同的，中間這張圖的 vmin 為 0，vmax 為 120，因此超過 120 的像素會被顯示為白色，所以可以看到有大片的面積接近白色。另外，由於 0 到 120 會被拉伸為成 256 個色階，使得原本像素值較靠近的顏色在拉伸後會更為明顯，因此攝影師衣服上的皺褶也就更加清楚。最右邊那張圖的 vmin 為 120，vmax 為 180，因此有較大的區域是以純黑和純白來顯示。

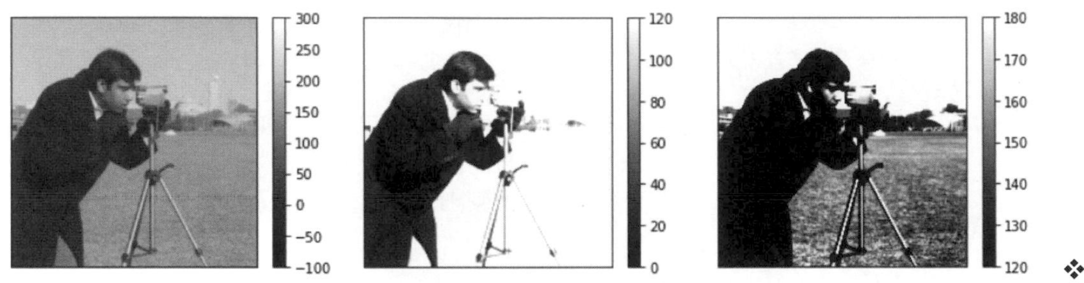

從本節的範例可知，雖然我們都可以使用 io.imshow() 和 plt.imshow() 來繪圖，不過它們還是有些小差異。以 io.imshow(img) 顯示灰階圖像 img 時，不必設定 cmap 參數，且如果圖像的型別是 uint8，則預設的 vmin 和 vmax 分別為 0 和 255；如果圖像的型別是介於 0~1 之間的浮點數，則預設的 vmin 和 vmax 分別為 0 和 1。如果以 plt 裡的 imshow(img) 來顯示灰階圖像時，cmap 必須設為 gray，且無論 img 的型別為何，預設的 vmin 和 vmax 分別為 img 的最小值和最大值。

14.1.2 彩色圖像

彩色圖像是由紅、綠和藍三個通道（Channel）所組成，每一個通道可以視為一張獨立的灰階圖像。Skimage 將一張高為 h，寬為 w 的彩色圖像表示為 $h \times w \times 3$ 的 Numpy 陣列。如果還有設定透明色的通道，則陣列大小為 $h \times w \times 4$，如下圖所示。注意在下圖中，我們刻意把軸的順序畫的和第 9 章為不同，以方便理解。

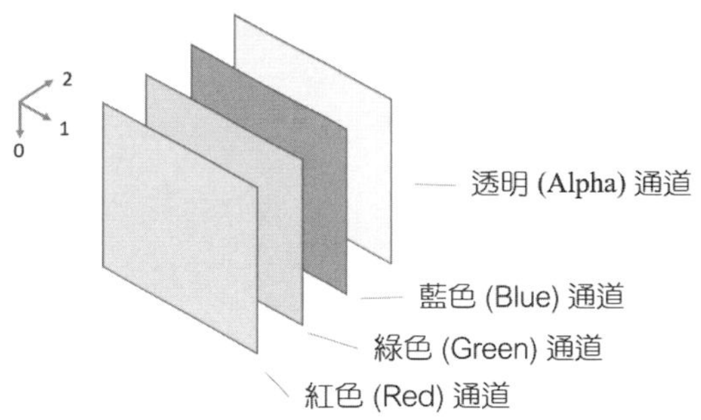

相同的，彩色影像的型別可為 uint8 或 float64。一個通道裡的某個像素值越大，代表該像素在該通道的顏色就越強烈。例如圖像的型別為 uint8 時，在紅色的通道中像素值為 255 代表純紅色，而像素值 0 則代表完全沒有紅色的成分。

```
> cofe=data.coffee()
```

讀入 coffee 這張圖像，並設定給 $cofe$ 存放。

```
> cofe.shape
  (400, 600, 3)
```

圖像的形狀為 400 × 600 × 3，顯示它的高和寬分別有 400 和 600 個像素。最後一個維度 3 代表這張圖像有 3 個通道，所以它是一張彩色圖像。

```
> cofe.dtype
  dtype('uint8')
```

查詢 $cofe$ 的型別，可以發現型別是 uint8。

```
> plt.imshow(cofe)
  plt.show()
```

顯示圖像的內容，它是一個咖啡杯。圖中顯示圖像整體偏紅，因此紅色通道的像素值應比另兩個通道的像素值來的大。

我們提及彩色圖像是由紅、綠、藍三個通道所組成，每個通道可以視為一張獨立的灰階圖。下面的程式碼是將這三個通道左右並排，然後顯示出來：

```
01 # 繪製紅、綠、藍三個通道的圖像
02 title=['Red','Green','Blue']
03 fig,ax=plt.subplots(1,3,figsize=(10,4))
04 for i in range(3):
05   ax[i].imshow(cofe[:,:,i],cmap='gray')   # 提取不同的通道
06   ax[i].set_title(title[i])
07   ax[i].axis('off')
08 fig.tight_layout()
09 plt.show()
```

在這個程式中，第 5 行分別取出紅、綠、藍三個通道，然後以灰階色表將它們顯示出來。我們可以觀察到紅色通道的圖像偏亮，代表紅色通道的像素值明顯大於另兩個通道。

❖

稍早曾提及的 histogram() 也可以用來繪製彩色圖像的直方圖。不過因為彩色圖像有三個通道，如果同時繪製三個通道的直方圖將使得它們重疊。我們可以指定繪圖元件的透明度，使得在重疊區域也可以看的到另外一個通道的直方圖，如下面的範例：

```
# 彩色圖像的直方圖
fig, ax = plt.subplots()
my_color=['r','g','b']
for i in range(3):
    hist, bin = histogram(cofe[:,:,i])
    ax.fill_between(bin, hist, facecolor=my_color[i],alpha=0.4)
```

在這個範例中，我們利用 fill_between() 來填滿曲線下方的區域，並設定透明度為 0.4，使得填滿的區域呈現半透明，以方便我們觀察每個通道像素的分佈圖。從圖中可以看出紅色通道的數值偏大（多數分佈在 120 到 250 之間），符合我們之前的預期。

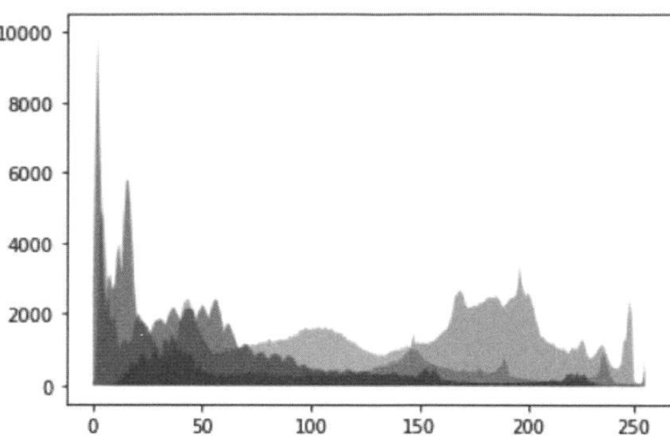

如果彩色圖像有 4 個通道，那麼最後一個通道是透明的通道，用來控制圖像某個區域的透明度。一般我們把這個通道稱為遮罩（Mask）。Mask 的原意是面具，因此圖像就像戴了面具一樣，遮住的部分（遮罩數值為 0）就看不見圖像，未遮住的部分呈完全透明（遮罩數值為 255）。其它數值的遮罩則呈半透明。下面是一個具有遮罩的範例：

```
# 建立透明遮罩
mask=np.zeros(cofe.shape[0:2],dtype='uint8')+64
for r in range(mask.shape[0]):
    for c in range(mask.shape[1]):
        if (r-200)**2+(c-300)**2<180**2:
            mask[r,c]=255

# 建立有透明遮罩的彩色圖像
cofe_mask=np.concatenate((cofe,mask[:,:,None]),axis=2)
fig,ax=plt.subplots(1,2,figsize=(10,6))  # 展示圖形
ax[0].imshow(mask,cmap='gray',vmin=0,vmax=255)
ax[1].imshow(cofe_mask)
plt.show()
```

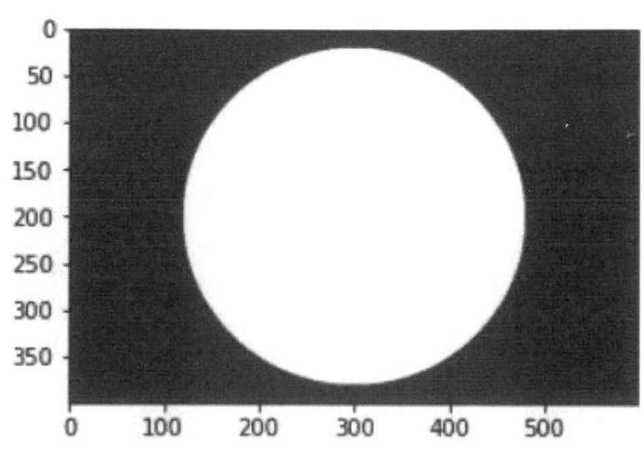

這個範例可以分為 2 個部分，第一個部分 2~6 行以 Numpy 陣列建立一個遮罩 $mask$，這個遮罩是以 $(200，300)$ 為圓心，半徑為 180 的圓將圖像劃分為兩個區域。圓內的像素值皆為 255，代表圓內的圖像完全透明（透明度 100%）。圓外的數值設為 64，代表這個區域的透明度為 $64/256 = 25\%$。因此在輸出的圖像中，我們可以看到圓內是原始的圖像，圓的外部為透明度僅 25%。

在第 9 行中，我們利用 concatenate() 將原本的彩色圖像（形狀為 $400 \times 600 \times 3$）和遮罩 $mask$（加一個軸後形狀為 $400 \times 600 \times 1$）在軸 2 的方向併在一起，如此沿著軸 2 的最後一個平面即成了一個遮罩。第 12 和 13 行分別顯示了遮罩（$mask$）和加上遮罩之後的彩色圖像（cofe_mask）。注意因為 $mask$ 陣列中只有 2 個值（64 和 255），imshow() 會分別以黑色和白色呈現數字 64 和 255。如果希望能夠呈現灰階值 64 的顏色，則在第 12 行中必須加上 vmin 和 vmax 這兩個參數。 ❖

14.1.3 儲存與讀取圖像檔

Skimage 的 io 模組提供了 imsave() 和 imread() 兩個函數，分別用來將圖像寫入磁碟，或是從磁碟中讀取讀檔。下面的範例是將 $cofe$ 以不同的品質寫入磁碟中：

```
01 # 將陣列保存為圖檔
02 cofe=data.coffee()
03 io.imsave('cofe95.jpg',cofe,quality=95)   # 設定圖像品質為 95%
04 io.imsave('cofe10.jpg',cofe,quality=10)   # 設定圖像品質為 10%
```

在上面的例子中，第 3 行將 $cofe$ 寫入 cofe95.jpg 檔案中，並指定寫入的品質為 95。因為 jpg 是有損的壓縮格式，因此可以指定壓縮的品質。我們可以把 quality 的參數理解為相對於原始圖像品質的百分比，95 的意思是壓縮後，維持原來圖像品質的 95%。quality 的參數值越高，圖像品質越好，不過檔案的大小也比較大。第 4 行是以 10% 的品質儲存 $cofe$ 這張圖像。

如果查詢一下 cofe95.jpg 和 cofe10.jpg，您可以發現檔案大小分別為 103 KB 和 9.45 KB，兩者相差近 11 倍。現在我們要讀取寫入的 cofe95.jpg 和 cofe10.jpg，然後把它們顯示出來。

```
01 # 從磁碟讀取檔案
02 cofe95=io.imread('cofe95.jpg')
03 cofe10=io.imread('cofe10.jpg')
04
05 fig,ax=plt.subplots(1,2,figsize=(10,4))
06 for i,img in [(0,cofe95),(1,cofe10)]:   # 在 for 迴圈內走訪兩個參數
07     ax[i].imshow(img)
08     ax[i].axis('off')
09 fig.tight_layout()
10 plt.show()
```

❖

在這個範例中，第 2~3 利用 imread() 讀取 cofe95.jpg 和 cofe10.jpg 這兩個檔案，然後於 6 到 8 行的 for 迴圈中將它們顯示出來。我們可以觀察到和 cofe95.jpg 相比，右邊 cofe10.jpg 的品質較低，這是因為壓縮率較高之故。

14.2 認識色表

在第一節中我們已經使用過 gray 這個色表（Color map）。本節將探討內建色表的運作原理，並介紹如何建立自己所要的色表。在 Matplotlib 中，n 個顏色的色表是由一個 $n \times 4$ 的陣列所描述，陣列的每一橫列代表一個顏色，其中前 3 個元素是紅綠藍 3 個顏色的強度值。最後一個元素則是透明度，數值越大代表該顏色越沒有被遮蔽，因此更能顯示由前 3 個元素所組成的顏色。如果沒有設定透明度，可以把透明度那行省略（色表變成 $n \times 3$ 的陣列）。陣列裡元素值的範圍必須介於 0 到 1 之間。要建立色表，我們必須先載入 ListedColormap 類別：

```
> from matplotlib.colors import ListedColormap
```

ListedColormap 是一個類別，我們可以利用它來建立一個 ListedColormap 的物件，這個物件扮演了色表的角色，如下面的範例：

```
> palette=np.array([[1, 0, 0],
                    [0, 1, 0],
                    [0, 0, 1],
                    [0, 0, 0],
                    [1, 1, 1]])
```

建立一個 5 × 3 的顏色陣列 *palette*（不含透明度），其中每一個橫列為一個顏色，這五個顏色依序為紅、綠、藍、黑和白色。注意每個橫列裡的三個元素分別代表紅、綠、藍三個顏色的強度。

```
> newcmp = ListedColormap(palette)
```

利用 ListedColormap() 將 *palette* 轉換成色表，並命名為 *newcmp*。

色表 *newcmp* 裡面有 5 個顏色。當 plt.imshow() 在取用這個色表時，會先找出圖像裡像素的最大和最小值，以這兩個值為邊界劃分成 5 個等距的區間，每個區間對應到一個顏色。像素值落在某個區間內就以該區間所對應的顏色來顯示。我們來看看下面的範例：

```
> img=np.array([[9,7,3],
                [4,0,9],
                [3,4,0]])
```

建立一個 3 × 3 的陣列，我們把它當成是一張圖像，裡面的像素值最小為 0，最大為 9。

```
> plt.imshow(img,cmap=newcmp)
  plt.colorbar()
  plt.show()
```

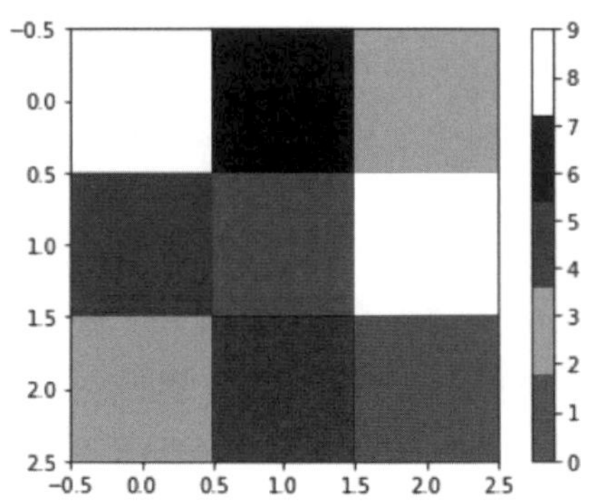

在 imshow() 裡設定色表為 *newcmp* 來顯示 *img*。您可以觀察到右側色條（Color bar）裡的 5 個顏色就是色表裡的顏色。

注意色條旁邊的刻度最小為 0，最大為 9。色條有 5 個區間，每一個區間都有其相對應的顏色。例如數字 0 和 1 對應到的都是紅色，因此圖像中，值為 0 或 1 的像素都是以紅色來顯示。

```
> img=np.array([[0.9,0.6,0.4],
                [0.5,0.1,0.7],
                [0.2,0.8,0.5]])
```

現在我們把圖像改為浮點數，最小是 0.1，最大是 0.9。

```
> plt.imshow(img,cmap=newcmp,
             vmin=0.2,vmax=0.8)
  plt.colorbar()
  plt.show()
```

顯示圖像 *img* 的內容。由於我們設定了 vmin 為 0.2，vmax 為 0.8，因此色條會以 0.2 到 0.8 為界限劃分成 5 個區間。圖像中，小於 0.2 的像素以紅色顯示，大於 0.8 的像素以白色顯示。

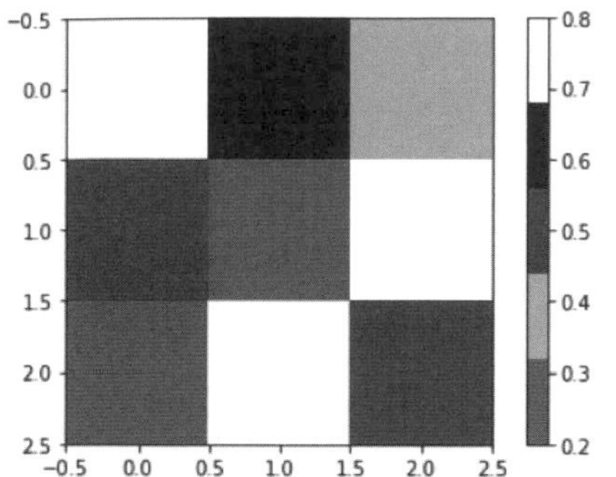

```
> man=data.camera()
  plt.imshow(man,cmap=newcmp)
  plt.colorbar()
  plt.show()
```

載入 camera 這張圖像，然後設定色表為 *newcmp* 來顯示載入的圖像。由於 *man* 這個陣列中，最小值為 0，最大值為 255，因此我們可以理解為什麼右邊的色條最小值是 0，最大值是 255 了。

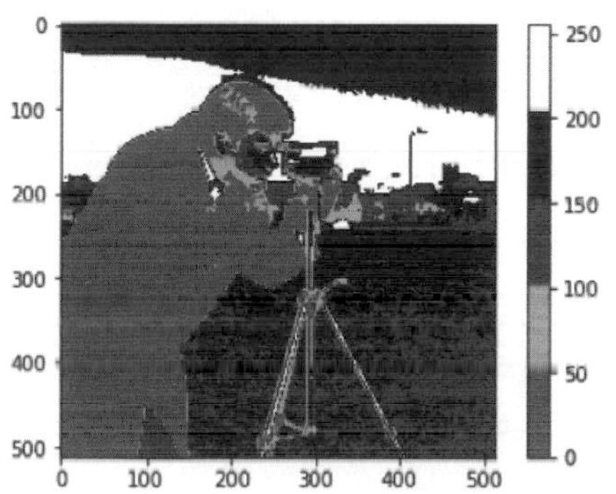

14.3 基礎圖像處理

本節我們將介紹圖像處理的基本操作，包含了圖像的切割、像素值的修改、圖像型別的轉換，以及色彩空間的轉換等。

14.3.1 圖像的切割

許多的圖像在處理前都必須要進行切割。稍早我們在第 9 章已經有介紹過如何利用串列生成式將一個大陣列切割成小陣列。事實上在切割圖像時，我們只要利用 reshape() 和

swapaxes() 這兩個指令就可以完成切割的動作，下面我們舉一個簡單的例子來做說明。

- 假設一張圖像大小為 8×15，想把它切成 2×3 個大小為 4×5 的區塊（左圖）。因為 $8 = 2 \times 4$，$15 = 3 \times 5$，因此利用 reshape()，8×15 的陣列可以重新排成 $2 \times 4 \times 3 \times 5$ 的陣列。以 Numpy 的陣列而言，$m \times n \times p \times q$ 可以解讀成 $m \times n$ 個 $p \times q$ 的陣列，但是我們希望得到的是 2×3 個大小為 4×5 的陣列，其形狀為 $2 \times 3 \times 4 \times 5$。和 reshape() 後的形狀 $2 \times 4 \times 3 \times 5$ 相比，可發現軸 1 和軸 2 的維度剛好相反。因此想把大小為 8×15 的圖像切成 2×3 個大小為 4×5 的區塊，只要先將圖像重排成 $2 \times 4 \times 3 \times 5$ 的陣列，再將重排後的軸 1 和軸 2 對調就可以了。切割的過程如中間這張圖：

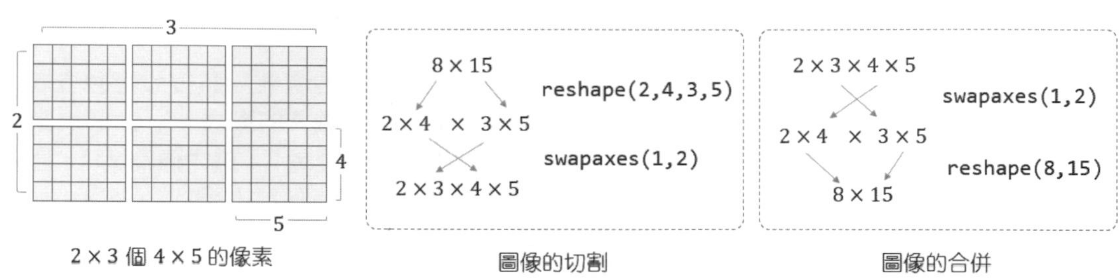

2 × 3 個 4 × 5 的像素　　圖像的切割　　圖像的合併

如果要將切割後的陣列（形狀為 $2 \times 3 \times 4 \times 5$）重排成原本的 8×15 的陣列，只要反向操作即可，也就是先將 $2 \times 3 \times 4 \times 5$ 的軸 1 和 2 對調，變成 $2 \times 4 \times 3 \times 5$，再重排成 8×15 的陣列（右圖）。

有了上面的分析之後，想切割一張真實的圖像就比較簡單了。下面的範例是將 camera 這張 512×512 圖像切割成 8×8 個 64×64 的區塊：

```
# 灰階圖像的切割
man=data.camera()
manP=man.reshape(8,64,8,64).swapaxes(1,2)   # 切割圖像
fig,ax=plt.subplots(8,8,figsize=(5,5))
for r in range(8):
    for c in range(8):
        ax[r,c].imshow(manP[r,c],cmap='gray')
        ax[r,c].axis('off')
fig.subplots_adjust(wspace=0.1)  # 子圖的水平間距為子圖寬度的 0.1
fig.subplots_adjust(hspace=0.1)  # 子圖的垂直間距為子圖高度的 0.1
```

在這個範例中，最重要的應該是第 3 行了。因為 camera 圖像的大小為 512×512，所以先將它排成 $8 \times 64 \times 8 \times 64$，再將排完結果的軸 1 和 2 對調，就得到 8×8 個 64×64 的區塊了。5~8 行是將每個區塊繪製出來，一個區塊就是一張子圖。9~10 行則是調整子圖之間水平和垂直方向的距離。

有趣的是，上圖中每個區塊的灰階值似乎和原本的圖像不太一樣，這是因為每個區塊內，像素的最大值和最小值並非都是 0 和 255，因此每一個區塊的灰階值都會被等比例放大至 0~255 之間的數字，然後再顯示出來。要解決這個問題，只要在第 7 行加上 vmin=0 和 vmax=255 這兩個參數即可。

最後，利用下面的語法即可將切割好的圖像 $manP$ 重新組合成原圖。注意組合的過程是先將 manP 進行軸 1 和軸 2 對調，然後重新組合成 512×512 的大小：

```
# 圖像的合併
manR=manP.swapaxes(1,2).reshape(512,512)  # 將區塊組合成原圖
plt.imshow(manR,cmap='gray')
plt.show()
```

14.3.2 像素的操作

灰階圖像素值的大小代表了該像素的明暗。因此將像素加上某個值，就相當於把像素變亮。相反的，將像素減去某個值，像素就會變暗。在操作像素時，應避免像素值在處理完後超出該像素型別可以表達的範圍（這種情況稱為溢位，Overflow），否則在顯示圖像時會造成不可預期的結果。我們來看看下面的範例：

```
> arr=np.array([240,250,255],
               dtype='uint8')
```

這是一個 uint8 型別的陣列 *arr*。

```
> arr+10
  array([250,   4,   9], dtype=uint8)
```

將 *arr* 加 10。注意 250 和 255 加 10 之後已經超出 uint8 可以表示的最大值，因而發生溢位，得到 4 和 9。這種情況會使得原本圖像接近白色的部分反而變黑。

為了避免上述的問題，一般我們會先將 uint8 型別的圖像先轉成範圍較大的 int 型別，處理完像素之後，再將超過 255 的像素設回 255，小於 0 的像素設回 0 就可以了。

```
> arr2=arr.astype(int)+10
  arr2[arr2>255]=255
  arr2
  array([250, 255, 255])
```

將 *arr* 轉成 int 後加 10，再設定給 *arr2* 存放，然後把 *arr2* 中，大於 255 的數都設為 255，如此就可以限制相加後，像素值不會大於 255 了。

```
> np.clip(arr.astype(int)+10,0,255)
  array([250, 255, 255])
```

另一個做法是利用 clip() 函數，可以同時限定像素處理完後不超出 0 和 255 之間。

下面的範例說明了溢位對於圖像造成的影響，以及如何在顯示圖像前先處理掉溢位的問題。我們採用 Skimage 內建的圖像 coins 來做測試，它是一張灰階的圖像，大小為 300 × 380。

```
# 像素的溢位
coins=data.coins()
coins0=coins.copy()
coins0[:,190:]+=60     # 將圖像右半邊的像素值都加 60（會有溢位發生）

coins1=coins.copy().astype(int)
coins1[:,190:]+=60     # 將圖像右半邊的像素值都加 60（不會溢位）
coins1[coins1>255]=255

fig,ax=plt.subplots(1,2,figsize=(10,6))
ax[0].imshow(coins0,cmap='gray')
ax[1].imshow(coins1,cmap='gray')
plt.show()
```

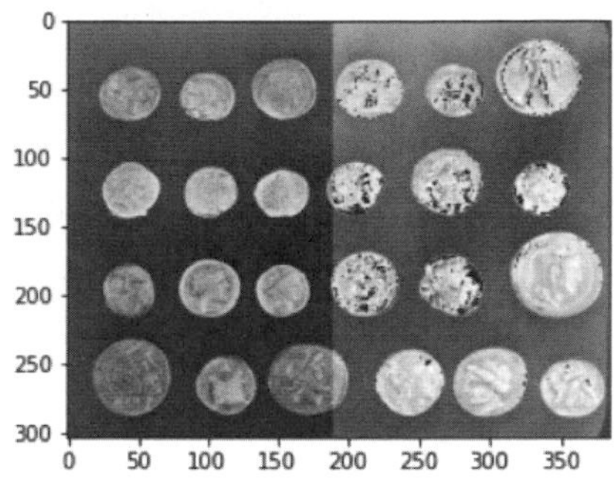

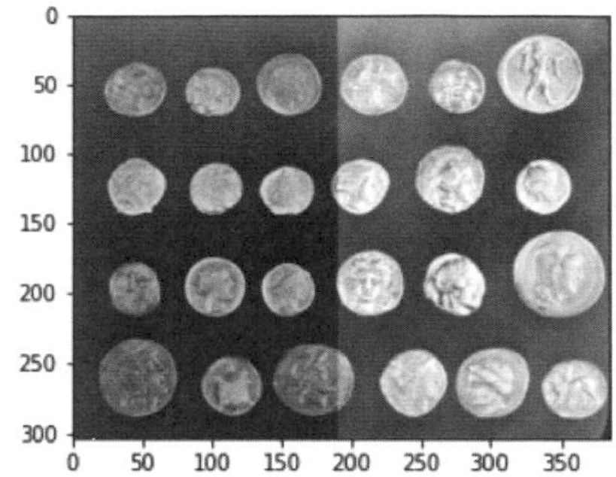

在本例中，第 2 行讀取 coins（錢幣）圖像，於第 3 行將它拷貝一份，並設定給 *coins*0 存放。第 4 行將 *coins*0 中，從第 190 行之後的像素值都加 60 後設回給 *coins*0 存放。6~8 行則是先將 *coins* 拷貝一份，轉成整數後再設定給 *coins*1 存放，然後將 *coins*1 右半邊的像素值都加 60，最後再將超出 255 的像素都設值為 255。從輸出中可以看出左圖的右半邊加上 60 之後，顏色顯得較亮，不過也有部分的像素因為溢位的問題而變黑。右邊這張圖因為有經過第 8 行的處理，溢位的問題就不存在了。 ❖

上面的範例是灰階圖像的處理。然而彩色圖像有三個通道（在軸 2 的方向），因此處理起來會多一個維度。下面我們以 Skimage 內建的 astronaut（太空人）這張彩色圖像（大小為 512×512）來說明如何進行圖像的裁切，以及如何在某個矩形區域內填滿一個顏色。這張照片的女主角叫 Eileen Collins，是美國首位駕駛哥倫比亞號太空梭的女太空人。

```
# 彩色圖像的裁切與像素值的設定
astr0=data.astronaut()
astr1=astr0[0:256,100:360,:]   # 圖像裁切
astr2=astr0.copy()
astr2[10:80,20:90,:]=[0,255,0]          # 填上綠色
astr2[350:400,50:200,:]=[255,255,0]     # 填上黃色
astr2[200:300,400:500,:]=[255,0,0]      # 填上紅色

fig,ax=plt.subplots(1,3,figsize=(12,6))
ax[0].imshow(astr0)
ax[1].imshow(astr1)
ax[2].imshow(astr2)
plt.show()
```

在這個範例中，第 2 行讀入圖像 astronaut（左圖），然後於第 3 行將 $astr1$ 設為圖像的第 0 到 255 列，第 100 到 359 行，這也就是裁切的動作（中間那張圖）。注意因為彩色圖像有 3 個軸（維度），所以在軸 2 的方向必須同時選取紅、綠、藍三個通道（即 $astr0[0{:}256, 100{:}360, :]$ 的最後一個索引必須填上一個冒號）。第 4 行將 $astr0$ 拷貝一份給 $astr2$，5~7 行則在 3 個矩形區域分別填上 3 種顏色。以第 5 行為例，我們把第 10 到 79 列，20 到 89 行之紅、綠、藍三個通道的像素分別填上 0, 255 和 0，因為綠色的強度最強（255），紅和藍的強度均為 0，因此被填滿的區域呈綠色（請參考最右邊那張圖）。 ❖

14.3.3 圖像資料型別的轉換函數

在 Skimage 裡，像素值是以 uint8 型別的整數或介於 0 到 1 之間的浮點數來表達。如果像素值只有黑和白兩個色階，則稱為二值圖像（Binary image）。習慣上，二值圖像會以布林型別 True 或 False 來表達。Skimage 提供了幾個函數，可以快速的轉換圖像的型別。這些轉換都非常簡單，即使不使用這些函數，我們也可以直接利用數學上的轉換來完成。

· 圖像型別轉換函數（必須載入 skimage 套件）

函數	說明
`img_as_ubyte(`img`)`	將圖像 img 轉換成 uint8 型別
`img_as_bool(`img`)`	將圖像 img 轉換成 bool 型別
`img_as_float(`img`)`	將圖像 img 轉換成 float 型別

```
> imgF=np.array([[0.00,0.12,0.65],
                 [0.76,0.20,1.00]])
```

建立一個 0 到 1 之間的浮點數陣列 *imgF*，我們暫且把它看成是一張灰階圖像。

```
> imgU=skimage.img_as_ubyte(imgF)
  imgU
  array([[ 0, 31, 166],
         [194,51, 255]],dtype=uint8)
```

將 *imgF* 轉換成 uint8 型別的整數。

```
> (imgF*255).astype('uint8')
  array([[ 0, 30, 165],
         [193,51, 255]],dtype=uint8)
```

我們也可以將 *imgF* 先乘上 255，把 0 到 1 之間的浮點數轉換成 0 到 255 之間的整數，然後再轉換成 uint8。不過得到的結果和上面的結果稍有不同。

上面轉換的結果和使用 img_as_ubyte(*imgF*) 轉換的結果不同，其原因在於 astype('uint8') 是直接將小數點捨棄，而不是四捨五入。因此在進行轉換時可以取 round() 之後再轉換成 uint8 即可：

```
> (imgF*255).round().astype('uint8')
  array([[  0, 31, 166],
         [194, 51,255]],dtype=uint8)
```

先將 *imgF* 四捨五入，然後再轉成 uint8，我們就可以得到和 img_as_ubyte() 相同的轉換結果。

```
> skimage.img_as_bool(imgF)
  array([[False, False,  True],
         [ True, False,  True]])
```

將 *imgF* 轉成布林型別。因為 *imgF* 的型別為 float，其像素值的範圍為 0 到 1，因此大於 0.5 的像素會被轉成 True，小於等於 0.5 的像素會被轉成 False。

```
> imgF>0.5
  array([[False, False,  True],
         [ True, False,  True]])
```

利用左式也可以得到和上面相同的結果。

```
> skimage.img_as_float(imgU)
  array([[0.,0.12156863,0.65098039],
         [0.76078431, 0.2, 1.   ]])
```

將 uint8 型別的圖像 *imgU* 轉換成 float 型別。

```
> imgU/255
  array([[0.,0.12156863,0.65098039],
        [0.76078431, 0.2  , 1.   ]])
```

利用左式也可以得到相同的結果。

```
> man=data.camera()
  plt.imshow(skimage.img_as_bool(man),
             cmap='gray')
  plt.show()
```

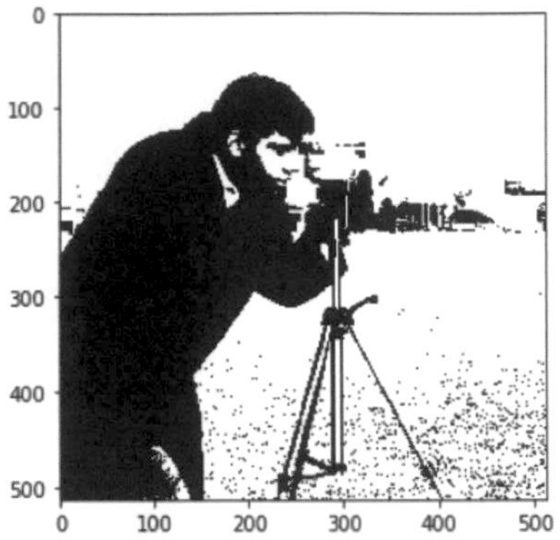

讀取 camera 圖像，將它轉換成二值圖像並顯示出來。圖中顯示二值圖像只有黑和白兩種顏色，其中大於 128 的像素以白色顯示，小於等於 128 的像素以黑色顯示。

14.3.4 色彩空間的轉換

先前介紹的彩色圖像都是屬於 RGB 色彩空間，因為像素值都是由 Red、Green 和 Blue 三個通道所描述。許多時候，圖像需要在不同的模型之間進行顏色的轉換，以利後續的處理。例如在進行邊緣偵測時，我們常需要把彩色轉成灰階才能進行運算。如果想增加顏色的飽和度，可是不希望改變圖像的亮度時，則可以先將彩色圖像轉換至 HSV 色彩空間，因為 HSV 是色相（Hue）、色飽度（Saturation）和亮度（Value）三個通道所表示，僅更改色飽度並不會影響到亮度，因此可以單獨處理色飽度，然後再轉回原來的 RGB 圖像。

· 色彩空間的轉換函數（必須載入 color 套件）

函數	說明
`rgb2gray(img)`	將圖像 *img* 從 RGB 轉換成灰階
`rgb2hsv(img), hsv2rgb(img)`	圖像 *img* 於色彩空間 RGB 和 HSV 之間的轉換
`rgb2lab(img), lab2rgb(img)`	圖像 *img* 於色彩空間 RGB 和 LAB 之間的轉換

上表所列的色彩空間轉換函數都是定義在 color 模組裡，因此我們必須載入 color 模組才能進行本節的範例：

```
> from skimage import color
```

載入 color 模組

```
> cat=data.chelsea()
```

讀取 chelsea 圖像，並設給 *cat* 存放。chelsea 一般譯為雀兒喜，由圖像的輸出可知應該是一隻貓的名字。

```
> cat.shape
  (300, 451, 3)
```

cat 的形狀是 $300 \times 451 \times 3$ 的陣列，因此我們知道它是一張彩色圖像。

下面是將 *cat* 這張彩色圖像轉換成灰階圖像的範例。注意 *cat* 的色彩空間是 RGB，也就是每一個像素的顏色是由紅、綠和藍三種成分所決定。

```
01  # 彩色圖像轉換成灰階圖像
02  fig,ax=plt.subplots(1,2)
03  ax[0].imshow(cat)
04  ax[1].imshow(color.rgb2gray(cat),cmap='gray')  # 將 RGB 圖像轉成灰階
05  ax[0].axis('off')
06  ax[1].axis('off')
07  fig.tight_layout()
08  io.show()
```

上面的程式比較簡單，也容易理解。第 3 行顯示了 *cat* 圖像，第 4 行則顯示了將 *cat* 轉成灰階之後的結果。另外，我們可以注意到 color.rgb2gray(*cat*) 的轉換結果是一個介於 0 到 1 之間的浮點數陣列。

❖

下面是將 *cat* 轉換成 HSV 色彩空間的範例。稍早我們曾提及 HSV 是 Hue, Saturation, Value 的縮寫，即由色調、色飽度和亮度所描述的色彩空間。

```
> cat_hsv=color.rgb2hsv(cat)
```

將 *cat* 由 RGB 色彩空間轉換成 HSV 色彩空間，並將轉換結果設定給 *cat_hsv* 存放。

```
> cat_hsv.shape
 (300, 451, 3)
```

cat_hsv 的形狀為 $300 \times 451 \times 3$。注意軸 2 的 3 個維度即為色調、色飽度和亮度。

```
> cat_hsv.dtype
 dtype('float64')
```

Skimage 以浮點數來記錄 HSV 色彩空間。

```
> cat_hsv.max(), cat_hsv.min()
 (1.0, 0.0)
```

HSV 色彩空間的最大值為 1，最小值為 0。

如果好奇將 RGB 轉換成 HSV 之後，色調、色飽度和亮度這三個通道會長什麼樣子，不妨將它們當成灰階圖像利用 imshow() 顯示出來。下面是顯示這三個通道的程式碼：

```
# 顯示 HSV 的三個通道
fig,ax=plt.subplots(1,3,figsize=(10,4))
for i in range(3):
    ax[i].imshow(cat_hsv[:,:,i],cmap='gray')
    ax[i].axis('off')
fig.tight_layout()
```

從輸出可以觀察到左邊這張圖明顯偏暗，因為 *cat* 這張圖色調的值較低。中間的圖是色飽度，右邊那張圖看起來最像是 *cat* 圖像的灰階圖，因為它描述的是亮度。

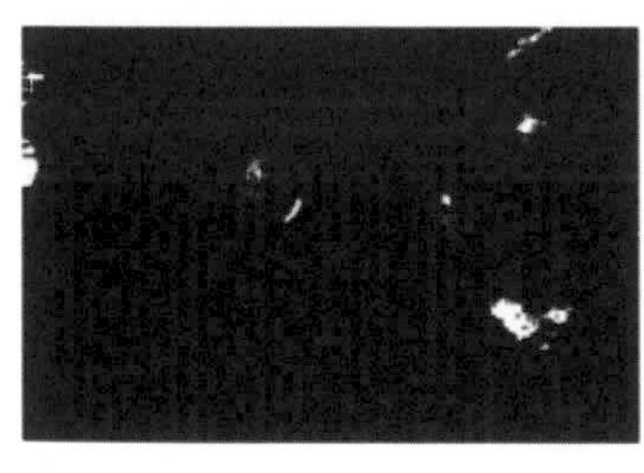
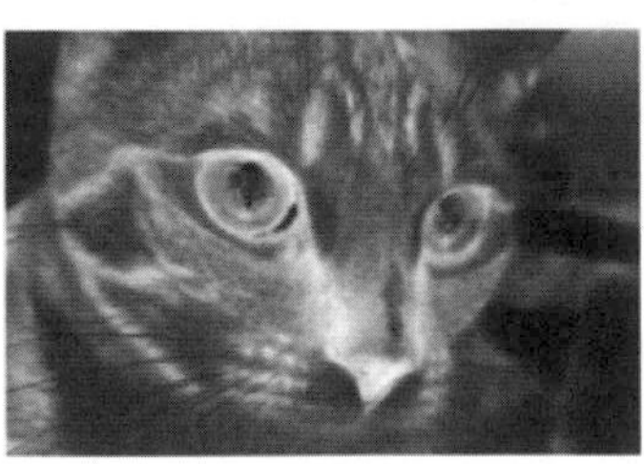

❖

另一種常見的色彩空間模型是 LAB（或稱 CIE-LAB），其中 L 代表亮度（Luminance，$0 \le L \le 100$），A 和 B 分別代表從綠色到紅色，以及從藍色到黃色的分量，其中 $-128 \le A \le 127$，$-128 \le B \le 127$。

```
> lab = color.rgb2lab(cat)
```

將 *cat* 由 RGB 轉換成 LAB 色彩空間。

```
> io.imshow(lab[:,:,0].astype('uint8'),
            vmin=0,vmax=100,
            cmap='gray')
```

由於亮度平面是由 *lab*[:,:,0] 所描述，因此繪出亮度平面時，我們可以發現它類似一張灰階圖像。

不過如果仔細觀察由 LAB 生成的亮度比 HSV 生成的亮度來的暗些，這是由於每個色彩空間對亮度的定義不同所致。

```
> rgb=color.lab2rgb(lab)
```

將 LAB 轉換回 RGB 色彩空間。如果繪製 RGB 這張圖的話，您會得到原本那張彩色的貓。

14.4 進階圖像處理

Skimage 提供了豐富的函數，方便我們對圖像進行處理。本節介紹了圖像的縮放、旋轉、邊緣偵測、平滑和銳利化和去除雜訊等。

14.4.1 改變大小與旋轉

Skimage 用來改變圖像大小的函數有兩個，一個是依比例來改變的 rescale()，它不會改變圖像高度和寬度的比例。另一個是 resize()，它可以依給定的高和寬來縮放圖像的大小，因此 resize() 可能會改變高和寬的比例。這三個函數都是定義在 transform 模組內，因此使用前，我們必須先將它載入。

· 改變大小與旋轉函數（必須載入 transform 模組）

函數	說明
rescale(*img*,scale=*s*)	將 *img* 依比例 *s* 等比縮放
resize(*img*,(*h*,*w*))	將 *img* 縮放成高為 *h*，寬為 *w* 的圖像
rotate(*img*,*degree*)	將 *img* 逆時針旋轉 *degree* 度

```
> from skimage import transform
```

載入 transform 模組。

```
> cat=data.chelsea()
```

讀取彩色圖像 *cat*。

```
> cat_d=transform.rescale(cat,
                    scale=0.125,
                    channel_axis=2)
```

將 *cat* 的大小縮放為原來的 0.125 倍。因為 *cat* 有三個通道（彩色），其通道在軸 2，因此 channel_axis 參數要設為 2。

```
> cat_d.shape
  (38, 56, 3)
```

查詢 *cat_d* 的形狀，可發現它已經從原本 $300 \times 451 \times 3$ 的變成 $38 \times 56 \times 3$ 了。

縮小後，*cat_d* 這張圖的大小僅 $38 \times 56 \times 3$。注意在使用 rescale() 函數時，如果因 Skimage 的版本稍舊（小於 0.19 版）而發生錯誤，請將 channel_axis=2 改設為 multichannel=True。利用

```
skimage.__version__
```

這語法可以查詢 Skimage 的版本（注意 Version 的前後各有兩個底線）。本節稍後提到的 gaussian()、unsharp_mask() 和 inpaint_biharmonic() 函數亦同。

如果畫布設的較大，imshow() 在顯示小圖時勢必會將它放大來顯示，此時會牽涉到內插的運算。我們可以指定在顯示圖形時要採哪一種內插法來運算，如下面的範例：

```
01  # 指定顯示圖形時採用的內插法
02  methods = ['nearest', 'bilinear', 'bicubic']
03  fig, ax = plt.subplots(1, 3,figsize=(9, 6))
04  for i in range(3):
05      ax[i].imshow(cat_d, interpolation=methods[i])
06      ax[i].set_title(methods[i])
07      ax[i].axis('off')
08  plt.tight_layout()
```

在這個範例中，在第 2 行我們把要採用的三種內插方法 nearest（鄰近法）、bilinear（雙線性內插法）和 bicubic（雙三次方內插法）寫在一個串列 *methods* 中，然後於迴圈內第 5 行的 imshow() 裡利用 interpolation 參數分別指定採用這三種內插法來顯示圖像。從輸出中可以看到採 nearest 內插法的圖像有明顯的馬賽克狀，bilinear 和 bicubic 內插法的圖像沒有明顯的格狀，不過因為放大倍率較大的關係，圖像看起來較為模糊。

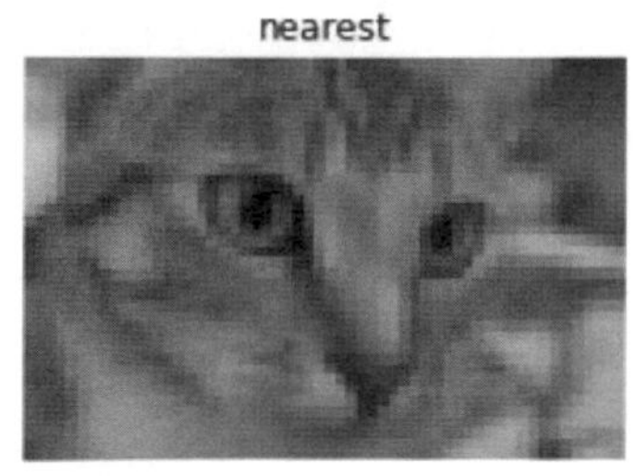

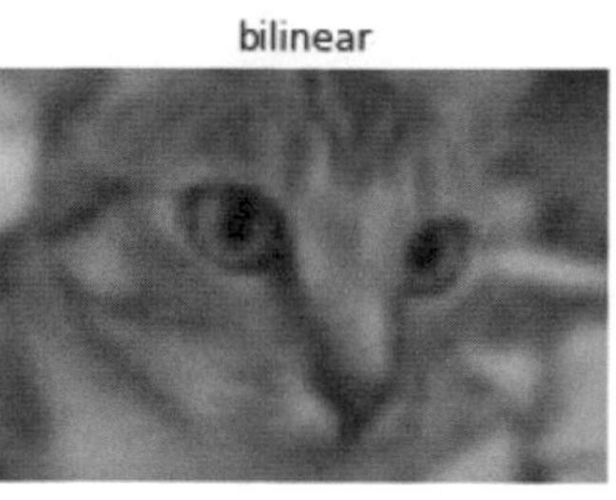

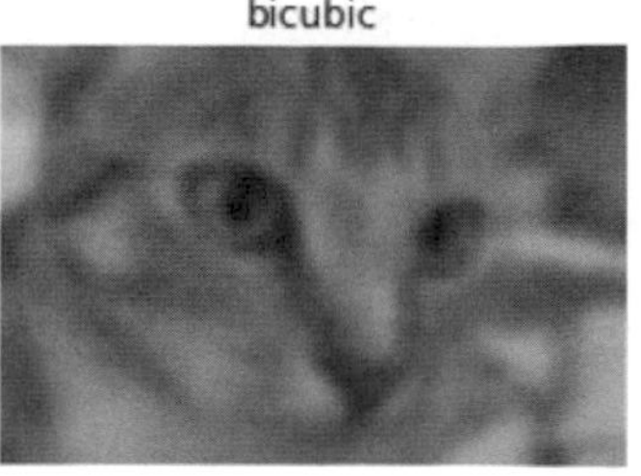

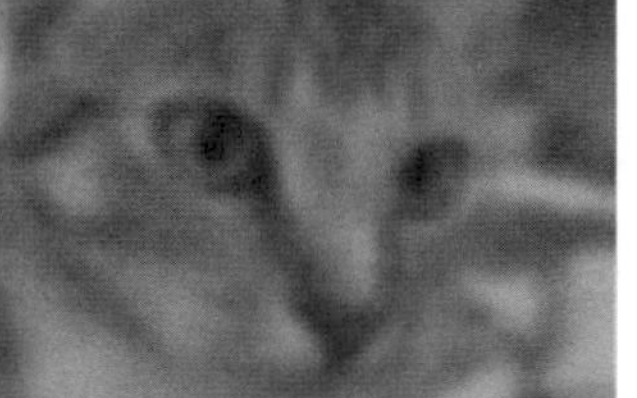

上面的範例是在圖像顯示時，分別指定採用的三種內插方式，一般是用在將小圖顯示成大圖的時候，圖像的大小本身不會被改變。如果想將較小的圖放大，可以在 rescale() 或 resize() 函數內指定要內插的函數。與 imshow() 不同的是，這兩個函數是用 order 參數來指定內插函數是幾次方的函數。

```
01 # 圖像放大時，指定內插函數的次方數
02 fig, ax = plt.subplots(1, 3,figsize=(9, 6))
03 for i in range(3):
04     cat_u=transform.rescale(cat_d,scale=8,order=i,channel_axis=2)
05     ax[i].imshow(cat_u)
06     ax[i].set_title(f'order={i}')
07     ax[i].axis('off')
08 plt.tight_layout()
```

在這個範例中，第 4 行分別設定 order 為 0、1 和 2，將 *cat_d* 放大 8 倍（即原來 *cat* 的大小），然後設定給 *cat_u* 存放，再於第 5 行顯示它們。從輸出可以看出，order 設定 0、1、2 的效果約略等同於先前介紹的 nearest、bilinear 和 bicubic 內插法。

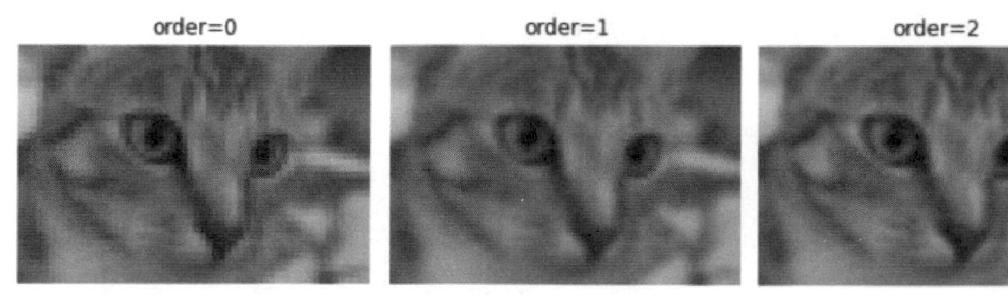

有別於 rescale()，resize() 可以將圖像縮放至指定的高和寬（以像素為單位），也可以指定要採用的內插方式。

```
> cat_resize=transform.resize(
              cat,(80,120))
```

將 *cat* 的大小調整成 80 × 120，也就是高有 80 個像素，寬有 120 個像素。

```
> cat_resize.shape
  (80, 120, 3)
```

查詢 *cat* 的形狀，我們發現它已經被調整成 80 × 120 × 3 了。

rotate() 可以將圖像逆時針旋轉任意角度。由於旋轉後會空出一些區域，我們可以利用參數 cval 來填上一個常數（constant value），這些空出來的區域就會以這個常數來上色。

```
> cat_rot=transform.rotate(cat,45,cval=1)
  io.imshow(cat_rot)
  io.show()
```

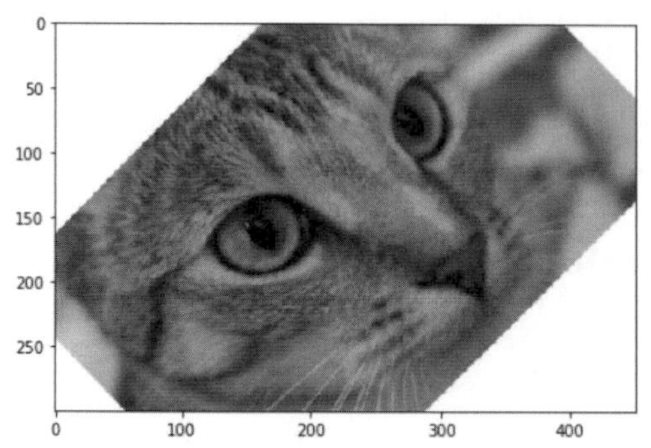

將 *cat* 旋轉 45 度，並將空出來的區域之顏色設為 1，也就是 rgb 的值都是以浮點數 1.0 來填上，如此顯示的區域就會是白色了。

另外，我們可以看到這張圖像的四個角被截掉了。如果不希望被截掉，可以在 rotate() 裡加上 resize=True 參數，如此 rotate() 就會放大圖像的外框來容納整張原始圖像。

14.4.2 邊緣偵測

在圖像中，邊緣偵測的目的是要找出圖像的邊緣，用以辨識或提取圖像裡的一些特徵。Canny 是一個常用的檢測法，只要給予一個參數 sigma 就可以檢測出圖像的邊緣。較小的 sigma 對於像素值的起伏比較敏感，因此也就能檢測出較多的邊緣。

· 邊緣檢測函數（必須從 skimage.feature 模組載入）

函數	說明
result=canny(*img*,sigma=*i*)	將 *img* 進行邊緣檢測。sigma 越小則越多細節被檢測出來。檢測結果為二值圖像，True 代表邊緣。

```
01 # 邊緣偵測
02 from skimage.feature import canny
03 coins=data.coins()
04 fig, axes = plt.subplots(1, 3, figsize=(9, 4))
05 for i in range(3):
06     axes[i].imshow(canny(coins,sigma=i), cmap='gray')  # 邊緣檢測
07     axes[i].set_title(f'sigma={i}')
08     axes[i].axis('off')
09 fig.tight_layout()
```

程式的第一行從 skimage.feature 模組裡載入 canny() 函數。第 6 行在迴圈內依序設定 sigma 為 0、1 和 2，利用 canny() 將 *coins* 這張圖像進行邊緣檢測。canny() 傳回的是一張二值圖像，True 的像素代表邊緣。從圖中可以看出 sigma 為 0 時，圖像呈現了過多的細節，sigma 為 1 時恰可呈現硬幣的外緣和內部的細節。當 sigma 為 2 時，硬幣內部的細節減少很多，這是因為硬幣內像素值的變化遠較硬幣的外緣來的小。

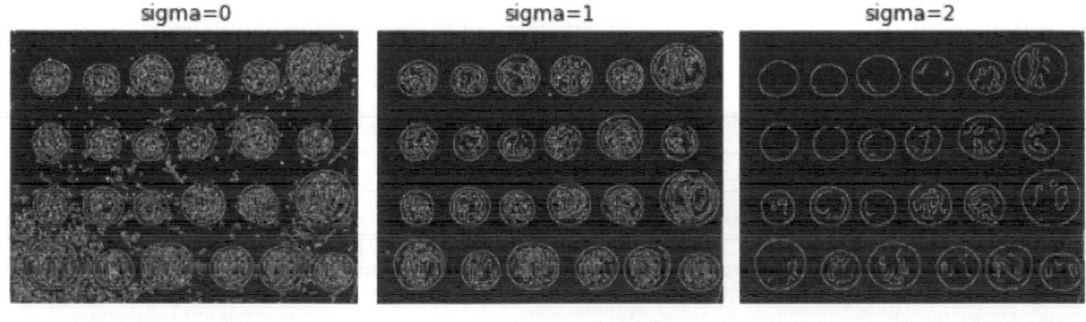

注意 canny() 只能檢測灰階圖像的邊緣。如果要檢測彩色圖像的邊緣，我們可以將它轉成灰階圖像再進行檢測。 ❖

14.4.3 柔化與銳利化圖像

柔化（Smoothing）可使圖像看起來較為柔和；銳利化（Sharping）則可使圖像的邊緣更為清晰，這兩者都是常見的圖像處理技術。在 Skimge 裡，柔化和銳利化可以分別利用 skimage.filters 模組裡的 gaussian() 和 unsharp_mask() 來完成。gaussian() 可以利用 sigma 參數來控制柔化的強度（越大效果越強），而 unsharp_mask() 則是利用 amount 來控制銳利化的效果（越大銳利化越明顯）。

· 柔化與銳利化函數（必須從 skimage.filters 模組載入）

函數	說明
`gaussian(`*img*`,sigma=`*n*`)`	將 *img* 柔化，*n* 越大圖像越模糊
`unsharp_mask(`*img*`,amount=`*n*`)`	將 *img* 銳利化，*n* 越大銳利化效果越明顯

```
01 # 柔化與銳利化圖像
02 from skimage.filters import unsharp_mask, gaussian
03 cat=data.chelsea()
04 fig,ax=plt.subplots(1,3,figsize=(10,4))
05 ax[0].imshow(gaussian(cat, sigma=3, channel_axis=2))   # 柔化
06 ax[1].imshow(cat)
07 ax[2].imshow(unsharp_mask(cat, amount=5, channel_axis=2)) # 銳利化
08 for i in range(3):
09     ax[i].axis('off')
10 fig.tight_layout()
```

在這個範例中，第 2 行從 skimage.filters 模組載入 unsharp_mask() 和 gaussian() 函數。第 5 行顯示了柔化的結果（左圖），第 6 行顯示原圖（中間），第 7 行顯示了銳利化的結果（右圖）。讀者可以試著修改 sigma 和 amount 這兩個參數，看看得到的結果會有什麼不同。

❖

14.4.4 去雜訊處理

在某些場合，圖像在擷取或傳送時可能會摻有一些雜訊，其中一種常見的雜訊是由純黑或純白的像素所組成，看起來就像是撒了胡椒鹽一樣，因此稱為胡椒鹽（Pepper and salt）雜訊。一般要濾除這種雜訊，中位數濾波器（Medium filter）是一個非常有效的方法。

我們可以從 skimage.filters.rank 載入 median() 函數來進行濾波處理。在處理時，濾波器需要一個觀察窗（Window）來提取像素進行處理。常見的觀察窗為圓形，我們可以用

skimage.morphology 模組裡的 disk() 函數來產生。disk(r) 會建立一個 $(2r+1)\times(2r+1)$ 的陣列，以陣列的中心點畫一個半徑為 r 的圓，圓內的值皆為 1，代表它們是屬於觀察窗；圓外的數值皆為 0，代表它們不屬於觀察窗。

· 與去雜訊處理函數相關的函數

函數	說明
`median(img, mask)`	將 *img* 以遮罩 *mask* 進行中位數濾波
`disk(r)`	建立半徑為 r 個像素的遮罩

有了中位數濾波器的基本概念之後，我們先來建立一張帶有胡椒鹽雜訊的圖像。下面的範例隨機將 camera 這張影像 2% 的像素設為白色，2% 的像素設為黑色。

`> man = data.camera()`	載入 camera 圖像。
`> noise=np.random.rand(*man.shape)`	建立一個大小和 *man* 一樣的浮點數亂數陣列 *noise*，亂數的範圍為 0 到 1 之間。
`> man[noise>0.98]=255`	如果 *noise* 的值大於 0.98，則相對應之位置的像素值就設為 255，如此就有 2% 的像素會變成白色。
`> man[noise<0.02]=0`	相同的，如果 *noise* 的值小於 0.02，則相對應之位置的像素值就設為 0。這樣我們就建好一張帶有雜訊的圖像了。

注意在生成 *noise* 陣列的語法中，**man*.shape 是將 *man*.shape 解包成兩個數值做為 rand() 的參數，我們曾在第 7 章中介紹過它。下面的程式碼是利用 median() 函數將帶有雜訊的 *man* 圖像進行雜訊去除。

```
# 利用 median() 函數進行去除雜訊
from skimage.filters.rank import median
from skimage.morphology import disk

fig,ax=plt.subplots(1,3,figsize=(10,4))
ax[0].imshow(man,cmap='gray')   # 帶有雜訊的圖像
```

```
07 ax[1].imshow(median(man, disk(1)),cmap='gray')    # 濾除雜訊
08 ax[2].imshow(median(man, disk(10)),cmap='gray')   # 濾除雜訊
08 for i in range(3):
09     ax[i].axis('off')
10 fig.tight_layout()
```

在上面的程式中，第 6 行顯示了帶有雜訊的 *man* 圖像（左圖），第 7 行顯示了觀察窗的半徑為 1 個像素時的雜訊處理結果（中間），而第 8 行則是將觀察窗的半徑設為 10 之後的結果（右圖）。從圖中可以看出，半徑設為 1 的雜訊過濾效果非常顯著，半徑為 10 時，圖像就顯得模糊了。

如果您對 disk() 這個函數感到好奇，不妨觀察一下它的輸出。下面是 disk(2) 的輸出。我們可以看到從以陣列的中心點為圓心，半徑為 2 的元素值都為 1，代表被這些元素覆蓋的像素值都會參與中位數濾波的動作。

```
> disk(2)
  array([[0, 0, 1, 0, 0],
         [0, 1, 1, 1, 0],
         [1, 1, 1, 1, 1],
         [0, 1, 1, 1, 0],
         [0, 0, 1, 0, 0]], dtype=uint8)
```

disk(2) 的輸出，它是以陣列的中心點為圓心，將半徑為 2 的元素值都設為 1。如果將半徑設的大一點（例如 10），由數字 1 組成的圓形就看的更清楚。

❖

14.5 圖像修復

圖像修復（image inpaiting）是一個非常有趣的演算法，它可將圖像小範圍丟失掉的資訊修補回來。如果丟失的區域不大，一般都可以修補到肉眼看不太出來。Skiamge 裡提供了一個好用的 inpaint_biharmonic()，可用來對圖像進行修復。

· 圖像修復函數（必須從 skimage.restoration 載入 inpaint 模組）

函數	說明
inpaint_biharmonic(*img*,*mask*)	將 *img* 以遮罩 *mask* 進行修補。*mask* 中 True 的部分為要修補的像素

要進行圖像修復，我們必須先建立一個遮罩，用來表明要修復的部分，然後再進行修復的動作。我們以 chelsea 這張圖像做為範例來說明來圖像修復的過程：

```
# 圖像修復的範例
from skimage.restoration import inpaint

# 建立遮罩
cat=data.chelsea()
np.random.seed(2022)
mask=np.zeros(cat.shape[0:2]).astype(bool)
size=12
for _ in range(160):
    x=np.random.randint(0,cat.shape[0]-size)
    y=np.random.randint(0,cat.shape[1]-size)
    mask[x:x+size,y:y+size]=True

# 生成遭破壞的圖像
cat_damage=cat* ~mask[:,:,np.newaxis]

# 圖像修復
out=inpaint.inpaint_biharmonic(cat_damage,mask, channel_axis=2)

# 顯示圖像
fig,ax=plt.subplots(1,3,figsize=(10,4))
ax[0].imshow(mask,cmap='gray')
ax[1].imshow(cat_damage)
ax[2].imshow(out)
for i in range(3):
    ax[i].axis('off')
fig.tight_layout()
```

於本例中，第 2 行先從 skimage.restoration 套件中載入 inpaint 模組，並在第 5 行讀入 cat 圖像後，於 6~12 行建立遮罩 $mask$。建立的 $mask$ 有兩個功用，一是用來生成被破壞的圖像，二是表明有哪些地方要進行修復。$mask$ 是一個 bool 型態的陣列，其值全為 False，大小和 cat 相同。接著在 for 迴圈內隨機從 $mask$ 裡挑選 160 個大小為 12×12 的區域，然後把裡面的值全設為 True，代表這些區域是要修復的部分，如下面執行結果的左圖。

第 15 行利用 $mask$ 生成一張遭破壞的 cat 圖像。因為我們希望被破壞的地方以黑色呈現，因此我們把 $mask$ 取 not 運算，使得要修復區域的值為 False（Python 把 False 看成是 0），其餘的地方為 True（Python 把 True 看成是 1）。將 cat 乘上取 not 之後的 $mask$，要修復的區域相乘後變為 0，其它區域乘 1 之後不改變其值，如此就可以得到一張被破壞的圖像（中間那張圖）。不過 cat 為三維圖像（因為是彩色），而 $mask$ 為二維，為了可以進行廣播運算，我們必須新增一個軸給 $mask$，如此乘法運算就可以在軸 2 的方向進行廣播了。

第 18 行則是進行圖像修復。我們呼叫 inpaint 模組裡的 inpaint_biharmonic() 函數，並傳入要修復的圖像 cat_damage、遮罩 $mask$，並指定要修復的是一張彩色圖像（channel_axis=2）就可以了。圖像修復有很多種演算法，biharmonic 是其中一種，所以 Skimage 在命名修復函數時，於 inpaint 的後面接上了 biharmonic。修復的結果如右圖：

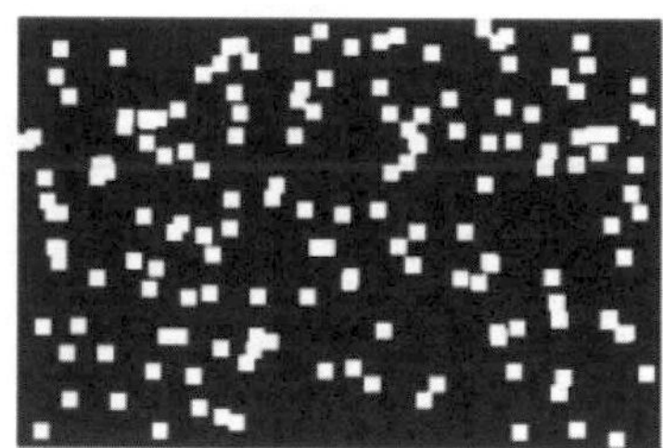
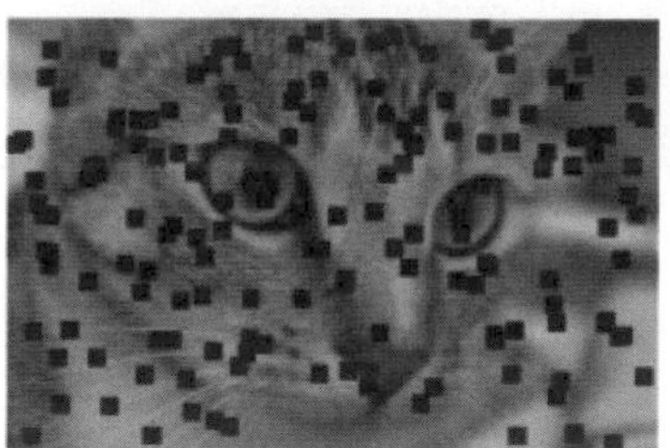

我們可以觀察到修復的結果相當不錯，即使在圖像中有紋理的地方，inpaint_biharmonic() 也可以順著紋理來修復。讀者可以試著換一張圖像試試，以觀察不同紋理和不同大小之破壞區域的修復效果。 ❖

第十四章 習題

14.1 圖像的基本概念

1. 試讀取 camera 圖像，然後回答下面各題（滿足條件者以白色來顯示，否則以黑色顯示，因此每個小題的結果均是一張 512 × 512 的二值圖像）：
   (a) 繪出像素值大於 128 的分佈圖。
   (b) 繪出像素值介於 120 和 180 之間（包含 120 和 180）的分佈圖。
   (c) 繪出像素值等於 0 的分佈圖。

2. 執行下列三行程式碼，我們可以得到一張圖像，其像素值介於 0 到 150 之間：

```
man=data.camera()
man[man>150]=150
io.imshow(man)
```

   試將第 3 行改成使用 plt.imshow() 來繪製圖像，並加入應有的參數，使得繪出的結果和 io.imshow() 繪出的結果相同（不用理會圖像顯示出來的大小）。

3. 已知紅、黑、白、綠、灰、藍、青和黃的 rgb 值分別為 (255,0,0)、(0,0,0)、(255,255,255)、(0,255,0)、(128,128,128)、(0,0,255)、(0,255,255) 和 (255,255,0)。試利用這些資訊畫出如下圖的彩色圖像（提示：圖像的形狀為 2 × 4 × 3）：

紅	黑	白	綠
灰	藍	青	黃

4. 試讀入 astronaut 這張彩色圖像，並試仿照 14.1.2 節的介紹，繪出它的直方圖，並限制 y 方向的高度介於 0 到 5000 之間。

14.2 認識色表

5. 試建立一個由紅、黑、白、綠、灰、藍、青和黃等 8 個顏色組成的色表（這些顏色的 rgb 值請參考第 3 題），並設計一張圖像配合此色表，用以顯示出下列的圖像：

紅	青	白	綠
灰	藍	青	黃
白	黑	綠	灰

6. 接續上題建立的色表，試讀入 coffee 這張圖像，然後將每一個彩色像素和色表裡的顏色比對，找出最相似的顏色（兩顏色 (r_0, g_0, b_0) 和 (r_1, g_1, b_1) 的相似度 s 可以利用三個通道差值平方之加總來估算，即 $s = (r_0 - r_1)^2 + (g_0 - g_1)^2 + (b_0 - b_1)^2$），然後將該彩色像素以色表中最相近的顏色來顯示。（提示：可以將圖像編碼成 400×600 的陣列，陣列裡的每一個元素記錄了色表中，和該位置之像素最近的顏色編號）。

7. 試建立一個具有 11 個灰階的色表，每個顏色的灰階值為 0, 0.1, 0.2, …, 0.9, 1.0，然後將 camera 這張圖像以這 11 個灰階值顯示（提示：camera 中每個像素的值應從色表中挑選一個與它最靠近的顏色來顯示。另外，色表中 rgb 三個通道的顏色都為 x 的話，此顏色的灰階值即為 x）。

14.3 基礎圖像處理

8. 試讀取 chelsea 這張圖像，然後把它的紅色通道和藍色通道對調，再顯示對調後的圖像。您觀察到什麼樣的結果？

9. 試讀取 camera 圖像，並完成下列各題：
   (a) 將圖像切割成 4×8 個區塊，每個區塊的大小為 128×64，並將這些區塊顯示出來。
   (b) 計算每一個區塊的平均值，並以平均值取代該區塊內的每一個像素。
   (c) 將取代後的區塊組合成一張圖像並顯示出來。

10. 試讀取 astronaut 這張彩色圖像，然後完成下列各題：
    (a) 將圖像切割成 8×4 個區塊，每個區塊的大小為 64×128，並將這些區塊顯示出來。
    (b) 將 (a) 的切割結果組合成原來的圖像，並顯示出來。

11. 試計算 camera 有多少個像素的值分別小於 5 和大於 250？請以一張彩色圖像顯示它們的分佈情形，小於 5 和大於 250 的像素請分別用紅色和藍色來顯示，其餘的像素以白色顯示。

12. 試讀取 astronaut 這張圖像，把它設給變數 $astro$ 存放，然後依序完成下列各題：
    (a) 將 $astro$ 由 RGB 轉成 HSV，然後轉成 uint8 型別，再將結果設給 $astro\_hsv$ 存放。
    (b) 將 $astro\_hsv$ 由 HSV 轉成 RGB，然後轉成 uint8 型別，再將結果設給 $astro\_rgb$ 存放。
    (c) 顯示 $astro$ 和 $astro\_rgb$ 這兩張圖。它們看起來都完全一樣，不過各別的像素值可能會有所不同。
    (d) 試繪出 $astro$ 和 $astro\_rgb$ 這兩張圖中，每個通道不同像素值的分佈情況，不同的像素以白色顯示，相同的像素以黑色顯示。請將比較結果繪於 1×3 的子圖中。

14.4 進階圖像處理

13. 試讀取 camera 這張圖像，並完成下列各題：

    (a) 將它旋轉 30 度，且原圖的四個角落不能被裁切。旋轉後，多出來的區域用黑色填滿。

    (b) 將 camera 的高和寬均放大 2 倍，然後顯示放大後的結果。

    (c) 將 camera 的高改為 480，寬改為 640，然後顯示修改後的結果。

14. 試從 skimage.morphology 載入 disk() 函數，然後繪製 disk(1)、disk(4)、disk(8) 和 disk(32) 的圖像，並將它們排成 1 × 4 的子圖。

15. 試讀入 chelsea 這張圖像，然後顯示邊緣偵測的結果。參數 sigma 的值分別取 1、2 和 4，並將邊緣偵測的結果顯示於 1 × 3 的子圖上。

16. 試讀取 moon 圖像，然後做答下列各題：

    (a) 將 moon 進行柔化，sigma 的值分別取 1、5 和 9，然後把結果排成 1 × 3 的子圖。

    (b) 將 moon 進行銳利化處理，amount 取 3、5 和 10，然後把結果排成1 × 3 的子圖。

17. 試讀取 astronaut 圖像，然後將它轉成灰階，型別為 uint8，將結果設為 *astro_gray*，然後作答接續的問題：

    (a) 從 *astro_gray* 隨機選取 10000 個像素，將其顏色設為白色，再選取 10000 個像素，將其顏色設為黑色，最後將所得的結果設為 *astro*2，並顯示所得的結果。

    (b) 利用中位數濾波器將 *astro*2 進行去雜訊處理，disk() 裡的參數分別採用 1、2 和 3，並將結果顯示於 1 × 3 的子圖。

14.5 圖像修復

18. 在本節修復的範例中，*cat* 那張圖被破壞的區域是以黑色的區塊來呈現。試把它改成以白色的區塊呈現。

19. 試載入 coins 這張圖像，並隨機破壞 200 個大小為 7 × 7 的區塊，然後對它進行修復，並將修復的過程排成如下 1 × 3 的子圖：

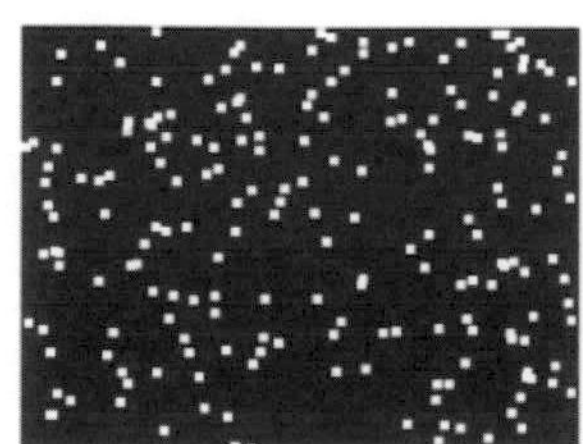
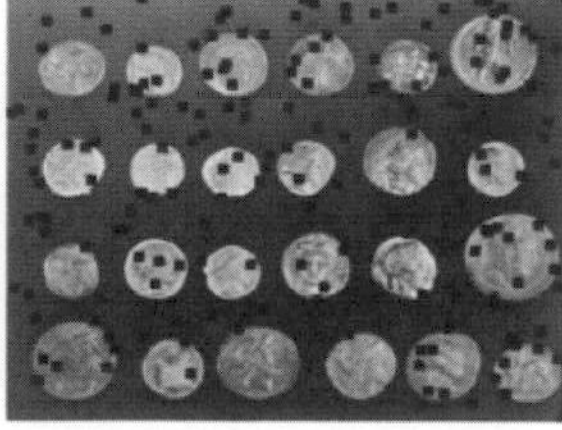
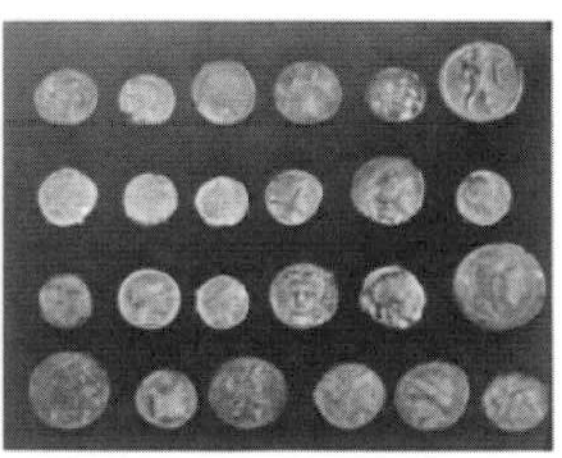

其中左圖白色的點是被破壞的區域，中間是欲修復的圖像，右邊是修復後的結果。

20. 試載入 chelsea 這張圖像，並隨機破壞 160 個半徑為 4 的圓形區域（可以利用 14.4 節提及的 disk() 函數來產生），然後對它進行修復，並將修復的過程排成如下 1 × 3 的子圖（左中右分別為被破壞的區域、欲修復的圖像，以及修復後的圖像），

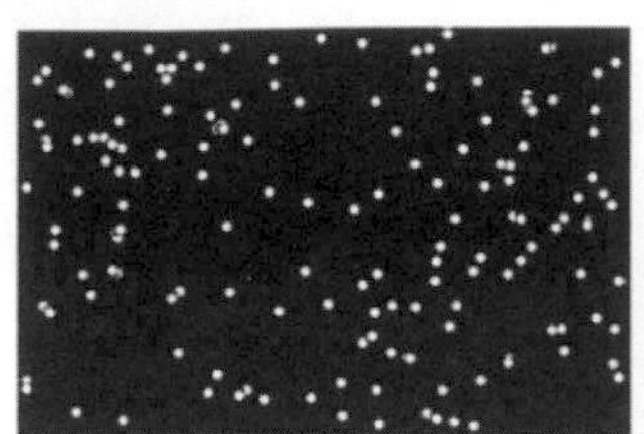 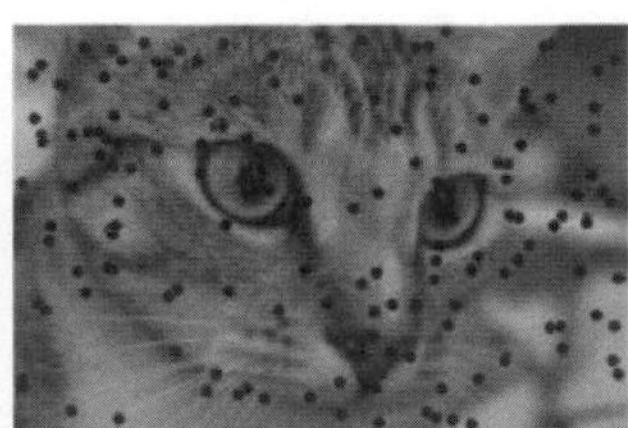 

附錄 A: Colab 的工作區與雲端硬碟的存取

本附錄我們將探討兩個主題，一是與 Colab 的工作區互動，二是介紹如何在 Google 的雲端硬碟裡存取自己的檔案。下面分兩個小節來討論。

A.1 與 Colab 的工作區互動

在啟動 Colab 的同時，Colab 就會幫我們建一個工作區，檔案的存取都會在這個工作區中。我們以第八章一開始寫入的 ascii.txt 文字檔為例，說明如何在 Colab 裡查看這個檔案。在執行下面的程式碼之後，Colab 會在工作區裡開啟 ascii.txt，將 'Python Programming' 字串寫入，然後關閉檔案：

```
> f=open('ascii.txt','w')
  f.write('Python Programming')
  f.close()
```

在 Colab 裡要查看寫入的 ascii.txt 檔，可以先點選 Colab 視窗左側的「Files」（中文版為「檔案」）圖示，此時在 Files 窗格的工作區中可以看到 ascii.txt 這個檔案。點選它兩下，即可在 Colab 右邊的視窗看到 ascii.txt 的內容，如下圖所示。注意 Colab 是在雲端執行，因此在寫入 ascii.txt 檔之後，一般會過個幾秒才會在工作區中顯示這個檔案。

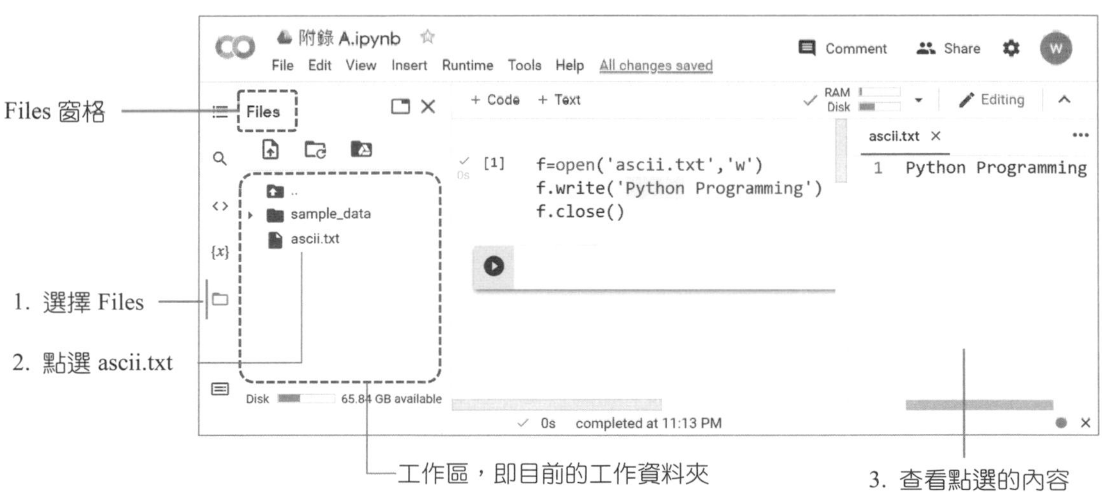

另外，如果想上傳檔案到工作區，只要將檔案從 Windows 裡拖拉到工作區即可。如要下載工作區的檔案，可在檔案上方按滑鼠右鍵，然後選擇 Download。如果要新建資料夾，在工作區內按滑鼠右鍵，於出現的選單中選擇 New folder 即可。不過要注意的是，在工作區裡的檔案（例如我們寫進去的 ascii.txt 檔）只是暫存，關掉 Colab 之後這些檔案就會被刪除。如果希望檔案永久保存，那麼可以把檔案存放在 Google 的雲端硬碟裡。但在 Colab 裡要存取雲端硬碟的檔案，需要先把 Colab 連接到雲端硬碟。

A.2 連接 Colab 到雲端硬碟

將 Colab 連接到 Google 的雲端硬碟，我們就可以在 Colab 裡存取雲端硬碟裡的檔案。要連接 Colab 到雲端硬碟，點選工作區上方的 Mount Drive 按鈕，此時會出現一個提示框框，要求您的授權。於這個框框中點選 Connect to Google Drive 即可連接雲端硬碟（如果 Colab 新增一個儲存格，上面標示「執行這個儲存格以掛接 Google 雲端硬碟」，則請執行該儲存格）。雲端硬碟連接好了之後，你可以看到會有一個新的 drive 資料夾出現，點選它，裡面會有一個 MyDrive 資料夾，再點開它，您的雲端硬碟的資料全都在裡面了。

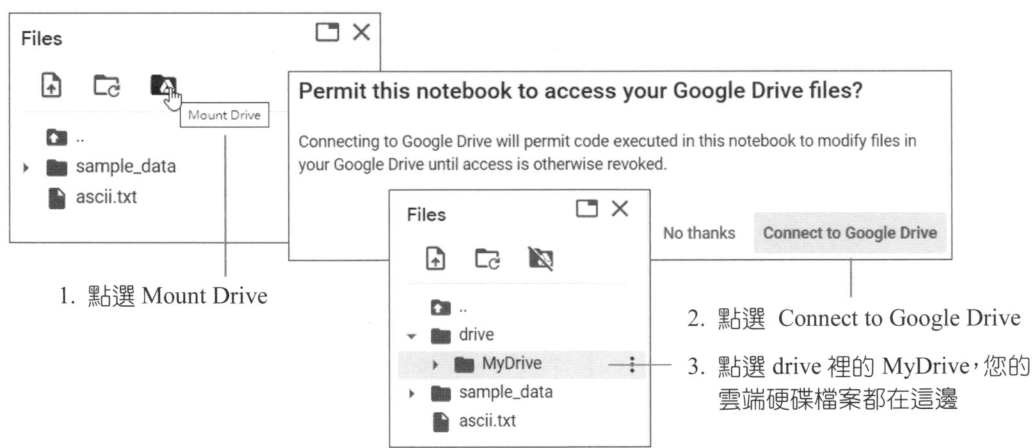

連接雲端硬碟之後，我們就可以在 Colab 裡存取雲端硬碟的檔案。例如，如果想先建立一個資料夾 Colab_test，然後把前一節的 ascii.txt 寫到這個資料夾裡，我們可以將滑鼠移到 MyDrive 資料夾上方按右鍵，於出現的選單中選擇 New folder，然後在出現的欄位中鍵入 Colab_test 即可新增 Colab_test 資料夾，如下圖所示：

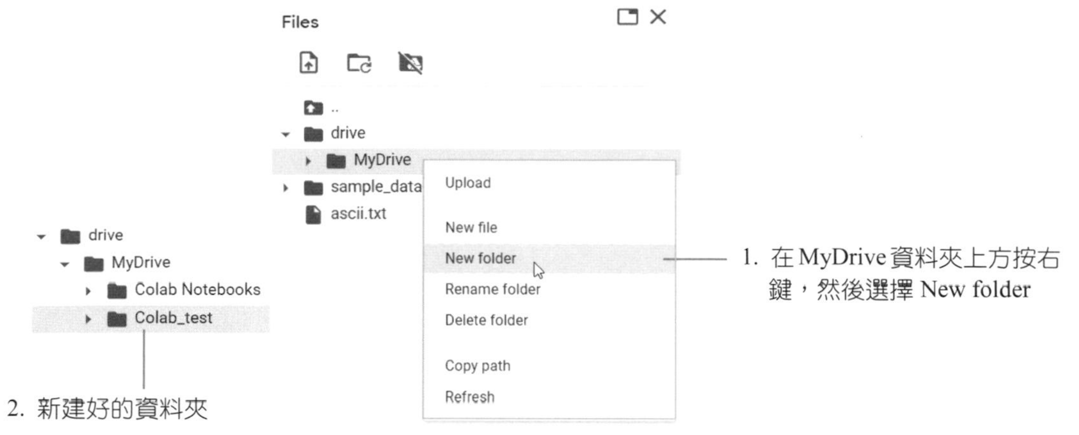

建好之後，我們必須取得資料夾的路徑才能存取檔案。請在 Colab_test 資料夾上方按右鍵，於出現的選單中選擇 Copy path，這樣就能把路徑拷貝起來了，如下圖所示：

現在已經取得新建資料夾 Colab_test 的路徑。事實上，雲端硬碟的根目錄是

```
/content/drive/MyDrive/
```

所以只要在這個路徑後面再加上您要存取資料夾的路徑就可以了。於本例中，我們新建資料夾 Colab_test 的路徑為

```
/content/drive/MyDrive/Colab_test
```

上面的路徑事實上就是我們選擇 Copy path 之後拷貝的路徑。因此如果想把 ascii.txt 寫到雲端硬碟的 Colab_test 資料夾裡，我們可以利用下面的語法：

```
> f=open('/content/drive/MyDrive/Colab_test/ascii.txt','w')
  f.write('Python Programming')
  f.close()
```

相同的，如果要從雲端硬碟的 Colab_test 資料夾裡讀取寫入的 ascii.txt，我們可以利用下面的程式碼來讀取：

```
> f=open('/content/drive/MyDrive/Colab_test/ascii.txt','r')
  txt=f.read()
  f.close()
```

讀取完後查詢一下 *txt* 的內容，我們發現 Colab 現在已經可以讀取雲端硬碟裡的檔案了：

```
> txt
  'Python Programming'
```

附錄 B: 安裝與使用 Jupyter lab

Jupyter lab 就像是一個互動式的筆記本，它的整合性強、支援開啟各種文件、且有豐富的套件可以擴充，同時撰寫和執行程式都是在網頁裡進行，使用起來非常方便。不過與 Colab 不同的是，使用 Jupyter lab 必須先安裝 Python 的環境，然後建立虛擬環境，最後再安裝 Jupyter lab。下面我們分幾個小節來說明它們，並介紹 Jupyter lab 一些簡單的編輯等。

B.1 下載與安裝 Python

要下載 Python，請先連到

```
https://www.python.org/downloads/
```

下載 Python 最新的版本。在這個官網裡，我們可以依自己的作業系統來下載 Windows 或是 macOS 的版本。這個網頁下方也可下載舊版本，不過我們只需要下載最新版。

下載完後，請點擊下載的檔案即可開始安裝。一開始出現的視窗會詢問我們要如何安裝 Python。因為安裝程式預設會將 Python 安裝在一個很長的路徑內，有時在使用上比較麻煩。我們建議選擇 Customize installation，把 Python 安裝到 C:\python3（3 代表 Python 3.x 版的意思）。點擊安裝檔後，您會看到如下的安裝畫面：

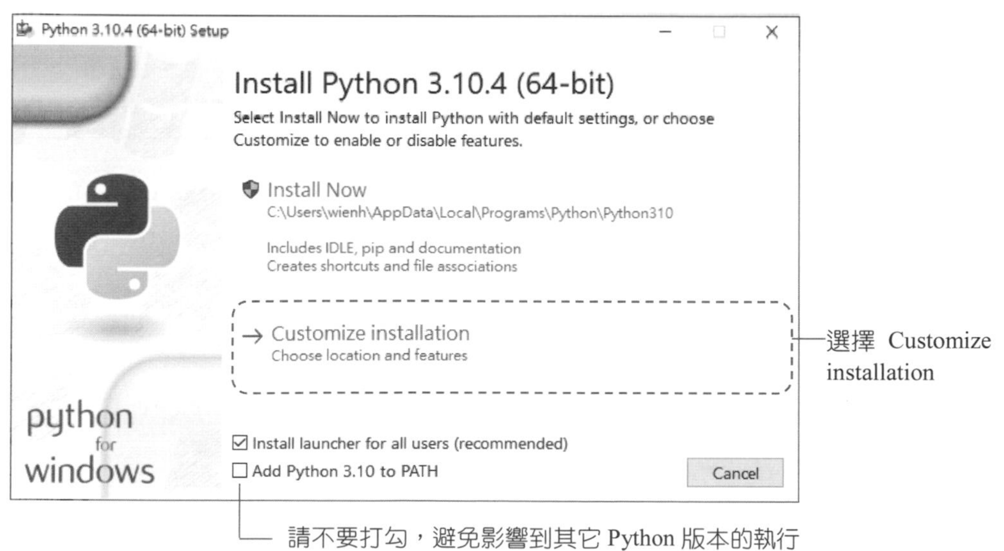

選擇 Customize installation 之後，會出現一個 Optional Features 的視窗，這個視窗裡我們都選擇預設值就可以了。按下 Next 按鈕之後，會出現一個 Advanced Options 視窗，下面有一個 Customize install location 欄位可供選擇要安裝的路徑。在這個欄位內，請將路徑修改為 C:\Python3，如下圖所示：

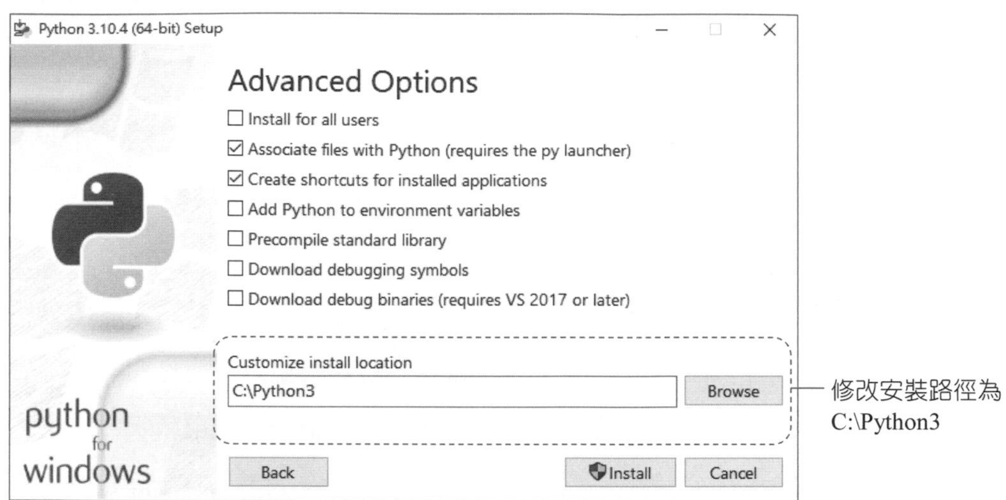

修改完路徑之後，按下 Install 按鈕，大約一分鐘之內就安裝完成了。安裝好了之後，我們先來測試一下是否有安裝成功。請在 Windows 左下方的搜尋欄裡鍵入 cmd，然後選擇命令提示字元，或是按下鍵盤上的 Win 鍵+R，然後於出現的視窗中鍵入 cmd：

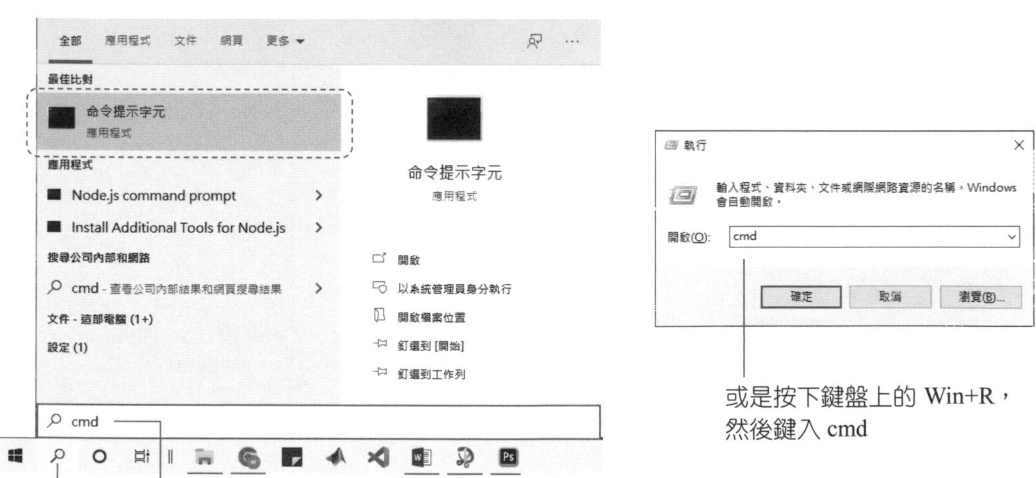

按下 Enter 鍵之後，桌面上會跳出一個視窗，我們把它稱為 cmd 視窗（cmd 為 command 的縮寫）。因為我們已經把 Python 安裝在 C:\Python3 裡，因此在這個視窗中鍵入

```
C:\python3\python
```

來啟動 Python。下面的視窗是啟動 Python 之後的畫面，同時我們也在裡面鍵入 3+6 和 print('Hello python') 這兩行指令，按下 Enter 鍵即可執行它們：

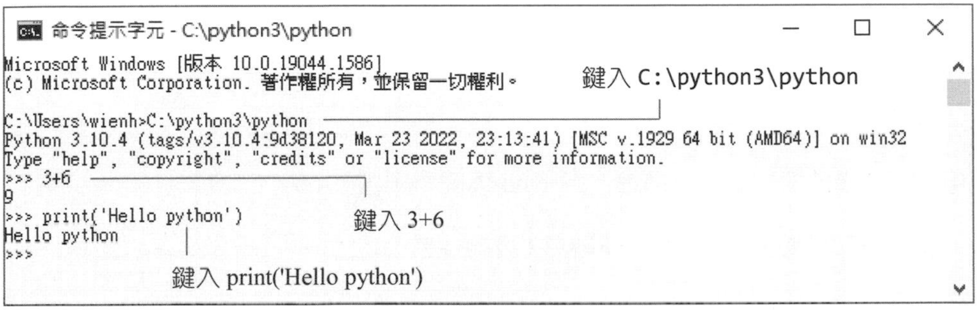

```
命令提示字元 - C:\python3\python
Microsoft Windows [版本 10.0.19044.1586]
(c) Microsoft Corporation. 著作權所有，並保留一切權利。

C:\Users\wienh>C:\python3\python
Python 3.10.4 (tags/v3.10.4:9d38120, Mar 23 2022, 23:13:41) [MSC v.1929 64 bit (AMD64)] on win32
Type "help", "copyright", "credits" or "license" for more information.
>>> 3+6
9
>>> print('Hello python')
Hello python
>>>
```


要離開 Python 的環境，按下 Ctrl+Z 就可以了。現在您已經安裝好 Python 的環境，並且撰寫了兩行 Python 的程式。不過一般不會採用上面的方法來撰寫 Python，而是會使用 Python 的開發環境。在 Windows 裡，我們建議使用 Jupyter lab。它和 Colab 一樣可以把程式碼分開撰寫在幾個儲存格（Cell）內，方便我們專注在某個程式區塊，然後串接出整個專案。

B.2 建立 Python 的虛擬環境並安裝 Jupyter lab

在安裝 Jupyter lab 之前，我們先建立一個 Python 的虛擬環境（Virtual environment），再把 Jupyter lab 安裝在這個虛擬環境中。Python 有著豐富的套件供不同的專案使用，然而 A 專案使用的套件可能和 B 專案不同。為了避免把所有的套件都裝在一起，我們可以建立一個 Python 的虛擬環境專供本書的學習，如此就可以避免影響到其它已經存在的專案。

為了方便起見，我們把虛擬環境建在磁碟 C 的根目錄（比較好找）。我們用上一節安裝好的 Python 在 C:\myWork 裡建一個名稱為 myVenv 的虛擬環境，其詳細的步驟如下：

1. 依上節介紹的方法開啟 cmd 視窗，然後鍵入

```
C:\Python3\python.exe -m venv C:\myWork\myVenv
```

按下 Enter 鍵之後，Python 會在 C:\myWork\myVenv 資料夾裡建立一個虛擬環境。您也可以把虛擬環境建在桌面或其它資料夾，只要把 venv 後面接的路徑換成您要建立虛擬環境的路徑即可。幾秒鐘的時間虛擬環境就建立好了，此時的畫面應如下所示：

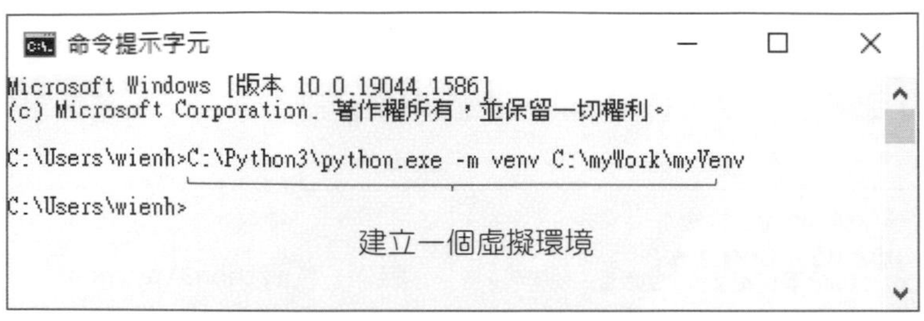

2. 接下來，我們要啟動虛擬環境。於 cmd 視窗中，鍵入

```
C:\myWork\myVenv\Scripts\activate.bat
```

按下 Enter 鍵之後，即可開啟虛擬環境，開啟後的視窗如下所示。您可以看到提示符號前面多了 (myVenv)，代表虛擬環境已經被開啟。

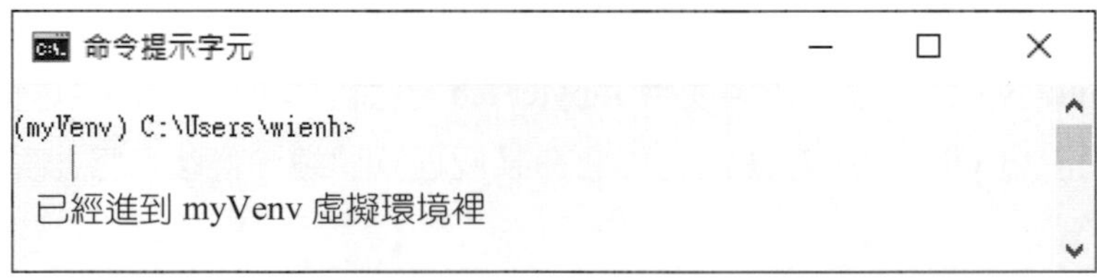

3. 接下來我們就可以安裝 Jupyter lab 在這個虛擬環境裡。請在提示符號後面鍵入

```
pip install jupyterlab
```

此時會開始安裝 Jupyter lab 到虛擬環境 myVenv 裡，不用一分鐘的時間，Jupyter lab 就裝好了，安裝時的畫面如下所示：

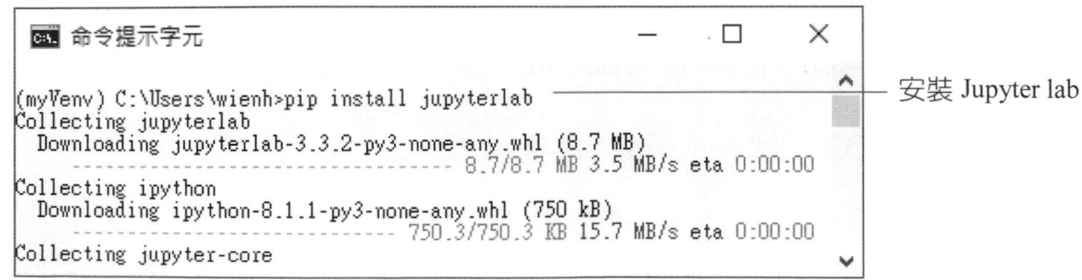

如果 cmd 視窗再度出現 (myVenv) 的提示符號，代表已經安裝完成。此時可以關掉 cmd 視窗，或接續下一節來啟動 Jupyter lab。

B.3 啟動與使用 Jupyter lab

因為我們把 Jupyter lab 建在虛擬環境 myVenv 裡，要啟動 JypyterLab，必須先啟動 myVenv。如果現在不在虛擬環境裡，請開啟 cmd 視窗，然後鍵入

```
C:\myWork\myVenv\Scripts\activate.bat
```

來啟動虛擬環境。因為預設的工作目錄不是 C:\myWork，所以請接著在 cmd 視窗中鍵入

```
cd C:\myWork
```

將工作目錄切換到 C:\myWork，然後再鍵入

```
jupyter lab
```

來啟動 Jupyter lab（注意上面的指令中，jupyter 和 lab 之間有一個空格）。按下 Enter 鍵之後，系統會開啟瀏覽器載入 Jupyter lab 的頁面，代表已經進到 Jupyter lab 的環境中（注意此時 cmd 視窗請不要關閉它，否則 Jupyter lab 的計算核心會跟著被關閉）：

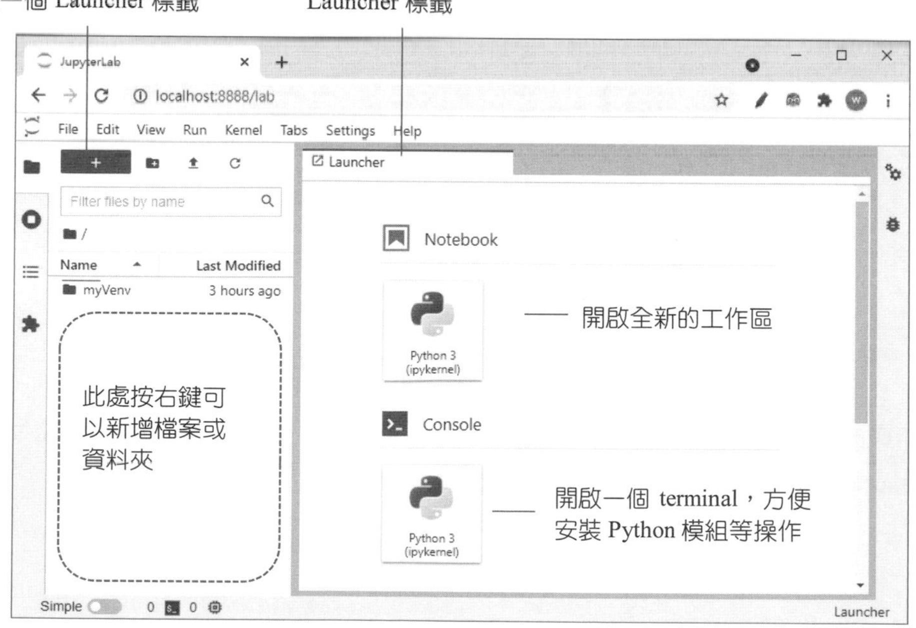

在 Jupyter lab 頁面中，左邊窗格的根目錄是 C:\myWork（因為是在 C:\myWork 這個目錄下啟動 Jupyter lab），我們在這個窗格中新增一個 test 資料夾（按下滑鼠右鍵，選擇 New Folder，然後鍵入資料名稱）。新增好後，連點兩下打開它，此時的工作目錄就會被切換到 test 資料夾。

按下右邊窗格裡「Notebook」下方的「Python 3」按鈕可以開啟一個全新的工作區，方便我們編寫程式。開啟好後，在輸入區鍵入

```
3+5
```

然後按下 Shift+Enter 鍵，此時可以看到 Jupyter lab 已經幫我們計算出 8，並在輸出區裡顯示。在 Jupyter lab 裡，工作區裡的檔案稱為筆記本（Notebook），其附加檔名為 ipynb（interactive python notebook 的縮寫）。新增檔案的預設檔名為 Untitled.ipynb。在檔名的上方按右鍵選擇「Rename」，即可把檔名改成我們想要的名字。下面是將檔名修改成 first_prog.ipynb 後的畫面：

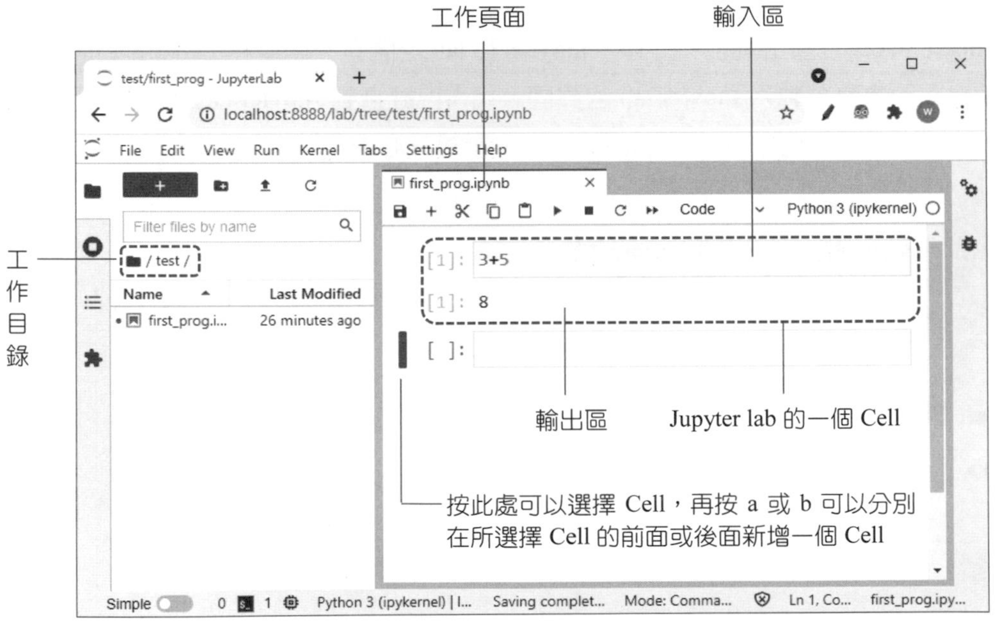

在「工作頁面」內有一排工作列，方便我們對輸入/輸出區進行處理（我們把輸入/輸出區稱為一個 cell，即一個小單位的意思）。

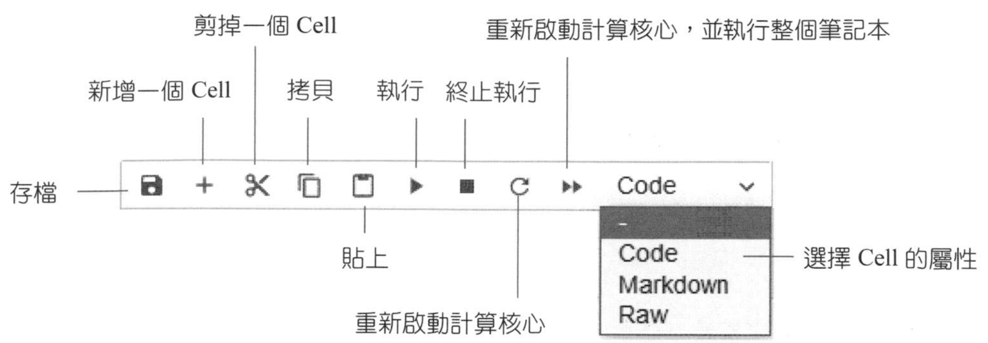

Jupyter lab 也支援 MarkDown 語言，可用來輸入一些標記。我們只要新增並選擇一個 Cell，然後在工具列的 Code 欄位裡選擇 Markdown，就可以輸入標記文字了（關於 Markdown，可以參考 https://www.mdeditor.tw/）。例如，我們輸入

```
# My first Example
```

在按下 Shift+Enter 之後，可以看到這個 Cell 會以一號的標題來顯示（因為標題前面有一個井號，二號標題則有兩個井號，以此類推）。另外，如果要查詢某個函數的用法，只要用滑鼠點一下該函數名稱，然後按下 Shift+Tab 鍵即可顯示該函數的用法，如下圖所示：

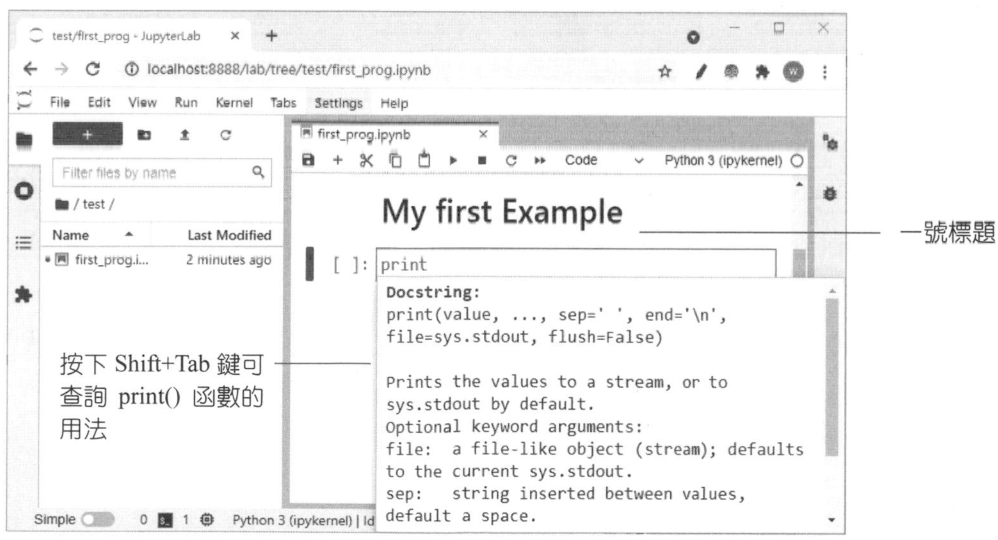

我們也可以利用 Jupyter lab 的自動完成功能（Auto Complete），幫助我們查詢並填上完整的函數名稱。例如，如果鍵入函數前幾個字母，再按下 tab 鍵，此時以這些字母為首的候選字就會出現，方便我們選擇，使用起來非常方便。

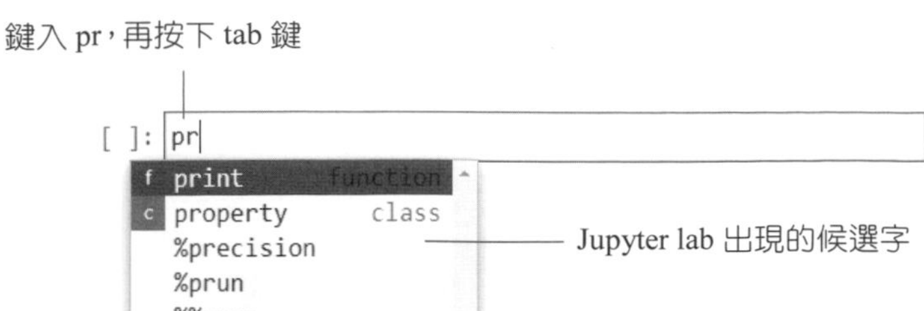

在 Jupyter lab 中，如果要查看某個物件有哪些函數可以使用，可以先鍵入該物件的名稱，加一個點，然後按下 tab 鍵，此時 Jupyter lab 會顯示該物件可用的函數（也可以鍵入生成該物件的類別名稱，加一個點，然後按下 tab 鍵）：

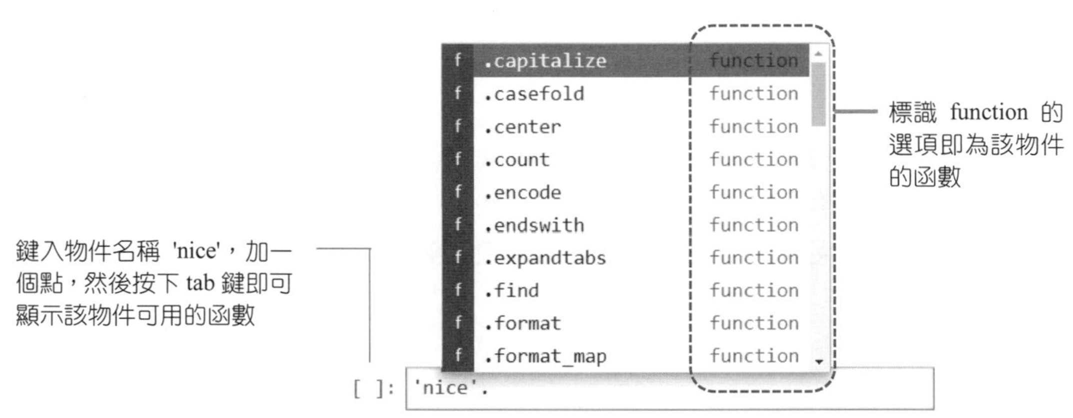

於上圖中，因為字串 'nice' 是 str 類別生成的物件，因此鍵入 str，加一個點，然後按下 tab 鍵也可以顯示相同的選單。點選選單裡的項目（屬性或是函數）即可將它送到 cell 裡。

如果要離開 Jupyter lab，把瀏覽器直接關掉就可以了。已經編輯的檔案如果沒有儲存它的話，Jupyter lab 也會幫我們保留最後編輯的結果，下次再開啟時會呈現相同的畫面。關掉 Jupyter lab 後，cmd 視窗就可以關掉。

B.4 為 Jupyter lab 建立捷徑

在開啟 Jupyter lab 時，我們必須先啟動虛擬環境，然後把路徑切換到工作目錄，最後再開啟 Jupyter lab。以前面建置的環境為例，我們必須在 cmd 視窗裡鍵入下面的 3 行指令：

```
C:\myWork\myVenv\Scripts\activate.bat
cd C:\myWork
jupyter lab
```

每次要執行 Jupyter lab 時，如果都要先打上這 3 行指令，實在是有點麻煩，因此我們可以撰寫一個批次檔（bat 檔），內含這 3 行指令，然後把這個批次檔放在桌面上就可以了。

要建立一個批次檔，可以先在桌面上新增一個純文字文件，然後輸入上面的三行指令，不過在第一行的前面要加上一個 call 和一個空白（因為第一行要執行的也是一個 bat 檔，在批次檔裡要執行另一個批次檔要用 call 指令），此時的畫面如下所示：

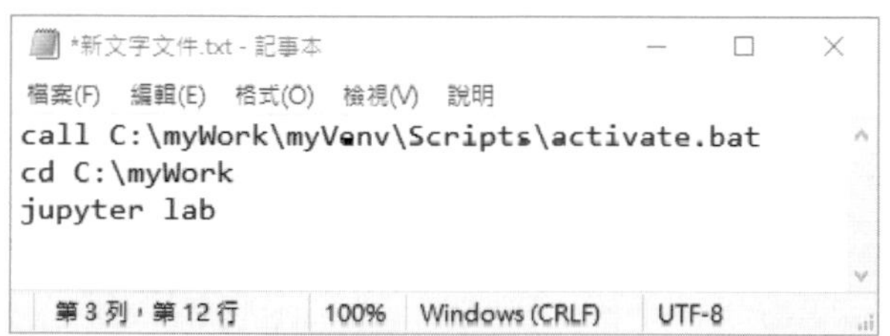

鍵入好了之後，將它存檔，並將檔名改為 JupyterLab.bat（注意副檔名是 .bat），此時批次檔就建好了。只要點擊它就可以自動開啟 Jupyter lab。如果看不到副檔名，只要開啟任一個資料夾，在檢視功能表中將「副檔名」選項打勾就可以看到。

最後，如果覺得 JupyterLab.bat 預設的圖示實在不好看（而且它沒有辦法更改），我們可以幫這個 JupyterLab.bat 檔建一個捷徑，然後再更改捷徑的圖示就可以了。

B.5 在 Jupyter lab 裡繪製動畫

在 Colab 裡可以順利的完成本書 11.6 節的動畫製作。然而如果是在 Windows 版的 Jupyter lab 裡執行的話，我們還少了一個可執行檔 ffmpeg.exe。您可以到

```
https://www.gyan.dev/ffmpeg/builds/ffmpeg-release-essentials.zip
```

下載一個壓縮包。目前這個鏈接下載下來的是 ffmpeg-5.0-essentials_build.zip，不過隨著時間的推移，您下載的可能會是較新的版本。將它解壓後，您可以看到有一個 bin 資料夾，裡面有一個 ffmpeg.exe 檔，請將它拷貝到您目前的工作資料夾中（就是存放目前正在執行

之 Jupyter lab 檔案的資料夾），就可以執行 11.6 節介紹的動畫了。例如，如果目前的工作檔案是放在 C:\myWork\test 資料夾中，那麼也請您將 ffmpeg.exe 也放在這個資料夾內。

如果你有多個資料夾裡的檔案都需要用到動畫，那麼我們可以在 Windows 裡設一個路徑，這樣就不必每個資料夾都放一個 ffmpeg.exe 檔。假設我們把 ffmpeg.exe 檔放在 c:\ffmpge 資料夾裡，請在 Windows 的搜尋欄裡鍵入「環境變數」，此時您可以看到「編輯系統環境變數」選項。請點選它開啟「環境變數」對話方塊。於這個對話方塊中，點選「系統變數」裡的「Path」，再按「編輯」，於出現的「編輯環境變數」對話方塊裡按下「新增」按鈕，再將路徑「c:\ffmpge」填入出現的欄位中，然後按「確定」按鈕就可以了：

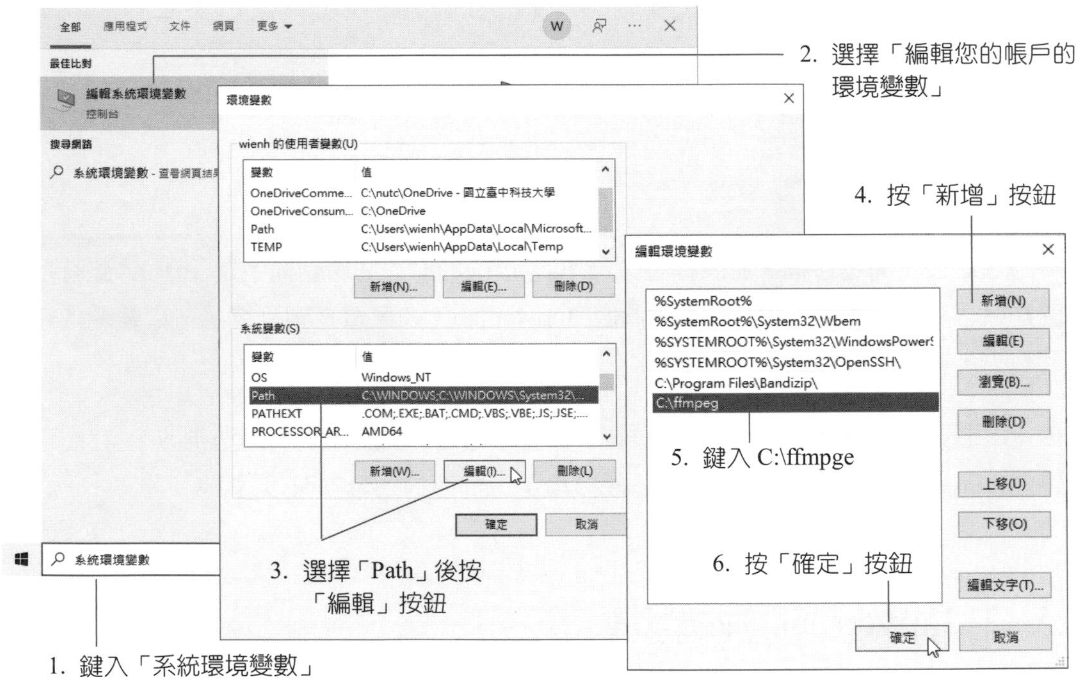

設定好路徑之後，請重新啟動 Windows，再啟動 Jupyter lab，現在您應該可以在 Jupyter lab 裡進行 11.6 節介紹的動畫了。

附錄 C: ASCII 碼表

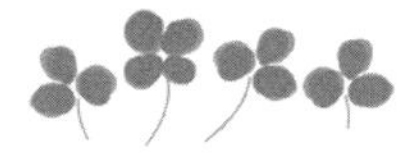

十進位	二進位	八進位	十六進位	ASCII	按鍵
0	0000000	00	00	NUL	Ctrl+l
1	0000001	01	01	SOH	Ctrl+A
2	0000010	02	02	STX	Ctrl+B
3	0000011	03	03	ETX	Ctrl+C
4	0000100	04	04	EOT	Ctrl+D
5	0000101	05	05	ENQ	Ctrl+E
6	0000110	06	06	ACK	Ctrl+F
7	0000111	07	07	BEL	Ctrl+G
8	0001000	10	08	BS	Ctrl+H，Backspace
9	0001001	11	09	HT	Ctrl+I，Tab
10	0001010	12	0A	LF	Ctrl+J，Line Feed
11	0001011	13	0B	VT	Ctrl+K
12	0001100	14	0C	FF	Ctrl+L
13	0001101	15	0D	CR	Ctrl+M，Return
14	0001110	16	0E	SO	Ctrl+N
15	0001111	17	0F	SI	Ctrl+O
16	0010000	20	10	DLE	Ctrl+P
17	0010001	21	11	DC1	Ctrl+Q
18	0010010	22	12	DC2	Ctrl+R
19	0010011	23	13	DC3	Ctrl+S
20	0010100	24	14	DC4	Ctrl+T
21	0010101	25	15	NAK	Ctrl+U
22	0010110	26	16	SYN	Ctrl+V
23	0010111	27	17	ETB	Ctrl+W
24	0011000	30	18	CAN	Ctrl+X
25	0011001	31	19	EM	Ctrl+Y
26	0011010	32	1A	SUB	Ctrl+Z
27	0011011	33	1B	ESC	Esc，Escape
28	0011100	34	1C	FS	Ctrl+\
29	0011101	35	1D	GS	Ctrl+]
30	0011110	36	1E	RS	Ctrl+=

十進位	二進位	八進位	十六進位	ASCII	按鍵
31	0011111	37	1F	US	Ctrl+-
32	0100000	40	20	SP	Spacebar
33	0100001	41	21	!	!
34	0100010	42	22	"	"
35	0100011	43	23	#	#
36	0100100	44	24	$	$
37	0100101	45	25	%	%
38	0100110	46	26	&	&
39	0100111	47	27	'	'
40	0101000	50	28	(	(
41	0101001	51	29	)	)
42	0101010	52	2A	*	*
43	0101011	53	2B	+	+
44	0101100	54	2C	,	,
45	0101101	55	2D	-	-
46	0101110	56	2E	.	.
47	0101111	57	2F	/	/
48	0110000	60	30	0	0
49	0110001	61	31	1	1
50	0110010	62	32	2	2
51	0110011	63	33	3	3
52	0110100	64	34	4	4
53	0110101	65	35	5	5
54	0110110	66	36	6	6
55	0110111	67	37	7	7
56	0111000	70	38	8	8
57	0111001	71	39	9	9
58	0111010	72	3A	:	:
59	0111011	73	3B	;	;
60	0111100	74	3C	<	<
61	0111101	75	3D	=	=
62	0111110	76	3E	>	>
63	0111111	77	3F	?	?

十進位	二進位	八進位	十六進位	ASCII	按鍵
64	1000000	100	40	@	@
65	1000001	101	41	A	A
66	1000010	102	42	B	B
67	1000011	103	43	C	C
68	1000100	104	44	D	D
69	1000101	105	45	E	E
70	1000110	106	46	F	F
71	1000111	107	47	G	G
72	1001000	110	48	H	H
73	1001001	111	49	I	I
74	1001010	112	4A	J	J
75	1001011	113	4B	K	K
76	1001100	114	4C	L	L
77	1001101	115	4D	M	M
78	1001110	116	4E	N	N
79	1001111	117	4F	O	O
80	1010000	120	50	P	P
81	1010001	121	51	Q	Q
82	1010010	122	52	R	R
83	1010011	123	53	S	S
84	1010100	124	54	T	T
85	1010101	125	55	U	U
86	1010110	126	56	V	V
87	1010111	127	57	W	W
88	1011000	130	58	X	X
89	1011001	131	59	Y	Y
90	1011010	132	5A	Z	Z
91	1011011	133	5B	[	[
92	1011100	134	5C	\	\
93	1011101	135	5D	]	]
94	1011110	136	5E	^	^
95	1011111	137	5F	_	_
96	1100000	140	60	`	`

十進位	二進位	八進位	十六進位	ASCII	按鍵
97	1100001	141	61	a	a
98	1100010	142	62	b	b
99	1100011	143	63	c	c
100	1100100	144	64	d	d
101	1100101	145	65	e	e
102	1100110	146	66	f	f
103	1100111	147	67	g	g
104	1101000	150	68	h	h
105	1101001	151	69	i	i
106	1101010	152	6A	j	j
107	1101011	153	6B	k	k
108	1101100	154	6C	l	l
109	1101101	155	6D	m	m
110	1101110	156	6E	n	n
111	1101111	157	6F	o	o
112	1110000	160	70	p	p
113	1110001	161	71	q	q
114	1110010	162	72	r	r
115	1110011	163	73	s	s
116	1110100	164	74	t	t
117	1110101	165	75	u	u
118	1110110	166	76	v	v
119	1110111	167	77	w	w
120	1111000	170	78	x	x
121	1111001	171	79	y	y
122	1111010	172	7A	z	z
123	1111011	173	7B	{	{
124	1111100	174	7C	|	|
125	1111101	175	7D	}	}
126	1111110	176	7E	~	~
127	1111111	177	7F	Del	Del，Rubout

英文索引

-C-

-D-

-E-

-F-

-G-

-N-

-O-

-P-

-Q-

-R-

Python 教學手冊

著作人　洪維恩
發行人　施威銘
發行所　旗標科技股份有限公司
台北市杭州南路一段15-1號19樓
電話　(02)2396-3257(代表號)
傳真　(02)2321-2545
劃撥帳號　1332727-9
帳戶　旗標科技股份有限公司

新台幣售價：650 元
西元 2024 年 1 月 初版 5 刷
行政院新聞局核准登記 - 局版台業字第 4512 號
ISBN 978-986-312-688-1